仅以此书纪念汉字跨入电脑时代 26 周年（1994 年—2020 年）

汉字复兴的脚步

——从铅字机械打字到电脑打字的跨越

（修订版）

许寿椿　著

學苑出版社

图书在版编目（CIP）数据

汉字复兴的脚步 / 许寿椿著 .— 2 版 .— 北京：
学苑出版社，2020.7

ISBN 978-7-5077-5974-7

Ⅰ. ①汉… Ⅱ. ①许… Ⅲ. ①中文输入—技术史
Ⅳ. ① TP391.14-091

中国版本图书馆CIP数据核字（2020）第135313号

责任编辑： 许　力　李蕊沁
装帧设计： 天之赋设计室
出版发行： 学苑出版社
社　　址： 北京市丰台区南方庄 2 号院 1 号楼
邮政编码： 100079
网　　址： www.book001.com
电子信箱： xueyuanpress@163.com
联系电话： 010-67601101（营销部）、010-67603091（总编室）
印 刷 厂： 北京虎彩文化传播有限公司
开本尺寸： 787mm × 1092mm　1/16
印　　张： 28.75
字　　数： 400 千字
版　　次： 2020 年 8 月第 2 版
印　　次： 2020 年 8 月第 1 次印刷
定　　价： 68.00 元

序

通力合作，使汉字文化更加发扬光大

陈堃銶

许寿椿教授曾是我的同事。我们同在北大计算数学教研室任教，之后他调入中央民族大学，我知道他一直从事汉字信息处理的研究。现在他总结多年调查研究的成果写成这本《汉字复兴的脚步》，我有幸先期读到。当我翻开这部著作，首先为卷首诗以及书中反映的作者对汉字、汉语的深厚感情所打动。我佩服他作为一个理科学者，对汉字文化有如此深入的了解和思考，我也为书中翔实的资料以及我切身感受到的一些问题所吸引。正是这些因素，使我有感而发，写下此文。

书中提到汉字曾被一批包括先贤在内的学者提出废除，我也有耳闻。记得在1994年纪念“七四八工程”二十周年大会上，原国家经济贸易委员会主任张劲夫同志曾说他青年时代曾赞成废除汉字，搞拉丁文字，搞拼音，认为方块汉字太难了，妨碍人民群众掌握。可见有此种想法者不少。

由于国家决策的正确，除了简化汉字出现的一些瑕疵外，我国没有像一些邻国那样废除或改造汉字，更没有出现像有的国家那样，除了老学究，一般人无法阅读汉字文稿的局面。进入计算机时代，汉字又面临抉择——庞大的汉字队伍如何像拼音字母那样进入计算机，成为横亘在人们面前的难题，因而出现计算机将是汉字的掘墓人之说，使拼音化呼声再起。面对这一形势，我国政府和学者没有因此而迷茫，而是顺应潮流，于1974年8月发起设立了“汉字信息处理系统工程”，简称“七四八工程”。此工程包含“汉字精密照排、汉字通讯和汉字检索”三个子项目。我有幸参与了汉字精密照排系统的研制。经过各方近二十年的努力，到了1994年，电子工业部刘剑锋副部长在纪念大会上说，汉字精密照排系统已经“在印刷技术上结束了‘铅与火’的时代，在推广应用上达到了普及的程度”，“1989年开始出口海外……在国际华人界产生巨大影响”，其余两个子项目也已进入实用阶段。（见《中国计算机报》1994年8月30日）“七四八工程”总指挥郭平欣说：“汉字信息处理研究上的成果对中国文化不但做出重要贡献，而且影响深远。”（见《计算机世界》，1994年8月17日）正是由于这一成就，使汉字文本的输入、传输和处理的效率超过了英文文本。

尽管成绩巨大，在实际应用中还是遇到困难。其一为：一字多笔形，有简体、大陆的繁体、港台的繁体，还有古体字、异体字等。而繁简的转换有时不是一对一的，如“冷面”与“冷面孔”，两个“面”字对应不同的繁体字，所以转换时还要看前后文；其二是：缺字，也就是本书所称的“外字”，我们在1991年研制成报纸版面远程传输系统，采用传输版面描述信息的全新方法，不仅极大地提高传输速度，尤其是可以毫不失真，但在遇到缺字时，若不加额外处理，尽管本地补上了，外地将会出现空白。这第二个问题是更大的困扰，因为无论怎样扩大码表、扩大字库，缺字将永远存在，总不能只以图片插入方式使用吧。这些都是目前汉字处理的不足之处，也就是作者所说的“半拉子复兴”。

为解决此类问题，书中提出了作者多年来设计的方案，我也曾收到诸多（包括外国学者）有志于研究汉字文化者的设计，有的还申请了专利。面对他们的努力和执着，我除了钦佩，无法给予任何帮助，因为这一问题的解决，牵涉汉字文化和信息处理技术多个方面，需要发挥不同领域人士的聪明才智和积极性，这就需要得到国家层面的支持和协调。目前的情况是各部门、各领域各说各的话，各做各的事，也就是出现如本书所说的“两张皮”现象，其后果是迫切需要解决的问题不但得不到解决，还会发生新的矛盾。此次发生的《通用规范汉字表》与《国家标准GB18030》“打架”的问题，就有一定的必然性，这就越发感到组织协调的必要。试想，如果没有国家出面组织“七四八工程”，潍坊计算机公司只会生产“DJS 130”计算机，不可能生产照排控制器；杭州邮电设备厂只会生产以录影灯为光源的传真机，不会生产激光照排机；《经济日报》社可能花高价引进无法实用的国外照排系统。面对这样的局面，王选们纵有先进的方案，也只能像如今的信息技术工作者那样干着急。

尽管本书在谈及这些现象时略带“火气”，但我体谅他的急切心情。本书的更大作用可能在于引起领导单位的注意，希望他们能够着手组织各有关单位通力合作，群策群力，为实现中华民族的伟大复兴，为在数字化时代汉字文化的发扬光大而努力奋斗。

卷首诗

汉字的脚步

汉字从远古走来，
那串串脚印，
就是中华文化的命脉，
那片片步痕，
都焕发着东方文明的光彩。

汉字从远古走来，
走过陶瓦、甲骨、钟鼎，
走过竹简、木牍、绢帛……
一直走到芯片、U 盘的当代！
世界上其他的古文字呀，
都早无声息，
早已衰败！
当今天下，唯有中国人，
还能凭那模样没大变化的长命汉字，
对话孔子、老庄，
诵咏杜甫、李白！
宝贵的汉字呀，
通古、达今、向未来。

汉字从中原走来，
文化四面八方传开。
不同方言区的人们，
说话互相听不懂，
写出汉字都明白。
书同文的汉字呀，
民族凝聚、团结的纽带！

汉字从中原走来，
文明传播五湖四海。
二十多种汉字式少数民族文字，
三种邻国汉字，
汉字文化圈这棵大树，
根干粗壮坚强，
枝叶繁盛冠盖。
汉字文化圈的书同文，
凸显着汉字独特的优异属性，
展示着东方文明的风采、气概。

汉字从远古走来，
曾经那么尊严、神圣、潇洒、豪迈。
汉字走到近代，
却与中华民族一起横遭祸灾。
那万园之园的硝烟，
那北洋海军痛葬的黄海，
那南京城三十万同胞的尸骸，……
族将灭种，国将不国，

皮之不存，毛将焉在?
活字本来出中国，
机械化时代，
铅活字旅德归来，
却成了汉字的克星、祸害!
汉字铅字数量，
百倍于拉丁字母铅字；
汉字设备，
却百倍地大，
百倍地重，
百倍地笨，
百倍地丢脸，
百倍地无奈!

民族在呻吟，在抗争，在挣扎，
汉字遭屈辱，在坚持，在等待。
汉字文化圈这棵大树呀，
枝叶枯萎殆尽，
唯有根干顽强、坚忍地存在。

抗争、挣扎，挣扎、抗争……
中华民族终于重新站起来；
等待、坚持，坚持、等待……
汉字终于等到了电脑化春潮涌来。

迅猛、突然、意外，
神奇、奥妙、精彩!

小小的、轻轻的、薄薄的芯片，
怎么就能够把数百、上千平方米的铅字排版车间装下？
几根细细的钢针，
一束奥妙的激光，
怎么就能够把百万、千万的铅字替代？
弹指一挥间（两次击键的间隙），
电脑那千万次、亿万次的运算，
使得庞大、复杂、一向桀骜不驯的顽皮汉字，
开始变得听话、顺乖！

迅猛、突然、意外，
神奇、奥妙、精彩！
汉字跨入复兴的新时代。
字量庞大，结构复杂的汉字，
却与26个简单的字母共存一体，
不再傻大笨粗，
反而开始显得轻盈、便捷，
更少存储，
传输更快！
那复杂的结构，
倒变成丰富的宝藏，
有待发掘、开采！

1994年，
一个伟大的年份，
全球所有现行文字字符，
统一整合为国际标准字符集。

数字化、微电子化，
使得全球所有现行文字字库，
变成不足指甲大小，
不足一克重的神奇存在！
两三万个宝贝汉字，
已经进驻全球所有人的手机、电脑、iPad！
可惜呀可惜，
当今中国某些汉字改革家，
竟然对此“不知”“不见”“不理”“不睬”！
20902 或 27484 个宝贝汉字，
仅有 8105 个有幸得到善待！
无奈呀无奈！悲哀呀悲哀！

迅猛、突然、意外，
神奇、奥妙、精彩！
汉字与中华民族同荣辱、共兴衰，
一同从远古走来，
一同尊严、神圣、潇洒、豪迈地走过古代，
一同在近代遭遇厄运、苦痛、悲哀。
又神奇地一同大步跨入复兴的新时代！
大难不死的汉字与中华民族，
必定有更辉煌、更美妙、更灿烂的未来！
当今汉字复兴进程中的些许困境，
仅仅是朗朗艳阳天中的短暂雾霾。
汉字与中华民族将青春常在！

我想，我设想，我畅想，

新时代，汉字的种种新作为、新常态：
汉字将融入各大洲、多种文字中，
实现与各种文字便捷、高效地混合编排，
汉字将原模原样、堂堂正正地畅行天下。
含汉字的短信、微信、QQ……
都是网络化的“远程手谈”！
这要比农耕文明的古代，
汉字圈内人们手书、笔写的“笔谈”，
高效千倍！
精彩万倍！
孔子、老子等先贤名言的汉字版本，
将为天下人共享。
中华优秀传统智慧，
将成为“人类命运共同体”，
成为宝贵的营养、血液、黏合剂、纽带！
文言文是人世间流通性很强的文书文本！
通古今！通四海！
对此，无须怀疑，大可期待！

当今网络远程教育的高效、便捷已经实现：
人人皆学，处处能学，时时可学！
我坚信，
汉字识字教学达此目标，
不会太久，而且很快！
不论国内，还是海外！

充足理由一：

汉字书同文的悠久历史生动表明，
汉字使用者都仅仅用自己的母语学、用汉字！
充足理由二：
宝贵的汉字早已进驻天下人所有的手机、电脑、iPad！
只是遗憾还在那里无聊地发呆！

天下所有想学汉字的老外，
只要拿出手机扫一扫，
就能得到易学易用的“单语双文”型汉字教材、学材！
就像网络淘宝、移动支付那样，
人人、时时、处处得到网络教学中心的辅导，
种种难题会及时解开！

汉字的学习、掌握，
并不密切依赖某个汉语方言，
也不密切依赖有声语言环境，
更不密切依赖语感的浸染。
密切依赖的是，
目视的文本阅读，
自主阅读中对“文悟”的意会、博采！
独特的以字形表意为主的，
视觉优势的汉字，
完全照搬、照抄，
完全追随、模仿，
“拼音的英文”，
只能是“少慢差费累”的惨败！
汉字难题的症结：

全在于汉字百年厄运，
中国人的自信心被击碎、毁坏！

朋友们，同志们，
立即行动起来。
重树对宝贵、独特汉字的信心！
尽快把汉字从被改造的境地彻底解放出来！
充分发挥汉字的独特优势，
发挥网络、手机、大数据的优势，
构建汉字文化复兴的伟大新时代！

目　录

一　从一册老杂志引出本书主角——打字机

1. 享誉近百年的《国语月刊·汉字改革号》

《国语月刊·汉字改革号》是1923年由民国时期的国语研究会编辑出版的一册杂志，近百年来它不断地被引用、被提及。中华人民共和国成立后，曾由文字改革出版社全册完整地影印出版。[①] 该杂志的编辑者——国语研究会应当是当时国语统一筹备会下属的研究单位。这个国语统一筹备会类似于新中国的文字改革委员会，最初的名称叫“读音统一会”，成立于辛亥革命的次年，1918年定名“国语统一筹备会”。1913年逐字审定“国音”的《国音汇编草》，1918年的《注音字母》，1922年的《减省现行汉字笔画案》等都是由国语统一筹备会发布或在其会议上提出的。[②] 新中国的三大文字改革任务，在国语统一筹备会的工作里都不难找到其前身的影子。《国语月刊·汉字改革号》可以看作是当时的国家文字改革管理机构及主流专家们关于汉字改革的宣言。该刊由胡适抱病撰写了《卷首语》，刊发了钱玄同的《汉字革命》，黎锦熙的《汉字革命军前进的一条大路》，蔡元培的《汉字改革说》，周作人的《汉字改革的我见》，赵元任的《国语罗马字的研究》，

① 参见前国语研究会编：《国语月刊·汉字改革号》，文字改革出版社，1957年。

② 参见前国语研究会编：《国语月刊·汉字改革号》，文字改革出版社，1957年。

傅斯年的《汉字改用拼音文字初步谈》等。这些文章都成为中国语文现代化运动的经典文献，在相关作者的文集里都容易读到它们。

2.“汉字革命”口号引来“汉字厄运”时代

中国语文现代化运动，通常认为是从1892年卢戆章的《一目了然初阶》开始。稍后王照的《官话和声字母》(1900年)，劳乃宣的《简字全谱》(1907年)都是早期工作。但他们都没有主张废除汉字，只主张以切音字、简字辅助汉字，减轻汉字学用的难度。[①] 诚然，五四运动前后开始有人主张废除汉字，实行罗马拼音化，但还只是学者的个人意见。而《国语月刊·汉字改革号》是作为当时的国家文字改革官方机构及主流专家们的宣言来面世的。它鲜明地、强烈地、集中地喊出“汉字革命”的口号，坚决地表达了废除汉字、改用拉丁拼音文字的决心。除了言辞的激烈、尖刻外，该杂志的封面用彩色漫画，描绘了作为牛鬼蛇神的汉字被拼音文字大军追赶得狼狈逃窜的形象(见图1.1)。近代汉字遭遇到的批判、辱骂，行将被抛弃的厄运，可以说《国语月刊·汉字改革号》就是个开启的标志。钱玄同文中认为，“汉字问题根本解决之

图1.1 《国语月刊·汉字改革号》封面

---

① 参见陈海洋:《汉字研究的轨迹——汉字研究记事》，江西教育出版社，1995年；周有光:《汉字改革概论》(修订本)，(澳门)尔雅出版社，1978年。

根本解决”就是采用拉丁字母，废除汉字；认为“西洋文化实在是现代的世界文化，并非西洋人的私产，不过西洋人做了先知先觉罢了。中国人要是不甘于自外生成，则应该急起直追，研究现代的科学、哲学等等”；“汉字的罪恶，如难识、难写，妨碍于教育的普及、知识的传播，这是有新思想的人都知道的”；“欲使中国不亡，欲使中国民族为 20 世纪文明之民族，必须废孔学、灭道教为根本之解决；而废除记载孔门学说及道教妖言之汉文，尤为根本解决之根本”。这之后，鲁迅先生的“汉字不亡，中国必亡”，“方块汉字真是愚民的利器”，“汉字也是中国劳苦大众身上的一个结核，病菌都潜伏在里面，倘不首先除去它，结果只有自己死”。[①] 瞿秋白先生的“这种汉字真正是世界上最龌龊、最恶劣、最混蛋的中世纪的茅坑”[②]。中国共产党人在苏联专家帮助下制定的中国文字拉丁化的原则中，第一条就宣称“中国汉字是古代与封建社会的产物，已经变成统治阶级压迫劳动群众的工具之一”，第二条则认为“如日本的假名，朝鲜的拼音，中国的注音字母等等”都是改良办法，而非革命办法。[③] 这一切，都与《国语月刊·汉字改革号》的主旨一脉相承，形成了一股强大的汉字拉丁化潮流，使汉字陷入厄运之中。

3. 汉字改革家钱玄同先生的一句名言

钱玄同等激进改革家的许多言论有失偏颇，与事实不符。但钱先生如下的话，我是赞同，甚至是钦佩的。他说：“电报非用 0001、0002……编号就没有办法，以及排版的麻烦，打字机的无法做得好，处处都足以证明这位老寿星的不合时宜，过不惯二十世纪科学昌明时

① 鲁迅：《鲁迅全集》第 6 卷，人民文学出版社，1986 年，160 页。

② 瞿秋白：《瞿秋白文集》（二），人民文学出版社，1986 年，690 页。

③ 周有光：《汉字改革概论》（修订本），（澳门）尔雅出版社，1978 年，76 页。

代的新生活。”[1] 这里，钱先生正确地指出了一个重要的事实：汉字在当时最重要的社会产业化应用（打字、排版印刷、电报通讯）上明显地落后于西方的拼音文字，与现代化迅速发展的节奏不合拍。排版印刷的落后造成教材印刷、报刊传媒的落后；繁难、低效的汉字四码电报使得外交联络、军事情报传递、工商往来的迟缓难于容忍；笨重而昂贵的机械汉字打字机只能配置于办公机构，使中国失去了一个大众化的机械打字机时代。这些应该是促使汉字改革的合理的、真实的、正当的理由。钱先生在 20 世纪初期明确指出这一点，表明在西学东渐的前期他对文字技术发展的敏感和远见卓识。应该说，直到 60 年后（1982 年）汉字电脑化成功在望之际，钱先生的这一段话还是基本符合实际的。在钱先生的这段话里，汉字打字最带普遍性，所涉及的新技术知识较少；对于了解汉字电脑打字情况的当代人，容易理解机械打字的情况。把打字机作为回顾、思索中国语文现代化或汉字复兴进程的一个样品、一个观测物最为合适。

4. 郭沫若、胡乔木、吕叔湘等对钱玄同的附和

钱玄同先生的上述名言受到广泛认同，附和者甚多。有的人（或许不太多）是直接受到钱玄同名言的影响，有的人（可能是更多或很多的人）则是出于自己的观察思索。最重要的是钱玄同所指出的事实（汉字在打字、排版印刷、印字电报中无法适应机械化新技术，与英文相比，落后、笨重、繁难得多）在铅字时代一直是明显的、容易感知的、无法否认的客观事实。我们不妨来看一看几位在新中国汉字改革工作中极具影响力的人物的看法。

郭沫若，著名历史学家、考古学家、古文字学家、剧作家、诗人、书法家，受过极好的传统文化教育，中国传统文化造诣极高。他

① 前国语研究会编：《国语月刊·汉字改革号》，文字改革出版社，1957 年，19 页。

为什么狠心地不顾自己的所长、所爱而极力主张汉字拼音化改革呢？在1964年他那篇著名的《日本的汉字改革和文字机械化》[①]一文中，他再次具体描述、对比了字量庞大、结构复杂的汉字与拉丁字母文字的显著差异，认为汉字的机械化水平严重地落后于拼音文字。郭老比钱玄同进一步的是，郭老已经见到了日本1960年代汉字计算机处理的景象，见到了计算机处理日文的穿孔纸带。郭老比钱先生更多、更大地感受到机械化及电脑化的双重重负。诚然，郭老并没有提及电脑化，因为那时的计算机外部设备依然是机械化的，还离不开铅字（如控制打字机、行式打印机），或者虽不直接用铅字，但是由机械打字机衍生出来的（如穿孔纸带输入输出机、穿孔卡片输入输出机）。当时计算机在文字处理上的应用，确实没有给汉字带来任何希望，带来的只是更深重的忧虑、悲哀与无望。

胡乔木，曾经的毛泽东秘书，协助毛泽东领导汉字改革，改革开放后曾主持文字改革工作。他在1950年代讨论《汉字简化方案草案》的一篇文章里，具体描述了汉字在打字、排版、印字电报诸方面不能很好实现机械化、显著落后于拼音文字的情况。他在解释为什么不能把更多的汉字简化时说了如下的话："一下子要把所有的字都简化，是有困难的：一个是物质上的困难，一个是精神上的困难。物质上的困难就是铜模一下子造不出来。中国的铜模大部分是从日本买来的。铜模是由刻字家刻的，做铜模先要刻模胚，这工作很不简单。据说全中国只有十几个人可以刻模胚，每人一天也只能刻十几个字。如果这十几个人都集合起来，每个字按大号、小号、楷体、宋体……来刻，至少刻十几付，就是说需要二十倍的时间。当然这个困难不能像现在说的那么悲观，应该设法使铜模制造过程机械化，可是这种机器中国没有，要到外国去买，今天还不能解决，或许是明年的事。"在同一篇文章里他还谈及印字电报。他说："据日内瓦会议的经验，因为中文

① 参见郭沫若：《日本的汉字改革和文字机械化》，人民出版社，1964年。

复杂，同样的发言稿，其他国家可以用电报机直接发出去，中国要经过一道翻译，必须几个小时后才能发出。我们不能享受现代的最新技术，很多地方浪费了时间和精力。”[1] 胡乔木作为清华大学理科肄业的高才生，他还保留了点对新技术的敏感。1980 年代中期，他看到汉字输入而提出汉字合理分解的要求；看到汉字结构分解的多种价值而提出汉字应当做成一种拼形文字的设想；他还批评当时的国家语委领导，对汉字输入法不能搞“不是拼音就不支持”（参见本书第八章第 7 节）。自然，胡乔木长期从事意识形态方面的政治斗争，他的技术敏感性还是大大地弱化了、退化了。他生前已经进入了电脑时代，可他并没有真正认识到。他的一个具体的明显而又严重的失误，是在 1980 年代初期，在汉字电报电脑化收发已经成功的时候，还多次要求“尽快搞出完善的拼音电报来”，这实在太不合时宜。1986 年他还明确主张坚持汉字拼音化道路。在中央决策把文字改革委员会更名为语言文字工作委员会，不再提拼音化道路的时候，他对那些心存怨气的文改专家们劝慰、安抚，引导他们走向不再高喊拼音化口号的踏实的拼音化改革。

吕叔湘，中国语文界的著名学者，他也是汉字拼音化的积极推动者。他的《汉字和拼音字的比较》[2] 一文初发表于 1946 年，重发于 37 年后的 1983 年，重发时他特别说明他的这些看法没有大的变化。该文以主、客交谈、讨论、切磋的形式，详细地、周到地、心平气和地对比了汉字与拼音文字的优劣，论说了汉字必须拼音化的理由。其中不少篇幅涉及语言文字习得的方面，也涉及文字使用效率方面。这效率方面就包括打字、打电报、铅活字排版印刷等方面与英文的比较，具体、细致，篇幅达数页。例如，关于电报，吕先生说：“再讲打电报，人家（引者注：指使用拼音文字者）也是在打字机上发报，打

① 胡乔木：《胡乔木谈语言文字》，人民出版社，1999 年，82 页。

② 参见《吕叔湘文集》第四卷，商务印书馆，1992 年。

字机上收报。咱们呢？文字翻成数码，数码又翻成汉字，这样翻来翻去，把功夫都翻完了。咱们还没发到一千个字，人家五千个字都不止了，而且管保人家五千个字错不了五个字，咱们一千个字还得错上三五十。现在大家闹‘电报不如信快’，虽曰人事，岂非天命哉！再还有，人家已经有所谓电报排版机，把电报机和排版机联合运用（因为这两样无非都是变相的打字机），一个打字的坐在甲地，就可以同时在甲乙丙丁几个地方排字，这对于大报馆是一大便利。”① 吕叔湘先生是位纯粹的语文学家，看来他对新技术的感知缺乏起码敏感，他重新发表的 1983 年，汉字的电脑时代已经快步走来。激光照排样书《伍豪之剑》已于 1980 年成功印出，汉字微型机 ZD2000、汉字操作系统 CCDOS 已经诞生，五笔字型输入法培训已经开始。吕先生没有能够感知到这些新变化的重大价值，直到他去世的 1998 年，也没能认识到汉字电脑化时代的到来。

本节上述材料是想说明：汉字在打字、排版印刷、印字电报中无法适应机械化新技术，与英文相比，落后、笨重、繁难得多。这是一种明显的、严重的事实，是汉字拼音化改革的一种合理理由。钱玄同及后来者对此的观察分析有其历史合理性，符合历史实际。但电脑化的成功，使得这种事实改变了，使得汉字拼音化改革的根据被消解、被清除了。人的认识和决策自然应当有所改变。与前述几位大家比起来，那个无名、资历浅、而立不久、病休在家的小小助教王选，对新技术的敏感及对技术发展的洞察力可显得高明得多。“七四八汉字工程项目”实际上就是要解决汉字排版印刷、汉字电报、汉字信息检索三大难题。王选独钟情于汉字激光照排，对汉字电报没什么兴趣。他认为在汉字输入电脑、汉字打印成功之后，汉字电报就没有了原则的技术困难，也没有什么中国特色的东西。② 而汉字激光照排必须克服

①《吕叔湘文集》第四卷，商务印书馆，1992 年，94 ～ 95 页。

② 参见《王选文集》，北京大学出版社，1997 年。

汉字本身带来的大量技术难题，难度大，效益也大，挑战性极强。小小助教王选的洞察力和选题策划的高明不仅超过常人，也超越大家、大师和高官。

5. 本书主角——打字机

前一节所引钱玄同的名言里，排版印刷在大城市的印刷厂使用，电报在大城市的邮电局使用。它们与普通人的日常生活还没有那么紧密，但对它们的基本了解也必须有起码的专业知识。比较而言，打字机是近代以来最重要、最普及的文化工具。在西方，打字机从实用化生产起的几十年里，就迅速普及成为大众化的文化工具。打字成为西方文化人的必备技能，打字机成为办公室和大部分家庭的必备品。尽管汉字机械打字机远没有英文机械打字机那样普及，但和排版印刷、印字电报比较，它和公众的距离还是近得多。又由于打字机是个人操作的单台设备，所涉及的专门知识较少，当今的普通人、学生，只要对操作电脑有些许了解，就不难读懂、理解本书关于汉字机械打字机的介绍。这样，打字机就成了本书的主角。作者想通过它向读者具体述说：汉、英机械打字的比较怎样引发了汉字改革的想法；引发了拼音文字优越、汉字落后的认识；铅字时代简化字比繁体字有怎样的优点；对钱玄同、鲁迅等先哲们激愤的言辞的产生给出一个可能的解释。本书还将通过机械打字与电脑打字的比较，具体述说文字技术电脑化浪潮是何等的迅猛、神奇、精彩，汉字怎样走出厄运。通过英文电脑打字和汉字电脑打字的具体比较，说明数十年前汉字与英文那种天壤之别、优劣鲜明已经变成兄弟之分、互有短长了；说明汉字拼音化改革的理由已经开始显著地淡化或消解。

二　初识本书两主角
——英文机械打字机和汉字机械打字机

1. 英文机械打字机简介

简史　英文机械打字机在使用拉丁字母的国家里是最重要、最普及的文字工具。西方国家的打字机文化已有近300年的历史。最早的打字机专利出现于1714年的英国。欧洲出现过多种打字机产品，未能流传。到1867年，美国制造出可实用的打字机，具备了至今还适用的卷纸筒、卷筒架、键盘及字符排列方式、色带等。但此时这种打字机仍然只能打出大写字母，并且字被打在卷筒下面，不能随打随看到打出的字样。[①] 后来获得普及推广的是基于美国人肖尔兹的专利。商业样机出现于1872年，次年由雷明顿公司批量生产。1909年便携式打字机问世。雷明顿公司头十年的打字机销量令人丧气，主要是因为当时的打字墨水容易褪色，不能永久保存，使得政府机关、财会部门不愿意使用。最早的英文打字员培训是1877年美国基督教女青年会，参加者8人，培训期半年。[②] 这比中国五笔字型培训班早将近110年，但培训期长两三倍。后来英文打字中普遍使用的“十指并用的盲

---

① 参见《简明不列颠百科全书》卷2，中国大百科全书出版社，1985年，368页。

② 参见[英]柏特里克·罗伯逊著，李荣标译:《世界最初事典》，北京科技出版社，1988年。

打法”产生于1888年7月美国的一次打字比赛。在英文打字机生产后大约20年的时间。[①] 打字和手写相比，有字体正确、鲜明和快速的优点。英文打字机的普及使用为妇女就业提供了一次机会，产生了打字员的新行当。随着打字机的日益完善、便捷、轻巧，公私文书普遍使用打字机，最终使手书笔写仅仅限于个人签名。打字成为西方普通文化人的基本文化技能。

图2.1是英文机械打字机的照片，左面是便携式，只有二三公斤重；右面是台式，十公斤左右。便携式的可以用于出差、旅行；台式的需要放置在稳固的工作台或书桌上。

便携式

台式

图2.1 英文机械打字机

结构 粗略地说，分三大部分：键盘、铅字槽和滚筒，见图2.1右图。键盘就是打字时打字员直接击打的地方。按键总共约近50个，分四排。字母键26个，可以打出大小写两类字形，另有一个大小写控制键。铅字槽里卧着大约七八十个头部是铅字的金属杆。打字员击

① 参见［英］柏特里克·罗伯逊著，李荣标译：《世界最初事典》，北京科技出版社，1988年。

打某个按键时，相应的金属杆抬起，其头部的铅字击打到滚筒，在滚筒的纸上留下打印的字符。各个金属杆击打的位置是固定的。滚筒可以转动以打出不同的行，还可以左右移动以打出不同的列。

图 2.2 是一台打开了上盖的英文打字机，从中能够更清楚地看到铅字槽结构。有 50 个按键，除 26 个字母键、10 个数码键外，还有标点符号键及用来控制大小写、行距、打字轻重、压纸的松紧、换行等的按键。

图 2.2　打开了上盖的英文打字机

操作使用　英文机械打字机的使用和电脑打字类似地方是“直接照文稿打”，文稿里是什么字母就击打那个字母键；要打出大写先要击打大写键；和电脑打字不同处是多了一些手工操作控制，如：手工上纸、上色带，手工换行，手工设定行距，手工控制压纸的松紧，等等。机械打字机的铅字是固定的，字形和大小都无法改变。

英文机械打字时的击键力度要足够大才能使头部带铅字的金属杆抬起并击打滚筒（滚筒上卷着待打字的纸，纸外有色带），在纸上留下字迹。这比电脑打字时费力得多。

由于是机械式的，打字员必须有必要的保养、维修能力。保养主要是润滑和清洁两项。润滑是指要适时加注润滑油，需要加油的地方有 12 处，如导轨、走格齿轮、行距调解扳手，等等。维修的常用工具有：钳子、锉刀、螺丝刀、镊子、刷子、油盘、活络扳手、钢锯；打字机专用工具有：螺母套筒扳手、弹簧钩、弧形辅助轴、键钮拆卸扳手、平口钳、弯柄特形扳手、千分尺，等等。

打字机是一件个人操作使用的机械式设备，一位胜任工作的打字员需要一定的综合能力。

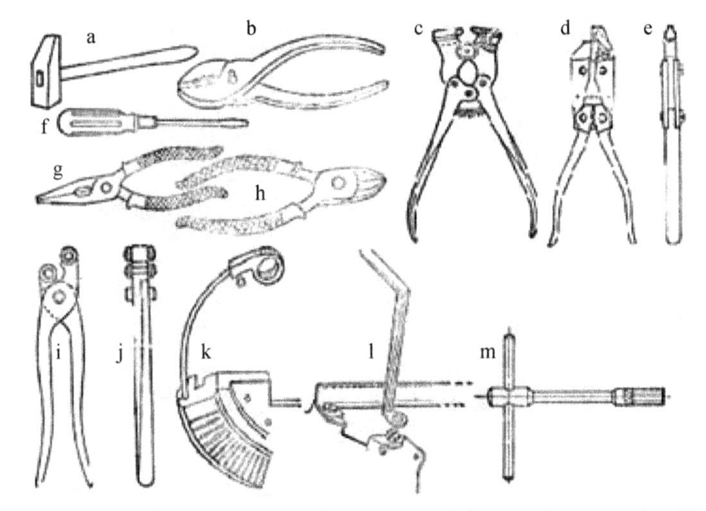

a：榔头　b：鲤鱼钳　c：平口钳　d、e：摆头钳　f：改锥　g：尖口钳
h：斜口钳　i、j：三轮钳　k：弧形辅助轴　l：弯柄特形扳手　m：套筒扳手

图 2.3　英文打字机部分维修工具①

2. 英文机械打字机是文字机械化的功臣

英文机械打字机商业性生产后不久，它就成为西方使用拉丁字母文字国家中最普及、最重要的文化工具；打字成为文化人的必备技

---

① 参见章国英：《英文打字速成技巧及打字机故障检修》，上海交通大学出版社，1991年。

能；原来的手书笔写绝大部分让位给打字；文书上签字几乎变成手写的主要用场。这正是工业时代社会日益机械化的表现。英文机械打字机的诞生还为妇女就业提供了新机会，打字员作为办公室工作者大量涌现。

由于近代的三四百年间，先是法语作为主要的世界交际语，而后是英语，拉丁字母就获得了广泛的传播。拉丁字母伴随着奴隶贩运、鸦片贸易、侵略战争、掠夺、烧杀，占领了整个澳洲、美洲、大半个非洲，小半个亚洲。到第二次世界大战结束，世界上使用拉丁字母文字的国家已经超过120个。非拉丁字母文字国家，也离不开英文打字机的使用。如图2.4是著名的雷明顿工厂生产的第一台打字机。图2.5是另两台老旧英文打字机。

图2.4 著名雷明顿工厂生产的第一台打字机

英文打字机在殖民地、半殖民地国家的使用，带有一种“强权示范”作用，它向普通民众展示了西方技术的先进、便捷；也成为打击东方文化，打击亚、非、拉土著文化的利器。新中国成立后，英文打字机曾

图2.5 另两台英文打字机

经达到年产量 30 万台（1989 年上海），远超过汉字打字机的产量。[①] 中国生产的英文打字机部分国内销售，部分到东南亚市场销售。

英文机械打字机的广泛使用，其强权示范作用刺激了非拉丁字母文字国家打字机械化的进程。善于学习、借鉴的日本，最早推出了可以打出大量汉字的日文打字机。稍做变更，就推出了面向中国市场，实际上也占领了中国的华文机械打字机市场。

3. 汉字机械打字机简介

简史 英文机械打字机的成功刺激了日本发明家，使他们发明制造了能处理汉字的日文打字机，最早的由日本人杉木京太于 1905 年（比英文的批量生产晚约 50 年）发明，稍后传入中国。日文打字机在日本的热卖，也提醒他们虎视中国的广大市场。他们在日文打字机基础上，只做部分修改，很快地推出面向中国市场的华文打字机。稍后德国产华文打字机也来到中国。日本和德国是当时机械制造最强的两个国家，中国是列强们的市场。在北京国家图书馆里，可以见到 1917 年出版的华文打字机说明书，均为日本商社编辑出版。[②]

一直有一批中国科技专家致力于汉字打字机的发明创造，但直到 2006 年前，都只能见到零星的、非常粗略的、不完整的关于汉字打字机的记载，给人的印象是几乎没有中国人成功的实例。在中国积极筹备上海世界博览会的过程中，人们挖掘出上海商务印书馆掌门人张元济当年曾经积极宣传、参加世博会的史料，其中就有 1926 年商务印书馆送到美国费城世博会的汉字打字机展品，并获得乙等奖章的材料。稍后，该汉字打字机发明人舒振东的后人在回忆文字中提供了较

---

① 《上海轻工业志》第一篇第十六章《办公机械》，2011 年。

② 参见株式会社编辑部编：《华文打字机解说》，东京，大谷仁兵卫，1917 年；《华文打字机》，日本制造打字机有限公司，1918 年。

为详细的材料。但至今，能够见到的汉字打字机实物照片几乎都是日本式的，而不是舒振东式的（舒式的有个指字板，用此板可以不在倒反的铅字盘里选字，参见图 2.9）。有关中国人的发明情况，只能另文介绍。据上海轻工业志记载，1951 至 1957 年沪产万能式汉字打字机的年产量如下：

年份	1951 年	1953 年	1955 年	1957 年
数量（台）	232	1604	2046	2850

1958 到 1962 年，总产量 34463 台，平均年产量 6892 台。1986 年，飞鸽牌汉字打字机年产量 6 万多台。1984 到 1988 年，电脑打字已经初步成功的时候，两种正式出版物《中文打字机的构造、使用与维修》[1]《中文打字机的使用与维修自学读本》[2] 还印刷了 36 万册。这种手册的读者主要是打字员。据此估计，从 20 世纪初到 80 年代，中国机械式中文打字机累计保有量相当可观。在电子打字机普及之前，这种机械打字机是中国最普及、最重要的文字工具。日、德是当时国际上的工业强国。汉字打字机的设计制造反映了当时国际水平。这种机器，可以打出单页，可以加复写纸打印四五页，也可以先打在蜡纸上再油印（可印数百页），还可以先打印在石印原纸再石印（可印万页）。在 20 世纪的绝大部分时间里，汉字机械打字机在中国是不得不使用而又广泛使用的工具。

面貌 汉字机械打字机的照片见图 2.6，图画结构图见图 2.7。

结构 结构上与英文打字机显著不同处在于：英文打字机有一个不足 50 个键位的键盘连接着七八十个头部带铅字的金属杆。而汉字打字机有一个大字盘，里面放置着 2450 个铅活字，这 2450 个汉字可能不能满足需要，通常有一个或两个备用字盘（参见图 2.8）。汉字打

① 杨月亭：《中文打字机的构造、使用与维修》，上海科学技术出版社，1988 年。

② 王一求：《中文打字机的使用与维修自学读本》，科学普及出版社，1984 年。

（4 号字体的，整机重 38 公斤；3 号字体的，整机重 48 公斤）
1：大架子　2：二架子　3：字盘，内有 70×35=2450 个字格，每格里一个汉字铅字
4：机身　5：把手（手柄）　6：上纸的卷桶（滚筒）

图 2.6　双鸽牌中文打字机（上海打字机厂生产）

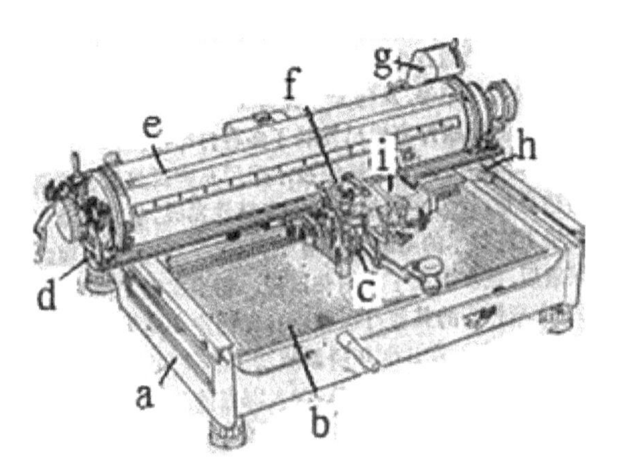

a：机架　b：字盘　c：机身　d：滚筒架　e：滚筒
f：画线器　g：直格器　h：拖板　i：横格器

图 2.7　汉字机械打字机绘画结构图 [①]

① 杨月亭：《中文打字机的构造、使用与维修》，上海科学技术出版社，1988 年。

字机里多了个机身（见图 2.6 中之 4，图 2.7 中 c），机身上的把手（手柄）是打字员一直掌控着的，机身连接着滚筒可以在整个字盘上方移动，范围是 35 行 70 列。汉字打字机有两个金属架子：大架子、二架子，用来放置固定铅字字盘。

图 2.8　汉字机械打字机一个备用铅字盘

操作使用　汉字机械打字机没有键盘，替代的是一个更大、更重的汉字铅活字字盘。这是它和英文机械打字机和电子打字机都不同的地方。放置数千铅活字的字盘是汉字机械打字机最重要、最核心的部分。汉字机械打字机的打字员右手需要一直掌控着把手，在 35 × 70 的字盘上方移动选字，选中后的操作比英文复杂，需要更大的力度。英文打字机只用 52 个字母可以打出所有可能的英文文件，但汉字打字机字盘里没有的字就无法打出，需要备用铅字或备用字盘。同英文机械打字类似的，汉字机械打字机也需要一些手工操作控制。如：手工上纸、上色带，手工换行，手工设定行距，手工控制压纸的松紧，等等。铅活字的字形和大小也都无法改变。

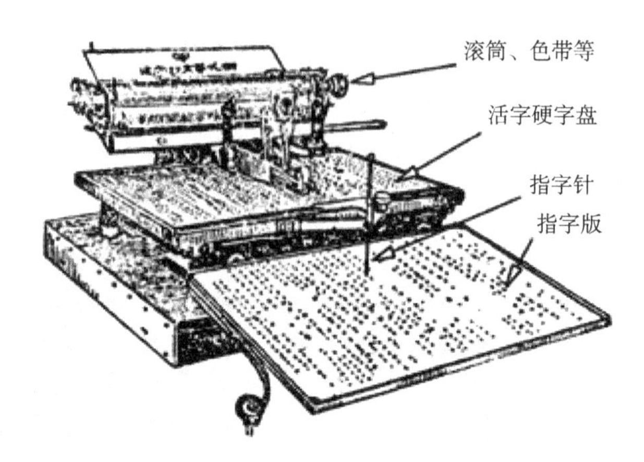

图 2.9　舒振东汉字机械打字机示意图

（其中，指字板用于在非倒反的、正常显示汉字的板上指定所要打的字。这大大节省目力，提高效率）

由于是机械式的，打字员必须有必要的保养、维修能力。保养主要是润滑和清洁两项。润滑是指要适时加注润滑油。维修的常用工具除英文打字机所用的外，还要用到较大的台虎钳、手虎钳、手摇钻或电钻、钢丝钳、三角钳等。

打字机是一件个人操作使用的机械式设备，一位胜任工作的打字员需要一定的综合能力。

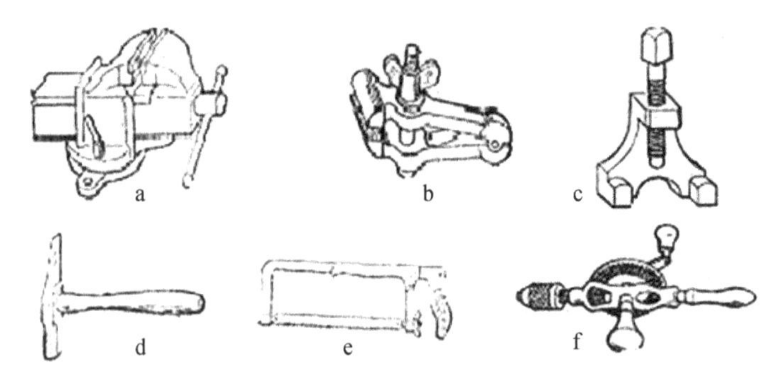

a：台虎钳　b：手虎钳　c：三角钳　d：斩口锤　e：调解式钢锯　f：手摇钻

图 2.10　汉字打字机比英文多需要的一些维修工具[①]

① 杨月亭:《中文打字机的构造、使用与维修》，上海科学技术出版社，1988 年。

4. 汉、英文机械打字的比较

直观形象差异显著 汉字机械打字机和英文机械打字机是两个（两类）不同的机械设备，其直观形象是显而易见的。一个大；另一个小。一个重，只能两个人抬；另一个轻，可以手提（便携式）或单人抱起（台式）。一个只能放置在坚固的工作台上；另一个可以放置在普通桌子上或双膝之上，等等。英文便携式打字机出差、旅行都可携带，汉字机只能配置在办公室。

40 多个按键的键盘和数千个铅活字的字盘 英文机械打字机有键盘和与之连接的头部带铅字的金属杆；汉字机械打字机主体是一个装有 2450 个铅活字的字盘。这些铅字是真正的铅活字，这是英、汉打字机之间最大、最严重的差异。由于铅字数量大，汉字机械打字机的重量明显大于英文机械打字机。英文机械打字机重量通常为十几公斤，便携式仅仅两三公斤。而单个字盘的汉字机就有四五十公斤，汉字铅字都放置在字盘里，字盘内部用 0.4 毫米厚铁皮分为 70×35 个字格，每个格里存放一个铅字。英文键盘小，字符少，熟练记忆键位和字符的对应不难做到；汉字字盘中 2450 个汉字位置不易准确记忆。

键盘上的正常字符和铅活字的倒反字形 英文打字员打字时，直接用手指击打键盘上某个键，该键上明显印刷着对应的英文字母。而汉字打字员打字时，需要先移动机身寻找需要的汉字铅活字，这里的铅活字是倒反的，如图 2.11。汉字打字员必须熟悉汉字的倒反样式，这既不容易，也颇费眼力。

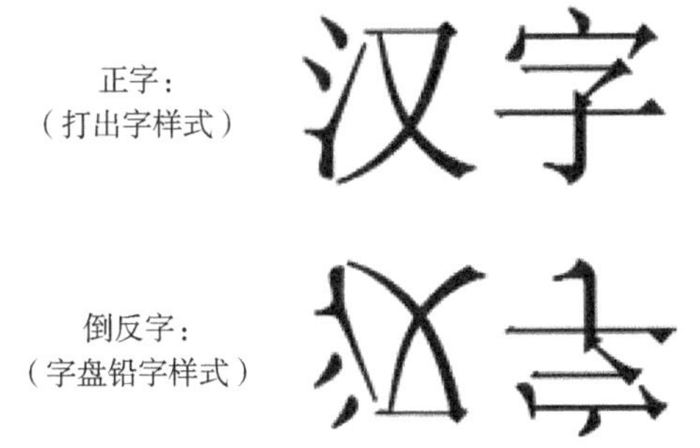

图 2.11 正字和倒反字

（打字员看到的铅字是倒反字，打出在纸上的是正字）

26个字母键容易实现盲打，两千多个铅活字需要手脑并用 搜寻英文打字机最常用的是26个字母键，十指恰当分工，经过训练，容易实现盲打，或称触觉打字，即眼睛不必看键盘完成打字。因而打字效率比较高，学用不太困难。汉字机械打字机一个字盘就是2450个铅活字，需要手脑并用在35×70的字盘空间里搜寻。效率明显比英文机低；难度明显比英文机大。

直接自然击打键盘和复杂的四步操作 英文机械打字只要按文稿直接击打键盘上相应键位即可。而汉字机械打字需要四步操作：① 移动选字用拇指、食指和中指握住把手（手柄），移动使机身上的字锤（字钳）在35行×70列的范围里搜寻，直到对准所选汉字。② 引字向下按手柄使所选铅字进入字锤（字钳），从字格里提起（引出）。③ 打字继续下按手柄，字锤抬起；手柄按到底，使字锤捉着的铅字打到滚筒上，实现打字。④ 放回铅字，当铅字打到卷筒后，顺势放松手柄，随着字锤下落，铅字落回字盘原来字格。如果不十分熟练，选不准字或铅活字放不回原格的事情就会经常发生。

只用手指和手腕和上肢总动员 英文打字时只需要手指、手腕，手指的屈伸、手腕的轻轻左右微小动作就能完成。而汉字打字需要整个上肢配合腕力，使字锤（字钳）在35行70列的字盘上快速移动。手指始终握着手柄，选字、引字、打字、复原，进行四种操作，实现四种手法和力度的转换。

完整表达和外字问题 英文机械打字机可以完整地打印任何英文文件。汉字的使用中当用到主字盘没有的字时，要去备用字盘找；备用字盘也没有而又确实需要时，得停下来，去铸造一个新铅字。这就是字盘外的外字问题。

总之，汉、英文机械打字机是两件看上去明显不同的物件，其差异是直观、感性、具体、外露的，不同的评判人也容易得到大体一致的结论。后面将看到，汉、英文电脑之间或汉、英文电子打字机之间的比较，就与此很不一样了。

5. 从打字机的比较到文字本身的比较

从前述介绍容易看到：英文打字机比较轻便、灵活、高效，学用不太困难；而汉字打字机明显笨重，学用比较困难，效率低得多。汉字机械打字机从东洋引进中国的时候，正是中国陷于半殖民地水深火热的时候。八国联军入侵，圆明园被抢掠、焚烧，义和团被镇压……血雨、腥风、硝烟弥漫神州大地，一切惨相依然历历在目。救国图强的中国志士仁人，苦寻救国之道，痛心疾首，一些人把中国的受欺辱，归结为国家贫弱，归结为教育不兴，归结为汉字落后。汉、英文机械打字机的新比较正是火上浇油，汉字落后论中就自然又加上一个“打字难”。应该说，打字难确实是汉字字量庞大、字形复杂的属性在机械化处理中的必然反映。汉字机械打字比英文的笨重、繁难、低效是无法否认的事实，在机械化时代也是无法改变的事实。这和汉字电报难，汉字铅字排版印刷中检字排版难，属于同类性质。因而，钱玄同那时说的“汉字这位老寿星过不惯20世纪科学昌明时代的新生活”[①] 是一句符合实际的话，一句基本合理的话。钱玄同的问题在于他“攻其一点，不计其余”。他不仅否定汉字的技术属性，还否定整个汉字，否定所有汉字文化，甚至否定汉语。直到1970年代，在半个多世纪的时间里，人们不断引用钱玄同的话作为汉字拼音化改革的根据，是正常现象，也有其历史合理性。因为那时，任何伟大的人物，都不可能预见会有个电脑时代将要到来。但当汉字电脑化已经显示必定成功的时候（20世纪80年代），或者电脑化已经获得真正成功的时候（20世纪90年代），依然把钱玄同的话当作至理名言，依然坚持汉字拼音化，就太落伍于时代，太脱离实际了。

---

① 前国语研究会编：《国语月刊·汉字改革号》，文字改革出版社，1957年。

6. 字母铅字与汉字铅字显著而残酷的对比

说起来，最本质、最重要的差异还是汉、英文两种文字的基本性质差异。英文是拼音文字，是封闭性小字符集文字，仅仅使用26个拉丁字母的大小写及少数标点符号，足以表达一切英文文件。汉字是表意音节文字，是开放性、大字符集文字，即使使用七千、九千、一万、两万个汉字，还会有外字问题。当处理设备使用金属活字，如铅活字的时候，英文的铅字数约70个（大小写字母52+数码10+标点），汉字按常用字7000算，其比例为1∶100。而由于汉字结构复杂，同样的笔画区分度，汉字的铅字要比英文的大，这比值就可能变成1∶150。这时汉字设备的重量、复杂度肯定会变大150倍，这是显著而残酷的对比。汉字比字母自然会带来极大的麻烦，这些麻烦在工业时代是无法解决的。这是工业时代或铅字时代，汉字改革问题产生的原因之一。但铅字问题仅仅是铅字时代的问题，不是永恒的问题。说明铅字时代和电脑时代是两个不同时代，正是本书的一个重要目标之一。

7. 汉字机械打字机角色的尴尬、滑稽与无奈

汉字机械打字机完全是为汉字设计发明的，是专门服务于汉字的，是专门服务于中国人的。但在它的服务过程中，它虽帮助主人完成了工作任务，但也让主人清清楚楚、明明白白地看到汉字打字比英文打字低效、繁难、笨重，让主人不时地皱起眉头。这催生了汉字落后论、拼音文字优越论，甚至废除汉字论。这就把汉字送进了厄运时代。由此，我们有理由说：汉字机械打字机确实是一个只效力于汉字，又实实在在干着葬送汉字勾当的家伙，是一个很忠实但又极可恶的奴仆。这实在是一种尴尬、滑稽与无奈。

三　铅字是逼迫汉字进行改革的强大现实力量

1. 活字印刷术诞生在中国，开花结果在西欧

活字印刷术产生在中国的宋朝，布衣毕昇发明了完整的泥活字印刷工艺，但他留下的仅仅是比他稍晚的邻乡人沈括在《梦溪笔谈》里写下的302个汉字的记述，没有留下任何印品和任何设备实物。在漫长的时期里，活字印刷始终没有成为中国主流印刷方式。清末和新中国成立初期两次中国古籍版本统计中，活字版占的比例都只有百分之一稍多。[①] 造纸和印刷术在中国长达千年的发展中，一直是手工作坊的方式。动力主要是人力，偶尔用到水力。工具中除了鲁班的木工家什再加上刻刀外，其他几乎全是竹木等自然物制品。而欧洲经过漫长黑暗中世纪走到文艺复兴的14～16世纪时，社会产生了激烈的变革和发展。造纸和印刷虽然在12世纪才传到欧洲，但其后二三百年内都迅速地实现了机械化、工业化。13世纪意大利就出现金属打浆机。德国人谷登堡（约1390—1468年）在毕昇后约400年的时候，发明了完整的铅活字印刷术。他原为金匠，熟悉硬币制造中的模压技术，后致力于活字印刷的发明。他的发明包括：铸字盒和冲压字模，铸造活字的合金（铅、锡、锑比例混合的配方），新式加压印刷机和油脂性

① 参见郑如斯，肖东发：《中国书史》，书目文献出版社，1991年，143页。

印刷油墨。[①] 长时期里，中国没能成功解决活字印刷工业化的关键技术，如金属活字的配方比例、铸造技术，印刷用油墨（中国墨适合木版手工印），适合机器印刷的纸张（中国纸适合手工雕版单面印，不适合机器化双面印），机械化印刷机（中国长期里使用的都是手工用毛刷刷墨、毛刷刷印），等等。古登堡1455年用他的发明印刷了《42行圣经》，又名《谷登堡圣经》，这是现存西方第一部完整的书籍，是欧洲最早的活字印刷品。古登堡晚年贫困潦倒，于1468年病逝。在他死后的20年内，活字印刷传遍整个欧洲。古登堡的发明为活字印刷在欧洲的机械化、工业化打下了基础。古登堡发明创造的黄金期，正值中国明朝景泰年间（明朝第七个皇帝），现代机械化印刷工业形成期是中国明朝中期到清朝中期。中国也曾经有过大部头的活字印刷品，如清朝的《古今图书集成》，这是中国最大部头的铜活字印本，共印64部，每部5020册。但中国始终不重视工艺的工业化、机械化改造，不重视效率。《古今图书集成》的铜活字采用了最耗费工时和资金的人工雕刻办法，而非铸造。[②] 还有非常可惜的是，耗费大量人力、财力、时间的宝贵铜活字用过一次后便熔化铸造钱币去了！近代印刷技术在西欧而不是在中国成熟是有深刻、充分的社会原因的。

2. 中国铅活字排版印刷技术的引进是西方传教士们帮助完成的

“中国在早于古腾堡800年的唐代（618—907）就产生了雕版印刷。又在早于古腾堡400年的宋朝，布衣毕昇发明了泥活字印刷。这种活字发明只存在于‘文字记载中’，没有留下‘印刷品’及‘印刷工具’实物。长时期里，中国印刷都以雕版手工印刷为主。近代铅字

① 参见《简明不列颠百科全书》卷3，中国大百科全书出版社，1985年，477页。

② 参见吉少甫:《中国出版简史》，学林出版社，1991年，178页。

排版印刷的工业化、机械化技术，确确实实是由德国人古腾堡完成的。在古腾堡身后，他的这种技术迅速在世界广泛流传，形成了‘古腾堡革命的潮流’。这既是技术潮流，又是‘资本企业潮流’。在不少国家，‘印刷业’是最早的‘资本主义企业’。由于中国很早就形成了自己的图书生产、流通市场。在中国，并没有自发产生图书产业工业化、机械化的内部需求或生成条件。明末清初随着西方传教士的东来，传教士希望用近代印刷技术印刷宗教宣传品的需求产生。18、19世纪‘古腾堡革命’已经相当成功。但在中国，传教士们的这种努力仍然面临巨大困难。本来明末清初中国皇室都接纳了一些西方传教士为自己服务。但由于1704年欧洲教皇的‘谕令’，不许中国教徒再祭拜孔子、祭拜祖先；中国官员、进士、举人每月初一、十五不得再进孔庙行礼，……康熙皇帝曾经数次礼遇接待欧洲教皇使者。由于使者的蛮横、无理，最终激怒了康熙。1707年康熙颁布对传教士实施‘领票’制度。凡愿意遵从利玛窦模式（尊重中国传统礼仪文化，愿意为中国朝廷服务）的传教士，需要领取中国清廷发放的‘票’，以表示不执行‘1704谕令’，并且永不回西洋；凡是拒绝‘领票’者一律驱逐出境。至此，中国就开始了一百余年的禁教时期。”[①] 这一百余年，也是西方铅字排版印刷迅速发展成熟期。有一些念念不忘中国传教事业的传教士，还是积极开展把西方铅字排版印刷技术移植到汉字的工作，因为汉字版圣经是传教士必须要使用的。汉字机械化处理技术事实上还真的是由西方传教士们为主完成的。但在鸦片战争前，这些工作都没有能够进入中国大陆，都是在南亚、东南亚临近中国的地方。据文献《古腾堡在上海》[②] 一书中，最早的近代雕刻活字，由马六甲英国伦敦传道会完成（1814年）。最早的字模活字由槟榔屿英国伦敦传道会

---

① 参见胡建华:《百年禁教始末》，中共中央党校出版社，2016年。

② 参见［美］芮哲非:《古腾堡在上海——中国印刷资本业的发展（1876—1937）》，商务印书馆，2014年。

完成（1838 年）。近代石印最早由广东伦敦传道会完成（1832 年）。最早的华盛顿平转印刷机由广州美部会完成（1830 年）；最早的滚筒印刷机由上海美华书馆（1860 年）、上海伦敦传道会完成。三者都属于西方教会。当时的这种印刷主要用来印刷宗教宣传品，主要的推动者是西方教会及传教士。1805—1810 年孟加拉浸礼教会的汉字活字研制及部分《新约》的印制。1814 年马六甲马礼逊铅活字研制。1818 年马礼逊创办的墨海书馆也在马六甲，28 年后（鸦片战争后）才移居中国内地。当时的铅字字体字形有些“丑陋”，原因是传教士们得不到中国政府的支持。只能雇佣底层中国人辅助。按当时清政府官员的话：“你们可以学习我们的语言，但我们不提供任何设备。大清属民也不能为你们刻书”。在近代中国获得较广泛使用的姜别利铅字就是美国人的制造。中国这一次汉字处理技术转型，是从人工雕版印刷向机械化铅字印刷的转变，是一次被动的技术更新，是西方传教士送到家门口的而清朝政府毫无积极性。西方传教士主导的时间近百年，直到 19 世纪末 20 世纪初，中国人接管西方人创办的申报、商务印书馆等企业之后，中国人才开始自主发展机械化排版印刷产业。中国人的“接管”也是依照全新的“资本主义企业”的“规矩”购买洋人们的“产权”完成的。1840 年爆发鸦片战争，中华帝国的大门被洋枪火炮轰破。康熙的“领票”制度失效，传教士获得中国内地传教及购买房产的自由。西方外交官、传教士、海关洋员是西方来华洋人三大群体。他们急需学习汉语文，急需适合他们使用的汉语文教材。中国政府当时根本没有条件、能力及需要，搞对来华洋人的汉语文教育。一场由西方人主导、由洋人当教师，用洋人编写的汉英、汉法混合编辑排版的教材，仅仅面向来华洋人的汉语文培训的热闹风景出现在中国大地。这种风景的出现，也是由于最早的汉字机械化排版印刷技术是由教会及传教士们完成的。这一场在华洋人自行主导的洋人汉语培训，规模大、效果显著，居然培养出了大批汉语文教师、中国通、汉学家，出版了大批汉外双文、三文混合排版的教材及汉字文化专著（作者一律是在华学习汉语文的洋人！）。这是人类历史上，汉字与西文（英文、法文、俄文、葡萄牙文文等）混合排版、批量印刷非常难得的第一次。西方传教士以“近水楼台先得月”的有利条件完成了这种开创性工作。这些工作都是来华洋人在中国土地上完成的。当这群洋人撤离中国后，没有任何一个西方国家，愿意在其本土建立汉字印刷厂（必须包括有数百万或上千万铅活字的排版车间，因为印一本 100 万字的书必须使用 100 万个铅活字。一套红楼梦需要 120 万字）。这种汉字与西文混合排版印刷也就一时完全中断。由于这些都属于“帝国主义侵略分子”的在华行为，长时期里不被注意。1990—1996 年陆续出版的《中国海关密档——赫德、金登干函电汇编》（1—9）以及 2016 年出版的《近代海关洋员汉语教材研究》《近代来华外交官汉语教材研究》《近代来华传教士汉语教材研究》几部书，开始为公众提供了观察这一场风景的难得的机会。

当然，非常明显，中国的被动开放，导致了时机的丧失及文字机械化处理设备市场长时期被外国把持的落后局面。中国人，在文字机械化处理技术上，对世界没有任何贡献可言。古腾堡印刷革命在中国的实际影响远远超过了传教士的想象。宗教宣传品确实大量增加。但随着晚清新学堂的普遍设立，中小学校课本的印刷量急剧增长，西方近代思想著作大量翻译引进，新式报纸、刊物的迅速产生、急剧发展，为中国新文化运动提供了全新的印刷技术环境，导致五四新文化运动产生。美国博士芮哲非在他的专著《古腾堡在上海》一书里指出：“西方印刷技术为反清以及后来反抗国民党提供了物质条件。使得他们能够迅速地传播自己的主张而不被当局发现。就这样，与传教士的期待不同，印刷新技术并没有在中国建立一个基督教王国，反而促成了共产党政权的成功。”[①] 西方来华洋人（三大群体：传教士、外交官、

① [美] 芮哲非：《古腾堡在上海——中国印刷资本业的发展（1876—1937）》，商务印书馆，2014 年，32 页。

海关洋员）在帮助中国引进机械化印刷技术同时，那次颇具规模的汉语文自我培训，及批量的汉字与西文混合排版印刷品的创造，对当今汉语文走向世界有重要借鉴价值，启示意义。其中，我以为非常重要的是：西方来华洋人中，看起来，完全没有当今中国这么严重的“汉字落后论、繁难论”忧虑。反而充满着对汉字、汉字文化的迷恋的兴趣，刻苦的钻研的毅力。他们中许多人对学好汉语文（包括繁体字及文言文）的信心，显著地高过当今许多权威中国语文学家及高层管理者。中华传统文化的巨大魅力，以及来华洋人们学习、钻研汉语文的兴趣与能力都令我十分惊讶。这特别使我想起吕必松先生（前北京语言大学校长，第一届对外汉语教学学会会长）生前的话，当今中国的对外汉语文教学，是以“汉字繁难论”为前提设计的。法国当代汉学家白乐桑先生说，当今，大谈汉字难的主要是中国语文学家。

3. 汉字处理机械化时代就是铅字时代

在古代，农业时代，我国汉字处理技术在多方面代表了世界先进水平，汉字的技术属性也是优秀的。造纸、雕版印刷、活字印刷都发明于中国，中国创造积累了丰富的汉字文化典籍。西方学者斯温格尔等人都认为，到1700年甚至1800年为止，中国抄、印本总的页数比世界上一切语文写成的页数的总和都要多。李约瑟：《中国科学技术史》（第五卷），《化学与相关技术》第一分册《纸和印刷》，科学出版社，1990年，338页。但中国的印刷长期停滞在手工作坊的阶段。工业化、机械化进展极其迟缓。近代，工业时代，最早在西欧成熟。工业时代文字处理的典型特征是机械化。这个时期的文字处理设备，铅字是最重要、最核心的必备部件。打字机，铅活字排版印刷，具有半自动、机械化特征的排铸机（排版员只需在排铸机前打字完成排版，不像汉字排版员手托版盒在车间不停行走），收发印字电报的电传打字，甚至是计算机诞生后30年里的控制打字机、输出用的行式打印机等等都少不了铅字。因此，我们可以说文字机械化时代也就是铅字时代。具体些说，西欧的铅字时代始于15世纪中（1455年古登堡圣经面世），在中国则始于19世纪末，铅活字印刷传入中国的时候。铅字时代的终结在铅字被淘汰的时候，也就是电脑时代开始的时候。西方铅字的被淘汰完成于1970年代中后期。中国电脑化浪潮始于1970年代中期（“七四八工程”起步或改革开放开始），汉字电脑化基本完成、铅字被淘汰是在1994年（参见本书第九章第1节）。

4. 汉、英铅字及其处理技术的比较

这一节，我们来具体看一看、说一说铅字。图3.1是一个铅活字的结构图。一个铅字的大小尺寸和字号有关。通常印刷用的5号字的字面为10.5磅见方，接近于4毫米见方。铅字字面上有笔画的地方是凸起的，没有笔画的地方是凹下的。凸起部分着墨后才能印出字形。繁体字的笔画比简体字多，即凸起部分多，耗费的铅也多一些。对于单个铅字，这种差异很微小；但一个检字排版车间就有数百万或上千万的铅活字（印一本50万字的书，必须用50万个铅活字）！其间的差异就不容忽视了。图3.2是铅字架的照片。由于每个铅字在一本书里都可能多次出现，所以每个铅字都要制作多个，还要考虑不同的字体、字号，这样铅活字的总需要量就极大。现代铅字印刷厂需要配备数百万甚至上千万铅活字，这是汉字铅字印刷繁难的主要症结。

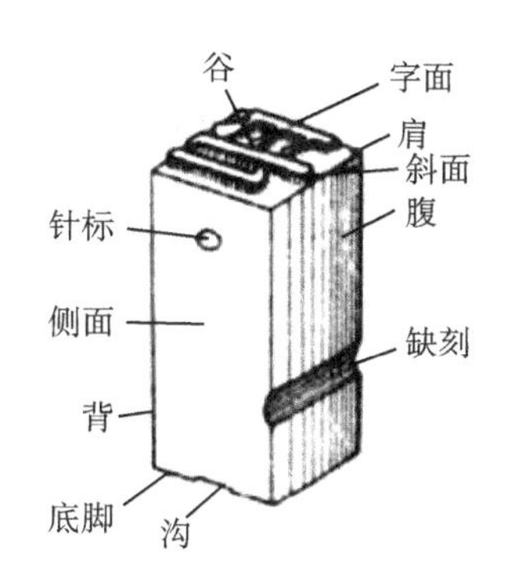

图3.1　单个的铅活字结构

通常一个普通铅字印刷厂的检字排版车间一两百平方米是很常见的。中型的经济日报印刷厂的检字排版车间面积近千平方米（实为962.5平方米）。图3.3是两个检字排版车间的照片。从其中人的大小

铅活字字架（局部）

铅活字字架（放大局部）

图 3.2　铅字字架照片

可以估计到车间是相当大的。图 3.4 是手工用镊子检出一个铅字的照片。图 3.5 是在铅字架之间检字的情景。一名铅字检字排版员，一天里要不停地行走在铅字架间，一天走上十几里的路程也是平常事。整个铅活字印刷流程包括：以火熔铅，以铅铸字，铅字排版，浇铸铅板，用铅板印刷。其中铸字前还有雕刻铜模，浇铸铅板后还有打纸型（以备再浇铸铅板）。计算机排版印刷的实现，解放了铅字铸造工和检

图 3.3　两个铅字检字排版车间的照片

图 3.4　从字盘用镊子检出一个铅字

图 3.5　在铅字架间检字的员工

字排版工，使他们摆脱了沉重的体力劳动和严重的铅污染。难怪王选1975年的立项申请在学校印刷厂打印时就引起印刷工人的热烈反响。

以上的图都是关于汉字铅字排版印刷的。英文的铅字排版印刷，由于只用到52个拉丁字母，其铅活字的总量不过只有汉字铅活字总量的百分之一（制备铅活字的汉字仅以5000计，是拉丁字母数的约100倍），其复杂、困难程度比汉字小得多。实际上，英文的铅字排版很早就实现了高度的机械化。英文铅活字排版利用类似于英文打字式的机器，排版员只需坐在排版机前击打键盘，相应的铅活字就从字槽里落下来。排版员不必不停地行走，不必强记成千上万铅活字的位置，难度和强度都比汉字排版小得多。英文的铅活字仅仅用在排版印刷中，英文打字机、电报机中的铅字已经不是"活"的，是焊接在金属背杆前端，金属背杆可以用敲击键盘控制起落，实现打字或发报。英文印刷厂中，上百米的铅字架、上百平方米的检字车间是见不到的。汉字机械打字机中的铅字只能做成铅活字字盘，一个字盘放置2450个铅字，两个字盘放置4900个铅字。汉字字盘只能人工手动操作，无法连接电报收发报机，所以汉字只能用四位数码的四码电报，不得不收发时各做一次人工翻译。

铅字时代汉字处理确实比英文落后、低效、笨重、繁难。使用七八十个铅字就完成了英文机械打字、英文印字电报、英文铅活字排版印刷，使得西方迅速进入文字处理高效的机械化时代。拉丁字母和英文打字机伴随着西欧的殖民主义扩张流传到世界各地。英文机械打字机在非拉丁字母国家的应用是一种“强权示范”，它逼迫、促进了非拉丁字母文字国家的机械化进程。这里，汉字遇到了无法克服的困难。至少四五千个汉字铅活字无法实现英文那样高效、便捷的机械化。读者从本书图 2.6 已知，一个铅活字字盘重达三四十公斤，汉字机械打字机明显比英文的傻大笨粗，效率低下，使用繁难。汉字电报无法使用四五千个铅活字，只好求助于两次人工翻译的四码电报。汉字铅活字排版印刷，普通印刷厂也不得不配备数百万或者上千万的铅活字，不得不忍受一二百平方米乃至千平方米的排版车间，排版员不得不每日手托字盘行走十余里进行检字排版。由于铅字、铅版必须不断重复铸造（铅版的耐印量为 10 万印，如《经济日报》每日印 40 万份，必须每日 4 次浇铸铅版）[①]，而汉字的数量庞大和结构复杂，确实给机械化带来无法克服的障碍，这是无法否认的事实。这个事实就是汉字的机械化处理落后于英文，是汉字的技术属性落后于英文。因此，汉字落后论的产生是有历史原因的，汉字落后论的合理内涵是其技术属性比英文落后。这正是汉字拼音化改革合理、正当、真实的理由之一，这是一种历史唯物主义的观点。按照这种观点，我们不主张汉字改革仅仅是或主要是由于错误思潮，由于西方语言文字理论引发的。错误思潮和西方语言文字理论起到了推波助澜的作用，是外在的因素，汉字的机械化属性确实落后是主要的内部因素。

---

① 中华人民共和国电子工业部、新闻出版署、印刷机设备器材协会：《七四八工程二十周年纪念文集》，1994 年 8 月。

5. 铅字时代与半殖民地、半封建时代的大体重合

机械化、铅字时代这样的提法和观察，是单纯从技术角度，特别是从文字处理技术的角度来说的。这有其合理性、科学性，也有其简单性、局限性，我们也必须做必要而简略的综合观察。铅字时代在西方是与宗教改革、产业革命、资产阶级兴起、近代科学形成等伴随的。这一切也造成欧洲及东亚两种文化对比的激烈变化。正如著名中国科技史专家李约瑟所指出的：从公元前1世纪到公元15世纪，中国文明在获取自然知识并将其应用于人类的实际需要方面比西方文明成熟得多。[①] 随着资本主义的发展，殖民扩张、侵略、掠夺成就了西方资本主义血腥的原始积累。马克思和恩格斯写道："资产阶级在它的不到一百年的阶级统治中所创造的生产力，比过去一切世代创造的全部生产力还要多，还要大。自然力的征服，机器的采用，化学在工业和农业中的应用，轮船的行驶，铁路的通行，电报的使用，……仿佛用法术从地下呼唤出来的大量人口，过去哪一个世纪料想到在社会劳动里蕴藏有这样的生产力呢？"中国的汉唐和两宋都是开放的世界大国。明朝前期依然是开放的，有郑和七下西洋的壮举，郑和的船队是当时及稍后一百多年里国际上最庞大的船队。1405年（以2020年为参照，615年之前！）郑和第一次出航，船队有舰船208艘，最大的长125米，宽50余米，载重七八千吨，率众27000余人。郑和比哥伦布发现美洲大陆早87年，哥伦布的船队舰船3艘，最大载重250吨，率众88人。郑和比达伽马绕过南非好望角抵达印度早92年，达伽马的船队舰船4艘，最大载重120吨，船长不足25米，率众170人。郑和比西班牙人麦哲伦环球航行早114年，麦哲伦的船队舰船5

① 参见李约瑟：《中国科学技术史》（第五卷），《化学与相关技术》第一分册《纸和印刷》，科学出版社，1990年。

艘，最大载重 130 吨，率众 265 人。[①] 据李约瑟估计，“明代中国水师可能比任何其他亚洲国家的任何时代的都出色。甚至同时代的任何欧洲国家，乃至所有欧洲国家联合起来都不是它的对手”[②]。但哥伦布、达伽马、麦哲伦都成为全球著名的地理大发现者，而郑和在他身后的四五百年里却被遗忘了。在郑和第七次下西洋结束后，明朝立即开始了海禁，主张闭关锁国的反对派得胜。兵部刘大夏曾说：“三保下西洋费钱粮数十万，军民死者万计，纵得奇宝而回，于国家何益！此特一弊政，大臣所当切谏者也。案卷虽存，亦当毁之，以拔其根。”郑和下西洋的许多宝贵档案被付之一炬，骇人听闻，损失无法弥补。《明史·郑和传》对郑和记述亦极为简略。[③] 在明末及清朝的闭关政策下，似乎罪过的郑和甚少再被提及。直到 1904 年（恰逢距郑和首航 499 年）梁启超发表《祖国大航海家郑和》，郑和才重新被引起关注。2005 年郑和下西洋 600 周年时，美国学者 Louise Levathes 说了这样一段话：“一个历史疑团就是：明代中国如何成就了海上强国，又为何在进行了广阔的远征后，却开始系统地自我摧毁了本身的强大海军，而丧失了原来超越欧洲的技术优势？”[④] 郑和稍后的哥伦布、达伽马、麦哲伦的地理大发现，和随之而来的血腥殖民扩张、占领、掠夺成就了欧洲资本主义的原始积累。短短几百年里，西欧实现了文艺复兴、宗教改革、产业革命，建立近代科学，完成了从黑暗中世纪向近代资本主义的过度。短短二三百年，西欧创造了超过既往数千年内积累的社会财富，根本改变了东西方优劣的地位格局。郑和轰轰烈烈的航海壮举将要结出硕果时，却戛然而止，令后世扼腕叹息！中国的缓慢发展乃至停滞造成了自己的落伍。1840 年后，中国迅速半殖民地化，国势衰微，政

---

① 参见胡廷武、夏代中主编：《郑和史诗》，云南人民出版社，2005 年，222 页。

② 胡廷武、夏代中主编：《郑和史诗》，云南人民出版社，2005 年，579 页。

③ 胡廷武、夏代中主编：《郑和史诗》，云南人民出版社，2005 年，374 页。

④ Louise Levathes（李露晔）著，邱仲麟译：《当中国称霸海上》，广西师范大学出版社，2005 年。

府腐败，民众贫苦，使得国将不国。昔日天朝大国迅速沦为被欺凌、被压迫、被侮辱的悲惨境地。1894 年，日本在甲午海战中竟然使中国北洋海军全军覆没。战后所签《马关条约》割让台湾、澎湖列岛给日本，给付日本“战争赔款”二万万两，有人估算这些赔款接近当时日本四年半的国家年度收入。1900 年，八国联军攻陷北京，抢掠、焚烧圆明园，签订《辛丑条约》，规定中国赔款白银九亿八千二百万两，准许外国在北京使馆区及北京到山海关十二处可驻扎军队，规定中国不得出现反帝组织，违者一律处死。1931 年九一八事变，1937 年卢沟桥事变，日本武装侵略、灭亡中国，使中国付出三千万的民族牺牲，使中国处于亡国灭种的关头。直到 1946 年 12 月 24 日，二战胜利国的中国北平东单操场，竟然还发生美国大兵皮尔逊强奸北京大学女生沈崇的事件。尽管此事件激发了全国性的反美浪潮，强奸犯皮尔逊最终还是逃脱了中国法律的制裁。陷入半殖民地的中国，完全丢失了主权、领土、财富和尊严。这种社会环境下，加之汉字明显地无法适应机械化的事实，就使得汉字落后论，拼音文字优越论，全盘西化，民族悲观，民族虚无等思潮大行其道。难怪钱玄同、鲁迅、瞿秋白等中国先进的文化人也发出那么多今天看来十分失当的话。回顾整个近代史，我们就能够找到可以理解的原因。

6. 汉字落后论的历史合理性及其偏误

铅字时代，汉字机械化处理的设备和产业（打字、铅活字排版印刷、印字电报）显著地比英文低效、笨重、繁难、落后，这是无法否认、无法回避，也无法改变、没有希望改变的事实。以此为具体内容的汉字落后论也就是一种反映铅字时代真实的理性认识。但在中国的汉字落后论，几乎一开始就充满了偏误。钱玄同最早明确、简短地指出汉字机械化处理的设备和产业的落后（见本书第一章第 3 节所引钱玄同先生的名言）。就在这篇文章里，钱玄同不仅否定汉字，也否定汉语，钱玄同认为汉字的这种落后是与生俱来的，是不可救药的。这样他就把汉字历史阶段性的（局限于机械化时代、铅字时代的）缺欠当成了汉字与生俱来的固有劣根，把汉字的短暂性（不过百余年）的问题，当成是永恒的、无法解决的难题。同时，由于列强残酷地侵略、烧杀、凌辱，使国人的尊严、信心受到严重打击，民族虚无、民族悲观情绪蔓延。汉字落后论一出生就成了西方语言文字理论的新证据。按照西方仅仅依据拼音文字总结出来的理论：文字发展有三个由低到高的阶段：象形、表意、表音。汉字是处于最原始、最初级阶段的文字。按西方的理论：文字仅仅是记录有声语言的，是从属于语言的。"言文一致"是文字发展水平的重要标志，而汉字是表意的，"言文一致"水平低，所以汉字是落后的。这种绝对化的汉字落后论在中国极具市场。直到今天的一些专著如《汉字现代化研究》[①] 里，还明确地、用专门的章节论述表意性的汉字必然繁难、落后。

7. 汉字改革在东亚的普遍性

汉字无法实现像英文那样高效的机械化、现代化，这对于整个汉字文化圈是共同的问题。西欧强势殖民扩张也同时侵略、打击、伤害了东亚汉字文化圈各国，汉字改革成为东亚汉字文化圈各国面临的共同难题。汉字命运存在着不断的争论和不断的反复。

越南　越南中北部从公元前 111 年到隋唐的千年里，属于中国版图，使用汉语汉字一如中原。公元 968 年，大瞿越国脱离中国，但仍以汉字为正式文字。17 世纪开始，西欧传教士来到越南，为了他们自己学习越南语，也为了向越南民众传授圣经，他们制定了多种用拉丁字母拼写越南语的方案，这和中国教会罗马字非常类似。各种拼音方案中以法国神父罗德的影响最大。1885 年中法《天津条约》使越南成

① 王开扬：《汉字现代化研究》，齐鲁书社，2004 年。

为法国殖民地。法国占领者推行法语和拉丁化越南语，限制汉字、喃字（越南造汉字），以割断越南与中国的文化联系，强化殖民教育。小学学用拉丁化越南文，中学过渡到法文，大学全用法文。1945 年，越南脱离法国殖民统治，拉丁化越南文成为正式文字。这样，越南也就同时进入了拉丁文化圈。[①]

朝鲜及韩国　汉朝末年到三国时期汉字传到朝鲜（当时的百济、新罗），他们早期的史书都用汉语文言文书写。经过大约 700 年，朝鲜半岛开始“吏读”时期。吏读，除大量音意兼借汉字借词外，还借用汉字的音或意书写朝鲜语。吏读时期持续约千年，此期间汉字文言文是正式文字。1446 年（中国明朝正统十年）朝鲜谚文创制，这是一种音素化拼音的、方块式的音节文字。这是朝鲜人在中国和西方双重影响下的一种独特创造。谚文和汉字混合使用是正式文字。在西方强势文化的影响下，谚文和汉字何者为主的问题一直存在争论，不断变动反复。第二次世界大战后，朝鲜半岛南北分立。1948 年起北方（朝鲜）废止汉字，全用谚文；南方（韩国）继续谚文、汉字混用，争论不断，变动不断。[②]

日本　日本明治维新（1868 年）前学习中国学了一千年。古代日本人读书是用古代汉语，后来也用汉字书写日语。汉字的日本读音分两种：音读和训读，音读就按汉字字音来读；训读按字意来读。如“砼”字音读为“同”的音，训读为“混凝土”表示该字的意义。用汉字书写日语有许多不便、不好的毛病，为此日本人设计了表音符号——假名。假名又分平假名、片假名。在拉丁化的国际浪潮下，日本还产生了拉丁拼音日文，最早是由西方传教士设计的，比利玛窦在中国设计的还早 65 年。最著名的日文拉丁化方案有美国人设计的黑奔式（1867 年）和日本国产的日本式（1901 年）。日本的文字改革，从以汉

① 参见周有光：《新时代的新语文》，三联书店，1999 年，79 ～ 82 页。

② 参见周有光：《新时代的新语文》，三联书店，1999 年，63 ～ 70 页。

字为主，到假名帮助汉字，再到汉字假名混用。混用从以汉字为主，到以假名为主。改革的争论还有拉丁化还是假名化的纠葛。第二次世界大战后，美军管制日本，抑制民族主义，提倡“民主化”，就大力支持黑奔式拉丁日文。美军曾在 1945 年下令路名、车站名一律用黑奔式；1946 年建议日本小学学习拉丁日文。日本文字改革还明确限制汉字字数和简化汉字。1946 年规定的当用汉字表收汉字 1850 个；1981 年公布常用汉字表收字 1945 个，另有人名用字 166 个（合计 2111 个）。

8. 汉字改革在中国近、现代各时期的连续性

汉字改革有其复杂的社会历史原因，并非任何个人、任何党派团体的一时冲动。这样汉字改革也就一定是各个历史时期不同当权者都必须面对的。在中国，辛亥革命前三年（1908 年）慈禧召见劳乃宣，劳呈上《简字谱录》《普行简字以广教育折》，面呈简字好处，慈禧批交学部议奏。这应该算是近代中国国家领导人首次接见汉字改革家。[①] 辛亥革命当年（1911 年），民国政府即召开“中央教育会议”，通过《国语统一办法案》；次年，民国教育部设立“读音统一会”；1918 年，民国公布读音统一会制定的“注音字母”；1919 年，成立“国语统一筹备会”，两年后出版由它审定的《校改国音字典》，收汉字一万三千。这可以视为 20 世纪中国政府第一次公布的现行汉字表。1923 年，民国教育部颁布国语罗马字，定为“国音字母第二式”。1932 年教育部公布“国音常用字汇”，重新确定以北京语音为标准新国音，收字在字量、字形、字音、自序上做了初步规范。1935 年颁布“第一批简体字表”，这是中国历史上由官方制定的第一个简体字表，尽管第二年又通令收回，该表还是产生了很大影响。该表收简体字 324 个，其中有 223 个（占 68.8%！）成为后来新中国和新加坡的简化

① 参见陈海洋：《汉字研究的轨迹——汉字研究记事》，江西教育出版社，1995年，28页。

字。[1] 又据周有光统计，1956年北京的简化方案和1935年南京的方案比较，完全相同的有225个，大同小异的有80个，不同的仅仅19个。而1935年南京方案仅仅收字324个。[2] 从以上清末、民初的这些活动，我们看到了新中国文字改革的三大任务的早期身影，近代中国的文字改革是颇有连续性的。

9. 汉字改革的群众性

近代以来，汉字改革者中不乏旧民主主义者、新民主主义者、共产党人、国民党人；不乏学者、官员、艺术家、科学家、学生及民众。就以简体字而言，蒋介石也曾多次支持过。1935年中国第一个简化字表就是他主政时的产物，他是认同的。1950年代在台湾，他也数次表示：简体字是生活的需要，是时代的需要，提倡简体字很有必要。[3] 罗家伦、傅斯年两位是五四运动时期著名的学生领袖，他们二人从五四时期起一直主张汉字简化、拉丁化，此二位都终老于台湾政坛。政治斗争里似乎有敌我双方都经常使用的一条潜规则，就是毛泽东曾经概括过的“凡是敌人拥护的我们就反对，凡是敌人反对的我们就拥护”。台湾的国民党人是在大陆轰轰烈烈推行汉字简化的时候，才停下了自己的汉字简化，才明确公开反对汉字简化，才批评这是毁灭传统文化的恶行。实际上，就汉字简化而言，在国共两党内部都曾经有过主导地位，也一直存在着不同意见的争论。

---

① 参见[新加坡]谢世涯：《新中日简体字研究》，语文出版社，1987年，172页。

② 参见周有光：《新语文的新建设》，语文出版社，1992年，237页。

③ 参见周有光：《新时代的新语文》，三联书店，1999年，167页。

10. 文字改革动因的历史观察、思考

产生于中国及东南亚的汉字改革运动有其多方面的复杂因素，这一节仅稍做讨论。

百年来阐述汉字必须改革原因的文献众多。最多、最经常谈到的理由有：汉字落后，汉字是最低级发展阶段的文字；汉字繁难：难学、难教、难写、难认、难读，打字难、打电报难、排版印刷难、排序难；汉字无法适应新技术；汉字效率低；汉字不利于教育普及；汉字是统治阶级压迫劳动人民的工具，等等。本文仅想摘引《中国文字概略》的一种概括性论述再小作讨论。书中认为文字改革的动因来自三个方面：政治的、宗教的和语言的，其中语言文字优劣是第三位的、最次要的，而政治和宗教经常更重要。例如，蒙古国脱离中国后，全民使用蒙古语文，蒙文也从回鹘蒙古文改为斯拉夫字母蒙古文，这完全是政治、军事、经济全面依赖苏联的后果。维吾尔族文字从突厥文转用回鹘文，再转用阿拉伯字母，完全是因为佛教和伊斯兰教的更迭所致。作者聂鸿音认为语言与文字的不适应，文字本身的缺欠仅仅有可能诱发文字改革，而不是必然引起改革。[①] 文字本身的科学性不是决定文字命运的首要因素，认为时代的需要和群众的心态非常重要。[②] 提及 1950 年代许多新拉丁化文字的命运时，聂鸿音说道：出自当代一批专业语文学家之手的任何一种新文字都大大地胜过老文字，而这些新文字在“不太科学”的老文字面前，竟然显得那么软弱无能，这是有目共睹的事实。[③] 认为改革如果能够尽量少触犯人们头脑中那些约定俗成的符号组织原则，事情就比较容易成功，反之则可

---

① 参见聂鸿音:《中国文字概略》，语文出版社，1998 年，219 页。

② 参见聂鸿音:《中国文字概略》，语文出版社，1998 年，226 页。

③ 参见聂鸿音:《中国文字概略》，语文出版社，1998 年，229 页。

能导致失败。[①] 认为中国历史上许多文字改革是和新政权建立紧密联系的，除国民文化生活的实际需要外，它还体现了统治阶级、统治民族的自豪感，甚至是政治、军事斗争胜利的宣言。[②] 丰富的案例和明晰独到的见解是这本书一个优点，但该书完全没有提及文字与社会技术适应的问题，对电脑技术对文字影响的估计不恰当。

事实上，文史界对文字改革动因的分析中，几乎没有见到有人提及社会技术的影响。本书作者见到的第一个明确指出信息技术（包括书写、印刷技术）是推动文字改革要素的是马希文。他曾经指出："汉字在历史上就有过许多次改革，都与一定的技术发展有关、以新的技术为物质基础。例如：有了毛笔，就有了隶书、楷书；有了印刷术，就有了宋体。后来改用铅笔了，就又有了仿宋体。……大凡一种社会性的改革，总要有某种物质基础。这是历史唯物主义的基本原理，违反不了的"。"其实，汉字改革并非史无前例。不可考的不算，隶书、楷书的出现与宋代印刷体的出现都是众所周知的。而这种改革的动力显然是信息技术（书写工具、印刷技术都是信息技术的一部分）的改变。因此，可以十分准确地说，历史上的汉字改革是由当时的信息技术所造成的。"[③]（他的有关其他论述见本书第八章第3节）

现在，我想把中国汉字改革的主要动因归结为以下三点：

第一点，就是至少三五千个汉字的铅活字数量太大，使得汉字设备比英文的显著笨重、低效、繁难。由此造成了以文字处理为重要内容的社会产业——出版印刷、电讯电报、公文处理（核心是打字）落后、低效。工业时代，汉字确实无法实现英文那样的机械化处理，这是汉字作为文字工具与社会需求的明显矛盾，这是汉字字量庞大、结构复杂的特点遭遇铅字技术时暴露的严重缺欠。这种认识是在与实现

① 参见聂鸿音：《中国文字概略》，语文出版社，1998年，220页。

② 参见聂鸿音：《中国文字概略》，语文出版社，1998年，215页。

③ 马希文：《逻辑、语言、计算——马希文文选》，商务印书馆，2003年，465页。

了高效机械化的英文对比中才突出显现出来的，自然也就引发了效仿英文，寻求拼音化改革。这个因素在整个铅字时代都存在，在广泛人群中几乎一直没有异议。

第二点，就是铅字时代的大部分时间，中国处于悲惨的半殖民地、半封建社会。1840 年，从鸦片战争起，西方列强对中国的瓜分、掠夺、烧杀、凌辱使得文明古国数度陷于亡国灭种的危难中，陷入半殖民地的中国完全丢失了主权、领土、财富和尊严。这种社会环境下，加之汉字明显地无法适应机械化的严酷事实，就使得全盘西化、民族悲观、民族虚无等思潮大行其道。面对危难，像钱玄同、蔡元培、鲁迅、瞿秋白等中国文化人，把问题归结于教育不兴，教育不兴归结于汉字落后。他们又手无长物，就把提倡、推行拼音文字当作自己救亡图存、报效国家的一种行为。提倡、推行拼音文字就得批判、咒骂、贬损汉字。这样，国家、民族厄运、危难转化成了汉字的厄运、危难，或者说汉字的厄运危难是国家、民族厄运、危难的一种反映。回顾整个汉字的历史，可以确认汉字确实一直与中华民族同荣辱、共兴衰。

第三点，是来自列强文化思潮的影响。其一是西方语言文字理论，其二是北方无产阶级文化派思潮。西方的语言文字理论伴随着列强的鸦片、洋枪、火炮，伴随着先进的文字处理技术（打字、电报及近代印刷）来到中国，也带有强大的“强权示范”作用。这种理论是依据拼音文字的事实概括出来的。按照这种理论，汉字处于最原始、最落后、最低级的表意阶段，其繁难、落后、低级是必然的；文字仅仅是记录语言的，语言是第一性的，文字是第二性的，而中国传统语文中，却一直以汉字为核心、为基础。在否定、贬低汉字的同时培植了对拼音文字的崇拜、迷信，对西方语言的崇拜、迷信，也出现了否定、贬低汉语的思潮。20 世纪初中国确实出现过取消汉语，改用万国语的主张。按照这种理论，文字与语言一致性越高越好，表音越准确、越细致越好，而汉字则都是最差的，汉字就应该走世界文字共同的发展道路——拼音化。按照无产阶级文化派思想，无产阶级之前的文化成果都是落后的、反动的、腐朽的，汉字是封建地主阶级压迫劳动人民的工具，这在中国共产党人中曾经有过巨大影响。

本书作者把第一个因素，即汉字无法适应铅字技术，作为中国近代汉字改革的最重要原因。而把西方列强侵略、西方语言文字理论及北方无产阶级文化派思潮的影响看作是附加的、推波助澜的外在因素。不主张“中国汉字改革主要是或单纯是错误思潮、错误理论影响的结果”，因而也就不必把汉字改革中的错误、失败、某些荒唐归咎于任何党派、学派或个人。

前述三大要素到了今天，到了汉字信息处理成功实现了电脑化的时候，情况又如何了呢？窃以为，应该说第一个因素已经消解，汉字信息处理的电脑化成功，已经使得汉字处理的效率不再落后于英文，在许多方面已经实现了反超。但由于汉字电脑化浪潮迅猛、神奇，短暂，加之信息技术的奥秘被封装在电子存储器（硬盘、光盘、U 盘）中，理解这些奥秘需要起码的技术常识，故而汉字复兴的这种跨越性进步就远远没有被认识和承认。汉字落后论、拼音文字优越论在文字改革专家中依然有巨大影响。第二个因素应该说也已经消解。改革开放以来，中国已经发生了翻天覆地的变化，中华民族正在崛起，民族悲观、民族虚无的情绪已经为之一扫。而第三个因素，即西方语言文字理论的恶劣影响，应该说在广大人群中已经不那么有力，但在汉字改革家那里，依然严重存在，成为阻碍、延缓汉字改革政策调整的重要原因。

11. 已经实施的及设想中的汉字改革模式

（1）已经实施的汉字改革模式

回顾汉字文化圈各国文字改革的历史，我们可以见到如下的已经实施的模式。

越南模式 这是一种完全废除汉字，改用拉丁化拼音文字的模式。这实际上完全是殖民地国家在宗主国统治下的必然结果，完全不是文字自然发展、优化选择的结果。1885到1945年的60年里，越南是法国的殖民地。法国占领者在越南推行拉丁化越南文和法文，限制或禁止汉字与喃字的使用。文字是有极大惯性的，在国家管理、教育、传媒上已经普遍使用三四代人的情况下，更换文字是极为困难的。拉丁化的越南文，最初由法国传教士设计，按有丰富拉丁化文字设计经验的中国语文学家评价，拉丁拼音的越南文有甚多缺点：如使用了7个带附加符号的字母，使用了10组双字母，按音节分写而不是按词连写，等等。①

朝鲜模式 1948年使用音素化、方块式的音节字取代了汉字。进程好像是非常顺利、简单，没有争论，没有反复。强烈的民族主义及对领袖的绝对崇拜，可能是成功的重要原因，甚至是唯一原因。

韩国模式 韩国还一直是汉字与谚文混合使用模式，但长期争论不断，反复不断。1972年，韩国教育部公布1800个教育用汉字，要求中小学生掌握。按适应电脑化而制定的朝鲜文字符集编码标准CSC5657（1991），其中含谚文方块音节字符5955个，汉字2856个。谚文里的同音字问题，远不像汉语和日语那样严重。②

日本模式 日本文字可以说是世界上最为复杂的一种现代文字，它使用汉字、假名（平假名和片假名）、拉丁化日文（日本式、黑奔式、国定式）。它还实行限制汉字字数及简化汉字的政策，是汉字文化圈里方式丰富多样、最为复杂的一种模式。日本的文字改革历史比中国的还要久长，可能也有更多的故事。日本在汉字机械化进程中多有创造，汉字机械打字机最初发明于日本。中国的汉字机械打字机或者直接来自日本或德国，或者是在日本产品基础上仿制、改进的。电

---

① 参见周有光：《新时代的新语文》，三联书店，1999年，81页。

② 参见周有光：《新时代的新语文》，三联书店，1999年，63～70页。

脑化的汉字打字机也最早产生于日本。但在电脑化进程中中国迅速地开始了自主创造，没有像机械化时代那样一直落后。很快地，中国在汉字电脑化中成为创造最多、最具活力的国家。[①]

中国模式　中国是汉字的发源地，中华人民共和国成立后，汉字改革是中国的重要国策之一，自然有其对应的模式，但却难于简单叙述，留在下一节具体讨论。

（2）设想中的汉字改革模式

中国在汉字改革进程中提出过如下的改革设想或方案：

彻底的拉丁化模式　钱玄同在他的汉字革命论文里明确主张这种模式，称之为汉字问题的“根本解决之根本解决”，而民族式的注音法，仅仅是一种“治标的权宜之计”。瞿秋白、吴玉章等共产党人参与起草的“中国拉丁化新文字的原则”，也明确、强烈主张拉丁化，并明确地“反对用象形文字的笔画来拼音或注音，如日本的假名、高丽的拼音，中国的注音字母等等的改良办法”（见《原则之二条》）。[②]

汉字与字母混用模式　实现汉字与拼音字母的混用，类似于日本的汉字与假名混用，韩国的汉字与谚文字符的混用。例如：对于繁难的汉字、不会写的汉字用拼音字母写。这是一种真的混用。还有一种先在某些领域或场合（电报，新闻稿、外交文书等）使用拼音，再推广之。21 世纪以来，一些语文学家主张在电子邮件里使用汉语拼音，是这种主张的继续，他们也称之为“一语双文”。

设计以中国传统文字为基础的带拼音性质的新汉字　最著名的如唐兰先生的“综合文字”及袁晓园的“袁氏拼音方案”。唐氏的方案初见于人民日报 1949 年 10 月 9 日，他的拼音字是对传统形声字的改造与发展。以传统声旁为基础设计了一套新声旁字母，用之拼写新的汉

---

① 参见周有光：《新时代的新语文》，三联书店，1999 年，49 ～ 62 页。

② 参见周有光：《汉字改革概论》（修订本），（澳门）尔雅出版社，1978 年，76 页。

字，拼音的结果仍然采取方块形式。此种方案不完全排斥汉字，是汉字与声旁字母拼出的方块新拼音汉字的混合。[①] 袁晓园女士堪称中华近代一位奇才女。她出生于翰苑之家，自幼才气袭人，是民国时期中国第一位女税务官，第一位驻外女外交官（任职中国驻印度加尔各答领事馆），曾移居美国，在联合国秘书处中文组工作。1971 年最早归国访问，在周恩来、邓颖超接见时提交了自己的文字改革方案。周恩来批示国务院科教组印刷数百份征求意见。[②]《人民日报》1981 年 3 月 14 日曾报道北京东城区某小学实验结果。袁氏方案与唐兰的方案有甚多相似处，都是在整理传统的声旁、部首基础上设计的具有拼音表意的拼组式方块新汉字。实验结果虽好，但要取代汉字作为正式文字是不可能的。之后，袁氏不仅主动放弃，还转向宣扬汉字优越性，提倡继承传统文化遗产，提倡弘扬汉字文化，主张识繁用简。

把同音替代合法化、极致化的“通字方案” 这是一种把写同音白字合法化，将其提升为一种新汉字的模式。最重要、最精到的当属赵元任的“通字方案”。思路是对汉语的每个音节选用一个汉字，用该字记写每个与之同音的汉字。由于赵元任有独特的语言天赋，对中国各主要方言区他都至少会一种方言，所以他的“通字方案”里，对每个方言区的每个音节都对应有一个汉字，共计 2000 多个。[③] 比赵氏“通字方案”要简单的类似方案，有胡德润的“表音四百字”。他只选定 400 多个汉字，每个对应普通话的一个音节。下面就是仅使用这 400 多字，尽量使用同音替代法，改写出的西游记的一段话：“汤僧一厅，心力几了，不干在文。孙五空说：十付别几，让我在去文文。”按通常的汉字表达是：“唐僧一听，心里急了，不敢再问。孙悟空说：师父别

---

① 参见文字改革出版社编辑部：《建国以来文字改革工作编年记事》，文字改革出版社，1985 年，6 页。

② 参见陈海洋：《汉字研究的轨迹——汉字研究记事》，江西教育出版社，1995 年，87 页。

③ 参见赵元任：《通字方案》，（北京）商务印书馆，1983 年。

急，让我再去问问。”[①] 上面“表音四百字”的例句，让我们初步领教了这种方案。一些学者极力主张这种方案，其理论基础是：文字仅仅是记录有声语言的，能够基本准确地记录语音，理解就不会有大的问题。就这短短例句，您愿意承认“文字仅仅是记录有声语言的符号”吗？

简化汉字结构、减少笔画　这常与其他模式组合使用，如韩国、日本就都有简化字。其中有的与中国简化字同，有的不同。有的学者很推崇简化法，主张尽量简化，不断适时简化。

限制汉字字数　这也常与其他模式组合使用，如韩国、日本就都有限制汉字字数的法规。

12. 中华人民共和国汉字改革的“最佳模式”及实际执行的模式

在新中国，汉字改革曾经是重要国策，曾经形成声势浩大、持续多年的群众运动。它的改革模式如何概括，如何评价？

中华人民共和国汉字改革模式甲（一种“最佳模式”）　这个模式的基本特征可以由周恩来那几百字的重要表述和全国人民代表大会关于汉语拼音方案的决议联合表达。

周恩来在1958年的报告里，有如下一些话：“当前文字改革的任务就是：简化汉字，推广普通话，制定和推行汉语拼音方案”；“应该说清楚：汉语拼音方案是用来为汉字注音和推广普通话的，它并不是用来替代汉字的拼音文字”；“汉字在历史上有过不可磨灭的功绩，在这一点上我们大家的意见是一致的。至于汉字的前途，它是不是千秋万岁永远不变呢？还是要变呢？它是向着汉字自己的形体变化呢？还是被拼音文字代替呢？它是为拉丁字母式拼音文字代替，还是为另一

① 胡德润：《表音四百字及其他》，中国华侨出版社，1991年，125页。

种形式的拼音文字代替呢？这个问题我们现在不忙做结论”。[1]

1958年全国人民代表大会公布《汉语拼音方案》的决议摘录如下：“汉语拼音方案作为帮助学习汉字和推广普通话的工具，应该首先在师范、中、小学进行教学，积累教学经验，同时在出版等方面逐步推行，并在实践过程中继续求得方案的进一步完善。”[2]

从以上可以看出汉字改革的新中国模式甲的要点为：① 肯定汉字是中国的正式文字。② 事实上否定或者收回了“汉字走拼音化方向”的主张，把是否拼音化推到遥远的将来，并且承认有两个可能的结局：一个是拼音化；另一个是按照汉字自己的形体特性发展。③ 指明《汉语拼音方案》不是替代汉字的文字方案，只是帮助识字和推广普通话的工具。明确指出要逐步推行，并不断求得完善。以简化汉字、推广普通话、制定推行《汉语拼音方案》为新中国文字改革的三大任务，这是新中国第一届政府、第一届全国人民代表大会书面的、正式的文字改革政策。

在上面的模式甲里，我们看不到激进汉字改革家们那种激烈、绝对、偏执，而是平和、慎重、分寸得当。其实，中华人民共和国成立后那几年，汉字拼音化改革运动已经形成轰轰烈烈的局面，甚至可以说形成了顺之者昌、逆之者亡的态势。当时情况下，前节所述的那些设想出来的改革模式，都有可能被采纳、被推行（除了设想的模式①无法立即实施外），但也都必定要比模式甲造成更严重的破坏。模式甲的确定、公布，表明当时新中国高层（共产党高层及各民主党派高层）决策者保持了基本的清醒、理智、冷静，在那么火热、激烈的潮流中，做出如此慎重决策是难能可贵的。这实际上使得新中国避免了

① 《汉语拼音方案的制定和应用——汉语拼音方案公布25周年纪念文集》，文字改革出版社，1983年。

② 《汉语拼音方案的制定和应用——汉语拼音方案公布25周年纪念文集》，文字改革出版社，1983年。

一次“擦肩而过”或者“迫在眉睫”的更大的文字灾难。我愿意把新中国汉字改革模式甲看作是当时的最好选择、最佳模式。应该说新中国第一届政府、第一届全国人民代表大会有着中国历史上空前良好的多党联合。

可是，新中国实际推行的并不完全是汉字改革模式甲，它比模式甲激进得多、左得多。我这里称之为模式乙。

中华人民共和国汉字改革模式乙（背离了“最佳模式”） 其基本特征是：承认甚至是强调汉字落后，拼音文字先进，坚信汉字终将实现拼音化；把新中国汉字改革的三大任务看作是为实现拼音化的第一步，是拼音化的必要准备。在许多官员和学者心里，拼音化的进程被想象得会比较快，比较不那么复杂；对西方语言文字理论有太多的误解与迷信；缺少公平、民主的学术讨论、争鸣；缺少细致、周到、实事求是的调查研究；缺少有对照组的科学的、可再现的实验；有些人习惯把汉字改革看作是群众运动，还主要是政治运动，把自己在阶级斗争里的某些经验做法不恰当的引入文字改革，等等。应该承认执行中的模式乙有其严重偏离模式甲之处；也应该承认作为国家正式决策的，难能可贵的模式甲，也发挥了重要的、宝贵的约束作用，在一定程度上限制了模式乙的破坏。

13.“汉字改革三大任务”的历史价值及其变迁的一些思考

上一节我们已经说明，周恩来前总理的报告里指明，当前（指1958年）汉字改革的任务就是：简化汉字，推广普通话，制定和推行汉语拼音方案。那之后，国人习惯地称之为“汉字改革的三大任务”或简称“三大任务”。

“三大任务”的第一作用：成功抑制了当时已经形成的“顺之者昌、逆之者亡”的立即拼音化的强大潮流，避免了一次“迫在眉睫”的更严重的文字灾难。如果上一节提及的“设想中的汉字改革模式”①到④的任何一个，或者是更大规模、更彻底的简化，按当时的简化方案，仅限于第一表 230 个，第二表 285 个及 54 个偏旁总计 569 个元素，[①] 那后果就都比现在严重得多。

“三大任务”的提出，表明当时的决策者，对“拼音化”的难度有起码清醒估计。在方言差异巨大的国家，拼音化是极其困难的，或者说是完全“不可能的”。就是在民国初年，至今不到百年前，中国方言的差异都是十分惊人的。1936 年（差不多 80 年前！），胡适先生说道：“例如‘我来了三天了’这一句话，北京人、上海人、宁波人、温州人、台州人、徽州人、江西人、福州人、厦门人、广州人、客家人，各有不同的读音。用汉字写出了，全国都可以通行；若拼成字母文字，这一句话就可以成为几十种不同的文字，彼此反而不能沟通了。”[②] 今天的读者，可以翻阅一下地图，看一看上海、宁波、温州、福州、厦门相互距离有多远？胡适先生的话表明：这么小的范围，中国人的口语交流都是困难的，或者是不能通话的。本人 1957 年考入北京大学读书。那时每一个三四十人的班级里，都有个别同学说的话，大多数同学听不懂。但这些方言口音重的同学，专业水平和汉字水平绝对不差，有的还十分优秀。中国近百年来，普通话的推广成绩极其巨大。汉字多方言适用性，是一项极其独特而宝贵的属性。在普通话迅速推广情况下，这种多方言适用性宝贵属性有被大大地被忽视的倾向。

实际上，“三大任务”是踏踏实实地为“拼音化”创造条件。一旦普通话在全中国普及，那时的普通话就是全国通用汉语，就像英语在英国。那时拼写汉语普通话的《汉语拼音方案》就有资格取代汉字成为全国的新拼音文字，就像英国的英文。英语文，近代以来，一直是中国汉字改革家的崇拜、迷信的偶像。“三大任务”是“拼音化分两步

① 参见《国家语言文字政策法规汇编》，语文出版社，1996 年，9 页。
②《胡适学术研究文集：语言文字研究》，中华书局，1993 年，330 页。

走”的第一步。由于它放弃了激进的言辞，变得务实，所以这种“拼音化分两步走”的方案得以在激进派、稳健派或保守派，乃至反对派中达成妥协、共识。中国汉字改革家，60 年来，对推广普通话及推行《汉语拼音方案》的不懈努力，也就是他们对汉字拼音化的不懈努力。颇有一些中国汉字改革家，从这种角度具体论说过，“三大任务”最终将达到废除汉字的终极目标。这是中国汉字改革家们，兼顾当下及长远、很具“韧性”的汉字拼音化方略。

中国的语言文字，特别是汉语文，历史悠久，属性独特。又由于中国幅员广大，人口众多，形成了其他国家、民族无法比拟的“大家庭”“大家族”特色。尽管其“成员”众多，结构复杂，但长时期里和平共处，和谐共生，其乐融融，不断地兴旺发展。汉语有官话，有方言。官话有变迁，方言更众多，差异巨大。汉字属性独特，但有发展也有变化。有正体，有俗体，有异体，汉字文本有繁多的体裁，有古文、今文；有文言、白话；有诗词歌赋、判诏表策，等等。汉语文研究形成非常丰富、庞大的文化宝库。汉语文有多元共存、共生、共赢的宝贵传统。而中国近代文化，讲究革新，讲究革命，讲究革故鼎新，讲究厚今薄古，讲究一分为二，讲究非此即彼……汉字改革的四大成果，也包含着四大矛盾、纠葛、乱象。这就是普通话与方言，白话与文言，简化字与繁体字，字母与汉字。“你死我活”地斗争百余年！“三大任务”有把“大家庭”变成“三口人之小家”的作用。就是特别着重于“普通话、汉语拼音、简化字”，其他的一律淡出了人们的视野。丰富多彩、博大精深的中华传统汉字文化，被忽视，被遗忘，被伤害，呈现了某些退化、衰败倾向……

“推广普通话和汉语拼音方案”是在为汉字拼音化准备必要条件。但远不是“充分条件”。实际上，在中国语言文字发展进程中，不断有大量事实说明：“汉字拼音化”没有前途，不可能成功。但对此，迟迟没有及时、认真的思考、总结。特别是在 1994 年，汉字信息处理成功跨入电脑时代之后，汉字电脑处理效率反超英文及反超《汉语拼音方案》的时候，中华大地竟然出现了“清剿繁体字的政府行为”！

改革开放之后，有几次关于中国语言文字政策的重要重新阐述。主要有：1986 年全国语言文字工作纪要，2000 年中国通用语言文字法，2013 年《通用规范汉字表》。这些新阐述里，“三大任务”丝毫没有被动摇、被改变。它事实上仍然是基础或主要内容。一个始终不变的事实就是：汉字还是从属于{普通话 + 汉语拼音方案}的，处于被改革、改造的地位。特别是繁体字是事实上被否定，被禁足，被钉上了“十字架”。

改革开放以来，1994 年以来，十八大以来，中华民族复兴、汉字文化复兴的伟大进程，使得中国社会行行业业、家家户户发生了翻天覆地的变化。1950 年代，有诸多优越性的“三大任务”已经远远离开了国家发展的当前需要。仅仅局限于“三大任务”就必定拖了民族复兴、汉字复兴的后腿，产生日益增加的负面影响。20902 个汉字的集合，简、繁体兼容，中、日、韩兼容的大汉字集，本来已经成为全球几乎所有电脑、手机里的必备成员。这是汉字的极其重大、宝贵的全新技术优势，却成了“闲置的优势”。西方人手机、电脑里宝贵的汉字宝贝，在至今近四分之一世纪里（指 ISO10646-1993，及与之等同的中国国家标准为 GB13000-1993 实施至今），一直处于“沉睡”“休眠”中。这是宝贵优势的白白丧失。我确信，传统汉字文化创新性转化及网络、大数据技术强国战略，必将扭转这种局面。

14. 汉字改革反对派的宝贵贡献

中国的汉字改革曾经是亿万民众诚心诚意参与、朝着美好理想积极努力的群众运动，不能否认其所获得的成就。中国汉字改革的成就，不能说主要是激进分子们的功劳，这功劳中有章太炎、陈梦家等人的宝贵贡献。章太炎是最早、最明确、公开反对用西方拼音取代汉语汉字，通常被看作是中国汉字拉丁化的反对派、保守和顽固分子。

陈梦家通常被看作是值得惋惜的、坚持自己学术观点、真心爱国而横遭厄运的悲剧人物。当我们注意到新中国汉字改革模式甲在激烈、火热的浪潮中做得那么清醒、理智、冷静的时候，我们不得不承认这难能可贵的决策里，有章太炎、陈梦家等人宝贵的贡献。这些志士仁人以自己悲剧的人生影响着汉字的命运。如果新中国高层（共产党及其他参政党派高层）决策者心中只有激进分子，那么中国的文字灾难在今天可能将是无法收拾的。

15. 简体字在个人学习、使用中的优点

减少汉字笔画是汉字简化的主要目标。据统计，简化字总表中简化后平均每字 10.3 画，未简化时平均每字 16 画，平均每字减少 5.7 画。简化字的笔画数平均减少超过三分之一（以繁体字总笔画数为基数），或超过二分之一（以简体字总笔画数为基数）。从字数上看，未简化时，总表里十画以下的汉字仅占 6.2%；简化以后，总表里十画以下的汉字占 56.6%。[①] 就此而言，简化的效果是显著的。简化字笔画数显著减少，给初学汉字的人（小学生和成人文盲）减轻了书写的困难。显然地，繁体字“農業、豐收、稻麥、擁護、穀種”比简化了的“农业、丰收、稻麦、拥护、谷种”写起来更困难，更麻烦。新中国成立初期，中国文盲人群广大，“文盲压倒识字人数……初学汉字，害怕笔画繁，少一笔好一笔”[②] 简化汉字确实曾得到当时广大小学生、农民、工人的欢迎。应该说，在铅字时代，简化字给个人学习带来的好处，远不及给汉字的社会产业应用中带来的好处大。

---

① 参见［新加坡］谢世涯：《新中日简体字研究》，语文出版社，1987 年，236 页。

② 周有光：《中国语文的现代化》，山东教育出版社，1986 年，183 页。

16. 简体字在铅字排版、打字等产业中的优势

实际上，汉字笔画的减少，在铅字的制作中比人的手写中带来的好处更大。铅字使用在印刷出版行业和机械打字行业。金属铅字的制造过程中，要雕刻字稿，制造铜模，再铸造铅字。雕刻繁体字“農業、豐收、稻麥、擁護、穀種”比雕刻简体字“农业、丰收、稻麦、拥护、谷种”更费力、费时；阳文的铅字（笔画凸起的称阳文）“農業、豐收、稻麥、擁護、穀種”比“农业、丰收、稻麦、拥护、谷种”要多费一些金属铅。单个铅字的用铅量差异不大，但数千万或者更多铅字的累积用铅量差异就可观了。例如，仅仅是中型的经济日报社印刷厂有生产周转铅 65 吨，如果仅节省 2%，那也有 1.3 吨。每一个印刷厂都有相当数量的周转铅，全国的量就大了。据 1973 年的统计，全国印刷厂用铅量 20 万吨，其 2% 也有 4000 吨。再说汉字机械打字机，每一台通常要配两个铅字字盘，全国汉字机械打字机有多少台呢？1984—1988 年，电脑打字已经初步成功的时候，《中文打字机的构造、使用与维修》《中文打字机的使用与维修自学读本》两书还印刷了 36 万册。这种手册的读者主要是汉字机械打字机的打字员。据此估计，从 20 世纪初到 80 年代，中国中文打字机累计保有量相当可观。如果仅按 400 万台计，用铅量可能达到 40 万吨，节省 5% 就是 2 万吨。

还有铅字的铸造，铅版的浇铸，字模的雕刻都是要不断重复的。就以铅版的浇铸为例，铅版的耐印量为 10 万印，即印刷 10 万次后需要重新浇铸铅版。经济日报社当时每日印报 40 万份，每日必须浇铸 4 次铅版！[①] 铅版的不断重复浇铸，在铅字时代是极其平常的事。这样，铅字、铅版、铜模不仅仅是每个印刷厂必备，并且在每个印刷厂还得

① 中华人民共和国电子工业部、新闻出版署、印刷机设备器材协会：《七四八工程二十周年纪念文集》，1994 年 8 月。

按需要不断随时更新。因而汉字铅印中的这种麻烦是经年累月、持续不断的，它存在于该产业的整个生命周期，根本不可能一劳永逸。并且每次重复操作，其工时、人工、材料及能源消耗都几乎与第一次没有大的减少。字模的雕刻也是需要不断重复的。这样，简体字字模雕刻、铸造、耗铅量等优点也就可以累积叠加了。这时简体字的优势，或者说是减省笔画的优势就不能忽视了。

本节所述情况在电脑时代发生了根本性改变。

17. 铅字时代，繁、简体字并用的困难性

中华人民共和国的汉字简化政策并没有一概地废除繁体字，规定容许在需要使用繁体字时可以使用它。而实际上对繁体字的限制是非常严格或者说是有些苛刻的，除了一些人过左的主张、行为之外，还有当时的社会技术因素在起作用。铅字时代，一台汉字打字机，当它配备的是简体铅字时，它只能打出简体；要用它打出繁体，就要另外配置一组繁体汉字铅字盘。要想繁、简体并用，就要花费几乎多一倍的开销。类似的，一个印刷厂，要兼有繁、简两体汉字的排版印刷能力，必须同时配备繁、简体两套铅字；至少增加数百万个或者上千万个铅活字；至少增加一两百平方米的排字车间；至少增加一两百架十米长的排字架；还要增加一批繁体汉字的检字排版员……这和再建一个铅字排版车间几乎差不多。中华人民共和国成立初期，国家的金属冶炼、铸造，机械产品的加工能力低下、落后，繁、简体并用在当时确实是难于承受的。这种情况助长了对繁体字的过度限制和打压。

本节所述情况也与电脑时代根本不同。

18. 简体字当时受欢迎的原因

中华人民共和国成立初期的 20 世纪 50 年代，由于数十年不间断

的战乱，国家经济、技术落后，国家与广大民众都极度贫穷，国家面临百废待兴的局面。仅就广大学生教材印刷、基本报纸杂志传媒的出版而言，急剧增长的需要和现实的矛盾就非常尖锐。简体字比繁体字哪怕有百分之二三的好处，那都是非常宝贵的。

本书作者的小学时期正值新旧政权交替的时候，1951 年底到离家 40 里的承德一中上学，那时几乎全靠助学金生活。记得那时拥有可用的纸、笔都是不容易的。初中时每个学期开始，每个同学领一张当时糊窗户用的大张白纸，自己裁开订成本子；每人领一片小药片大小的墨水片，自己加水做成钢笔墨水。当时的铅笔都要用得短到无法握的时候。许多同学在铅笔只剩下一寸多长时，自己用纸在铅笔尾部卷出一个长的尾巴，使得铅笔可以用到实在握不住的时候。那时中国的大部分家庭能够吃饱穿暖已经十分不易。简化字把笔画减少了三分之一到二分之一，节省了笔墨，在当时也是极其有意义的。这些今天已经很难想象了。

新中国成立初期，中国的文盲众多，超过 80%。那时广大的文盲民众及其家庭离汉字有着遥远的距离。那时有报纸、杂志的家庭可以说是少之又少，没有几本书的家庭也多得是，广大村镇街道上也难得见到几个汉字。这远不像今天的中国，一个人从出生起就处在汉字的汪洋大海里。无处不在的书籍、报纸、杂志、招牌、匾额、广告，形形色色的物品包装，可以长时期不间断播放的电视，汉字可以说是无所不在。有的小学语文教师正是注意到这一点，才设计出让小学生自己从社区、街道、超市、公园里寻找“自己的新汉字”这样的主动自学法。这在 50 多年前是无法想象的。

前面引用了周老的话，简化字“少一笔好一笔”，那是从文盲们害怕繁难的心理说的。本节里我补充的是：经济极度贫穷、产品极度匮乏的国情，也增加了简化字节省纸笔的优越性价值。这使得当时的注意力集中于扫除文盲，做好基础教育。至于继承传统汉字文化、整理古籍等都远远没有顾及。当然，否定传统汉字文化，主张烧毁所有线装书，在当时也起到了消极作用。

这一节里上面所说是应该承认的历史事实，这对理解当时的汉字改革有帮助。也必须看到，今天，新世纪，中华民族复兴、崛起的新时期，国家的经济实力、科技水平，民众的文化素质、生活条件已经远非 50 年前可比。这些新事实更应该被承认，被重视，如此才能对今天的汉字政策做出正确决断与调整。

19. 铅字强化了简、繁体汉字之间的分歧、对立

简化字古已有之，长期简、繁体汉字和平共处，没有严重的对立。通常，在重要的、正式的、严肃的文本里主要用正体、繁体，其他场合可能用简体或俗体。各个时期刻制的字经碑石可能是当时带有规范性质的文本样品。那时简繁体字的使用，依赖社会性的惯例、习惯和书写者个人的习惯、兴趣、爱好。这种情况在漫长的古代，手工操作时代里是常态。当到了机械化时代，铅字时代，情况发生了一些变化。最重要的是：习惯、兴趣、爱好乃至社会惯例不再是完全决定性、唯一性的了。这里多了一个物质基础——用什么设备，由什么人制作。例如，要制作一篇打字稿，不只是看作者本人或文秘科官员的想法，还要看有什么样的打字机（配了简化字铅字还是繁体字铅字），什么样的打字员（能够操作简体、繁体还是两者皆可）。换句话说，相关文字产业（打字、排版、电讯）状况起到了基础作用，习惯、兴趣、爱好受到限制。铅字回传到中国后，直到 1950 年代，依照当时社会惯例，传统汉字（非简体、非俗字）是基础；到了 1960 年代，汉字简化方案公布后，中国大陆开始推行简化字，简化字成了基础。这就使得简化字在大陆获得了明显优势。这强化了简繁体之间的差异乃至对立，使得繁体字的被限制、被打压有了客观的物质基础。但在港澳台，一直延续使用传统汉字，没有批量制造简化铅字的消耗。传统汉字是港澳台文字产业的基础。在那里，使用简化字的习惯、兴趣、爱

好则受到限制、压制。在铅字时代，中华民族的书同文不仅仅要求统一使用习惯、兴趣、爱好，还必须改造现存文字产业的物质基础，即必须有一方抛弃简化字铅字或繁体字铅字。这涉及大量的铅字排版印刷工厂，以及更为大量的铅字机械打字机。这在实施中就会有相当大的困难，双方的困难也很难均等。这就是铅字时代新的书同文的客观的、物质的麻烦。但到了电脑时代，情况大大改变了，使用者的习惯、兴趣、爱好重新成为重要因素。因为此时出现了简繁体兼容、共存、共处的新的电脑技术。2000 年起推行的强制性汉字编码标准 GB 18030 就是简繁体、中日韩汉字兼容的。它是汉字书同文的基础。换句话说，当今的 GB 18030，既可以服务于简化字系统，也可以服务于繁体字系统，还为简繁体的调整提供了多种可能的选择。可惜，这一点，至今仍然少为人知。

20. 中国汉字改革的一点特殊性

这里，应该强调地说明：汉字改革在中国与在汉字文化圈其他国家有很大不同。中国是汉字的故乡，它有广大的疆域，众多的人口，至少 3500 多年的文字历史。汉字是国家管理、运行，民众日常生活须臾不可缺少的。越南那种一下子拉丁化是不可能在中国发生的。越南有四五代人的时间里是法国的殖民地，法国人管理越南，推行法语、法文，鼓励拉丁化越南文，禁止使用汉字，限制使用越南汉字（喃字）。四五代时间过后，越南就真的实现了拉丁化。中国的元朝、清朝，都是使用拼音文字的民族掌握政权。但他们都清醒、明智地维护了汉字的稳定，自己也努力学用汉语文，认真、切实地安排自己的子女们学习汉语文，努力把自己融合进中华民族。这是因为当时的掌权者心里清楚：如此广大疆域、如此众多人口，一下子更换文字，是极其困难的，是不可能的，必定带来大乱。八国联军已经把慈禧赶到西安，但他们最终没有采取推翻清朝政府，直接自己统治、管理中国的策略，而是采用压迫清朝政府为其服务的政策。他们清楚知道：中国如此广大疆域，如此众多人口，是非常难于管控的；三元里民众抗英、义和团运动都使他们心有余悸。中国也不能像朝鲜那样，仅凭领袖的意志，一下子用拼音取代汉字。蒋介石主政时的第一个简体字表，仅仅收字 324 个，当时汉字改革家们提出的方案最少也多在二三千，那时拉丁化的呼声也极其高涨。中国共产党确实在延安宣布过拉丁新文字的合法地位，但同时说明主要是看重其普及文化，唤起民众抗日的作用，并说明取代汉字需要漫长、复杂的过程，不能操之过急。中国在 1950 年代，拉丁拼音化的舆论已经形成“顺之者昌、逆之者亡”的强大声势，但周恩来那几百字讲话和全国人民代表大会关于《汉语拼音方案》的决议（参见本书第三章第 11 节）都十分谨慎。中国的广大疆域，众多人口，悠久历史，汉字须臾不可离开的深厚根基，是一个不容忽视、极其重要的事实。

四　铅字时代：汉字的厄运时代

1. 陷入厄运的两大原因：列强殖民侵略和铅字技术局限性

1840年英军发动鸦片战争，攻广州被林则徐击退，攻厦门被邓廷桢击退。英军北上攻陷定海，继续北上，直逼天津。道光皇帝惊慌失措，派琦善与英军交涉，以惩办林则徐、邓廷桢为条件，乞求英军谈判。林、邓被撤职，琦善撤销一切防务，存心投降。英军谈判中，突然再次发动战争，攻陷虎门，攻陷四方炮台，进犯广州，琦善投降，把清军撤出广州。三元里103乡乡民自发组织起来抗英，围困大批英军，英军统帅前来解围也被围住。清朝卖国官吏竟然威吓、欺骗乡民，帮助英军逃脱。英军再次北上，陷厦门、定海、宁波，攻杭州。清朝赴杭州钦差大臣，一心求和，竟然下令清军不得进攻，不许"擒斩零夷"。英军入长江口，陷镇江，大肆屠城。上海官员弃城逃跑，英军占上海。在南京，清朝与英国签订《南京条约》(1842年)，清朝答应开放广州等五口岸，割让香港给英国，赔款2100万两银圆，英国商品入中国海关，税率由双方议定。这之后，不平等条约接踵而至。1843年《中英五口通商章程》,《中英虎门条约》。1844年《中美望厦条约》,《中法黄埔条约》。1848年沙俄抢占大片中国东北领土。1856年英军发动第二次鸦片战争。1858年《中俄瑷珲条约》中国失去六十多万平方公里领土。同年《中俄天津条约》,《中美天津条约》,

《中英天津条约》,《中法天津条约》规定外国船舰可以自由在长江各口岸往来，规定了大有利于列强、大大伤害中国的关税条例。1860年，英法联军攻北京，咸丰皇帝逃往热河，奕䜣交出安定门，英法联军大肆掠夺，火烧圆明园。同年定《中英北京条约》,《中法北京条约》,《中俄北京条约》。从1860年起至1910年的50年间，清政府又与列强订立近30个不平等条约，每个都包含赔款、割让、租借，出让矿权、路权、航行权、税权，等等。1863年起，清朝政府任命英国人赫德为中国总税务司，掌控中国海关48年。总之，中国自1840年后，迅速半殖民地化，政府腐败，对外软弱投降，对内残酷镇压。清朝政府勾结西方列强，镇压太平天国运动，义和团运动……

西方那以铅字使用为特征的文字机械化处理技术，帮助中国实现了文字处理的低水平机械化，同时暴露了汉字的无法克服的困难，实际上把汉字打入厄运的泥潭。

2. 落后、繁难、低效的汉字处理设备及产业

西方列强带到中国的文字处理机械化技术（机械打字机、由打字机改制成用于收发印字电报的电传打字机及铅活字排版印刷）在两种对比中沉重打击了中国人的信心、志气，也打击了汉字的尊严。一方面，西方的技术帮助中国的文字处理产业从农业时代的手工操作跨入了工业化、机械化。这种工业化、机械化尽管水平低，但比起中国原来的手工操作还是大大提高了，显著进步了。具体些说，原来中国的印刷主要是雕版印刷，雕版本身的制作繁难、低效，用雕版印刷时要先在雕版上刷墨，再铺上纸，再在纸上用无墨的毛刷子刷，每日可以刷印二三百张或三五百张。而由西方返回到中国的铅活字工业化印刷，初期每个小时就可以达到刷印二三百张或三五百张。稍后传入的电气马达驱动的滚筒印刷机每小时可以印刷1000张（1908年）；商务印书馆从法国引进的印刷机每小时可以印刷8000张（1916年）。这种

印刷一下子印出的是对开的四张（相当于人民日报四个版面），而中国原来一下子刷印出的一张仅仅不到对开四张的八分之一（人民日报一版的一半），比中国原来的印刷效率提高了数千倍。再说印字电报，它来到中国之前，中国的信息传递靠驿站邮传，这是一种用马匹（驿马）接力传递的方法。清朝时驿站邮传的速度是日行 400 或 600 里，最快为 800 里，从云南或福建把信件传到北京最短需要 9 天。这比电报的瞬息既至差太多了。从日本、德国传入的汉字机械打字机，比用笔手工书写不仅快，打出来的字还清晰、整齐，正确。这是西方技术在第一个对比中的大获全胜。第二个对比是，中国好不容易新建立起的这种汉字机械化处理，比起英文来还是差上一大截。就以打字来说，英文打字机仅仅使用数十个铅字，汉字机至少 2450 个铅活字（一个字盘）。英文机械打字操作每秒可以四五击（每击打出一个字母），汉字机数秒只打一个汉字。汉字四码电报比英文电报多了两次人工翻译（汉字到数码，数码到汉字）。铅活字排版印刷厂，必须要数百万、数千万的铅活字，必须有数百或上千平方米的排版车间……简言之，不仅原来农业时代，汉字手工操作严重地比英文（指机械化了的英文）落后、低效、繁难；汉字追随西方，追随英文进入到工业时代、机械化时代时仍然是显著地比英文落后、低效、繁难。加之半殖民地的悲惨、屈辱，这些都大大伤害了、打击了中国人的信心、志气，打击了汉字原本尊严、高贵的身份。

3. 近代中国批判、鞭挞、咒骂汉字的风气

近代中国的许多精英、先哲、领袖们都说过汉字的坏话，都有过批判、鞭挞、咒骂汉字的言论。大家已经熟知的有钱玄同、鲁迅、瞿秋白、陈独秀、蔡元培、吴玉章、毛泽东、蒋介石……1935 年蔡元培领头签名呼吁推行拉丁拼音文字的名单有近 700 位各界名流，呼吁书中称拉丁拼音文字像汽车、火车、飞机，而汉字有如手推独轮车。

1940 年 11 月，延安筹建陕甘宁边区新文字协会时也有 151 人签名支持新文字。

4. 以拼音化为终极目标的汉字改革思潮

从五四运动（1919 年）到国语罗马字（1928 年），到延安拉丁化新文字（1940 年），再到 1958 年的汉语拼音方案，中国一直存在着以拼音化为终极目标的汉字改革思潮和人物。中国汉字改革的三大任务（推广普通话或国语，简化汉字，推行拼音方案）事实上从民国初期起就一直进行着。这三大任务是激进改革家与温和改革家妥协而又可以为公众接受的。1986 年全国文字工作会议上不再提走拼音化道路。但胡乔木在会议闭幕词中劝慰有怨气的改革家时说，此次会议不妨碍我们做任何事情。那之后，有些改革家就开始了不再高喊口号的脚踏实地的汉字改革。权威字、词典里不停顿地、批量地制造着违规（汉字编码大字符集中也没有的）类推简化字；强制性、过度推行汉语拼音方案；鼓吹“一语双文”。这些成为当今中国部分汉字改革家的表现。

5. 汉字落后论、汉字繁难论的广泛影响

汉字落后论、汉字繁难论成为相当强大的社会思潮。西方的语言文字理论欺骗、征服了中国文化人，特别是语文学家。周有光说，文字发展的一般规律是从形意制度到意音制度，再到拼音制度。这种规律也被称为象形、表意、表音三阶段论。汉字是处于发展最低阶段的文字，因而是落后的文字。在新世纪，周有光在总结文字发展规律后依然把汉字定为“古典文字”。按照西方著名语言学家索绪尔的看法：文字是记录语言的符号，文字是附属于语言的，其存在的价值仅仅在于记录、表达语言。而“汉字不表音”“汉字读音乱”，故而汉字是落后的。优秀的语言文字应该是“言文一致”的。汉字适应于各种差异

巨大的方言，完全缺失“言文一致”性，是落后的表现。中国共产党人瞿秋白、吴玉章等人接受了文字阶级性的“无产阶级文化派”理论，认为“汉字是古代与封建社会的产物，已经变成统治阶级压迫劳苦群众的工具”[①]。瞿秋白还明确地说：“说到中国的文字，我们不能不说，这是比较落后的文字，比较落后的言语”，“中国言语的落后，是因为经济发展的落后”。[②] 1936年，蔡元培为首的688位中国各界文化人发表支持拉丁新文字的宣言，其中对汉字落后给出形象的比喻：“汉字如独轮车，国语罗马字如汽车，新文字如飞机。”

有汉字难学、难记、难读、难写、难认、难查找，以及打字难、打电报难、排版难、印刷难等等四难说、五难说、六难说直至十难说。如：切音字运动时期，卢戆章曾说，汉字是“普天下字之至难者”。钱玄同曾说：“汉字的罪恶，如难识、难写，妨碍于教育的普及、知识的传播，这是有新思想的人都知道的。”瞿秋白曾说：“汉字是十分困难的符号。聪明的人都至少要花十年八年的死功夫。”[③] 鲁迅先生曾说，汉语文“文字难，文章难，还都是原来的；这些上面，还又加上士大夫故意特别制造的难”[④]。吕叔湘先生在他那著名的《语文常谈》中说过：“汉字的难学使得中国读书识字的人数经常维持比较小的比例”，“中国有三难，西方国家有三易。中国的三难是：写文章难；识字写字难；不同地区的人说话难。西方国家有三易：写文章容易，因为基本是写话；认字写字容易，因为只有26个字母；不同地区的人说话容易，因为有通行全国的口语”，“汉字难学（难认、难写、容易写错），拼音文字好学（好认、好写，比较不容易写错），这是大家都承认的”。周有光先生在他的《21世纪的华语与华文》一书中多次谈到

---

① 周有光：《汉字改革概论》，文字改革出版社，1979年，76页。

②《瞿秋白文集》（二），人民文学出版社，1986年，690、657页。

③《瞿秋白文集》（二），人民文学出版社，1986年，690页。

④《鲁迅全集》第6卷，人民文学出版社，1986年，160页。

汉字难，他说："汉字难学难用，主要不在笔画繁，而在字数多"，"汉字的困难麻烦包含很多原因，其中之一是：字音难明，字形难记，输入汉字，万马奔腾"，"汉字有三病：字数多、笔画繁、读音乱，因此认读困难"，"汉字的笔画繁，字数多，读音乱，检索难，合称汉字四难"。

从卢戆章到周有光，时间跨越百余年，汉字繁难论在中国一直影响巨大。应该说，铅字时代汉字技术处理难（包括排版印刷难，打字难，电报通讯难）是真实的，有道理的，符合实际的。至于难学、难记、难读等则未必。笼统、全面、整体地说汉字难，则是铅字时代及半殖民地时代的产物，是汉语文与英文不科学、形式主义、片面比较之结论。

6. 对拼音文字的误解与迷信普遍存在

宗主国在殖民地、半殖民地的技术、文化活动都有强权示范作用，它总是提升自己的权威，打击被统治者的信心、志气。铅字时代汉字确实无法实现英文那样高效、便捷的机械化，更是打击了人们对汉字的信心，增加了对拼音文字的迷信、崇拜。由于那时中西文化交流的规模有限，大多数人对于拼音文字国家人们的语言文字生活缺乏具体了解，许多误解也就难免产生。鲁迅先生那著名的话："只要认识28个字母，学一点拼法和写法，除懒虫和低能者外，就谁都能够写得出、看得懂了。况且它还有一个好处，就是写得快。"① 这里，鲁迅先生深深陷入了对拉丁拼音文字的误解、迷信。果真如此，使用拼音文字的国家怎么会有文盲呢？怎么会有大量文盲呢？（参见本书第九章第8节）。

时人对像英文那样的拼音文字的崇拜、迷信，自然地转移、形成

①《鲁迅全集》第6卷，人民文学出版社，1981年，96页。

了对汉语拼音方案的崇拜与迷信，对它抱有太多过高的期待。这在铅字时代是可以理解的，但到了电脑时代，这种崇拜、迷信就成了伤害汉字健康发展的消极因素。

7. 在中国语言文字理论中打下了深深印迹

在中国，《语言文字学》《文字学》的名称和科目都产生于西学东渐之后，其建设形成期正处于半殖民地的社会环境，难免受到西方列强文化的强烈影响。从中国汉字改革进程看，西方的如下理论起到了重要指导作用。如："文字是记录语言的符号"，"记录语言是文字唯一的存在理由"，"文字发展有三个由低到高的阶段：象形、表意、表音"，"言文一致是发达语言的重要特征。言文不一致是一种缺欠"，"语言文字的形态丰富，表明其逻辑缜密，语法发达"，"孤立、无形态的汉字是其处于原始阶段的特征"。这些结论其实是西方语文学家在一百多年前主要依据拼音文字的事实材料总结出来的，20 世纪中后期已经被当作"语音中心论"而受到批判、放弃，但在中国则大多还当作金科玉律。中文大型语文工具书里，文字的定义是按照西方过时的文字理论给出的。如《中国大百科全书·语音文字卷》中，文字定义为"语言的书写符号"。《辞海》中文字的定义为"记录语言的符号"。而英文大型工具书里已经放弃了这种语音中心论，如《简明不列颠百科全书》中，文字的定义是"人类用于交际的约定俗成的可见符号系统"。《不列颠百科全书》15 版也同样强调文字是视觉交际系统。中西方当今的这种差异不是小小的名词用法的差异，是语言文字理论中的重大基础性差异。从下一节您可以看到"记录语言是文字唯一的存在理由"这种学术观点如何破坏了中国传统的语文教育，如何损害了中国近现代的汉字识字教学。

8. 识字教育“效率低、负担重”是汉字厄运时代的后果和表现

近代以来，中国的小学汉字识字教学“效率低、负担重”，拖其他科目后腿的状况一直少有改变。许多汉字改革家正是把这当作汉字落后、汉字劣根性的证据，是汉字改革甚至必须拼音化改革的证据。长期也一直存在另一种声音，认为中国近代汉字识字教学“效率低、负担重”恰恰是西方语言文字理论、思潮误导、破坏的后果。传统的汉字教学（主要是私塾教学），两三年里识两三千汉字并不困难，中国历史上不乏早慧、诗文俱佳、少年文章传千古的人物。但这个争论长期没有能够充分展开，使汉字落后论独占统治地位，管理层、管理者们长期支持前一种认识。1958 年以来，识字教学以汉语拼音为起点、为基础的状况一直继续着，尽管有大量的持异议者，尽管有数十种识字法试验结果明显优于当今管理者所推行的。难得的是，2005、2006 年出现在《中国教育报》的一场争论，可以让我们具体认识一下识字教学争论的性质。这场争论实际上是两期报纸的两组文章。一组刊登于 2005 年 12 月 31 日，这是《中国教育报》记者对邵宗杰、游铭钧的访谈。邵氏曾任浙江省教委主任、浙江省人大常委；游氏曾任国家教委基础教育司副司长，国家教委基础教育课程教材教育中心主任。两位都是资深的中国基础教育专家，熟悉中国识字教学的状况。他们的这种身份可能是使他们的“反主流”意见得以见报的原因。这种意见在公众中实际上大量存在，但难于从主流报刊看到。他们文章标题明显地写出“先学拼音，再学汉字是个错误”，“先学拼音，后学汉字，我们反对”，“小学语文教学应该从汉字开始”。文中认为，两千余年来传统识字教学一直以教识汉字为起点、为基石，是成功的、有效的。改成“从汉语拼音起步、以汉语拼音为基础”是汉字落后论、汉字拼音化改革的后果。邵氏说：“世界上不会有这样‘聪明的’母亲，先教

孩子一个一个音素，学会一个一个声母、韵母的发音再教他们如何拼。任何头脑正常的母亲总是一个词，甚至整句话，让孩子模仿她牙牙学语的（作者注：近年来北京外国语大学与英国权威教育机构合作编写的英文零起点教材，前四册书里完全没有出现音标，一律是英语词与句子的整体认读）。”游氏明确表示，先学拼音不是捷径，是误区，是舍易就难。他还说：“对高高兴兴上学来的儿童，六十课的拼音课，如果不算是当头棒喝的500杀威棒，也是浇向小脑瓜的一盆冷水，使其萌生读书枯燥、读书太苦的感受。”邵、游两位都认为，表意的汉字难学、拼音文字易学是一种“众口铄金”的冤案。他们以秦朝的《仓颉篇》、清代的《文字蒙求》，以及近些年来诸多识字教学实验（如韵语识字，听读游戏识字……）为例，说明摆脱从拼音起步，就能迅速改变识字教学的落后面貌。

另一组文章见于2006年2月18日的《中国教育报》。从他们文章中可以明显看到西方语言文字理论如何征服了中国的管理者。Y文一开头就说：“汉字难认、难记、难读、难用是公认的。正因为如此，才诱发了各种识字法。”对邵氏、游氏反对“从拼音起步、以拼音为基础”，认为这是西学东渐以来民族悲观、民族虚无思潮的后果，Y氏斥责这像是“只主张坐牛车，拒绝坐汽车”，说邵氏、游氏无视《汉语拼音方案》是全国人大批准的国际标准身份，是对汉语拼音的“令人匪夷所思的无知！”（作者注：全国人大决议里，仅仅说基础教育中要教授汉语拼音，并没有要求“从拼音起步”）是要回归“小农经济”的落后时代。Y氏如下的话，完全是以西方语言文字理论约束、限制汉语文：“文字是记录语言的符号，汉字是记录汉语的符号。汉语是单音节的语言，但汉语同所有的语言一样，是由‘词’组成的，而不是由‘字’组成的。识字的目的是学习语言，而不是为了识字而识字。”Y氏在其文章第6节说道：“文字不过是语言的衍生物，尽管文字产生后对语言的发展会产生反作用，但同语言比较，文字永远处于记录语言的符号的附属地位。在当今信息化的市场经济社会，口语交际的重要性日益凸显，小学语文课应该把普通话口语教学放在特别重要的地位，那种‘重文轻语’的错误倾向一定要扭转过来。”在文章最后一节中再次问“有一点要明确：学习汉字的目的究竟是什么？”接着作者自答：“掌握汉语拼音是时代的需要，初等教育要坚定地贯彻《国家语言文字法》关于初等教育应当进行汉语拼音进行的规定，贯彻《小学语文课程标准》关于汉语拼音教学的规定，和教育部领导‘汉语拼音教学不能削弱’的指示。”这些实际上是西方百年前盛行的语音中心论，近几十年里，西方已经开始抛弃之。西方现代的大型工具书，强调“文字是用于交际的视觉符号系统”，不像中国现代工具书那样，强调“文字仅仅是记录语言的符号”。中国某些语文教育管理者以西方的理论为依据，打压国内的持不同意见者。邵氏、游氏为传统识字教学法、韵语识字、听读游戏识字等等方法争地位，反对当今一刀切式、一律推行从拼音起步的做法。Y 文则指责这是对自己不喜欢的方法“一语以毙之”的“文革语言”，是“固守小农经济传统”。

2006 年 2 月 18 日的《中国教育报》中还转载了《华西都市报》记者的一则访谈。从访谈中看出这样的事实：2001 年北京师范大学出版了一种小学语文课本，它与以往的教材（作者注：当指 1958 年以来的）及现在其他版本教材的显著区别是一开始先学了一百多个汉字。这从侧面印证了中国当今识字教材确实几乎一刀切式的一律从拼音起步、以拼音为基础的事实。《华西都市报》这篇文章实际上是给北师大教材编写者提供一个机会，解释他们虽然先教一百个汉字，但并不是不重视汉语拼音。北师大教师们因为先教汉字而遭到非难是个事实。这事实真的令人感到无奈、惊讶、深思。

9. 电子计算机在诞生前期使汉字雪上加霜

这一节要特别说明：计算机诞生后的前 30 多年（1946—1979），它没有给汉字带来任何希望或帮助，带来的是更深的忧虑、更重的悲观，使得处于厄运中的汉字更加雪上加霜。因为这个阶段，计算机仅仅是主机数字化、电子化，其输入、输出设备还是机械化的。这个时候的计算机，没有现今的键盘、屏幕交互的操作方式。输入信息要先制作穿孔纸带，再通过光电输入器把纸带上的信息输入到计算机。计算机输出信息，靠由英文电报机改造的计算机控制打字机及同样使用铅字的行式打印机。这种输入、输出方式无法用于汉字。这个时期的汉字承受着机械化与计算机信息化的双重重负，悲惨、凄凉，更加无望。这个时期大体上包括了近代中国汉字改革的最大、最近的一个高潮，那就是 20 世纪五六十年代。

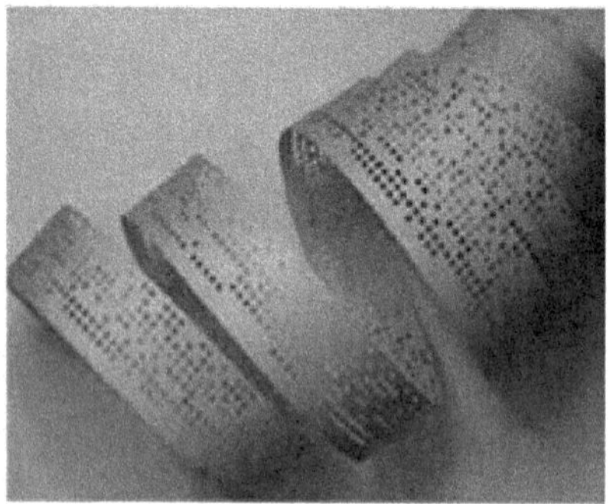

图 4.1　20 世纪七八十年代国产计算机控制台和纸带

此时的控制台只有启动、停机两个按钮直接下达命令，有几排搬键和对应的显示小灯泡用来往个别存储单元里写入二进制数。这些数码用来控制不同程序的选择。这是计算机控制方式的第一代。第二代是使用控制打字机，可以用英语动词给计算机下达数十种命令。第三代是独立键盘加显示器，能够通过键盘、显示器实现人机交互对话控制。第四代是增加了鼠标及图形界面控制的方式。

10. 汉字厄运的最大遗患是打碎了国人对汉字的宝贵自信心

中国半殖民地的悲惨境遇及铅字技术的局限性，压迫汉字进行改革。由于汉字铅字数量百倍于英文铅字，不足百个的拉丁字母铅字也总有数公斤重，百倍于英文的汉字铅字就容易达到千斤重。汉字机械化处理效率，百倍地低于英文也就毫不奇怪。汉字机械化处理显著地比拉丁英文笨重、低效、繁难、落后。并且这种状况，在机械化的工业时代，是完全没有办法解决的。加之于西方列强的残酷的欺凌、掠夺、烧杀……整个国家数度陷入亡国灭种的绝境中。国人（包括伟人、名人……）的失望、悲观，乃至绝望情绪数度全国性漫延。对汉字，对汉字文化的信心，完全被击碎。这种自信心的丧失，是最严重、最持久、最广泛的伤害。它深入到众多人的心中；它留存于文章、著作、历史、课本中；它留存于政策、法规中；它逐步地变成了常识和习惯。对汉字的丧失信心，与保持对英文的迷信、崇拜是一个问题的两个方面。信心的回复及迷信的破除，都需要时间，都往往要滞后于现实的进展。汉字电脑处理成功之后，汉字电脑处理效率反超英文，反超《汉语拼音方案》之后，繁体字却遭遇被政府的清剿。从大街小巷上的标牌、匾额，一直清剿到教师的“作业批改”及“板书”。2012年出版印刷的北京市语言文字检查规则里，居然有：“作业批改”及“板书”“一个繁体字扣0.1分”的规定（参见本书附录B4）。繁体字真的难吗？非常难吗？港澳台为什么学得好繁体字？一百多年前，来华洋人自主的汉语文培训中，教材里主要是繁体字（汉字简化问题还没有提出）及大量的文言文。一年的教材里，就有孔子语录，康熙圣谕。来华洋人能够学好的，怎么当代中国人就“困难”了呢？为什么传统中国特色的学科，中国历史，中国哲学，中医药，也不使用繁体字？为什么英语英文在中国的地位甚至比汉语文还重要？从双语幼儿园，到小学、中学、大学、硕士生、博士生、工程师、医生……英语文考试一直考个不停。英语文不达标，就不能毕业，不能提职称（甚至中国国画、中国历史专业）。英语文的这种突出地位从何而来？是否还是汉字落后论、汉字繁难论在作怪？在 20902 个汉字成功成为全球电脑、手机里必备成员的时候。汉字的国际流通性已经反超英文，至少是不逊色于英文的时候，为什么我们的一些汉字改革家，还力主用拉丁字母串“FUWA”“SHENZHOU”“TIAN REN HE YI”表达‘福娃’‘神州’‘天人合一’？说什么‘这是方便地把中国概念、原汁原味地传播到世界’？这些人真的不知道：自 1994 年起，汉字与英文混合编辑、排版已经十分容易？ 2017 年，美国《时代周刊》的一期封面上，就醒目的使用六个大汉字。无独有偶，法国《世界报》2018 年 11 月，也在封面上使用了六个醒目大汉字。见下图 4.2。

图 4.2　美、法报刊上的汉字

20902 个汉字在西方人电脑、手机里“沉睡”“休眠”的时候，第一个启用它们的不是中国人，却是美国的《时代周刊》。此事令我思绪复杂。部分中国汉字改革家为什么只承认 8105 个汉字是规范汉字？为什么把进入全球电脑、手机里的 20902 个汉字的大多数，打成“不规范”或“非规范”汉字？这不是“自废武功”吗？

中国高层领导这些年来，反复强调文化自信，身体力行地宣扬优秀汉字文化。在他们的各种讲话、文章、著作里，大量引用经典中的名言、警句。就是这些名言、警句，生动地、鲜明地表达了中华智慧。这种引用，才最具中国风格、中国气派、中国味道。只要认真看一看，想一想“汉字在当今中国”的地位、状况，及种种乱象，就能够理解这种思想的重大现实意义。真正地恢复对汉字的信心需要一次全国的汉字启蒙教育。需要重新建立“汉语文大家庭”的和谐生态。让文言与白话，方言与普通话，简化字与繁体字的共存、共荣，各展所长、取长补短、科学发展。这里的“简化字与繁体字”，实在应该更名为：“少笔字与多笔字”。因为被当作是简化字的“厂”是《说文解字》里就有的古字。而被当作是繁体字的“廠”却是后起的新字。从“廠”到“厂”绝对无法说成是发展，而是“复归古代”。

11. 诊断患癌，简化、拼音化就是“放疗”“化疗”

由于与拉丁英文相比，汉字铅字处理技术效率低数十倍、上百倍，又由于汉字手工书写确实比拼音文字繁难得多，而这些缺陷在工业时代又根本无法解决，那时人们就认定“老寿星汉字已经病入膏肓，就像患了癌症，来日无多”，不得不实施“放疗”（汉字简化）、“化疗”（汉字拼音化）。这是限于当时的认识水平、医疗条件限制，不得已而为之。我们对于铅字时代的汉字改革应该予以理解。对当时给汉字开药方的人，不必过多指责。那时的汉字确实像是病入膏肓、行将就墓的老人。

五　电脑化浪潮，本书另三位主角——日文打字机、四通电子打字机及电脑文字处理系统

1. 神奇、迅猛、精彩的电脑化浪潮

20 世纪最后的二三十年，在汉字的故乡涌现了汹涌澎湃、神奇精彩的汉字处理电脑化浪潮。一百多年来，饱受批判、鞭挞、咒骂，不得不寻求拼音化改革的汉字意外地步入柳暗花明的新天地。在机械化的工业时代（或称铅字时代），古老的汉字确实遇到了无法克服的困难。追随西方文字机械化步伐产生的汉字机械打字机，汉字四码电报，汉字铅字排版、印刷，显著地比相应英文设备笨重、低效、繁难，真可谓霄壤之别。这样严酷、强烈的对比引发了汉字落后、汉字难以适应新技术、汉字需要拼音化改革的认识和追求。但经过这神奇的二三十年，汉字机械打字机，汉字四码电报，汉字铅字排版、印刷已经意外成功地被电脑化的新设备淘汰了！汉字信息处理从手工和低水平的机械化一下子跨越到自动化、智能化的电脑时代，其处理效率开始反超英文。这还促进、推动、保障了中国全社会迅速实现数字化、网络化、信息化。看今天多姿多彩、包罗万象的网络大千世界；看此时那众多普通人随身携带的图、文、声并茂、小巧便捷的手机；看那各行各业电脑化的信息管理，不都是以汉字处理成果为自己的起

码基础吗？如果汉字处理不能实现电脑化的跨越，那中国将会是什么局面？最近 30 多年汉字电脑化的成功，标志了汉字的复兴。这个复兴是与中华民族的复兴同步、共生的。实现这次复兴的浪潮汹涌澎湃、神奇精彩、人才辈出，令人兴奋、欣喜、激越。

2. 挽救汉字出水火的关键电子技术

以下技术对于实现汉字电脑化处理具有关键作用，它们实际是英文处理过程中不经意间为汉字准备的。

荧光屏和字形的数字化（点阵式）存储、表达　荧光屏发明于 19 世纪末，1941 年黑白电视广播在美国开始。电视图像包括其中的文字，由众多灰度不同的光点组成，这已经早为技术人员所熟知。荧光屏在 1960 年代初用作计算机显示器时，就自然有了文字字形的点阵式表达，即计算机的字形库。荧光屏是由像素方阵组成的，所显示的每个文字占一个小方阵，如 7×9，15×16 或 24×24 像素方阵。显示文字时，让小方阵中有笔画的像素亮，让没笔画的像素不亮，就完成了显示输出。其实，中国邮电部门的一个研究所，在 20 世纪 60 年代末就设计制作成功了一个数千汉字的电子化点阵字库（20×20 精度），配套用于我国第一台电子式中文电报快速收报机。但当时还没有配套的输入设备，字库成本又十分昂贵，并且主要工作发生在“文革”期间，成果未能完善、提高，也未能推广应用。此项研究也就鲜为人知了。

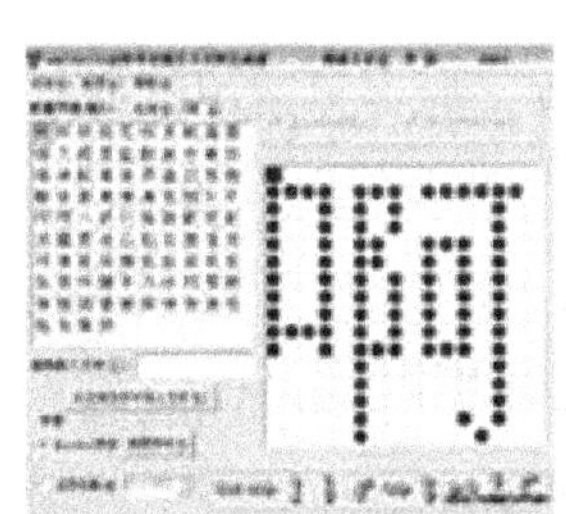

图 5.1　点阵式字形

点阵打印机 点阵打印机是一种摆脱了铅字的打印设备，或者说是电脑时代的输出设备。20 世纪 60 年代末，与我国第一台电子式中文电报快速收报机配套的静电点阵印字机，实质上就是这样的一台设备。可惜，由于中国本来缺少激励创新、保护发明的科技制度，又处在“文革”时期，该项宝贵发明未能产生应有的作用。稍后的 70 年代初，在美华人李信麟开发出第一台针式打印机。1973 年他创办了自己的打字机生产厂。[①] 针式打印机完全是计算机的外部设备，它的动作由计算机发给的电子信号控制。此时打印机的机械操作仅仅是：针提起、针落下、针平移和纸辊转动（实现打字换行）。针式打印机的打印头不是铅字式整字字头，而是若干（9 根、16 根或 24 根）极细的针（直径不足 1 毫米）。这一列针横向扫描击打就能打出许多点子方阵（如 7×9，15×16 或 24×24），击打时在有笔画的位置让针头落下去，没笔画的位置让针头抬起来，这就完成了文字的打印输出。激光打印的原理也相同，只是把金属的针也省去了。这些点阵输出，英文和汉字可以共用相同设备，只要改写输出软件和字形点阵信息就可以了。用于表达字形的铅字不见了，字形由计算机中的数字化的点阵信息表达。这种设计，一开始就具有对英文、汉字甚至是一般的图形、相片的通用性。针式打印机和机械打字机及行式打印机相比，针式打印机能方便打印出各种字号、字体的字形，能在软件控制下制作出各种页面格式，其明显的优势使得配备铅字的电传打字机和行式打印机迅速被淘汰，金属的铅活字也随之被淘汰。IBM 的副总曾一次签下数千万美元的针式打印机合同。

用上述两项成果，只要把字库换成汉字字库，原本只适用于英文的就可以无差别地用于汉字。这意外地为苦难、悲凉、近于绝望中的汉字（李信麟创办自己的打字机生产厂这一年，暮年病中的毛泽东批示同意光明日报“汉字改革”复刊；暮年病中的周恩来批示恢复“文字

① 参见林立勋编著：《电脑风云五十年》（上下），电子工业出版社，1998 年，570 页。

改革委员会”）带来了希望。但当时的汉字字库对计算机确实还是沉重负担。

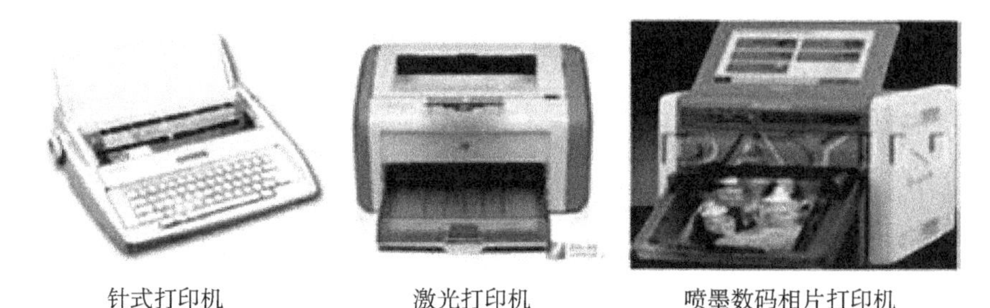

针式打印机　　激光打印机　　喷墨数码相片打印机

图 5.2　计算机用点阵式输出设备

大容量、低价格电子存储器的诞生　汉字点阵字形信息占用的存储量比英文大成千上万倍。汉字点阵输出的实用有赖于存储器技术的发展。15×16 点阵，七八千汉字的存储器价格，据《电脑风云五十年》一书提供资料推算，在 60 年代为数千至数十万美元，在 1950 年代为数万至数百万美元。今天存贮技术的发展，已经使得普通手机可以装配汉字了。（关于计算机存储器的发展参见本书第九章第 3 节）

独立键盘——荧光屏人机对话系统　摆脱了铅字及复杂金属结构的键盘，开始成为计算机的独立外部设备。此时的键盘和荧光屏组成了一个方便的人机会话系统。电脑使用者用敲打键盘向计算机下达指令（该指令同时记录、显示在屏幕上）；电脑把执行指令的结果显示在屏幕上。这样屏幕上就记录下了人机会话的过程及结果。

机械打字机
键盘还不是独立部件　　微电脑 Apple II
键盘固定在主机箱　　微电脑 IBM PC
键盘已经独立　　独立键盘

图 5.3　英文机械打字机及微型机及独立键盘

电脑高速度对汉字信息处理的价值 原来没有人想到计算机的高速度对汉字处理有什么具体价值。汉字电脑化初期影响最大的汉字操作系统 CCDOS（长城 DOS，它是对英文 DOS 做改造即“汉化”得到的）第一次生动、直观地展示了汉字键盘输入、屏幕编辑的新颖、神奇功能，引起轰动。这使得关心汉字处理的专业人士眼前一亮，展示出高速度给汉字处理开拓的广阔前景。当时展会上演示输入汉字“爸”：先敲打字母键 b（“爸”字拼音首字母），屏幕下方立即显示出一排汉字，都以 b 为拼音首字母。这里，敲打键盘后的 0.1 秒，电脑就能完成不止 50 多万次或更多的运算，足以在数千、上万的汉字里把以 b 为首字母的汉字都找出来，并显示在屏幕下部。再敲打字母键 a（“爸”字拼音第二字母），屏幕下方立即显示出一排汉字，都以 ba 为其汉语拼音。这就是用拼音输入汉字的方法。这里，弹指间（两次击键之间的瞬间），数十万、数百万次运算能力，足以应付汉字的量大和结构复杂。我们可以变化一下，编写另外的程序。例如按部件让机器先找出带“父”构件的字，再从中找带“巴”构件的字，不也能找到“爸”字了吗？

数百年来的汉字难题，在信息化的新天地蓦然有了求解之道，并且是多种求解之道。这使得众多有志于破解汉字难题的志士仁人都获得了一试身手的机会。电脑和软件提供了极为广大的可能性。就算你的编程能力、技巧比王永民低一半、弱一半，计算机那富富有余的高速度，仍然有可能使你的输入法不比王永民的差很多，也极可能不差！由此诱发、激励了众多汉字输入法大量涌现。这就是被人们称作“万码奔腾”的现象。这种现象绝非是一群人为追求名利的扎堆、起哄、炒作，而是追求汉字复兴的志士仁人在电脑和软件开辟的新舞台上一次激情与智慧的爆发与竞赛。其中不乏许多创造、智慧，遗憾的是许多都自生自灭、无疾而终了。须知，志士仁人们澎湃的群众性浪潮需要更卓越的引潮人呀！

3. 电脑文字技术把英文机械打字机送进博物馆

最初的电子计算机只能处理数值信息，能够表达的符号只有：数码 10 个（0，1，2，……9）和正负号、逗号、分号等总计 16 个。20 世纪 50 年代，计算机可处理的符号加入了 26 个大写拉丁字母，此时美国就开始用它来处理文字信息。但前期将近 20 多年间，计算机只能处理大写字母，不容许使用小写字母，还不能完整表达英文。那时计算机能够表达的字符个数总计 64 个。字符的二进制编码由国际标准 ISO-646-1967 规定。[①] 这之后由于文字处理的需要和计算机功能的提高，开始容许使用小写字母。全部字符数达到 128 个。此时字符二进制编码由国际标准 ISO-646-1973 规定。[②] 这之后计算机才能完整地表达英文，才开始出现有完善的输入输出、编辑、检索功能的专用计算机，即电子式文字处理机。最早成功批量生产的这种机器是王安公司的小型机。当时微型机还没有诞生，这种小型机的体积有两三个冰箱大小，价格也相当贵，还无法充当普及性的文字工具。但在美国总统办公室，州长办公室，国家机关、大型企业办公室争相购买使用。[③] 由于此时点阵式打印设备刚刚诞生，有的小型机仍然使用带铅字的打印设备（如电传打字机、行式打印机），不好说已经开始淘汰英文机械打字机。但文字信息的计算机编辑、检索表现了自动化、智能化、高速化的突出优点，这可以看作是淘汰机械打字的前奏或准备。

1973 年针式打印机开始批量生产。这种打印机不再使用铅字，它的字形由针的起落控制。9 根（或 16 根，24 根）针的起落和移动，可

---

① 参见电子工业部标准化所译：《ISO 标准手册 1982，数据处理—软件》，中国标准出版社，1986 年。

② 参见电子工业部标准化所译：《ISO 标准手册 1982，数据处理—软件》，中国标准出版社，1986 年。

③ 参见林立勋编著：《电脑风云五十年》（上下），电子工业出版社，1998 年。

以实现打字。针落下处有笔画，针抬起处没有笔画。1976 年 4 月，美国青年乔布斯的汽车库里产生了一台仅仅只有几公斤重的微型计算机，他们给它取名为 Apple（苹果）。1977 年 4 月，Apple II 在旧金山计算机交易会展出引起轰动，开始了以 Apple II 为代表的微电脑时代。5 年里，两个毛头小伙开办的 Apple 公司跨进美国 500 强。微型机开始成为普及型的办公设备和个人文化工具，英文机械打字机开始被配了针式打印机的微电脑取代。1981 年 8 月，计算机界的巨人 IBM 涉足微机行业，IBM PC 横空出世。1982 年卖出 25 万台，IBM PC 迅速取代 Apple II 获得微机行业霸主地位。图 5.4 是配了打印机的一套 IBM PC 微电脑。

图 5.4　配了针式打印机的一套 IBM PC 微电脑

这种设备迅速成为英文机械打字机的替代品。单从大小和价格看，微机比机械打字机没有多大优势。但微机的自动化、智能化特点是机械打字机无法匹敌的。机械打字只能使用一种字形和字号，页面格式死板、单调，要打出无差错文本十分困难。而微型机先编写磁文本文件，通过几次修改，容易得到无差错文本；可以按需要使用多种字体、字号；版面格式丰富、多彩；由磁文本到纸文本可以用简单操作命令实现；磁文本便于携带，还容易通过网络远程传输。

4. 日文电子打字机——最早的汉字电脑打字

微型机和针式打印机的联合使用，很快就淘汰了机械式英文打字机，这也为汉字处理准备了必要条件。日本是善于学习的，在当时的汉字文化圈各国，日本的技术最先进，经济越发达，社会越开放。美国战后对日本的占领使得日本与美英西方国家技术联系更紧密。而当时的新中国，战后贫弱、百废待兴，紧接着不断的阶级斗争，加之西方的禁运封锁，使得对世界新技术潮流远没有日本那样的反应迅速。这样，自然地，能处理汉字的打字机和电脑最早就都出现于日本（参见图 5.5）。尽管针式打字机的发明人是居美中国人李信麟，李也在美开办了自己的针式打印机工厂，但日本还是迅速发展成为针式打印机的世界大国。1980 年代开始的十来年，日本生产的电脑打字机在国际市场占有很大份额。

图 5.5　日本松下产日文打字机 krs530

5. 四通电子打字机——中国淘汰铅字打字机的主将

值得庆幸的是，世界性文字处理技术电脑化浪潮兴起初期，正值中国“文化大革命”结束。结束动乱的中国迅速开始拨乱反正，改革开放，集中精力于经济建设、四化建设。中华大地汉字电脑化潮流迅速形成，急速发展。确实甚感遗憾的是，在汉字和活字印刷的故乡，近代印刷技术和汉字机械打字机却完全是由西方和东洋引进的，并且引进过程迟缓、漫长、被动，充满屈辱、苦痛与悲哀。近百年时间里，近代印刷设备全靠引进；汉字机械打字机引进 20 多年后才开始独立仿制。值得欣喜的是，汉字电脑化浪潮中，中国近代以来第一次紧紧追随世界新技术潮流，重新表现了自己的创造激情和力量。在世界第一台微机诞生后 6 年，日文电脑诞生后两三年，汉字电脑 ZD 2000 出世。1983 年 8 月，汉字电脑化初期影响最大的汉字操作系统 CCDOS（长城 DOS）亮相北京展览馆，其汉字键盘输入、屏幕编辑的新颖、神奇功能引起轰动。

谈论汉字机械打字机在中国的被淘汰，不能不说一说四通打字机（图 5.6）。1986、1987 两年相继推出的四通 MS2400、MS2401 打字机，是与日本企业合作开发的，直接选择了日本优秀电子打字机的硬件，独立自主地设计了总体结构和汉字处理软件，合作中始终保持了自主、主动与平等互利。设计中积极采用国际先进技术，又充分、细致地考虑中国文化特点及初中文化水平人群的能力与需要。产品在短时间内风靡全国，成为机关、学校、厂矿办公室争相购置的设备。产品的实用、便捷、高效没有再步历史后尘，引发汉、英文字天壤之别的懊丧，而是催生了与英文再争高下的信心与欣喜。1987 年，四通和三井物产合资在北京成立了联合生产打字机的公司，把 2401 的生产从日本移到中国。公司总投资 100 万美元，四通占 75%，三井物产占 25%，其中四通的打字机技术占了 25% 的股份。在中外合资企业中，以中方的技术占有股份的情况可以说是四通开了先河。2401 从那时候起，连同后来以它为原型开发的 2411 一起畅销了很多年，共售出 20 万台以上。成为在中国淘汰汉字机械打字机的主将。当时的四通 2401 打字机售价比当时一些台式微机贵许多。功能单纯、单一的打字机为什么比功能多样的台式微机热销，备受打字员们欢迎？因为王缉志编写的该打字机文字编辑排版软件，充分、周到地考虑了汉字、汉字文本的特点，及中国打字员的实际需要、文化水平、工作习惯。故而特别受专职打字员们欢迎。开发人员的聪明与智慧，进取与创造，勤奋与刻苦赢得合作者的高度评价。日方专家也认为 2401 拿到电子打字机产品十分丰富的日本，也是非常优秀的。遗憾的是，四通打字机的主要开发人、创业者王缉志，没能够参加 2411 后续机型的开发，终于不得不离开四通，四通也在短暂的兴旺后衰败了。

图 5.6　王缉志和他开发的四通 2401 电子打字机

同是使用汉字的日本只有 1 亿多人口，其一年的文字处理机总销量曾达到 370 万台。四通打字机累计的 20 多万台销售量和四通公司一起终于“昙花一现”，但四通打字机作为淘汰汉字机械打字的主将形象将历史地留在中国人心中。中国电脑化浪潮中，出现了不少“昙花一现”，有的确实是技术飞速变化使然，有的是由于复杂的非技术因素干扰所致。新技术的发展呼唤与之适应的科学的管理体制、制度、法律、道德和文化。

6. 电脑激光照排给打字排版新行当以强大推动

铅活字排版印刷行业的成功电脑化是中国社会电脑化最成功的案例。它是在 1973 年一批有识者调研，1974 年立项的“七四八工程”的一个子项目。北京大学以王选夫妇为核心的七四八课题组承担了其中的计算机激光照排子项目。该项目的目标就是要在中国排版印刷行业淘汰铅活字，实现计算机编辑排版，用激光打印机把排好版的结果制作成胶片，再利用胶印机印刷。这就是通常通俗化的说法：实现从铅与火到光与电的跨越。1980 年北大课题组成功激光照排印刷出样书《伍豪之剑》。1985 年 5 月华光 II 型机通过国家鉴定，在新华社排印《新华社新闻稿》。1988 年华光 IV 推出。同年 7 月，经济日报印刷厂卖掉铅活字，全部废除铅字排版作业，成为第一个甩掉铅字的印刷厂。又仅仅经过五六年，到 1994 年，中国及全球华人世界实现了对铅字的完全淘汰。这种业绩是前无古人的，创造这种业绩需要非常的智慧与艰苦卓绝的拼搏，他们需要克服各种各样的困难。设备的陈旧、落后，曾经给他们平添许多额外的麻烦。直到 1980 年，他们成功地激光照排、印刷出样书《伍豪之剑》时，他们使用的电脑都是很低档的，操作方式低效、繁难，还处于早期类似于一般机械设备控制板的方式。在设备条件非常落后的条件下，他们凭借聪明智慧及艰苦卓绝的拼搏，击败了多个资金、设备优厚得多的海外大产业集团，不仅保住了国内市场，并把产品输出到西方发达国家，真正成为全球汉字激光照排的第一品牌。他们不仅仅出色地完成了开始的预定目标，还在彩色数字化排版印刷，版面的远程数字化传输，出版全过程一体数字化，都做出了不输于西方拉丁拼音文字的非凡业绩。他们的成功，也是对汉字天然的繁难、落后的最好地否定。非常可惜，就在 1994 年汉字精彩跨入电脑时代的时候，国家语委党组书记及语委主任还在全委员工大会上，声称“汉字电脑化代价太大，不如继续简化汉字”。当时谈到的理由居然是“138 个汉字字形计算机无法正确表达”。他们说的是：“16*16 点阵字库有 138 个无法准确表达。”而实际上，四通 2401 打字机，1968 年的包装箱上就赫然印出 48*48 点阵字库。而王选们在 1980 年做的样书《伍豪之剑》的封面汉字上，就使用了 512*512 的高质量字库。某些高官及权威专家如此无知妄说，不断地丢失了国家的宝贵机遇。可悲可叹呀！

铅活字排版印刷厂实现计算机激光照排，就迫使大批铅活字检字排版员转行，也刺激了电脑打字排版员大量产生。到 1994 年，华光和方正的激光照排系统用户已经达到1.5万个。如果每个系统配10～20个电脑打字排版员，那就是15万～30万。20世纪八九十年代之交的十余年，是中国电脑打字飞速发展的阶段，也是电脑打字员急速增长的阶段。那时，出现了一个电脑打字培训热潮，电脑打字员招聘的热潮。中国在铅字时代，由于汉字铅字机械打字机显著的比英文的笨重、低效、繁难、昂贵，无法普及。许多有识者正确地指出：中国失去了一个（机械）打字机时代。在中国20世纪80年代，汉字机械打字机是县团级配备的设备。而在西方，机械打字机早已经是文化人的文字工具。西方1714年产生第一个打字机专利，约100多年后的1868年产生了商品化的实用的英文机械打字机。1875年纽约报纸上第一次出现打字员招聘广告。100多年后，中国出现了电脑打字员培训及招聘的热潮。这是近代以来，中国自主地追随世界技术潮流，开展的一次成功的技术跨越。中国没有失去电脑打字时代，反而创造了一个发明创造迭出的火热时期。1877年，美国某基督教青年会举办了世界上最早的打字员培训班，招收8名女学员，培训半年。100多年后的中国河南，举办了五笔字型电脑打字培训班。曾经有些人评说五笔字型难学、难培训，实际比较起来，五笔字型培训比起美国那个最早的培训班效果好得多，培训期也短得多。

图5.7 一起查看激光打印胶片的王选、陈堃銶夫妇

7. 神奇的英汉兼容、图文声并茂的文字处理系统

四通打字机，21 世纪以来已经很难见到了。当今，实现汉字电脑打字的主要方式是：微电脑 + 打印机。这里，“微电脑 + 打印机”组成了一个文字信息电脑处理系统。四通打字机以及松下日文打字机都是一体机，软硬件一体，键盘与主机一体，结构简单，功能也较为固定、单一。使用者无须也不能够进行编写程序实现自己个人的需求。而“微电脑 + 打印机”组成的文字信息电脑处理系统，微电脑里的软件可以有极大的选择性、扩充性、灵活性。而与之配套的打印机更专业、更专门，有更高的性价比。此时的文字信息电脑处理系统，不仅功能强大，还表现出许多更丰富、多彩、神奇的，工业时代无法想象的新功能。如：

字形、字体、字号具有可选择的、多变化能力 如下的方正字形样品页所示，除了字形外，还配有丰富的花边和网纹。方正汉字字体，就基本汉字集而言，已经超过 200 多种；花边和网纹样式都已经超过千种。

具有多文种兼容能力 当今的一套电脑文字信息处理系统，通常既能处理汉字，也能处理英文。只要装配适当软件，还可以处理藏文、蒙文、维文、朝文、日文，这是机械化时代无法想象的。

具有文字、图形、图像、照片等兼容处理能力 当今的一套电脑系统还能够处理图形、图像、照片，乃至电影、电视材料。传统的使用胶片的照相机，要冲洗胶片，再翻拍；而数码照相就可以在电脑信息处理系统中利用打印机打印数码照片，这已经为大家所熟知。所有这一切，在工业时代更是不可想象的。样品见图 5.8—5.9。

图 5.8 中（台式电脑 + 打印机）或（笔记本电脑 + 打印机）构成了一个文字输入、编辑、打印的完整系统。它足以支撑一个家庭式文字作坊的主要工作，这是近 20 年来相当普及的情况。但这样的一个系

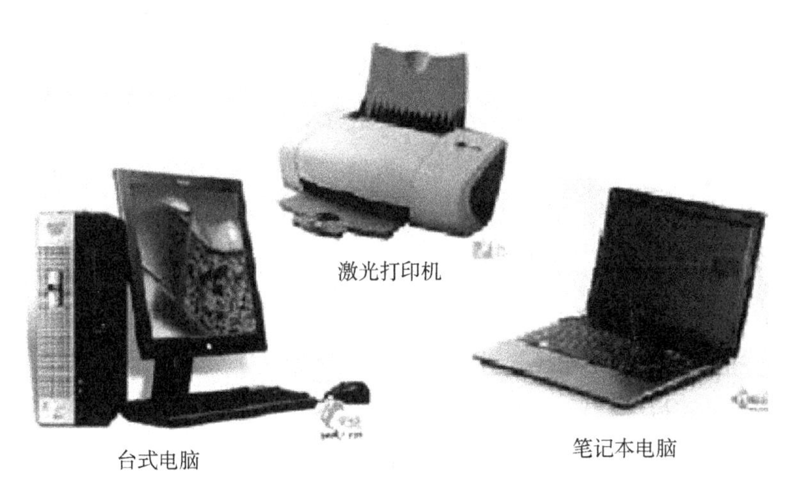

图 5.8　台式电脑，激光打印机，笔记本电脑

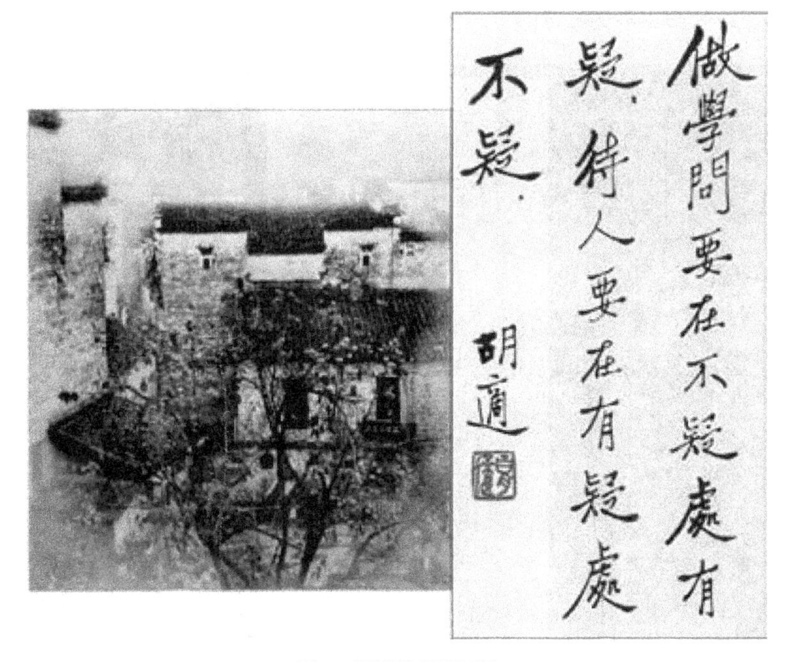

图 5.9 配画的胡适语录

统，直观上你完全看不出它是汉、英文兼容的，还是只是单独适用于英文或者汉字的。直观上你也完全无法估计它的功能是强是弱。核心的技术都隐藏在存储器里，人用肉眼是看不到的。图 5.8 所示的系统，不仅能处理文字，还能处理图形、表格、图像、照片等材料。现今通常的文字处理系统，都有与图形、图像、照片等混合处理的能力。如图 5.9—5.10 给出两幅电脑系统处理的结果图，它们不只是电脑打字的结果，其中有照片和扫描仪的结果。但电脑文字系统与之有兼容性，可以加工、编辑这些材料。在使用电脑文字处理软件起草文稿、书稿、讲演稿的时候，你可以按需要在文字中插入图片、图形、表格等各种类型材料。这些在机械化时代绝对是不可能的，也是那时无法想象的。图表、照片的难度、复杂度，处理的时间消耗和存储器消耗都比繁体字大得多的多，但电脑能够轻松地处理它们，繁体字的处理难度可以说是微不足道的。

图 5.10　带文字说明的郑板桥竹石图

电脑文字处理系统不仅能够把文字与图形、表格、图像、照片混合编辑，还可以加入声音（语音或乐音），制作幻灯片就可配上语音解说或背景音乐。这些在铅字时代都是无法想象的。

8. 铅字字样及方正字库字样（铅字字形技术与电脑字形技术）

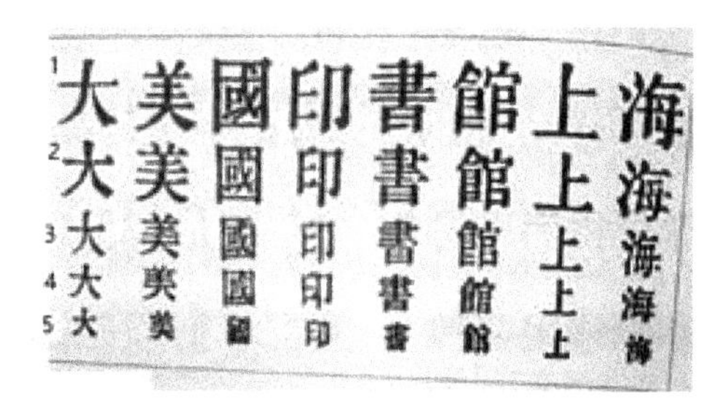

图 5.11　19 世纪中期西方制作的汉字铅字字样①

1. 制作于 1843 年；2.1859 年；3.1834—1844 年；4.1851 年；5.1859 年

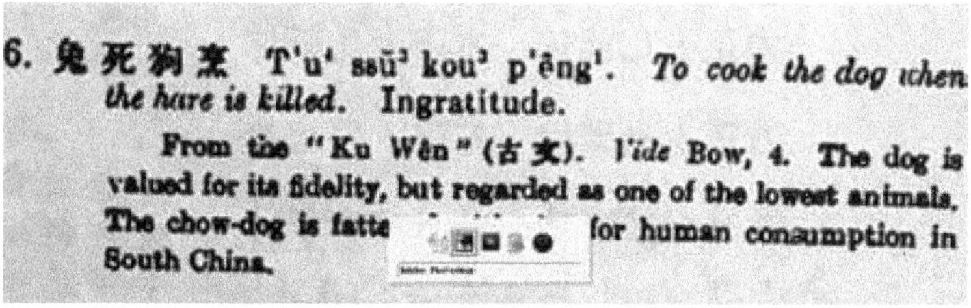

6. 兔死狗烹 T'u⁴ ssŭ³ kou³ p'êng¹. *To cook the dog when the hare is killed.* Ingratitude.

From the "Ku Wên" (古文). *Vide* Bow, 4. The dog is valued for its fidelity, but regarded as one of the lowest animals. The chow-dog is fatte[illegible] for human consumption in South China.

图 5.12　西方来华海关洋员文士林所著《中国隐喻手册》（1920 年版）书页②

图 5.13 则为方正字体样张。北京大学的七四八项目组，后来的北京大学方正集团，在汉字处理电脑化进程中做出了卓越贡献。不长时

---

① 转引自［美］芮哲非：《古腾堡在上海——中国印刷资本业的发展（1876—1937）》，商务印书馆，2014 年，56 页。

② 转引自王澧华、吴颖主编：《近代来华外交官汉语教材研究》，广西师范大学出版社，2016 年，184 页。

间，他们就设计出上百种字体的数字卡字库。他们以自己的知识、技术、智慧与拼搏、奉献精神，使得全球华人享用了信息新技术。

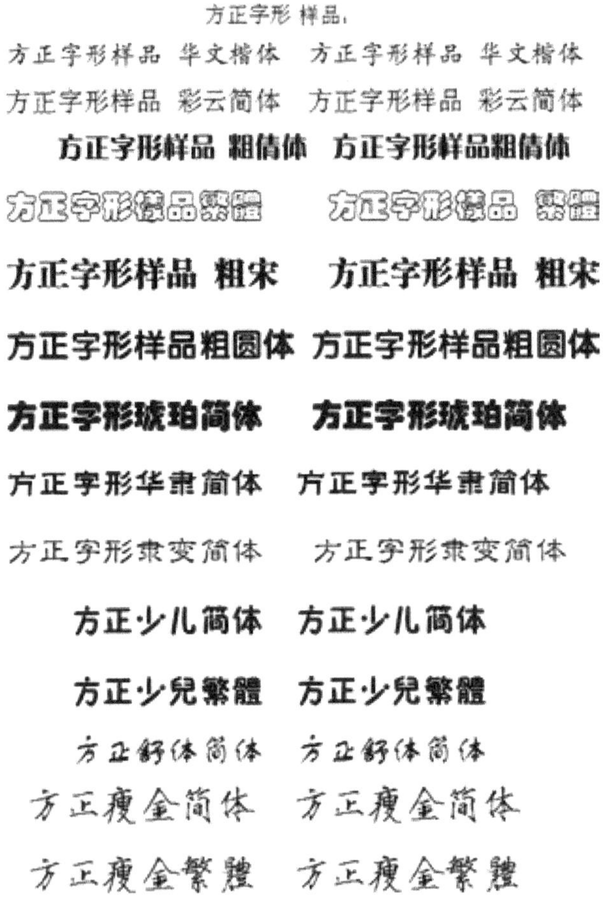

方正字形 样品：

方正字形样品 华文楷体　方正字形样品 华文楷体

方正字形样品 彩云简体　方正字形样品 彩云简体

方正字形样品 粗倩体　方正字形样品粗倩体

方正字形様品繁體　方正字形様品 繁體

方正字形样品 粗宋　方正字形样品 粗宋

方正字形样品粗圆体 方正字形样品粗圆体

方正字形琥珀简体　方正字形琥珀简体

方正字形华隶简体　方正字形华隶简体

方正字形隶变简体　方正字形隶变简体

方正·少儿简体　方正·少儿简体

方正·少兒繁體　方正·少兒繁體

方正舒体简体　方正舒体简体

方正瘦金简体　方正瘦金简体

方正瘦金繁體　方正瘦金繁體

图 5.13　方正字体样张

概要说明　铅字是由金属铅、锡、锑、铜等合金制作的。单个的铅字模样请看图 3.1。它是看得见，摸得着的；有重量，占据一定空间位置。一个铅字印刷厂的铅字排版车间，需要数百或数千平方米，参见图 3.2 到图 3.5。一个印刷厂需要使用许多吨的铅。以《经济日报社》印刷厂为例，其 1985 年有生产周转铅 65 吨。电脑的字形表达是数字化的，是由大批仅仅有 0 和 1 两种状态的电子介质表达。例如，电视机的荧光屏以及各种电子显示屏幕，都可以看作是许许多多、密密麻麻的“点”或“像素”组成。黑白电视的荧光屏或其他显示屏幕，每一个像素就有两种状态：亮和不亮。一个汉字可以用显示屏上的一个方块区域表达。只要让有笔画的位置亮，没有笔画的位置不亮，一个字形就显示出来了，具体例子见图 5.1。汉字字形信息在它没有显示在显示屏上时，人们是看不到的，摸不着的；它也没有重量，也不占据空间。电脑的字形信息，是以数字化信息形式存储在电脑存储器里。当今全球所有文字字形字库信息，只有不足指甲大小，重量不足一克重的芯片就都装下了。铅字汉字打字机，一个铅字字盘 2450 个铅字，两个字盘 4900 个铅字。或者粗略地说：一个铅字字盘 2500 个铅字；两个字盘 5000 个铅字。按 ISO10646–1993 及，GB13000–1993 汉字编码字符集含 20902 个汉字。就需要制作至少八个铅字字盘。换一句话说：当今的每一个手机、电脑、iPad 里，进驻了 20902 个汉字，都相当于装入了八个铅字字盘，装入了上吨重的铅活字！铅字打字机中，每一个汉字，一般只需要一个铅活字。它的重复使用是由打字员的操作控制的。而在铅字排版车间里，一个汉字必须配备多个铅活字。因为一本书里，汉字都是重复出现的。如：一篇文章里，肯定会用到多个“的”字，多个“人”字，……排版印刷一本红楼梦，必须用到 120 万个铅活字。所以铅字排版车间通常都需要数百或数千平方米（参见图 3.2 到图 3.5）。从这个角度看：当今世界上每一个手机、电脑、iPad。就都相当于已经装入了数百或数千平方米的排版车间；相当于装入了许多吨铅活字！这种跨越时代的进步，是当今天下人，特别是中国人，应该认识的，应该知道的。不知道，或者不认识，就难免思想停滞于铅字时代。铅字时代汉字能够做到的、达到的，电脑时代就应该百倍地、千倍地做得更好。因为当今的手机、电脑、iPad，比铅字时代的任何设备、手段都神奇、强大、高明上百倍、千倍！说到底，汉字字形的社会化的处理技术决定了这一切。使用金属铅、锡、锑、铜，必定少不了冶炼、铸造、金属加工（切、锻、削、割……）。必定少不了傻、大、笨、粗，效率低下，操作繁难，陈旧，落后。而电脑时代，电脑信息技术、软件技术，是数字化的，是数学化的。我们不妨先看一看两个时代的代表性字体字形样品。先看一看铅字字形样品。请看图 5.11 及图 5.12。图 5.11 为 19 世纪中期西方制作的汉字铅字字样。

在整个铅字时代，汉字铅字的品种是很贫乏的。并且长时期里，产品及制造技术都掌握在西方人手中。那时要设计、制造一套铅字，除了写出字稿，还要雕刻字模，要铸造字模，铸造铅活字。其中，需要铅合金的熔炼、铸造、加工；需要金属、需要能源、设备及人才。每一个铅字排版车间，都需要配置数百万或上千万的铅活字。占地数百或数千平方米。整个铅字时代的一两百年，这种铅字排版车间，超不过数千家。而当今每一个手机、电脑、iPad，就相当于拥有一个大规模的铅字排版车间。全球近 40 亿的网络用户，都有自己的大铅字排版车间。

西方人在中国邻近地方制作铅字最早报道是英国教会 1814 年在马六甲，及 1838 年在槟榔屿。19 世纪最著名的汉字铅字有英国教会的香港字，及美国教会的姜别力字。直到 20 世纪初，才为商务印书馆铅字所取代。西方人主导汉字铅字设计制造的时期长达百年。[①]

中国毕昇发明的活字印刷，用的是泥活字。但没有留下印刷设备及印刷品，留下的只有《梦溪笔谈》里 302 个汉字的记载。中国用金属铅字的一次大规模应用是清朝印刷的《古今图书集成》。印刷于 1726—1728 年雍正期间。使用最费时、费力的雕刻方法制造铜活字。共计印刷 56 部，每一部 5000 册。[②] 可惜的是，这些铜活字仅仅用于

① 参见 [美] 芮哲非：《古腾堡在上海——中国印刷资本业的发展（1876—1937）》，商务印书馆，2014 年，34、65 页。

② 参见吉少甫：《中国出版简史》，学林出版社，1991 年，182 页。

印刷《古今图书集成》，印后就融化铸造硬币了。

铅字时代，一个铅字排版车间的建设，和其后其他的车间的建设，在资金、原材料、能源、人力消耗上不可能有非常巨大的差异。而电脑时代，一个字体字库的得到，可以通过复制技术，快速地复制传播。有了第一个，很容易地就有了千个、万个、百万个……

方正字库已经存在于全球几乎所有的电脑、微机、手机中。数量达上百亿台套。方正字库是数十位或至多一两百位人员的制作，能够短时期里惠及天下人。显示出电脑信息技术的强大、神奇效率。电脑汉字字库的设计、开发主要是一种软件技术，完全摆脱了铅字的傻大笨粗、劳动强度大、污染严重的环境。

9. 机械打字与电脑打字的时代差异

机械打字和电脑打字是两个时代的产物，它们的比较也突出反映了机械化与电脑化的许多重要差别。

机器结构 机械打字机是用金属构件、用机械方法组装成的，它和工业时代的许多机器没有本质区别。而电子打字机（或微机＋点阵打印机）主体是由集成电路等电子元器件组成，并且具有在信息技术充分发展时才产生的软件作控制中枢。软件看似无形、无重、无色、无味，看不到、摸不着，但多种多样的字形信息和自动智能的操作控制却都是由它实现的。因而看上去完全一样的电子打字机，却可以只是英文的，或只是汉文的，也可以是汉、英文兼容的，功能的强弱可能差异极大。

制造过程 每台机械打字机的铅字都必须经过冶金铸造；一台机器的字型、字号是固定的；换字型或字号几乎和新造一台一样麻烦。而电子打字机的字型、字号是数字化的、电子式、软件式的；可以通过简单操作（复制或下载）获得；字型、字号是多样的、丰富的、可控可变的。

打字过程 机械式打字机是在击键的同时直接打字，不妨称之为直接方式。电脑打字分两步：先把资料经录入、编辑存到计算机存储器中，形成磁版本；再从存储器中把信息输出打印在纸上，把磁版本变成纸版本。这可以称之为间接方式。这种间接方式还表现为打印出纸版本时并不都一定要先打字。用于打印输出的磁版本，即可以是自己以前录入的，别人以前录入的，也可以是从别人的磁版本直接转录、删改、加工得到的。直接和间接两种方式可图示如下：

A 机械打字方式：打字 ——→ 纸版本
B 电脑打字方式：打字 ——→ 磁版本 ——→ 纸版本

打字结果 机械打字的结果就是单纯的纸版本（或蜡纸版本、石印原纸版本），电子打字的结果更主要的是磁版本。机械打字一般只打一份，打印复本份数很有限；电脑打字可以使用简单的命令把磁版本变为纸版本，要打多少份就打多少份，并且在打印纸版本前，可以方便地对磁版本进行修改，还可以指定页面特征（指定每行多少字，每页多少行，是否分页，是否加页码等），指定字型字号。这些在机械化时代，是不可思议的、神奇的功能。磁版本容易永久保存，携带方便，可以网上远程传输。

可修改性 机械打字过程中如果出错，如打错一个字，要停下来，用涂改液把错字盖住，再重新打；如果一句话里丢了一个字，要停下来，把错字后边的所有字都用涂改液盖住，再重新打。因而，机械打字中要打印出无差错文本是很困难的，甚至几乎是不可能的。这对机械打字机打字员是一个沉重的精神负担。电脑打字最重要的结果是磁文本。它可以随时显示在荧光屏上，看到出错，可以随时修改，通过必要的修改，得到无差错文本比较容易办到，电脑打字员轻松得多。

印字方式 机械式打字机都采用铅字整字字型印字方式。英文机械打字的字母、符号刻在打字榔头上；汉字打字机中的汉字、标点符号都铸成铅活字。而电脑打字机普遍采用数字化点阵字型方式。点阵式输出包括针式、热敏式、热转印式、喷墨式、激光式等。这些非整字字型方式都用点阵信息表示文字字形和符号，用软件方式控制针头、激光点组成各种字型点阵。机械打字机的整字字型方式，要改变字型、字号必须重新用机械方法制作字型（重刻榔头或重铸铅字），而电脑的非整字字型方式，容易用软件方式或用软硬结合方式改变字型字号。一台机械打字机，其字型字号是固定不变的；电脑打字机可以用操作键控制印出字的字型、字号，同一台电脑打字机可以印出多种字型字号。

操作方法　机械打字机一切动作都靠机械控制，打字员必须在打字的同时控制换行杆、机头滑动杆、纸筒移动杆等。电脑打字中，录入编辑阶段把换行、空格、行间距、行宽等各类信息都存贮在磁版本中，电脑自动控制打印部件印出纸版本，操作员对打印部件不必多做干预。

击键力度　机械式英文打字机中，带铅字的金属臂杆是由击键驱动的，故击键要有一定力度。电脑打字时，输入信息只要轻轻点击键盘，而打印部件全靠电力驱动。因而，电脑打字击键力度比机械打字小得多，省力得多。机械式英文打字机中，为避免金属臂杆互相干扰，各排键是阶梯状，高低差异较大；而电脑键盘中各排键几乎在同一平面。电脑打字的着力部位是指关节，不是腕关节。

与多媒体材料统一编辑的功能　图 5.9—5.10 显示的是电子打字机对文字和图片、照片混合编辑、处理的能力，是机械化时代无法想象的。

是否使用软件　必须强调地说明，电子打字机是软件、硬件的统一体，而机械打字机只有机械部件，这是两者间的最主要差别。软件是一种物化的知识、智能，是信息时代的独特创造。电子打字机字型、字号的变化，版面的多样性，丰富的编辑功能，都是由软件完成的。同一台电子打字机，单纯软件的改进就足以使功能大大提高。

软件的潜力比机械部件的潜力丰富得多，大得多。电子打字机会随着软件技术的发展不断地增强自己的功能，这种增强是很难预测其限度的。

软件对汉字的特殊价值 正因为有软件，汉字电脑打字才有了广阔天地。电脑汉字输入法曾经有过的万马奔腾景象和如下基本事实有关：弹指一挥间（指两次击键之间的 1/10 秒）微机可以运行 50 万到 2 亿次运算，足以按任何汉字属性去完成在成千上万的汉字表里找出所要的汉字。

10. 汉、英文字新设备的比较出现了新的复杂情况

文字属性的比较，机械化时代与电脑化时代的情形大大改变了，出现了全新的复杂情况。具体些说，机械化时期的文字处理设备，如机械打字机，汉字的与英文的比较，其差异是明显的、外露的、直观的、感性的。它们的大小、轻重、形状、颜色、使用难易、效率高低等，对于感官正常的人是一目了然的。不同人的评价、判断也往往容易得到一致的结论。如汉字机械打字机比英文的傻、大、笨、粗，效率低下，这在不同职业及年龄的人群里，几乎完全没有异议。

图 5.14 机械式铅字打字机（左：中文，右：英文）

图 5.14 展示了机械中文打字机（左）和便携式机械英文打字机（右）的显著不同。仅仅用肉眼，你就能够清楚地看到：一个是中文的，一个是英文的；一个大而笨，一个小而巧；一个必须放置在坚固的工作台上，一个可以手提；一个至少数十斤重，一个不过三五斤沉。……总之，其间的巨大差异，单凭感官直觉，就能看得一清二楚。

而在电脑时代，汉字的电脑与英文的电脑之比较，由于核心技术被微型化地封装在芯片里，或存储在硬盘、光盘中，其间的差异不再是明显的、外露的、直观的、感性的，而是隐蔽的、内敛的、抽象的、理性的。它们的大小、轻重、形状、颜色等感官性状可能完全一样，但一个仅仅能处理英文，另一个却是汉英文兼容的；或者，两个看上去，在大小、轻重、形状、颜色等方面无一相同的电脑，倒可能功能一样。特别是在 1994 年后，由于 ISO 10640 的实施，电脑、手机的硬件已经统一、合流，不再区分什么英文的、还是汉字的；而是同时兼具多文种功能。同一个手机、电脑，是既能处理英文，也能够处理汉字。此时，不同人对同一硬件设备的不同文字处理能力的评价、判断，往往难于得到一致的结论。正确的判断，需要有起码的信息技术常识，单单靠正常的感官直觉无法得到正确判断。对两个电子系统的比较，通常要设计、制定、执行具体、详细、周到的测试方案，并且要对测试结果做细致、周到、科学地分析。这种新情况是汉字电脑化明显成功之后，人们对其评价仍然不能统一，甚至产生截然相反判断，以至于激烈论战的一个不可忽视的客观原因。

图 5.15 给出几种常见的计算机存储器：5 寸软盘，3.5 寸软盘，3.5 寸硬盘，U 盘，5 寸光盘。需要计算机处理的数据（数字的、文字的、图形的、声音的、视频的）和计算机软件（编辑文稿的、处理数码照片的、购买股票的、设计建筑图的……）都存储在这些东西里。存储不同内容的两个存储器，外观上可以没有丝毫差别。这些存储器可以隐藏种种机密。还有一个特点在其他领域你看不到，那就是：越新型的存储器，存储量越大、存取时间越快，但其体积反而越小，价格反

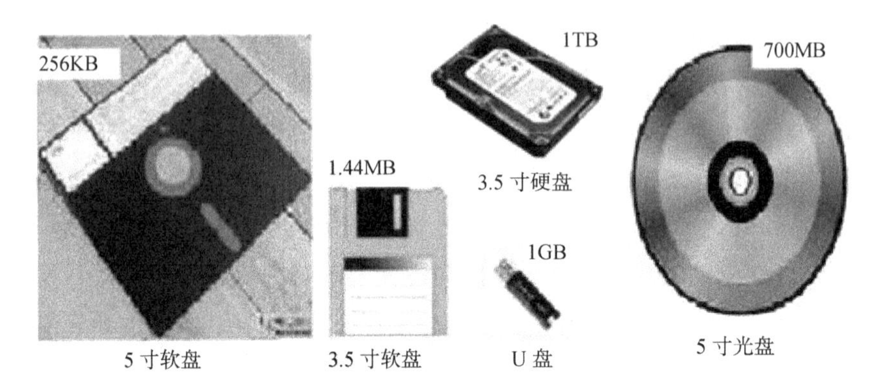

图 5.15　几种常见电脑存储器（电脑的核心机密往往存储在其中）

而越便宜。王选夫妇 1970 年代试排样书《伍豪之剑》，1980 年成功。所用机器内存 64KB，外存硬盘（保加利亚产）6MB。上图中小小 U 盘容量是王选用硬盘的 200 多倍，是王选用机器内存的 16384 倍。小 U 盘价格 35 元，王选所用的硬盘恐怕要十几万甚至二三十万吧。信息技术产品，其功能增强的速度，体积缩小的速度，以及相伴随的价格下降的速度，在人类历史上其他任何行业里，都是不曾有过的。

当我有了这样新的醒悟的时候，我再读到许多人对电脑汉字处理技术和结果误解和不恰当评价时，就变得平和、冷静。我会仔细思考：他一定是只看到某个细节而忽略了某个（些）另外事实的结果；应该介绍、解释些什么东西能使人排除误解？本书许多内容正是这样思考的结果。其实，汉字电脑化处理的一些最基本事实已经广为人知，例如汉字点阵字库最低的是 15×16，英文的是 7×9；英文编码一个字符用一个字节，而一个汉字用两个字节；……但由于信息技术发展异常迅猛，变化也十分频繁（如 1989 年四通打字机普遍配备 48×48 字库），情况千差万别（王选 1980 年印刷成功的样书所有五号字已经是 108×108 点阵），单凭最初期的几点基本常识就做判断，往往出错，尤其做重大判断，那后果就严重了。但事实上这些却已经不断发生着。本书第九章，我力图通过具体、细致地分析，说明汉字处理在信息存储、文本编辑上确实变得比英文，比汉语拼音更为高效了，而不像普遍存在的误解那样：汉字电脑处理比英文，比汉语拼音都低效、落后。原因在于字形存储的巨大消耗带有一次性，而文字编码表示则是累积性的。近十多年来，微型机存储器容量的急剧增加，使得汉字字形信息的一次性巨大消耗，被编码表达的看似不起眼的累积性的节省所补足、抵消和反超了。

11. 小小 U 盘的威力

如果汉字有 7000 个，每个汉字的点阵规模按 48×48 计算，那么这样一套汉字的点阵数据量，应该为：

S48=48×48×7000 b（位）=48×6×7000 B（字节）=2016000 B（字节）
=1968.75 KB=1.923 MB< 2 MB（兆字节）

一个 4GB 的 U 盘存储量折合为 4096 MB，可以存储下 2000 多套汉字字形库。7000 个汉字的一套铅活字需要装成 3 个字盘。2000 套字形库折合 6000 多个铅字字盘。每个字盘 40 公斤，2000 套字形库折合 6000×40=240000 公斤 =240 吨重。一个铅字字盘面积，按《华文打字机》给出的大小尺寸，每个字盘占 0.2833 平方米，全部 6000 个字盘将占约 1700 平方米，折合 6.25 个标准双打网球场的面积（23.77 米×10.97 米）。这是铅活字字盘水平放置的占地情况。如果考虑 4 套字体（楷、宋、仿、黑）占 100 平方米的检字排版车间，2000 套字形库所需车间平方米数为：

2000/4×100=500×100=50000 平方米

就是说，一个 4GB 的 U 盘存储量抵得上 5 万平方米的检字排版车间，抵得上 240 吨铅活字。2013 年，一个 8GB 的 U 盘不过数十元而已，这就是数字化的效果和威力。它不仅仅解决了汉字机械化处理的繁难，也为汉字摘掉落后的帽子做出了不可忽视的贡献。当然，在 1980 年代初期，微型机的内存通常只有 256KB（千字节），硬盘只有

10MB（兆字节），那时汉字字形库确实是数字化的沉重负担。但计算机技术指标提升之快，价格下降之快，都是人类历史上从未有过的。

12. 汉字电脑化初期的中国语言文字界

在汉字处理电脑化中有重大历史意义的“七四八工程”起步调研的 1973 年，毛泽东批示《光明日报·文字改革》专刊复刊，周恩来批示恢复“中国文字改革委员会”。两位领袖的批示，实际上推动了因动乱停止了的文字改革工作的恢复。汉字电脑化运动和文字改革恢复工作就这样同时展开了。当 1980 年王选夫妇为主的课题组成功激光排版印出样书《伍豪之剑》时，方毅题词称赞印刷术开始从铅与火的时代过渡到计算机与激光时代；语文学家则称：“历史将证明：电子计算机是方块汉字的掘墓人，也是汉语拼音文字的助产士。”[①] 1980 年代初期，国产汉字微型机 ZD 2000 出世；汉字电脑化初期影响最大的汉字操作系统 CCDOS（长城 DOS）亮相北京展览馆，引起轰动；河南科委主持五笔字型汉字输入法鉴定会和第一个汉字输入法培训班。这些事件的前后，《文字改革》杂志复刊，发编辑部文章《把文字改革的火焰继续燃烧下去》。人民日报发表董纯才的文章《在毛泽东思想指引下开创文字改革的新局面——纪念毛泽东同志诞生 90 周年》。光明日报社论《争取文字改革工作的更大的全面进步》。北京日报社论《把文字改革的火焰继续燃烧下去》。同时，第二批简化字方案提出讨论和局部试行。就这样，一方面是汉字电脑化浪潮兴起，一方面是汉字改革运动的恢复。而个别语文学家开始反思汉字改革，发表见解则立即遭遇批评、批判。典型的如曾性初的《汉字好学好用证》及段生农的《汉字拉丁化质疑》两文。

参与汉字信息电脑化的技术专家们没有可能，也没有兴趣直接

① 《语文现代化》第一辑，知识出版社，1980 年，12 页。

投入汉字改革论争。从“七四八工程”20周年纪念文集可见，工程的策划、主持人在项目起步的当时已经坚信汉字拼音化没有希望，为应对国际新技术潮流必须抓紧解决汉字电脑处理难题。王选夫妇虽然一直没有介入汉字论战，可他们承担“七四八项目”之前就探索过小键盘上的汉字输入法。曾任国家经委主任的张劲夫在纪念会上深情回忆了自己从青年时积极主张废除汉字，到认识到汉字不能废除、无法废除，从而积极支持汉字处理电脑化课题的反思过程。工程技术界的人们都在着重通过自己的努力，切实地破解汉字技术难题，而甚少介入汉字优劣之辩论。此期间，安子介、袁晓园、徐德江先生的汉字学说就十分醒目地成为与汉字处理技术浪潮相呼应、配合、宣扬汉字优越、推动汉字复兴的学派。安子介，这位香港实业家，1982年出版了他的多年心血之作，五卷本英文版《解开汉字之谜》，紧接着《劈文切字集》《解开汉字之谜》缩写中文版[①]、《安氏汉字电脑编号》《安子介现代千字文》等相继问世。

汉字是中国的第五大发明；汉字是中国对人类文明的伟大贡献；21世纪将是汉字发挥威力的时代；中国靠汉字统一全国；汉字容易学；汉字是科学、智能型、国际性的高效率文字，一系列崭新论断打破了近百年来关于汉字的种种悲惨沉闷空气，和崭新的电脑化技术浪潮一起形成推动汉字复兴的积极力量。

---

① 安子介：《解开汉字之谜》，（香港）瑞福有限公司，1990年。

六　英、汉电脑打字的比较

1. 比较的价值、方法和困难

汉、英文机械打字使用两种显然不同的设备，二者的大与小，轻便与笨重，效率的高低，对于感官正常的人，一眼就能看明白。汉字机械打字机比英文的明显傻、大、笨、粗，效率低下，学用繁难。这已经被当成汉字技术属性落后于英文的一个铁证，曾经是汉字拼音化改革的一个重要理由。今天，汉字电脑打字与英文电脑打字比较的结果又如何呢？汉字是继续落后，还是优劣互见，还是已经反超英文？这是受到普遍关注的一个问题。但此时比较中出现了一些复杂情况：首先，电脑打字容易实现汉、英文兼容处理。就是说，可以用同一台打字机完成汉、英两种文字的打字。汉、英文电子打字机之间可以完全只是软件上的差别，而无硬件差别。特别是在 1994 年后，ISO10646 正式实施之后，多文种信息处理统一、合流之后，同一台电脑、手机就可以处理各种文字。不同文字处理设备的差异，硬件上已经没有表现，差异仅仅表现在软件上。而软件之间的差别，由于它被封装在芯片里，或存储在硬盘、光盘中，其间的差异不再是明显的、外露的、直观的、感性的，而是隐蔽的、内敛的、抽象的、理性的。这使得比较增加了复杂性，失去了直观性、简单性。其次，汉、英两种文字的打字效率如何比较？具体比较什么？以什么为标准？现在还缺少完全一致的认识。

现今谈论到汉、英文打字比较时，有几种不同看法。(1)电脑键盘打字本来是从英文机械打字键盘发展来的，英文有天然优势，直接照稿击键就成；而汉字是借用英文的设备，要编码，要先把汉字变为键盘符号串再击键(比英文多了一个编码思维过程)，这肯定比英文慢。这种意见实际上认为比较已经没有意义，汉字电脑打字就是不如英文。(2)把汉、英文打字的比较，简单地看成是击键速率的比较。而汉字打字击键之前要先想出编码，击键速率自然低于英文。比较的结果只能是汉字输入不如英文，再具体比较也没有什么意义了。(3)认为要比较两者的效率，就要比较同样材料的汉文文本和英文文本，看哪个打字使用时间更短。王永民 1984 年在联合国总部组织的汉、英文电脑打字表演赛就采用此法。(4)前面所说王永民法，能不能不进行现场比赛就分析、判断出汉、英文哪个打字效率高？如何做这种分析、判断？本书本章中字符当量法就是这样的一个方法。(参见本书第六章第 3、4、7 节)(5)汉字电脑打字，由于已经公布过许多比赛的结果记录，其最快速度有数据可查。而英文打字(包括机械与电子两种)的最快速度，我们今天所能见到的都是估计值。有的材料中认为英文打字每分钟可达 500 击(每秒 8 击多)。[①] 如何确定英文打字最快速度？这可能是因为英文打字已经有二三百年历史，在其早期曾经被关注过，今天西方人一般并不在意英文击打速率。我们现在很少见到英文打字具体实测数据。

2. 自然、直接输入与编码、间接输入(汉、英比较 I)

普通的英文打字是一键一字符方式，打字员只需按稿(纸面上的稿或者头脑里的稿)照打就是了。用电脑标准键盘输入汉字，必须把

① 参见刘庆俄:《汉字新论》，同心出版社，2006 年；华绍和:《电脑输入汉字与输入英文速度的比较》,《汉字文化》1991 年 3 期。

每个汉字都表示成键盘上字母、符号的序列，这就是所说的汉字输入编码问题。英文打字员打字过程是：看稿（或想稿、听稿）——击键。我们不妨称英文打字是直接、自然方式。汉字打字员打字过程是：看稿（或想稿、听稿）——汉字编码——击键。汉字编码思维过程把每个汉字都变成键盘符号串，是一种快速敏捷的头脑思维过程。我们不妨称汉字打字是间接编码方式。汉字打字员的思维负担比英文打字员的负担大。英文打字员要提高效率，关键靠指法敏捷、娴熟；而汉字打字员则需要指法敏捷、娴熟再加上编码思维的迅速、准确。

3. 打字机的极限击键速度

打字机无论是机械的还是电子的，实际上都有一个自己的最大可能速度，我们称之为击键极限速度。英文机械打字机的击键极限速度取决于机械部件的灵敏程度。部件的灵敏程度由端部带有铅字的金属臂杆起、落速度决定。有的打字机说明书里写明了这个极限速度。如国产飞鱼 PS 型打字机的最快打字速度为 450 击 / 分钟，折合 7.5 击 / 秒。[①] 而电脑打字机的击键极限速度取决于键盘中按键的按下、弹起的灵敏程度和荧光屏的显示刷新速度。大字盘中文机械打字机也有自己的极限速度，这个速度取决于移动机身选字（移动范围是整个字盘的 35 行 70 列）、引字（包括钳住、并从字格里提起铅字）、打字（铅字击打到滚筒）、放回铅字（放松手柄，铅字落回字盘原来字格）四个步骤的连续执行时间。在日本销售到中国早期中文打字机的说明书中，说最快打字速度可达到 200 汉字 / 分钟（折合 3.3 汉字 / 秒）。[②] 我以为，这个速度值和所给出的最快英文打字速度都被大大地高估、夸大了。

---

① 参见章国英：《英文打字速成技巧及打字机故障检修》，上海交通大学出版社，1991 年。

② 参见《华文打字机》，日本制造打字机有限公司，1918 年。

打字机的极限速度实际上给出了直接、自然打字法速度的一个上限。换句话说，任何优秀英文打字员，使用直接、自然法，他的打字速度都不可能超过这个极限击键速度。那么，电脑打字的击键极限速度是多大呢？

4. 电脑打字极限速度的自行测定

使用电脑键盘打字时，其极限击键速度是多少，似乎还没有被注意。这使得我们难于确定最快的英文打字速度。对于现今普遍使用的电脑来说，个人进行极限击键速度的自测是可行的、容易的。办法是：用左右手最灵活的中指或食指放在固定键位，尽量快地交替连续击键持续 2 分钟，记录下打字结果。人工清点计算出已经打出的字符个数，或者把打字的结果当作一个字符型量，用软件命令让电脑算出这个量所含字符个数；再除以所用时间秒数，就得出一个极限击键速度。我用这种测定法，在自己的电脑上做了多次测试，测得到的电脑打字击键极限速度是每秒 6.7 ～ 7.2 击（折合 402 ～ 432 击 / 分钟）。实际上，使用自然、直接法电脑打字时，无法达到这个极限。因为这是使用最灵活的手指击打固定键位；而正常打字时，你不得不五指并用，敲击散乱分布的键位。本书作者建议，把 300 ～ 360 击 / 分钟（即 5 ～ 6 击 / 秒）作为优秀英文打字员的打字速度。这里建议的优秀打字员的打字速度，实际上比国际英文打字测试的每秒 250 击已经明显偏大。[①] 注意，这里使用的是电脑键盘。使用机械打字机键盘不会达到这个速度，一些资料里说英文机械打字最高击键速率达到每分钟 500 次恐怕也是过高估计。

① 参见费义、王琳珂：《打字排版技术》，哈尔滨工业大学出版社，1992 年；陈丙旭：《英文打字及计算机键盘输入入门》，清华大学出版社，1992 年。

5. 英文直接法打字无法追随英语语音

我们容易上网下载奥巴马就职美国总统的英文讲演稿文本文件，从而算出它包含多少字符（英文字母、标点、空格等，实为13380个），再除以讲演时间（分钟数），就得到奥巴马英文讲演的语速为12～13字符/秒。这个数值远远大于电脑打字极限击键速度6.7～7.2击/秒。因此，我们可以肯定地说：用电脑普通键盘，使用直接自然法打字，无法追随英语语速完成奥巴马就职美国总统讲演的实时速记打字。

求字符个数提示：不可以直接用奥巴马英文讲演稿文件（假定是word文件）长度（文件目录里或文件名旁边注明的17.7KB）换算奥巴马讲演中的字符数。17.7KB折合18125个字节，这比实际长度13380大出4745个字符。因为word文件中包括有各种格式符号（如字体、字号标记，换行、换页标记等）。一定要把讲演稿字符串直接赋值给一个字符型量，再用求长度命令算出所包含字符个数（此处奥巴马讲演为其首次出任美国总统时的讲演）。

在美国，电脑速记在法院审判、国会两院重要会议中使用较为广泛。这种速记要求能够追随语音速度，实时地把语音变为文字，要求“话语毕，文稿出”。这就要求打字的速度不低于语音的速度。由于电脑打字的极限击键速度已经远远比语速低，所以使用直接自然打字法，肯定无法完成“话语毕，文稿出”。实际上，美国使用电子速记机完成速记打字。美国的电子速记机照片见图6.1。这是一种小的专用键盘，整个键

美国速记机

图6.1　英文电子速记机

盘上一共有 24 个键，这种键盘无法使用直接自然法打字，因为整个小键盘的键位不足 26 个。不能用直接自然法打字，那么一定使用编码法输入英文，一定也要使用缩略、简化、词语码等加速技术。

中国领导人第一次见到美国速记机，可能是在基辛格来北京和周恩来秘密会谈时。基辛格带来的速记员使用了小键盘的速记机。周恩来当场就问我们的速记人员，我们自己能造出这样的速记机吗？那之后近 20 年，亚伟中文速录机在中国诞生，其键盘和图 6.1 所示有极大相似性。

6. 平凡输入与智能化输入（汉、英比较 II）

这里，我们要补充、修正上文汉、英比较 I 的内容。英文打字在使用标准键盘（无论是机械的还是电子的）时，通常使用直接、自然打字法，即直接按稿照打，或直接按听稿照打。这种方式下，打字过程中无须编码思维，但打字速度无法超过机器的极限击键速度，无法实现追随语速的速记打字。在用英文电子速记机时，为了追随语音速度，也必须求助于编码输入法。而汉字电脑打字只能使用编码输入法，只有编码输入法才能突破机器的极限击键速度。编码法的效率，除了依赖手指操作的敏捷，还和编码方案设计的水平关系密切，和软件水平关系密切。因而，中、英文电脑输入专家都努力在软件上下功夫，增加软件的智能化，减少操作员的思维负担，走以软件的智能化提高输入速度的道路。这也是十余年里中国汉字输入专家们所追求的。词语输入、联想输入都极大地简化了编码思维，而又提高了输入效率。事实证明，输入智能化是个天地广阔、潜力甚大的领域。英文和汉字输入效率的提高都依赖于智能化软件提供的基础。认为间接、编码输入是一种落后、被动方法，是汉字没有办法的无奈之举。这样的认识不够全面，不完全符合实际。英文的直接、自然打字法，其可能达到的最快速度和语速相差很大。为了实现实时速记打字，英文同样必须求助于间接、编码输入法。

7. 用“字符当量”比较英、汉文电脑打字效率

作者以为，真正客观、综合地比较打字效率的方法应该是：取同一内容资料的汉、英文两种版本输入实测。甲输入英文版，乙输入汉文版。若乙时间比甲短，那么就可以说乙的汉字输入效率高于甲的英文输入效率。王永民 1984 年在联合国总部组织的汉、英文电脑打字表演赛就采用此法。但组织现场比赛有许多具体的困难和麻烦。能不能不进行现场比赛就分析、比较、判断出汉英文哪个打字效率更高？这里，本书作者推荐用如下“汉英字符当量”值来推算的办法。

作者于 1988 年曾做过一次统计。取不同体裁文章的汉、英文两种版本输入计算机，然后分别就各种体裁计算出一个汉字折合几个英文字符，并把这个数值称为“汉英字符当量”。例如，汉语古诗的汉英字符当量为 9，就是说这时一个汉字约折合 9 个英文字母。具体统计结果为（统计所用资料均为权威版本[①]）：

资料名	汉英字符当量
愚公移山、为人民服务	4.0
毛泽东诗词 36 首	5.8
英诗汉译	5.8
汉语古诗英译 23 首	9.0
三千计算机词汇	4.0

① 参见《毛泽东选集》（英文版），北京外文出版社，1965 年；《毛泽东诗词》（英文版），北京外文出版社，1965 年；郭沫若：《英诗译稿》，上海译文出版社，1981 年；翁显良：《古诗英译》，北京出版社，1985 年。

统计中没有计入文题、词牌名、题解等，但正文统计中计入了标点及空格。统计结果表明不同体裁这个当量值不同。具体说，汉语古诗最简洁、最概括，信息量最大，当量值为9。《愚公移山》这种论文及计算机词汇的当量最小，等于4。

如何利用这种当量值比较汉、英文输入效率呢？举例如下。优秀英文打字员可以达到每分钟300～360击(或每秒5～6击)(参见本章第4节)。若取一般论文之当量4，此时汉字打字员如果每分钟能输入75～90(即300/4～360/4)个汉字，其汉字输入效率就和英文持平。若汉字输入员每分钟输入汉字数超过(或小于)75～90，其输入效率也就超过(或小于)优秀英文录入员的效率。如果按国际上英文打字以每分钟250击(或每分钟50个词，一个词按5个字母计)为优秀，那么汉字输入只要达到每分钟62.5个汉字，就与英文优秀水平相当。

这种比较中，实际计入了文字的信息量在内，不是“单纯的打字操作比较”。这样比较合理吗？作者以为，汉、英文打字效率的差异本质上是文字属性差异的表现。这种当量比较法，综合了汉、英文字有关属性，是一种综合比较。这比“单纯打字操作比较”有意义。单纯打字操作比较如果真的变成只比较每分钟击键次数，那结果是自明的，比较也就多余了。

按着这种当量推算法，如何估计现今汉英文打字效率的高下呢？下面，我们列出中国大陆1989年11月举办的汉字电脑输入赛头三名代表队的成绩(单位为每分钟输入汉字数)。

华天杯、东方杯电脑汉字输入赛头三名成绩

奖杯名称	文本类型	头三名成绩(汉字/分钟)
东方杯	连续文本	171.80 / 166.3 / 156.4
	词语文本	79.07 / 74.33 / 71.73
	离散文本	50.93 / 42.27 / 41.40

	录音文本	94.27 / 92.33 / 80.33
	繁体连续	118.80 / 75.13 / 67.20
华天杯	无提示	103.30 / 101.00 / 99.60
	待编辑	97.69 / 93.85 / 93.08
	制表文本	93.50 / 90.00 / 89.00

我们暂把300～360击/分钟作为优秀英文打字员的输入速度（记300～360为b～B）与上表所示成绩比较，有如下情况：

① 连续文本，头三名成绩均高于B，即都超过英文的极限速度的上限；换句话说，头三名的成绩都超过英文打字最高可能速度。

② 离散文本，头三名成绩均低于b，即都低于英文极限速度的下限；换句话说，此时头三名的成绩均达不到英文可能达到的最高速度。注意，此时的离散文本所输资料是不成文的汉字的散乱编排，平时少见。

③ 词语文本与录音文本头三名都大于b，仅仅录音文本头二名大于B；换句话说，此时头三名的成绩均高于英文打字极限速度的下限；有两名超过英文的最高速度。

④ 华天杯优胜者除制表文本第三名外，成绩都大于B，即都超过英文打字极限速度的上限。

离散文本所输资料是不成文的汉字的散乱编排，无法使用词语输入、联想输入等智能化手段，只能逐个汉字编码输入。实际打字作业中此种情况较少，这是专为测试参赛选手单个汉字输入速率而设定的项目。连续文本是文稿录入中最通常方式。

这样，无论是按标准的每分钟250击，还是按我们自测得出的每分钟300～360击，我们都有如下结论：优秀汉字电脑打字员的速率赶上或超过了优秀英文打字员。汉字输入的最高速率已经远远超出英文一键一符所能达到的最高可能速度，即极限击键速度。每分钟170个汉字折合每分钟680击（每秒11击）。上述比较的一个缺欠是表列各项缺少英文的实测数据。利用与表中离散文本数据对照的，应该是英文 52 个字母的散乱无意义字母序列的英文资料打字速度。

8. 英、汉电脑打字比较的一种形象比喻

我们可以把汉、英打字效率的比较比喻为人数众多的两支代表队的马拉松比赛。不妨说㊮队表示英文打字员队伍，㊗队表示汉字打字员队伍。两个时代打字比较如下：

在机械打字机时代，比赛场面可描述为：

① 赛场上领先的许多方阵，清一色为㊮队成员；

② ㊮队中仅有极少数落伍者落在㊗队极少数先进者之后；

③ ㊮队中，上场参赛者占总人数的十分之几，旁观者少（参赛者指掌握打字术者，旁观者指不掌握打字术者）；

④ ㊗队中，上场参赛者仅占万分之几、千分之几、百分之几（汉字使用者按 10 亿计，万分之一为 10 万人），大部分或绝大部分人在场外旁观。

在电脑打字时代，比赛场面可描述为：

① 赛场上最前面的方阵清一色为㊗队成员，并且他领先于其后的㊮队十分明显；

② 赛场中部、后部甚长部分是㊮队与㊗队混杂竞争状态；

③ 中、后部中㊗队成员有逐步超前的趋势；

④ ㊮队场上人数可占㊮队总人数的十分之几，旁观者较少；

⑤ ㊗队上场队员仍仅为㊗队总人数万分之几或几十、几百，但上场者有急剧增加之趋势，旁观者依然十分众多。

客观地说，汉字使用者中掌握汉字打字技术的人员比例低下，这不应全归罪于汉字。国家社会技术、经济条件起着很大作用。1990 年代在日本，最低廉的汉字日文电子打字机不过是大学毕业生月工资的几分之一罢了。而此时在中国，低档汉字电脑打字机价格是一个大学

毕业生月工资的几倍、几十倍（1980年代中期微机价格是中国大学毕业生月工资的30—50倍；1990年代是十几倍；21世纪初是几倍）。这是限制中国电脑打字普及的重要社会因素。但从最近六七年内中国市场上微机价格急剧下降的情势看，汉字打字机正在迅速普及成为日常家用电器和学生的文化用具。

9. 全息输入与非全息输入（汉、英比较III）

对于汉、英打字方式的差异，毕可生先生有另一种观点。他称英文打字那种逐个字母、无一遗漏地打字法为全息打字法。而许多汉字输入法，容许每个汉字仅仅用其单独声母或一个笔画、一个部件、一个笔形（如四角笔形），就能实现一个词、成语或多字专用名词的输入。毕可生称这种是非全息输入法。非全息输入法必定是智能化的，其效率提升的空间巨大。而英文那种全息输入法严格受限于打字的极限速度，其效率的提升也同样严格受限。① 汉字的字量庞大、结构复杂，长时期里（特别是在铅字时代）一直被认为是一种缺欠、一个弱点，带来的往往总是麻烦。其实，到了电脑时代，其结构复杂、丰富、多样倒成了一种富矿、一种宝藏。汉字电脑输入虽然已经走过了30多年，但其优化的空间仍然十分巨大。近年来见到的功德结构输入法②，综合利用了字形结构（如上下、左右……）、首笔笔画、声母等信息，实现汉字输入有甚好的易学性和效率，这种方法的发展空间极大。最近见到的《和码中文》，欧阳贵林先生用1，2，3，4，5个数码的组合（25组），设计开发了汉字输入法。他的输入法培训也是汉字识字教材。他主要用笔画、笔形和少量的部件编码。汉字电脑化浪潮

---

① 毕可生：《中文是世界上最适合电脑应用的文种》，《汉字文化》2012年第1期，78、79页。

② 参见赵功德：《汉字结构的魅力》，光明日报出版社，2017年。

早期，字形输入法，必须面对两百多偏旁、部首的情况，已经改观。仅仅利用汉字部分字形信息，就能够比较容易地实现汉字的高速、便捷输入。事实证明，汉字的非全息编码空间前景无限广阔。

10. 英、汉打字技能考核、测试

国际通用习惯，英文打字以每分钟 30 词、无差错为及格；每分钟 50 词、无差错为优秀。这里一个词按 5 个字母计。换句话说：每分钟 150 击、无差错为及格；每分钟 250 击、无差错为优秀。另外，香港英文打字考评办法，评测标准与上述相似，也是 30 词及格，50 词优秀，并且还给出了一个计算公式：

$$Cn=(A-50\times M)/5/N$$

其中A为击键总次数；M为出错击键次数；N为限定时间秒数。Cn为实际上正确输入的词数，以 5 个字母折合一个词。50 × M 表示每击一次错键，扣除50击。Cn为30时达到及格；Cn为50时，达到优秀。如：5 分钟，击键 850 词，2 次击错，（即 A=850；M=2；N=5），那么得到 Cn=750/25=30，恰好及格。而 5 分钟，击键 1200 词，2 次击错，（即 A=1200；M=2；N=5），那么得到 Cn=1100/25=44，接近优秀。

关于汉字输入水平的测试，在电脑化初期就已经开始。台湾最早举办于 1982 年，大陆最早举办于 1984 年。这种评测不仅仅评测不同的输入法，还要评测操汉语者驾驭拉丁键盘的能力。评测中都使用了统选操作员，即选用没有使用过电脑的中学生参加。台湾学生参加测试的时间为 14 天，上海评测为 24 天。上海评测的五种输入法，输入速率达到每分钟 10 个汉字的日数是 7 ～ 9 天；达到每分钟 15 个汉字的日数是 10 ～ 12 天。第 20 天，小组平均输入速率为 32 ～ 41 个汉字。这表明操汉语者 20 或 30 天的培训可以达到英文打字及格水平。再经过一段训练，达到或超过英文优秀打字水平是不难的。

在西方机械打字员培训热潮100多年后，东方产生了汉字电脑打字员的培训和招聘热潮。台湾的《电脑技能》杂志是台湾电脑技能基金会的月刊，其中每期都登有打字员招聘及求职广告，前者称为“事求人”，后者称为“人求事”。笔者对其中一年的八期做过统计，求职者最小的18岁，最大的45岁，18～29岁的占86.8%。其中打字的速率每分钟30～49个汉字的占33.4%（这些相当于英文打字及格水平）；每分钟50～79个汉字的占42.9%（这些相当于英文打字优秀水平）；每分钟80～119个汉字的占23.7%（这些超越了英文打字的优秀水平）。

11. 通过电脑打字再次比较汉字与英文

铅字时代，汉字机械打字机比英文机笨重、低效、繁难，这是一个尽人皆知的严酷事实，它给国人的刺激极大。但在20世纪末，机械式的打字机都已被淘汰，那严酷的事实已经成为历史。当今是全新的电脑时代，汉字和英文打字已经是各有短长，可以再争高下。电脑和软件为电脑的编码输入开辟了广阔舞台，提供了提高效率的广大空间。但由于电脑时代汉、英打字的比较出现了新的复杂情况，由于核心技术被微型化地封装在芯片里或存储在硬盘、光盘中，其间的差异不再是明显的、外露的、直观的、感性的，而是隐蔽的、内敛的、抽象的、理性的。这使得社会上对此评价远未统一，而是争论极大。电脑汉字处理常识的普及对此有重要意义。

应该清楚：电脑时代和铅字时代是截然不同的两个时代，但恰恰有好些人不区分这两个时代，而统称为现代，把机械式打字中汉字的弱点仍然看作是当今汉字的弱点。说到文字的技术处理，把铅字打字、四码电报仍然看作是当今汉字本身的问题。这自然离实际相去甚远。

七　实现“话语毕、文稿出”的汉字电脑速记

1. 速记简介

简单地说，速记就是采用某种系统的、科学的简便符号和略写法则，来记录有声语言的一种快速书写技术。它是文字的辅助工具，也是重要的信息手段。速记的基本目标是把语音变成书面的文字记录。对于使用汉语的人来说，一些领导讲话语速不是很快，每分钟约 150 个汉字；而主持人稍快，每分钟 200 多字。正常人说话速度是每分钟 180 到 200 字左右。在使用英语时，平常人的语速每个小时 12 000 个音节，折合每分钟 200 个音节。每个音节含四五个字母时，每分钟内 800 ～ 1000 个字母。对于汉语、英语，以及任何其他语言，要按通常文字书写方式完整地记录下有声语言都是不可能的。因而速记中都普遍使用缩写或略写的速记符号。这种符号难免带有显著的个性化特点，使得别人难于释读。传统手工速记都要由速记者本人再整理翻译成普通文字版本。

世界上早在两千多年前，古罗马便使用了速记。公元前 82 年，著名政治家、雄辩家西塞罗的门徒泰罗（Tiro）创造了一种用拉丁字母的、草书式速记，就是后来的泰罗速记。工业时代的快节奏，推动了速记的发展。从 16 世纪末期开始，近代世界各工业发达国家都先后创造了适合表现本国语言信息的速记方式。在中国，速记产生较晚，从最早

出版的速记专著《传音快字》(蔡锡勇 1896 年著)和《盛世元音》(沈学著)算起，至今不过一百多年。随着科学技术、国际贸易、文化交流的发展，速记广泛应用于国会、法庭、商业企业、教育、新闻、写作、文秘等方面。在法庭审讯、政治会谈等场合，因为录音机的磁带可以涂抹、剪接，许多国家不允许使用录音机，必须使用速记。中文速记在 20 世纪 50 年代曾有过一段兴旺，60 年代及其后的“文化大革命”陷于低谷甚至中断。而彼时国际上已经开始走向电脑化的新时代。

2. 西方速记技术发展的历史梗概

有人把西方速记技术的发展区分为三个阶段：音素化、机械化和电子化。最早的速记曾经以“词”为书写单位。由于词的数量成千上万，而且各自独立，难成系统，使用不便，效率低下，后来很快出现以音素为单位的记写办法。因为每种语言的音素个数比词或语素的数量少得多，一般只有几十个，这样就有了着眼于记音的音素化速记，并为各个国家所广泛采用。19 世纪末，这种技术传入中国，引发了多种汉语速记的产生。但由于完整、确切的音素化记录根本无法追随语音的速度，无法记录下完整的有声语言，所以不得不普遍使用缩写或略写的速记符号。这种符号都带有显著的个性化特点，使得别人难于释读。音素化速记记录都要由速记者本人再整理翻译成普通文字版本。一个速记记录，通常要花费三四倍甚至五六倍时间整理翻译。手工速记的这种麻烦，促使人们寻求机械化、自动化方法。

英文机械打字机是世界上最早出现的普及性文字处理设备，人们自然想从英文机械打字机寻找办法。人们通常认为英文打字那种自然方式，即按英文逐个字母打字最便当、最直接，解决英文机械化速记似乎大有希望。但实际上，英文机械打字机有自己的极限击键速度(参见本书第六章第 3、4 节)，这个极限速度比英语语速慢得多。因而，直接使用英文机械打字机实现英文速记是行不通的。19 世纪上半叶就出现了速记器（stenotype），这种机器使用小键盘。其中全部键盘字符个数小于26，即键盘上仅有使用频度高的字母，频度低的字母用双键表示。击键时容许同时按几个键，用键盘符号的不同组合表达不同音节，把这种打字结果记录在纸带上。这种方式有能够大体追随语音的速度，打印的记录也比较清晰、正规。但这个打印结果不是普通文本，包含大量简缩的速记符号。它还必须经过人工整理，或者直接在普通英文打字机上边翻译、边击键地再打一遍。就是说，这种方式类似于后来的汉字打字，先要有编码（用键盘符号串表达音节），再加上一步对所得结果的翻译（解码或解释）。速记稿的整理加工仍然是不可缺少的，而且也依然是繁重的。值得注意的是，通常被人们看作是最自然、最合理、最科学的英文打字的自然方式（直接按英文字母串击键，之前不必编码，之后也不必整理）也有其弱点，这就是打字速度慢，无法满足追随语音流的要求。为了效率，英文机械速记也要求助于像汉字录入那样的编码和解码。换句话说，打字中的编码和解码并不一定是落后文字特有的标记。

上述机械速记机的创新处在于：用专用小键盘符号组合表示音节并容许多键并击，这使得击键速度能够追随语音速度，但严重的问题在于打印出的音节码是缩略的简化形式，需要再加工才能变成通常文字形式。利用电脑强大的文字加工能力，电脑能够自动把音节码缩略的简化形式变成普通文字形式，这就实现了速记的电脑化。这种英文电脑速记就和汉字录入多了许多相似性。输入使用了编码，电脑对编码再解码，输出通常的文字文本。

3. 中国高层初识英文速记机

录音机不是什么场合都可使用的，有的重要会议和外交会谈、会见是不允许摆放录音机的。一般国家领导人会见，必须有翻译和速记，这已是国际惯例，我国也不例外。1970年代初期，在震惊世界的中美建交秘密会谈中，速记起的作用，是录音机无法代替的。在美国作家查理斯·奥斯曼所著的《基辛格——冒险的经历》一书中有这样的描述，那次秘密访问中国同周恩来会谈时，基辛格带来了他的两名得力的女秘书。她们用速记记下了35个小时的会谈，以便美国总统和基辛格可以研究每一个短语和每一处语气的变化，为国家元首的访问做好准备。当时基辛格的秘书就使用了速记机，这应该是中国领导人第一次见到英文速记机。周恩来当时就问身边的人，我们能够造出这样的机器吗？（据廉正保同志回忆，廉曾经多次为毛泽东、周恩来接见外宾做速记，曾任外交部档案馆馆长）。

4. 中国亚伟速录机的诞生

1985年，日本速记学会约请中国速记专家唐亚伟、颜廷超、高铮、陈容滨一行四人赴日访问、讲学。此次日方馈赠的礼品中有荒木章先生送的一台日文速记机。这是使用专用小键盘的速记机，容许双键或多键并击，这使得每分钟输入单个代码的个数得以大大提高。但这种速记机还不是电脑化的，打印出的代码需要再整理、加工。颜廷超懂日文，把日文代码换成汉字代码，但打印出的代码还是需要人工翻译加工，未能获得应用。唐亚伟先生之子在电脑公司工作，唐氏与电脑专家合作，把类似荒木章专用小键盘作为电脑的外挂设备，输入的代码经过电脑软件翻译得到汉字，打印出来。这样小键盘与微电脑相结合的电子化汉字速录机就诞生了。周恩来与基辛格会谈20多年后，1994年5月19日，在北京展览馆的计算机展览交易会上，由唐先生设计，北京晓军办公设备有限公司研制的亚伟中文速录机亮相，引起轰动。这是一台用只有24个键的专用小键盘追随语音，实现同声录入的电脑化的中文速记设备。它的诞生，实现了中文速记由手工向电脑化新时代的跨越。唐老数十年致力于中文速记，他开发速录机键盘时已经80高龄。速录机键盘的制造则由晓军电脑公司承担，青年科学家雷虹是该公司经理。该公司还研发了与速录机配套的软件及相关系列产品，如面向培训教学的自动化电脑教学系统，有利于提高效率和准确性的语音伴侣及主副机双机配置，以及实时投影显示系统等。作为中文速记领军人物的唐老和晓军公司合作，使得原有的传统速记教育迅速登上电脑化的新轨道。

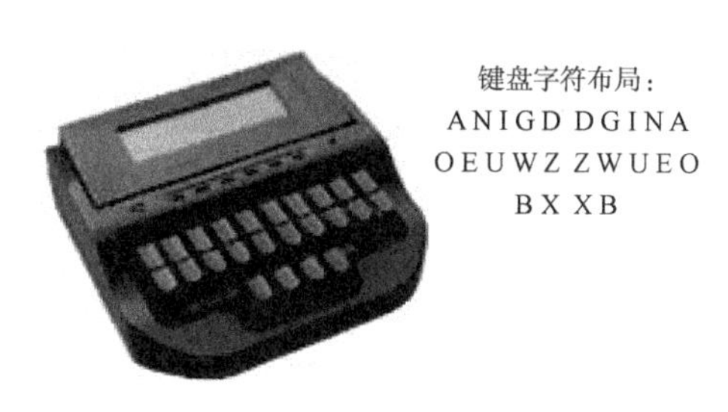

图 7.1 亚伟速录机

图 7.1 是亚伟中文速录机的照片，它只有 24 个键，左右手各司 12 个键。它可以单独使用，更经常和微型机系统联用，实现“音落字现、话毕稿出”。可以连接投影仪，把文字显示在大屏幕上；也可以连接打印机，打印出纸质文本。

5. 英、俄、法、奥各国速记机照片及一些讨论

让我们来看看使用拼音文字的西文电脑化速记机的模样。

我们看到这四个国家的速记机也一律采用小键盘，唐亚伟先生是借鉴、学习了西方当时已经实用的速记键盘设计。其要点是① 用专用小键盘；② 容许两键或多键并击；③ 利用缩略码输入。这种小键盘的全部键位数比全部字母数小。使用这种键盘，他们也就无法使用直接自然输入法来输入各自国家的文本。那么，为什么他们都一律抛弃了直接、自然输入法，而要使用小键盘呢？

用直接自然输入法时，提高打字速度唯一的方法是加快击键速度，但打字机连续打字时击键速度是有极限的。对于电脑打字，这个限度来自手指活动的限度，按键按下及弹起的限度，屏幕显示更新的限度。对于机械打字，这个限度来自手指活动的限度，带铅字字头的金属连杆起、落的限度。要用直接自然打字法实现同声速记，一定

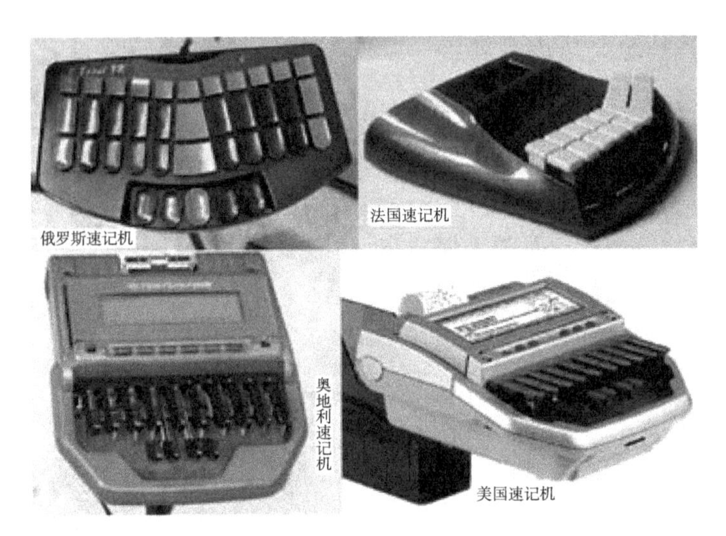

图 7.2　俄、法、奥、美四国的速记机

要使得打字机的极限速度达到或超过语速。拼音文字各国都不得不使用小键盘，求助于编码输入，其原因正是击键的极限速度低于语速。一种类型打字机或电脑键盘，其极限速度是多少，往往不被注意，没有标明，但对于现今普遍使用的电脑来说，自己进行极限速度的自测是容易的。（办法见第六章第 4 节）所得到的这个极限速度（6.7 ～ 7.2 击 / 秒）比奥巴马的语速（12 ～ 13 字符 / 秒）小得多，即英文直接法电脑打字无法实现同声打字。这就是西方拼音文字国家的速录机一律使用小键盘，一律使用编码输入的原因。这个事实表明编码输入也有其长处，即它的可能输入速度比键盘直接击键极限速度要大得多。

6. 使用通用标准英文键盘的电脑速记技术

上面介绍的主要是利用专用小键盘的电脑速记。这种小键盘是电脑的一种外挂式设备，它连接到电脑上，靠电脑里的软件实现汉字输入、代码转换、打印出汉字文本。这种外挂专用小键盘的价格大体上与一台台式微电脑相当。其实直接用普通电脑（指无须挂接什么外部设备）的标准英文键盘的速记研究早已开始。1953年，唐亚伟先生就在《中国语文》（1953年11月号）发表了相关文章。1977年，香港的著名报人桂中枢发表了他的利用标准英文键盘的汉语速记（见1977年4月18日参考消息）。到了中国电脑化浪潮时期，有人民大学陶沙的《人脑电脑速记》（1987年），黑龙江刘伯文、颜廷超等人的《中文电脑速记编码及汉卡》（1995年），陈容滨的《陈氏音速码电脑速记》，赵仁山的《电脑汉字速记易捷码》，唐懋宽的声数码，等等。[①] 这些速记方法里，没有任何一个能够像亚伟速录机那样流行。这可能有多种原因。比如：①这些方法都不是专攻速记的，是兼顾普通打字与电脑速记，而且长期里可能都是以一般电脑打字为主，没有或者比较少着重、单独地组织电脑速记培训。②这些方法也都主要采用拼音输入法。在电脑化的初期阶段，电脑的存储量相当低。拼音输入法的智能化尚在起步阶段。同音字的区分解决得不够好。大词库要求的存储量不能够充分满足。这些影响了基于标准英文键盘速记法的初期的效率。③亚伟速录机专攻速记，十分明确地规定了以培养速录员为目的；编写了专门培训教材；开发了电脑辅助的培训教学系统；为很好完成速记开发了双机工作并实投影设备；等等。参加这种培训班，达不到速录员标准等于白学、白花费了时间、金钱、功夫，学员不得不一拼之。只要有部分速录员成功，就打开了局面，就创造了历史。其实，亚伟速录机培训的难度较大，他们自己的材料里讲，半年的培训，学员成功率大约一半。一些了解情况的外部人估计，成功率还低得多，有人估计在10%。但他们知难而上，狠抓培训，终于打开局面，创造历史。④唐亚伟先生毕生从事汉语速记事业。他充分利用了一生的人脉，利用在许多行业有影响的老速记工作者，携手推动中国

① 参见唐亚伟、王正、居正修主编：《中国速记百年史》，学苑出版社，2000年，117～125页。

速记的电脑化。亚伟速录机得以在各行各业的应用迅速展开。⑤他适时地与劳动人事部等主管方面合作，制定了速录员的行业技术标准，使得社会上形成了一种并不十分准确的认识：以为使用电脑的速记只有使用速录机这一种。

7. 速录机及电脑速记的成功应用

亚伟速录机领先在各行各业的应用迅速展开。它已经在法院庭审、名人访谈、会议现场记录、新闻发布、商务谈判等广泛场合获得应用。它使某些行业的文书工作制度和状况发生根本变化，例如法院庭审记录。1997 年，最高人民法院曾经发文要求《在全国法院系统大力推广使用亚伟中文速录机实现庭审记录计算机化》。同年 11 月，最高人民法院主办了第一次法院系统速录员速录技能比赛，有 48 名从 12 省来的选手参加，1998 和 1999 年又举办了第二届和第三届比赛。第一届比赛的速度 160 ～ 180 字 / 分钟，第二届比赛速度是 180 ～ 210 字 / 分钟，第三届 180 ～ 230 字 / 分钟，所有的听打比赛都是 30 分钟。比赛结果显示出法院系统书记员的速录速度水平在逐年提高。到目前为止，全中国近 3000 家人民法院购买亚伟中文速录机并培训人员应用于庭审记录和办公自动化领域，在全国的法院系统已经有大概 1 万名使用亚伟中文速录机进行庭审记录的书记员。随着微电脑性能指标的不断提高，汉字输入法的智能化水平也迅速提高。这使得一些使用标准小键盘的电脑速记的效率、易学性也大大提高，在电脑速记应用中的相对比例也不断提升。2000 年全国人大组建专职的速录队伍为人大常委会分组讨论进行现场同声记录。此外，全国两会、国务院、外交部新闻发布会和各种听证会等重要会议上，速记员已经成为必不可少的基本人员。外交部也在 2013 年组建了自己的速记队伍，为党和国家重要领导人的重大会议、外事活动做速记。一些重要领导出访也有速记师随行记录……

它还带动产生了一个新兴职业——速录师。一般的会议只需一名速录师，有些重要的会议配备两名，一名主打，一名副打。速录师可以紧跟着一个人的讲话速度通过专用键盘进行速录，另外一个人可以用标准键盘或者是鼠标来校对文字（这个工作现在也可以用另外一台速录机同步进行），文字可以被现场投影、保存、打印或通过网络直接共享。计算机速记已经在全中国范围内进行了推广，广泛服务于政府部门、大公司、电视台、出版社、网站等。很多大专院校如国家法官学院、国家检察官学院、上海法官学院、北京政法管理干部学院、中华女子大学、北京科学技术大学、广州法官学校、天津法官学校等也都开设了电脑中文速记、速录课程。中央电视台全台电视节目字幕制作几乎全由专业的速记师完成。很多场记以及剧本的讨论等等工作也都由速记师担任现场速记。互联网组织的嘉宾聊天等节目，采用中文速记进行文字直播。中国电力总公司、九三学社办公厅等企事业单位以及一些著名企业家等都已经把速记作为一项提高效率的重要技术。随着速记技术的普及，一些作家、编辑等文字工作者或自己学习使用速记技术或雇佣私人速录师，为其创作工作带来了前所未有的方便和革命性的变革。

总之，经过十几年的发展，电脑速记，包括亚伟中文速录机的推广应用使中国的计算机速记开始进入职业化、产业化发展的轨道。

8. 录音机与速记技术

自从1857年法国科学家利翁·斯考特发明世界上第一台录音机，在一些发达国家，录音机便获得迅速普及。录音机的产生是否会使得速记变得没有价值？这是曾经产生过的忧虑和争论。关于“录音机是速记的敌人还是朋友？”这个问题曾在1983年7月瑞士卢塞恩举行的国际速记打字联合会第35届年会上，做过学术专题讨论。与会者一致认为，录音机不能取代速记，它是速记的朋友。从实际情况看，速记应用仍然广泛，它和录音机并存、互助发展。现今，小巧的录音笔使用方便，价格急速下降，一两百元的功能已经十分强大，因而各种录音资料大量产生。在大多情况下，录音资料需要转换为文本形式。这样，对录音制品的速记加工就成为速记工作里的重要内容之一。现场速记和录音资料文本化整理成为速记的两大应用领域。而亚伟速录系统中把录音和速记键盘捆绑的设计（语音伴侣）对提高速记的效率、准确度，降低速记员的劳动强度和精神压力起到明显效果。

可以说，只要语音到文字的电脑自动转换（也称语音识别）没有充分发展、充分普及，速记的应用空间就一定是广大的。

9. 电脑速记——电脑打字中的一个新行当

一种新的社会化技术的发展、应用总是对产业结构和就业结构造成影响。机械式英文打字机的使用为西方妇女就业提供了一次大好机会。就在第一个英文打字员培训的 110 年后，中国出现了电脑汉字打字员培训的热潮。王选夫妇的七四八课题组和后来的华光、方正，使得华人世界实现了告别铅与火，跨入光与电的时代。铅与火是指铅、锡、锑的熔炼、铸造。熔炼、浇铸是任何一个印刷厂，任何一台机械式汉字打字机都无法逃避的。铅版的耐印量为 10 万印，即印了 10 万份就必须浇铸新铅版。1980 年代的《经济日报》每日印 40 万份，就必须每日 4 次浇铸铅版。铅字检字排版工每人要手托字盘行走几里或十几里路。说那时的铅活字排版印刷是繁重、污染严重的工种毫不为过。计算机激光照排的成功，从重污染的繁重劳动中解放了铅印工，也使得铅活字检字排版员几乎整体地转变为电脑打字员。由王缉志主持设计的四通 2401 打字机成为中国淘汰机械式铅字打字机浪潮的主将。电脑打字员成为新的职业工种。王永民适时地推出五笔字型汉字输入法，他又抓住时机，积极参与印刷厂打字员和四通打字机打字员培训。他在为中国汉字电脑化做贡献的同时，也发展、完善着自己。

虽然他也遭遇“不是拼音输入就不支持”的恶劣环境，大多数字形输入法都无疾而终的时候，他还是坚持着、发展着。亚伟速录机的成功应用则催生了速录师这种新行当。速录师于2003年被国家列为第九批国家职业，分为高级速录师、速录师和速录员三个等级。如今，速录师们活跃在法院庭审、名人访谈、会议现场记录、新闻发布、商务谈判等广泛场合。电脑速记行业技能标准的制定，是唐亚伟最早与劳动人事部等主管方面合作进行的。制定的是速录员或速录师的行业技术标准。现今，形成的普遍社会认识成了：只有亚伟速录机使用者才是速录员。凑巧，利用标准小键盘的某些其他电脑速记法，不想用“速录”的名词、术语，只愿意用“电脑速记”的称谓。结果有意无意促成了一种局面：速录员和电脑打字（包括电脑速记）成了两个行业技能标准。这有些像“电脑速记”无意间让出了半壁江山似的。从整个行业的健康发展看，这种“速录员”排斥“电脑速记员”的认识或状况，是不恰当的，对“电脑速记”者来说有欠公允。其实，速录和电脑速记，就其功能来说，不是两个东西，两个行当，而是一个行当。随着汉字输入法智能化的提高，随着微电脑性能的迅速提高，价格的急剧下降，利用标准键盘，不需要外挂设备的速记方法，在不断地增加自己的优势。有消息说，现今电脑速记或速录比赛中，使用普通电脑、标准键盘的参赛者逐渐多起来。事实上出现了一个速录机与仅仅用标准键盘的电脑速记法竞争天下的新局面。这种竞争应该是好事，而不是坏事。

10. 语音处理技术有可能使键盘速录技术昙花一现

2018年两会起，科大讯飞发布一系列讯飞翻译手机产品。实现了“听得清、听得懂、译得准、发音美”四大智能翻译标准，支持33种语言、方言翻译、拍照翻译、全球上网等功能。其中的中俄离线翻译搭载了多语种INMT离线翻译引擎，支持弱网络、无网络等环境下翻译功能的实现，并可做到日常用语离线翻译结果与在线翻译相媲美。无论是机场叫车、餐馆点餐、酒店 check in，甚至在酒吧里与当地球迷聊天狂欢，讯飞翻译机 2.0 都能给予沟通上的支持。其“同声翻译”模式，解决用户部分应用场景下不适于公放的难题，满足用户在收听景区导游讲解、展览展会讲解、国际小型会议、收看电视节目等单一交互场景下的翻译需求。33 种语言的中外互译，除了全面覆盖主流出游目的地的英、日、韩、法、西、德、俄、泰、印尼等语种，甚至还支持很多小语种，如希伯来语、泰米尔语、加泰罗尼亚语等。此外，讯飞翻译机 2.0 还能识别粤语、河南话、四川话、东北话四种方言，可以说是来自天南地北的旅行爱好者的必备神器了。

科大讯飞并非是唯一的，它只是一群弄潮者中的一位有特色的佼佼者。就国内而言，还有：有道翻译蛋、百度翻译机、搜狗旅行翻译、清华准儿等，都推出了各自的产品。价格上已经有五六百到两三千元的多种等级。从有声的语音，高速转换得到书面的文字，已经实用化。这种产品的发展，有可能使得基于键盘的电脑速录技术成为“昙花一现”的短命技术。这是信息技术飞速发展中的一种残酷现象。这就像传统的电报通讯，有过一二十年的电脑化“新阶段”，很快地被电子邮箱及手机短信等更先进技术淘汰一样。

这种语音实时翻译产品，着重于“有声语言的交际功能”的智能化。实际上，“有声语言翻译”，比“视觉文本的翻译”更复杂，更多资源消耗。换句话说：“字符文本的实时翻译”（就是汉字文本与西方拼音文字文本的翻译），比“语音翻译”更简单，更少资源消耗，更低廉。市场需求同样巨大。特别在汉字的教育、教学上，需求巨大、广泛。当今的形势，有语音翻译的备受重视，而字符文本翻译的遭遇轻视、冷落的明显倾向。这和近代、西方的“重有声语言，轻视觉文字”，“重个人交际、交流，轻知识获取、文化传播”思潮大有关系，这也与汉字还处于“被改造”身份大有关系。希望中国的有关企业，有关技术专门家，有关决策者，关注汉字与其他多种文字的互译问题，而不是仅仅专注于有声语言的互译。有声语言，长于个人交际、交流。视觉符号，特别是汉字，长于知识获取，文化传播，品格涵养，道德养成。所谓的“文以化人，以文化人”是也。应该尽快为国内外汉字教学、教育提供新的、强大的支持。那时，汉字的教学与自学，汉字文化的全球化传播必将出现新辉煌。上述的“拍照翻译”，实际上提供了“随时、随地学习汉字”的条件。这时候你“手机拍照”到词“中国”或成语“刻舟求剑”，可以从网络中心迅速获得（下载到）关于它们的“单语双文”文本（具体见附录D）。这种文本是少量汉字与外文（如英文）混合编辑排版的，是仅仅用英语解说的。这种方式可以成为英语者自学汉字的一种方式。有读者会问：不学有声汉语，只学汉字？行吗？我肯定地回答：中国秦汉以来，漫长的古代，口语不能通话的各个方言区，都仅仅用自己的母语学习、使用汉字。“用母语学用汉字”是古代中国的历史常态。我这里说的其实是：当今20902个汉字存在于全球几乎所有手机里时候，用“共享单车”或“移动支付”中的“扫一扫”，或讯飞公司的“手机拍照翻译”用来从网络上获取“单语双文”型文本的汉字学材，开展自学汉字是大有可为的。汉字繁难论，终将成为历史。

八　电脑打字的伟大成就、意义和问题

1. 汉字电脑化的首战大捷

1976 年，美籍华人王安博士推出了自己的新词语处理系统 WPS，它实际上是一台能够高效处理英文文字信息的计算机系统。它迅速成为美国总统办公室、各州长、总裁办公室争相购买的设备。此时，字符的二进制表达、字形的点阵表达、点阵打印已经实用。这为汉字信息处理展示了光明前景。对于汉字信息的电脑化处理，汉字编码表达和点阵表达在 1969 年的中国，已经有过一次成功实践（参见本书第五章第 2 节）。汉字如何输入电脑此时突出地成为一道难关。在汉字电脑处理远远不是现实的时候，就有许多志士仁人开始了相关探索。1978 年 7 月 19 日《文汇报》以“汉字进入了计算机”为名报道了支秉彝先生的汉字输入编码方案，这是支先生六年牛棚生涯的研究结果。同年 12 月 5 日，在中国汉字电脑还不见踪影的时候，青岛召开了全国汉字编码学术交流会。所交流的方案中，有不少是作者们冒着遭迫害的风险秘密开展研究得到的。王选夫妇在承担“七四八工程”前曾经思考过小键盘的汉字输入法。林语堂的中文打字机研究起步甚早，他的设计原则已经不是或不完全是纯机械式的。他的窗口设计，拼组成字，对某些电讯技术的引用，使得他的成果与后来电脑汉字输入法有不少雷同处。确实有美国的公司想把林的发明用在汉字电脑输入中，购买过他的专利。据报道 IBM 曾投资 6500 万美元研究汉字输入法达十年之久。[1]（整个“七四八工程”获得国家拨款6000万元人民币，北京大学王选夫妇为骨干的七四八课题组获得1000万元人民币），但某些洋人及文改家们的结论却是“要么放弃汉字，要么放弃计算机”。汉字输入法真正面世前的一大段时间里，中国人能否解决汉字输入计算机的难题更是一大悬念。钱伟长先生1979年在香港的一次计算机学术会议上，见到IBM、王安、西门子等公司的能够处理汉字的计算机，所用键盘都很大，还不是现今使用的标准小键盘。洋人们一致说：你们的汉字太难了，太复杂了。你们自己未必解决得好。你们等我们开发好了，使用就是了。钱先生的自尊心受到极大刺激，回国当年组建了中文信息研究会。此期间，有许多人，包括许多名人说：你们这是笨了，最聪明的办法是用拼音文字，直接用英文计算机就得了。这种争论，甚至在中文信息研究会的每次会议上也都存在。[2] 可以说，汉字输入计算机，当时真是一个世界性难题。

很快地，意想不到地，1982年9月ZD 2000微型中文计算机通过鉴定；1983年8月汉字电脑化初期影响最大的汉字操作系统CCDOS（长城DOS）亮相北京展览馆。它们都有基本的汉字输入功能。它们最早生动、直观地展示了用标准小键盘输入汉字及文本屏幕编辑的新颖、神奇功能，引起轰动。与CCDOS同年同月，河南南阳举办《五笔字型汉字输入法》技术培训班，100多人参加培训。很快地，汉字输入法的发明和培训热潮在中国出现。困惑人们百余年的汉字难题，随着第一道难关的突破，向世人展示了光明前景。

2.“万码奔腾”是汉字复兴大戏的开场锣鼓

很快地，中国出现了一个汉字输入法大量涌现的时期。据钱伟长

① 参见林立勋编著：《电脑风云五十年》（上下），电子工业出版社，1998年，493页。

② 参见刘庆俄：《汉字新论》，同心出版社，2006年，104、105页。

先生估计，1982年提出的就已经达到400多种。[①] 到1990年代，见诸报端的已经达到1000多种，获得专利的400多种，真正运行实现的已经超过百种。[②] 这就是被国人称为“万码奔腾”的现象。但对这种现象却存在着截然相反的评价，这是值得我们认真思考、认识、理解的。

铅字时代，无论是打字机上的还是印刷厂里的，每个铅字都离不开金属的熔炼铸造。这里的金属，涉及铅、锡、锑、铜等。这种熔炼、铸造是普通人无法独自进行，也是难于介入的；即使达官、显贵、富豪、财东也不是有钱就能够办起来的。那时，想解决汉字难题的志士仁人，几乎都是有力无处使，可以说奉献无门。面对汉字机械化处理明显落后于拼音文字的现状，他们就难免无可奈何地归罪于汉字，求助于拼音化改革了。到了1980年代初，在ZD 2000、CCDOS和五笔字型面世的时候，情况已经发生了天大的变化。此时的微电脑和软件提供了一个全新的神奇舞台。这个时候核心难题是软件设计，最重要的本钱是脑力、智力、毅力、理想及奉献精神，而不再是财力、权力、威力、武力、体力。在中国，有脑力、智力、毅力，有理想和奉献精神的人实在是太多太多了，这是“万码奔腾”产生的社会技术环境。

说微机和软件提供了神奇的舞台，一点也不夸张。铅字时代至少四五千个汉字铅活字，无论如何精心巧妙地安排，都无法改变其笨重、繁难、低效。当字形不再依赖铅活字，而是用数字化的点阵表达时，程序设计是否科学、合理、精妙，关系影响巨大。王选们试排样书时使用的小型机，比当时国际上普通微机的技术指标低得多。2009年国产微机的内存是王选们使用机器的16384倍，外存则是王选们机器的42667倍（参见本书第九章第3、4节及表9.4）。但凭借他们自

① 参见刘庆俄：《汉字新论》，同心出版社，2006年，105页。

② 参见林立勋编著：《电脑风云五十年》（上下），电子工业出版社，1998年，493页。

己的智慧，做到了每秒生成150个汉字字形的效果。这令当时国外专家也大为惊讶，不得不刮目相看。须知1980年前后，汉字字库依然是微机的沉重负担。就在那时，方正软件提供了丰富多彩的字形，不仅包括各种字体、字号，还有多样变形功能，如字形加高、加宽、倾斜、加阴影，配有上千种的花边和网纹。这些都主要是脑力、智力、毅力的结果，是理想和奉献精神的结果。

电脑时代的字形问题，完全摆脱了金属熔炼铸造，成为主要是软件设计的问题。此时主要物质基础是微型机和软件工具。微机不断提高的速度和存储量为汉字处理提供了广泛空间。汉字的字量巨大和结构复杂不再是不可克服的，反而越来越变得微不足道。现今，弹指一挥间足以执行千万次甚至亿万次运算，给汉字处理，包括繁体字处理，提供了几乎是无限的可能性。实际上，比文字繁难千倍的语音、音响处理，比文字繁难数万倍的图像、动画、影视信息处理都已经成功实现。文字，特别是汉字，包括繁体字，在多媒体信息（含声音、图像、影视、色彩）中已经是最简单、耗费机器时间和存储空间最少的一类。

由于计算机有十分宽裕的速度和存储，设计水平相差很大的人都可能拿出效率相差不大的成果。这使得参与表演、竞赛的志士仁人数量大增。这也是“万码奔腾”的一个社会技术原因。

改革开放以来，国家终止了不断的内斗、内残、内耗，极大地解放了中国人的创造力。因而，万码奔腾是在微电脑和软件神奇舞台上，致力于复兴汉字的中华志士仁人们积蓄百余年的激情与创造力的一次集中迸发、表演和竞赛。

汉字电脑化处理浪潮来得神奇、精彩、美妙，也显得突然、迅猛、离奇，太少规划和秩序。就汉字输入法而言，其中大部分并不是管理机关、研究院所依据“正规”手续、确定开展的研究课题；许多反而是小组的、家庭的乃至个人自发的应时创造。许多研究没有立项调研、论证文件，没有像样的队伍，甚至除了自己投入外完全没有研发经费。尽管如此，成百上千的输入法研究开发确实轰轰烈烈地展开了，许多不错的乃至优秀的成果出现了，成功了。它既使人兴奋，也常遭人诟病；热烈而又喧闹，迅急而又忙乱，神奇而又怪异；它使人振奋、开心，也令人困惑、忧虑。其实“万码奔腾”正可看作是汉字文化复兴大戏的开场锣鼓，某种喧闹、嘈杂、忙乱、粗糙应该是正常现象。按通常情况，本来就是更精彩美妙的正戏、大戏自然都在开场锣鼓之后。事实也表明，一场伟大、汹涌的社会潮流，特别是那种有强大、急迫社会需求推动而又带有某种自发性的潮流，其正确、正常发展需要有更伟大、更智慧的领潮人驾驭、引领、指挥。可惜的是，本来负有领导责任，或掌控话语权的一些人却在需要他们的时候，自己还处于不解、迷惑、观望、茫然之中。而今，网络新世纪，中华民族复兴大潮云涌之时，汉字全面复兴的大戏应该快些到来了吧。

“万码奔腾”促进了汉字属性最广泛、最深入的研究。汉字和拉丁字母完全不是一个等级上的东西，汉字的属性比字母要丰富得多、复杂得多。一个汉字是其音、形、意的统一体，每个汉字输入法都是基于汉字的某种属性设计的，对于该属性必须给出所处理汉字字符集里每个汉字的详细情况。对于基本集是 6763 个汉字，对于 GB18030 是 27484 个汉字。

例如，使用全拼属性设计基本集的输入法，那一定要给出 6763 个汉字集里每个字的拼音。此时一个副产品就是 6763 个汉字的全拼音属性表。对于这个表，利用电脑高速、准确检索功能，很容易得到种种详细的统计结果，如汉字包含的音素个数最少为 1，最多为 4，最多也是最完整的包括声母、韵头、韵腹、韵尾。你能够很容易知道该汉字集里（6763 个或 27484 个）有韵头的是多少？是哪些？有某个韵头的是多少？是哪些？有韵尾的是多少？是哪些？有某个韵尾的是多少？是哪些？类似地，利用语音属性，除去全拼（指完全按汉语拼音方案的音素化），也可以是声韵双拼，还可以是声介韵三拼。每一种输入法，都能够同时给出该字符集里汉字的最详细、最完整的统计数据。

汉字是以形表意的，其字形特征，比起其他任何文字都来得丰富、复杂。“万码奔腾”中产生的多数输入法是基于字形的。每一个字形输入法，同时都是对某个字形属性的最详细、最完整的考察，能够同时得到关于该属性的最详细、最完整的统计数据。例如，你的设计是基于笔画的，那一定要给出所有汉字（6763 个或 27484 个）里每个字的笔画数据。此时一个副产品就是全部汉字的笔画属性表。对于这个表，利用电脑高速、准确检索功能，很容易得到种种详细的统计结果，如汉字包含 10 画的字是多少？所占比例？是哪些？笔画数小于等于 10 的又是多少？所占比例？是哪些？笔画数超过 20 划的是多少？所占比例？是哪些？等等。这种副产品是随着某个输入法的设计实现自然得到的。只要你注意到它，利用了它，你就节省了专门进行该项统计时所需要的全部经费、时间和人工。自然，如果你根本没有考虑充分利用输入法设计中的副产品，这副产品也就像不存在一样；它的宝贵价值对于你也就等于零。

汉字的字形属性是丰富多彩的，除了笔画，还可以考虑笔形（如类似四角号码）。笔形的划分、归纳可以有多种方案。还可以考虑部件、偏旁、部首，这时可能的方案更多样、更丰富。每一个字形输入法，都同时使你得到该属性在全部汉字（6763 或 27484 或更多）的最详细、最完整的统计数据。

“万码奔腾”过程中确实产生了大量基于字形的输入法。其中每一个从字量和结构分析的角度看，几乎都是历史上不曾有过的，是空前的。可惜的是，许多宝贵的副产品没有受到重视，甚至根本没有被理睬。宝贵变成了无用，宝贵的劳动变成无效甚至罪过！

3. 胡乔木、马希文谈信息技术对汉字的影响——兼说电脑时代汉字结构研究的重要综合价值

改革开放后的十来年间，汉字处理电脑化浪潮来得异常迅猛、神奇。很快地，关于汉字电脑处理技术的一些常识，如字形的点阵式数字化表达，用汉字结构属性（部件、笔画、笔形）设计输入法等，为广大人群知晓。汉字字形输入法，特别是其中字根（字元、部件）类，实际上是把汉字分解为其所包含的字根（部件、字元或笔画、笔形）的串。恰当地、合理地分解是重要的、关键性的。汉字的结构是漫长历史中形成的，要使得其结构分解做到恰当、合理，以达到输入法的容易学用并不那么容易，需要计算机新技术与汉字传统各自有所让步、迁就、协调。由此，一些敏感的科学家和管理者看到新技术对汉字研究提出的新要求，对汉字发展提出一些重要看法。其中最重要、最有代表性的是马希文、胡乔木两位的言论。摘要如下。

1986年，汉字电脑化初起的时候，马希文先生针对汉字输入和汉字字库制作对语文提出了新要求，写出如下一段话："汉字在历史上就有过许多次改革，都与一定的技术发展有关、以新的技术为物质基础。例如：有了毛笔，就有了隶书、楷书；有了印刷术，就有了宋体。后来改用铅笔了，就又有了仿宋体。现在有了计算机技术了，文字也应该改革。具体说来，就是希望以后的文字是由数量有限的基本部件按照少量的结构形式组合而成的，此外别无其他要求。对此，希望语文界予以重视。大凡一种社会性的改革，总要有某种物质基础。这是历史唯物主义的基本原理，违反不了的"，"我们应该认真分析当前技术对语文的要求，并在此基础上，研究文字改革的方针。从这个角度看，我认为应对少部分的汉字做一次字形上的调整，使汉字部件的数目减少，字体结构的形式规范化。比如把'我'字改为'禾'木旁

右边加一个‘戈’字。拜年的‘拜’字改为两个‘手’字并立等等”。[①]（作者注：马先生的这个建议恐怕没有人完全接受。其实，可以“变通地接受”，即观念上、想象地把“我”字拆为“禾”+“戈”；把“拜”字拆为“手”+“手”。这对汉字输入有用而不破坏传统结构。）在差不多相近的时间，马希文先生在另一篇文章中说：“我国的汉字原则上是无限的，……不断地有新字出现，任何规模的汉字总表都无法保障是完全的。……面对这样庞大的字符集，使计算机界感到十分尴尬。学者、工程师、商人、天真的青年甚至江湖术士提出了成百上千的方案来解决这一问题，但是至今成效甚微。……任何操作者的便利都是以更复杂的技术代价换来的。……其实，汉字改革并非史无前例。不可考的不算，隶书、楷书的出现与宋代印刷体的出现都是众所周知的。而这种改革的动力显然是信息技术（书写工具、印刷技术都是信息技术的一部分）的改变。因此，可以十分准确地说，历史上的汉字改革是由当时的信息技术所造成的。”[②] 接着，马先生提出“当前的信息技术到底对汉字改革提出了什么要求”的问题。他谈到以下几点：“笔画形状的进一步简化已经无助于新的信息技术了”；“把拼音化作为适应新技术革命的唯一方案，既不能使全社会理解，也很难从技术界得到足够的支持”。[③] 马先生认为既适应信息技术的当前要求又高瞻远瞩地看，主要是两条：汉字内部代码与形体的一致性；汉字内部代码与输入信息的一致性。[④] 马希文15岁考入北京大学数学系，极富数学天才、语言天赋及音乐天赋。他能够熟练使用汉语、俄语、英语，并涉猎日、德、法、朝、蒙、豪萨、斯瓦希里、世界语等多种语言，达到相当水平。他会多种乐器，能作曲，当过学生乐团指挥，当过文艺宣传队的

---

① 马希文：《逻辑、语言、计算——马希文文选》，商务印书馆，2003年，493、494页。

② 马希文：《逻辑、语言、计算——马希文文选》，商务印书馆，2003年，465页。

③ 马希文：《逻辑、语言、计算——马希文文选》，商务印书馆，2003年，488、468页。

④ 参见马希文：《逻辑、语言、计算——马希文文选》，商务印书馆，2003年，466页。

队长。他是一位天才数学家，最早在北大开设“信息论与编码”课程。他积极参加数理统计在工业上广泛应用的试验设计推广，并完成专著《正交设计的数学理论》。他自小就对自然科学与人类语言的关系感兴趣。他是中国理论计算机科学、人工智能学科、计算语言学的积极推动者，非常关注人类语言的计算机理解及处理的各种问题。他正是从这种深刻的角度关注汉字改革。对自然语言的计算机理解，语义关系的形式化表达，关于“知道”的模态逻辑等问题都有创见。他写的关于北京方言中“着”“了”“再”的句式、语法的纯粹语言学论文，令许多汉语文专家惊叹、赞赏。他是1986年全国语言文字工作会议正式代表。马希文与青年或早期的赵元任大师有某种相似处。赵元任也极具语言天赋、音乐天赋。赵元任大学读的是理科。毕业论文专攻“数理逻辑”。毕业后的第一份工作都是教物理（在美国和在中国均是）。赵元任的主要贡献是在语言学，赵元任成为国际知名语言学家。马希文的主要贡献还在数学、计算机科学。马希文在广泛领域有闪光的创造，但缺少一个完整、充实的更大硕果。这可能与他英年早逝（2000年61岁）及青春期太多环境干扰有关吧。马希文早我3年入北大，早我3年留校任教，可他比我还小1岁。他给我的激励、启发极多、极大。

胡乔木，曾协助毛泽东领导汉字改革，改革开放后曾主持文字改革工作。他的汉字简化的第15条原则就是“我们要尽可能使汉字成为一种‘拼形’的文字。……如果我们首先把现在汉字的字形改造成为许多可以独立的结构组合成功的字，也就是把汉字改造成为拼形的文字，这对于尽快实现汉字的信息化，将是一个十分重要的进步”；“必须使得汉字信息化，必须使得汉字容易信息化，这是一个最强有力的、能够说服一切反对者的理由。……先要把汉字改造成拼形文字。这就是一个伟大的进步”；“汉字要信息化并不限于计算机，如打字、排印、检索、教学都有尽可能分解的要求，现在有些同志所以对此冷淡，根本原因还是急于要实现拼音化，故认为不值得做”。[①]

“目前，有的计算机采用部件拼组法处理汉字，设计复杂。如果汉字字形的分解单位少就好，这样字形分解不需要太费事就掌握，对计算机的应用有利”；“对待计算机汉字输入的各种方案，不要说不是拼音输入就不支持，那样，会使自己孤立。”[②]

前面，胡、马两位着重谈到汉字结构与汉字输入法的关系。实际上，汉字结构分析、规范也是正确解决以下问题的关键：依据汉字字形的检索、排序、设计汉字字库，特别是拼组字库的生成、应用；作为字符集外字的定义式，以及传统字音、字义的重新系统分析、归纳，汉字教学法，等等。

4.“万码奔腾”时期文字管理者和文改专家们的态度、作为

“万码奔腾”时期，实际上正好与国家语言文字工作从动乱中恢复、重建时期相重合。在汉字处理电脑化中有重大历史意义的“七四八工程”起步调研的1973年，毛泽东批示《光明日报·文字改革》专刊复刊，周恩来批示恢复“中国文字改革委员会”。两位领袖的这两个批示，实际上推动了文字改革工作的恢复。汉字电脑化运动和文字改革恢复工作就这样并行地展开了。我们不妨看一看汉字电脑化进程中文字改革委及后来的国家语委的主要工作。

1973—1980年，中国的科技部门、科技工作者抓住时机，艰难地实现了汉字信息处理电脑化的成功起步的时候，中国文字改革机构在抓紧恢复、重组，在积极恢复文字改革工作的三大任务（简化汉字、推广普通话、推行汉语拼音）。1980年北京大学“七四八课题组”成功

① 胡乔木：《胡乔木谈语言文字》，人民出版社，1999年，296～300页。
② 胡乔木：《胡乔木谈语言文字》，人民出版社，1999年，335页。

用激光照排机印出样书《伍豪之剑》时，方毅批示“这是可喜的成就。印刷术从铅与火的时代过渡到计算机与激光时代，建议予以支持。请邓副主席批示。”五天后，邓小平写了四个大字：“应加支持。”[①] 也是在1980年，《语文现代化》第一辑中，吕叔湘先生说“要实现科学技术现代化，首先得让文字现代化，也就是让汉语拼音化”；另一位被认为颇具文理结合优势的语文学家陈明远说：“历史将证明：电子计算机是方块汉字的掘墓人，也是汉语拼音文字的助产士。”[②]

1981—1986年，国际上开始进入PC（个人电脑）时代。微型计算机迅速、广泛普及，推动了拉丁文字世界迅速数字化、电脑化。汉字处理电脑化浪潮在中国形成。在汉字编码（计算机内的二进制表达）、汉字键盘输入、汉字识别、汉字操作系统（纯软件的及汉卡式的）、汉字设备（汉字终端、汉字打字机、汉字排版及激光印刷系统）以及汉字系统支持的中文信息处理、企事业管理系统等各个重要领域都获得实质性突破。1983年8月，汉字电脑化初期影响最大的汉字操作系统CCDOS（长城DOS）亮相北京展览馆，第一次生动、直观地展示了汉字键盘输入、屏幕编辑的新颖、神奇功能，引起轰动。同年同月，河南科委主持五笔字型汉字输入法鉴定会。同年12月，河南南阳举办《五笔字型汉字输入法》技术培训班。1984年，五笔字型赴美参加展览并到联合国参加表演赛，大获成功。1985年5月，华光Ⅱ型系统通过国家鉴定，在新华社投入运行，每日排印《新华社新闻稿》等，成功排印汉字达一千万汉字。国产长城0520CH机到美国COMDEX展览，其汉字能力引起了很多人的注目，它使IBM专为中国设计的IBM550在中国销量大减。1985年第一代联想汉卡（倪光南主持开发）诞生。汉卡是由许多集成电路组成的一个插件，把它插到

---

① 参见中华人民共和国电子工业部、新闻出版署、印刷机设备器材协会：《七四八工程二十周年纪念文集》，1994年8月；又见《王选文集》，北京大学出版社，1997，47页。

② 王开扬：《汉字现代化研究》，齐鲁书社，2004年，36页。

英文电脑，这台电脑就变成了汉字电脑。这是当时存储器严重不足条件下，实现英文电脑汉字化的一种软硬结合方式。此后众多汉卡纷纷登场。1986 年 4 月，四通公司推出 MS-2400 文字处理机，一年后推出风靡全国的 MS-2401。四通打字机以其实用、简易，赢得广泛欢迎，一时间成为机关、企事业、院校所有办公室的必购设备，对推进汉字打字电脑化做出了突出贡献，成为中国淘汰机械打字机战役的主将。这些成果使得汉字无法适应新技术的舆论为之一扫。在短短的十来年里，汉字意外地从被批判、被鞭挞、行将被抛弃的境地走进了柳暗花明的新天地，迎来了自己科学发展的黄金时代。

此时的新恢复的文字改革委员会在抓紧恢复文字改革工作。如下事实可见，当时的文字改革委员会对汉字电脑化新情况反应相当迟钝，甚至是麻木的、困惑的、茫然的。1981 年 7 月 13 日全国高校文字改革学会成立大会在哈尔滨召开，到会代表 164 人，为 1955 年来最大规模的文字改革会议。学会成立宣言重申“我们的文字必须改革，要走世界文字共同的拼音方向”。1981 年 9 月 16 日文字改革委员会全体委员会议讨论通过第二次汉字简化方案（草案）修订方案，决定印发全国征求意见。1982 年 1 月 20 日文字改革委员会主任会议决定恢复《文字改革》杂志。在报道此次会议时，光明日报社论《争取文字改革工作的更大的全面进步》，北京日报社论《把文字改革的火焰继续燃烧下去》。1982 年 4 月 2 日，中央主持语文工作的胡乔木接见五位语言学家时说：“文改会要争取在一年内把拼音电报恢复起来。”[①] 1982 年 7 月 25 日，《文字改革》杂志复刊。复刊号编辑部文章“把文字改革的火焰继续燃烧下去”。1983 年 6 月 1 日，文字改革委员会主任扩大会决定把第二次汉字简化方案修订草案上报国务院。1983 年 9 月 26 日，10 月 6 日北京语言学会所属文字改革组两次召开学术研讨会，讨论此前曾性初发表的论文《汉字好学好用证》。与会代表一律批评曾文，一

① 胡乔木：《胡乔木谈语言文字》，人民出版社，1999 年。

致认为：汉字存在严重缺点，必须改革，走世界文字共同的拼音化方向。1985年12月，国家语委、教委联合发布《普通话异读词审音表》。1986年10月国家语委重新发布《简化字总表》。尽管1985年12月国务院办公厅下发通知，“国家文字改革委员会”改名为“国家语言文字工作委员会”。1986年6月，国务院批转废止《第二汉字简化方案（草案）的通知》。1986年1月全国语言文字工作会议召开。决议里明确汉字形体在一段时期里要保持稳定，对简化应持慎重态度；不再提汉字要走拼音化的方向。这些连同“文字改革委员会”更名为“语言文字工作委员会”，表明了中央政策的适时、正确调整。从胡乔木闭幕词可见，当时许多代表并不理解中央的这种政策改变，颇有怨气。而胡乔木的闭幕词所劝慰的“这次会议并没有妨碍我们的研究工作和各种实验工作的继续进行，也不影响各方面实际工作的开展”，则实际上引导文字改革家们进行不高声呼喊拼音化口号的、更脚踏实地的汉字拼音化改革。

1987—1993年，本时段在国内，汉字电脑化浪潮继续推进，已经获得突破的在迅速完善、推广使用。截至1993年底，国内印刷业完成了从铅与火到电与光的改造，并且有关汉字电子印刷设备还加速推向海外市场，机械式汉字铅活字打字机和四码电报加速被淘汰。国内网络的基础建设加速进行。国家语言文字工作委员会继续推动汉字改革。

此时期国家语委发布的有关文件 从1973—1993年的20年间，国家语文管理结构发布的文件《国家语言文字政策法规汇编》（语文出版社，1996年）有如下情况：

关于推广普通话发过许多单个通知，例如对以下部门机构都发布了单独的文件（以发文时间先后为序）：中等师范学校、开放旅游城市、高等师范院、小学、全国城市公共交通系统、全国商业系统、中等师范学校（进一步）、各种体育活动、普通中学、职业中学，师范专科，普通中小学，等等。关于推行汉语拼音方案和汉字使用的文件有

（以发文时间先后为序）：人名拼写法，计量单位用字，统一部首表，地名拼写法，异读词审音表，重发简化字总表，出版物数字用法，地名用字，广播电影电视用字，牌匾包装广告用字，商标用字，常用字表，通用字表，拼音正词法，出版物用字，各种体育活动用字，出版管理部门带头使用规范字，高等院校语文规范化，等等。以上除了1983年的汉字统一部首表外其他一律与汉字字形规范无关。汉字统一部首表本来与汉字输入法设计密切关联，但这个“汉字统一部首表”完全还是传统的，看不出任何面对电脑化处理的味道。1992年7月7日，国家语委发布文件，明确规定繁体字为非规范汉字，违规使用繁体字将罚款500—5000元人民币，并规定法院强制执行条款。[①]

文字管理者和专家们对“万码奔腾”的评价　我们仅从一些著作里看出大概。一位文字改革家在其著作里说道：“10多年来，各种编码方案层出不穷，特别是形码和形音码，至今谁也说不清全国已经研制了多少种。学术界形容这种情况是‘万码奔腾’。这种情况的弊端是：（1）研制混乱而重复，浪费了大量人力物力。（2）使使用者无所适从，妨碍了计算机的普及。（3）编码常常为了迁就编码的方便而牺牲了汉字的结构规律（也就是人的认知规律，少年儿童学习汉字的规律），破坏了汉字的规范，对基础教育等方面的破坏力极大。（4）严重危害着汉字信息处理的智能化进程。”另有一位当时颇受语文界高层青睐的青年语文学家在其著作里，评述一位语文学家称颂汉字输入法百花齐放、争奇斗艳时说道：“这是一种在历史上早就被鲁迅等先哲批评过的思想方法——‘红肿之处，艳若桃花；溃烂之处，美如乳酪’，美比他们不过，和他们比丑。”[②] 能够把汉字复兴大潮里“万码奔腾”的活跃创造联想成令人作呕的痈疮的“红肿”和“溃烂”，这是对汉字多么大的深仇大恨呀？！我惊讶中国的汉字研究者的这种思维。还是这

① 参见《国家语言文字政策法规汇编》，语文出版社，1996年，311～315页。

② 王开扬：《汉字现代化研究》，齐鲁书社，2004年，86页。

位青年语文学家，在同一本书里摘引了当时语委某领导如下的话："我们的先驱看到中华民族文化落后，找到原因之一就是汉字的繁难，影响了教育的普及，影响了国民素质的提高。后来又加上了一条理由，就是汉字机械化处理比别的国家落后。汉字落后，不管这句话是全对还是部分对，上面讲的都是事实。现在有人鼓吹'神奇的汉字'，说汉字是什么灵动的音符，是什么奇妙的魔方，等等。又有人说，计算机输入汉字比英文还快，中文在计算机上优于西文。这完全是外行话，欺骗了许多人。大家知道，击键之后能够显示汉字，这仅仅是中文信息处理的第一步。为了输入汉字，中外科学家和信息产业付出了多少时间，多少钱财，留下了多少问题这些人全不知道。……中文信息处理当中，汉字的难点已经成为一个瓶颈，成为计算机产业的一个难关，一个拦路虎。"① 这位青年语文学家又摘引某语文学家如下的话："汉字不能适应现代化社会的论调已经被事实证明是一种科学落后状态下因无知而带来的忧虑。"接着他写道："请这位教授对照一下当时语委某领导的论述，重新确定一下谁'无知'如何？"这位青年语文学家的著作发表于 2004 年，那位语委主任的话说出在 1995 年，又被印在 2005 年的著作《语言文字学论文集》(商务印书馆，2005 年)里。此时，铅字已经被淘汰，汉字处理技术事实上已经实现复兴。但他们的思想似乎与钱玄同、鲁迅的认识差别甚微，依然停滞在民族危亡、国难深重的铅字时代。

5. 姗姗来迟而又令人失望的汉字结构技术规范

汉字结构分析与汉字输入法的密切关系更为输入法设计、开发人员以及更广大的汉字打字员、电脑普通用户关注。已经有的汉字结构

① 参见王开扬：《汉字现代化研究》，齐鲁书社，2004 年。原文见北京市语文现代化研究会：《语文与信息》1995 年第 6 期，3 ～ 4 页。

认识和知识都是传统的、长期内历史地形成的，不可能自然而然地与输入法设计的需要相符和。所以 1980 年代初期开始，科技界、学术界及广大电脑用户，要求尽快制定针对电脑信息处理的汉字结构规范的呼声一直很高。但主管汉字规范的领导、管理机构，迟迟对此没有反应。他们对汉字处理电脑化的进展、需求似乎过于迟钝或麻木。

直到 1997 年，才有了“现代汉语通用字笔顺规范”和“GB130001 字符集汉字部件规范”。这两个技术标准是声明面对汉字信息处理电脑化需求的。而在这之前 3 年的 1994 年，铅活字排版印刷，铅活字机械式打字机，四码电报已经成功被电脑化设备淘汰。汉字电脑化所急需的标准为什么拖延到铅字被基本淘汰了的时候呢？可以说，真的是姗姗来迟。虽说这两个技术规范声明是面对汉字信息处理电脑化的，实际上，它很让汉字输入法设计专家失望。这个部件规范比中国历史上任何一个都大，都繁杂，它包含总计 560 个部件。历史上，《说文解字》首创 540 部；明代《字汇》汉字的部首为 214 部；清代《康熙字典》也是 214 部；《新华字典》第 9 版之前为 189 部；旧《辞海》（1936 年版）214 部；《辞海》（1979 年版）250 部；物理学家王竹溪编《新部首大字典》56 部（未计变形）；《现代汉语规范词典》（2004 年）201 部（未计变形）。

6 年后的 2003 年 12 月，又公布了一个规范《基础教育用现代汉语常用字部件规范征求意见稿》，它作了一些改进，删去了一些“不自然的部件”，但仍声明是“继承了 1997 年的那个”规范的原则，只不过它是只针对 3500 个常用字而已。照理，这应该是前一个规范的一个子集，它有 540 个部件，比前一个规范少 20 个。但两者相同的只有 365 个左右！！占全体的 67.6%，还不到七成，三成多（约 175 个）是新拆分出来的！！可见拆分还是相当随意的，并且仍然有显得不合理的地方。到了 2009 年，又有了《语言文字规范（GF 0011-2009）：汉字部首表》，给出 201 个主部首和 99 个附形部首；同时公布的《GB 13000.1 字符集汉字部首归部规范》给出了 20902 个汉字部首归部表。1997年以来的这三个规范，如果真的用来指导汉字输入法编码设计，12年里三次大的变化，真的让编码设计者们无所适从，或者穷于应付。

6.“万码奔腾”的悲哀——“万马（码）齐喑”和无疾而终

遗憾的是“万码奔腾”持续了大约10年，便归于“万马（码）齐喑”了，除了个别如五笔字型和郑码硕果仅存外，都不见了踪迹，都无疾而终了。确实的，拼音输入法由于电脑速度及存储量的急剧增长，由于词语输入，由于高频先见，由于联想及种种智能化技术的使用，可用性有了显著改善和进步。但广大汉字用户也面对无奈与尴尬，当遇到读音不准或不知道读音的字，就很是麻烦。而当遇到不便于词语连续输入的文本（如某些古籍，有大量人名、地名的档案，有大量产品名的货物清单等包含大量未登录词者），拼音输入的效率就显得难以接受而又没有适用的字形类输入手段。实际上，很容易提供仅仅依据笔画、笔形或部首，方便地找到所需要汉字的方法。这一切，可能就像胡乔木批评的那样：一心想着拼音化，把字形输入完全忽视了。在大量仅仅有10个数码键的手机上，要输入26个字母，再通过汉语拼音输入汉字，自然要多按许多次无谓的按键，徒然消耗了操作时间。只有数码键的手机上缺失可用的、高效的笔画、笔形类输入法，完全不是技术的原因，是“不是拼音输入就不支持”的一种恶果。

7.“不是拼音输入就不支持”限制、压制、摧残了基于字形的输入法

胡乔木的批评　1985年7月2日，胡乔木在接见文字改革委员会领导刘导生、陈原、王均、陈章太时，明确批评了“不是拼音输入就不支持”的错误倾向。这还正是“万码奔腾”的火热时期。胡乔木的清

华大学物理专业求学经历，使他没有完全失去对新技术的敏感，在电脑化浪潮前期，他认识到汉字字形分解的重要新价值。他曾说："如果汉字字形的分解单位少就好，这样，字形分解不需要太费事就掌握，对计算机的应用有利"，"必须使得汉字信息化，必须使得汉字容易信息化，这是一个最强有力的、能够说服一切反对者的理由。……先要把汉字改造成拼形文字。这就是一个伟大的进步"，"汉字要信息化并不限于计算机，如打字、排印、检索、教学都有尽可能分解的要求，现在有些同志所以对此冷淡，根本原因还是急于要实现拼音化，故认为不值得做"。[①] 可惜的是胡乔木对"不是拼音输入就不支持"的批评似乎完全没有起到什么作用。

国家语委部分领导的话 这不难从国家语委部分领导的讲话中得到证实。"各种形码利用了汉字的笔画特征和可拆分性进行编码。许多字根式形码方案存在着违背汉字结构原则、与人们在学校所学得的文字和语言知识不合的弊病；笔画式形码方案也存在着任意拆分和笔画不够规范的问题。有人说这是电脑对汉语言文字的'污染'，或者是一种汉语汉字信息处理的'病毒'，我想，从加强基础教育、提高全民族文化素质和快速普及计算机的角度说，这话并不过分。""令人担忧的是这种既不规范，又不统一的'万马奔腾'局面，对中文处理事业，对我国的教育，危害极大，急需扭转"，"可以说，编码方案的缺乏优化和规范，现在越来越成了阻碍计算机普及和中文信息处理技术发展的重要因素之一"。这些话最初出现在1995年底的香山科学会议上的发言。后两次转载，又收入作者的文集《语言文字学论文集》。1994年是"七四八工程"启动20周年，其时中国和华人世界已经基本淘汰了铅字，跨入了电脑时代。直到此时，国家语委部分领导并没有对汉字字形结构和笔画做任何面对汉字电脑化处理的字形技术规范，主持制定的相关规范都在1997年后，即铅活字已经基本被淘汰之后。他

---

① 胡乔木：《胡乔木谈语言文字》，人民出版社，1999年，296～300页。

们这种对基于字形的输入法评价，不是一分为二的。对于那些投身汉字电脑化浪潮，勤奋工作、积极奉献，并且做出各种各样成绩的人，仅仅因为没有利用《汉语拼音方案》，仅仅因为利用汉字字形就招致如此的感定。勤奋、奉献竟变成了“病毒、污染”！

当时汉字字形有可用的规范吗 古老的汉字要适应电脑化处理的全新技术环境，是一项前无古人、毫无先例的崭新事业。利用部首或字根法在标准小键盘上输入汉字最好把部首或字根归并为接近 26 组，因为可以使用的字母键只有 26 个。这是使传统与新技术磨合、融合、协调的关键。要使得基于字形的输入法既高效、易学用，又不破坏汉字传统结构，需要从技术和传统两个方面做工作，需要一定的妥协、让步、迁就，需要实验、试验、探索。不能够适时地制定面向汉字输入法的汉字结构规范，一味地批评字形输入法“违背汉字结构原则”是没有道理的。这里所谓的“汉字结构原则”在哪里？在许慎的《说文解字》里吗？在《康熙字典》里吗？ 1997 年的那个《部件规范》(560 个部件) 是合用的吗？ 1997 年起的三个规范又有着不小的差异，哪一个能够作为合格的、合用的规范？ 2009 年国家文改专家在解释新的汉字部首规范的电视节目中，特别举例讲解：“实际上文章的‘章’从字义上来讲不应该是‘立’‘早’，应该是‘音’‘十’。音就是音乐，‘十’表示多，多篇音乐就是‘章’。还比如‘兵’，上面应该是‘斤’，下面是一横一撇一点。而不是‘丘’‘八’。我们这次归部实际上就是要解决很多乱拆汉字的问题。”(网络刊载的电视访谈节目)。这样的规范是科学、合理的吗？兵字拆分为“丘八”是不规范的，拆分为“斤一八”才是规范的，这就是面对汉字电脑化处理需求吗？它能够为科技界和公众接受、支持吗？

对于基于字形的输入法，说其“破坏汉字结构”，“违背汉字结构原则”，“对汉语言文字的‘污染’”，做这样否定的评价应该采取起码慎重、负责的态度。起码应该像法院控辩双方那样，容许控告，但要出示证据，证据要经过质证，要容许答辩、反诉。要真的以法律为准绳，以事实为根据。至今，没有任何一个基于字形的输入法，明确被指出它有哪些字的编码违背汉字结构。就以汉字基本集（6763个汉字）为例，就算有338个汉字编码不当，也仅占5%。对这一项前无古人的全新事业，不应该那样严厉、残酷评价，要给公众、科学家、技术专家一个自由创造的必要空间，不能单纯以个别文改学者、官员的个人意见为唯一标准。“兵”的拆分，不应该非得拆分为“斤一八”才算符和汉字结构，拆分为“丘八”就“破坏汉字结构”，这种状况不扭转，基于汉字字形的输入法就根本没有生存的空间。

必须说清楚，从1983年的《汉字统一部首表（草案）》到2009年5月1日实施的《汉字部首表》和《GB130001字符集汉字部首归部规范》，以及1997年的《GF3001-1997信息处理用GB130001字符集汉字部件规范》，2003年12月的《基础教育用现代汉语常用字部件规范征求意见稿》，哪一个是真正面对或兼顾汉字电脑化处理的？这几个规范是统一的还是存在矛盾的？它们能够直接地、完整地、无变通地用于汉字输入法设计吗？在2009年2月教育部和语委的新闻发布会上，有记者问及：前后几个汉字部件规范不甚一致，是否给语文教学、给学生带来负担时，专家当时的答复是：“新部首表不是强制性的规范，教学应该灵活一点，不应该考学生这个部首那个部首，要是这样考的话，语文课就没有办法上了”；“这些规范标准都可为教师、信息教育产品的研发人员提供知识和规范。我们不主张把这些东西直接教给学生，特别不主张去为难学生、考学生。不要让语文知识代替能力”。这是相当宽容的。但在这同一次访谈里，同一位领导却强调了“还比如‘兵’，上面应该是‘斤’，下面是一横一撇一点。而不是‘丘’‘八’。此次归部实际上就是要解决很多乱拆汉字的问题”。对编码设计为什么这么苛刻，这么绝对？

8. 评说“98% 的人使用拼音输入法”

已经有许多语文学家引用近几年里的一项调查结果，说中国大陆使用电脑的人 98% 的人使用拼音输入法。把这当作是汉语拼音方案的优越性的证据，是拉丁化的汉语拼音方案比汉字更适应电脑新技术的证据。本书作者无意完全否定拼音输入法，它确实是一个普及型的输入法。其优点是对于已经学会汉语拼音的人，它需要学习的东西少。又由于软件专家多年的不懈努力，成功地把许多智能技术用来克服拼音法码长、重码多的弊端，显著地改善了拼音输入法的效率。但在中国，仅仅有或者仅仅支持拼音输入法是不正常的，缺失可用的字形输入法是一个严重缺欠。当遇到读音不准或不知道读音的字，就很是麻烦。而当遇到不便于词语连续输入的文本（如某些古籍，有大量人名、地名的档案，有大量产品名的货物清单等包含大量未登录词的输入材料），拼音输入的效率就显得难以接受了。歧视、压制基于字形的输入法，同样地产生了压制汉字字形结构计算机辅助教学软件的开发应用。应该说，98% 的人使用拼音输入法，这并不是公众科学、民主地优选的结果，而是许多令人无奈的原因综合的后果。“不是拼音输入就不支持”的错误管理态度，就极大地限制、压制、摧残了基于字形的输入法，使其完全失掉了公平、公正竞争的机会。万马奔腾中的许多字形类、形音类输入法，其开发是自发的，缺乏必需的或起码的支持。在技术急速发展情况下，要追随汉字系统的升级和字符集的扩大，及时更新自己的输入法有诸多困难。不必打击、取消，只要不理睬、不支持，就足以令许多有价值的输入法“无疾而终”。周有光先生还说了一句道破关键的话：汉语拼音方案是小学生的必修课，而汉字字形教学，长期里被忽视，甚至是被取消了。抄写拼音远多过书写汉字，提倡甚至鼓励汉字加字母的作文，汉字字形知识自然大大退化。另外，把某种社会现状的单纯统计不适当地夸大为其科学性、合理性的证据，有许多弊端。自1958年汉语拼音方案公布以来，中国大陆小学识字教学普遍实行先学拼音后学汉字的做法。至今恐怕绝大部分学校、学生都还是如此。这也是强制性推行的结果，再高的百分比也并不足以证明其科学性、合理性。

9. 提笔忘字及书写水平低下不应归罪于键盘和鼠标

2010年夏季以来，“提笔忘字”的事再次引起国内外媒体的广泛关注。《中国教育报》2010年9月17日载文说：提笔忘字等现象使得“‘汉字危机’成不争事实”；“这种危机具有可怕的弥散性”；“电脑时代越发达，其蔓延速度越迅捷”。凤凰网载文（2010-10-29）标题即为《键盘时代冲击汉字文化》，文中说道：“随着电脑和互联网的普及，汉字书写逐渐远离一些人的日常生活，‘提笔忘字’的情况时有发生，不少专家甚至疾呼汉字已经到了‘危机时刻’。”《科技日报》有文章（2010-08-05）标题为《提笔忘字：科技进步导致文化衰退》。人民网载文（2010-08-11）标题为《八成人“提笔忘字”汉字危机国家应重视》，文中称“电脑是手写体的诅咒”。中新网载文（2011-5-19）称：“快捷的无纸办公给人们带来方便的同时，也造成提笔忘字的通病。”美国《洛杉矶时报》报道中说道：“造成汉字书写减少的罪魁祸首是手机，中国人对手机短信的使用率比世界任何其他国家都要多。由于手机靠拼音写短信，构成汉字的复杂笔画就由拼音打字取代了。”类似的报道在网站和纸质报刊中大量出现。给人们的印象是键盘、电脑、手机、网络等新技术成了造成汉字危机的祸首。而提出解决之道包括：新增设写字课；少用电脑演示、增加黑板板书；保持一定比例的手书答卷、手书作业；增加高考试卷中错字扣分；尽快开发高智能写字板淘汰键盘，等等。本文作者以为对“提笔忘字”的这些认识和描述有些流于表面、片面，解决之道有点限于头痛医头、脚痛医脚。这其实是更严重问题的最易为公众感知的一种表象。

我确实不以为，说“提笔忘字是汉字危机”是小题大做。为了说清楚，不能不说一说中华崛起、复兴中的一件憾事。改革开放以来，中国社会的方方面面和各行各业都已经发生了翻天覆地的变化。我们曾经80%的人口搞农业，但粮食、肉、蛋、奶极度缺乏，凭票限量低水平供应；农村联产承包后没多久我们有了丰富的农产品。中国的工业曾经十分落后，像样的东西大多靠进口，火柴曾经被称为“洋火”，煤油曾经被称为“洋油”；二三十年间，中国变成工业产品出口大国，中国制造遍及全球。1910年布鲁塞尔世界博览会上，大清帝国送展的竟然有鸦片烟枪、三寸金莲穿的缠足鞋和刑具，令国人汗颜，令他人鄙夷；一百年后上海世界博览会成为历史上最大规模、最精彩的一届，中国馆成为最引人的展馆。中国曾经被称为“东亚病夫”，而今中国已经是体育大国、强国。构成中华复兴的事例太丰富多彩了。

应该说汉字一直是与中华民族同荣辱、共兴衰的。汉字信息处理技术也已经同步地实现了从铅字时代到电脑时代的跨越。遗憾的是，汉字的这次复兴不是完整的、全面的，而是有些畸形的。那就是汉字的复兴主要在技术方面，在数字化表达、存储、传输、编辑加工、排序、检索等技术上；在打字、排版印刷、电讯传输等产业化应用方面。这些领域紧密地、强烈地依赖于社会化的产业需求和急速发展的技术潮流，而较少受到语言文字理论及社会思潮的影响。而中国的汉字教育与教学，汉字的理论研究，则强烈地、紧密地受制于语言文字理论与社会思潮的影响，受到管理者态度、水平的制约。今天中国的基础教育从规模，经济投入，教学条件，教师的素质和数量上都已经有了极大提高、改善，那么汉字教学的效果、效率有相应的提高吗？学生的繁重学习负担有相应的改善吗？在大多数中国老年人的知识和经验里，传统的汉字教学，用一两年或两三年，学会两三千个汉字并不是困难的事。1958年《汉语拼音方案》发布后，中国就开始了先学汉语拼音再学汉字，五六年里学两三千汉字成了困难的事。汉字教学成了拖基础教育后腿的瓶颈问题。几十年来，不断地总结经验，反复地调整教学方法和要求，但一直固执于依赖汉语拼音，从汉语拼音起步，也就一直在困境中挣扎。《汉语拼音方案》实际上成了必须顶礼膜拜的圣物，而不是一个按实际需要使用并不断修改完善的工具。反对依赖拼音、以拼音为基础教学法的人始终存在，但这些人的意见都被忽视甚至遭受压制。先学汉语拼音的教学法，先花大力气学拉丁字母，反复抄写汉语音节的拉丁拼音表达，训练直呼带声调号的音节，主张我手写我口，写拼音日记，写作文容许或鼓励夹用拼音；汉字字形和结构的教学完全被取消或大大地淡化；加之过度英语热的干扰，中国人母语能力的下降和退化已经是严重的事实。提笔忘字不过是这种严重事实的一个小小的、易于为公众感知的表象。

在中华复兴崛起的大势之下，最具中国特色、堪称中华文化基石的汉字之教学，却如此少有起色，裹步不前，陷困境而不能自拔，这怎能不令人焦虑！随着中华民族伟大复兴，汉字迅速走向世界，孔子学院的建立和急速增长，是汉字文化复兴的新表现，也提出了新的要求。对外汉语教学中同样存在着西方文字理论的干扰。汉字教学脱离了汉字本身的特性和规律，也必定低效、繁难。第一堂课就学习读写“谢谢”，这不是对初学者当头一棒吗？我们把汉语推向世界，也无奈地把汉字难传播到世界。我们已经容忍了培养大批只会说点汉语、唱几句中国歌、识不了几个汉字的洋文盲。某位以对外汉语教学为特色大学的校长，津津乐道于“少学甚至不学繁难的汉字”“主要靠汉语拼音”让留学生学会说汉语。这些不该尽快改变吗？当今汉字教学的状况实在和中国复兴崛起的大势太不合拍了。

从 2006 年一场关于“拼音和汉字，孰当先孰当后”的辩论里，我们可以看到西方文字理论如何影响着中国的汉字基础教育。2006 年 2 月 18 日《中国教育报》Y 先生在反驳“先学拼音再学汉字是个错误”的观点时，有如下论述：“文字是记录语言的符号，汉字是记录汉语的符号。……汉语同所有语言一样，是由‘词’组成的，而不是由字组成的。识字的目的是学习语言，而不是为了识字而识字”；“文字不过是语言的衍生物，……文字永远处于记录语言的符号的附属地位。在信息化的市场经济社会，口语交际的重要性日益凸显，小学语文课应该把普通话口语教学放在特别重要的地位，那种重文轻语的错误倾向一定要扭转过来”；“先学拼音后识字，有助于开发儿童的思维能力，有助于儿童在尚未掌握足够汉字的情况下就提前阅读和写作，有助于提高儿童的口语表达能力”；“有一点要明确——学习汉字的目的究竟是什么”。

从小学汉语教学起，已经不再以汉字而以汉语拼音为基础、核心，字形及结构教学大大被削弱甚至取消。同音替代一直是减少汉字字数的重要手段，是汉字改革的法宝之一。至今，拼音文字优越论，汉语拼音方案万能论，汉语拼音方案有利无弊论，汉字落后论及汉字繁难论，在中国大陆还极具市场。提笔忘字不过是此种大环境下的小小表现而已，它绝对不是键盘和鼠标的过错。

10. 键盘继续为汉字复兴尽力的潜能依然巨大

当今，铅活字已经在汉字信息处理中退出历史舞台。在这场从铅字时代到电脑时代的跨越中，键盘发挥了巨大作用，它是汉字复兴的伟大功臣。随着手写板，语音输入的进一步成熟，随着不带字母键盘的手机、平板电脑的大量销售，有些人开始宣称“键盘将被淘汰了”，把提笔忘字等弊病看作是键盘使用的恶果。事实果真如此吗？本书作者认为：随着非键盘输入法的进步、成熟，键盘输入法的绝对优势、独占优势已经开始改变，其相对份额在下降，这是自然的，合理的。但键盘继续为汉字复兴尽力的潜能还是巨大的。何以如此说？

手写板、语音输入短时期里还无法完全取代键盘　无键盘智能手机、平板电脑的普及表明，输入量甚小的日常使用，已经可以摆脱体积甚大（特别是和小巧的手机、平板电脑相比）的键盘。但这些非键盘输入法还远不到能够完全取代键盘的时候。特别是那种原始性、批量的汉字输入，键盘依然是不可缺少的。

手机上的字母键盘和平板电脑中的虚拟键盘表明键盘依然不可忽视 应该看到，智能手机和平板电脑仅仅是部分成功地取代了台式、笔记本式电脑的功能，在微小型化、便携化、个性化上显示了突出优点；其主要功能是接收信息、消费信息、利用信息，而不是创造、生产信息；其主要功能偏重于娱乐，正常用来看网页、视频、书籍、玩游戏。智能手机和平板电脑作为个人的文化工具、娱乐工具还将大量生产、广泛普及。但出版印刷中的打字，速记中的打字，许多窗口行业（邮局、银行、火车售票、飞机售票）的打字，短期里看不到被平板电脑完全取代的前景。而且，从一批带全字母键盘的手机产生和平板电脑里虚拟键盘的设计，可以看到键盘的强大生命力。这正是手机和平板电脑在弥补缺失全字母键盘弱点的行为。

图 8.1 是一款带 26 个字母键的键盘手机，其上全部按键 32 个。这种手机的开发，到底主要是根据汉字用户还是拉丁文字用户的需求，还不得而知。显然，仅仅用 10 个数码键输入英文文本，同样是不方便的，未必就比输入汉字容易，有可能更费力。其实，单纯从汉字用户需求出发，完全能够开发出仅仅用 10 个数码键，高效、便捷输入汉字的输入法。其设计思路之一类似于王云五的四角号码，成功推出这种输入法的已经有安子介和王永民等人。不是拼音输入的手机汉字输入法产品的缺乏，不完全是技术原因。

图 8.1 一款带字母键盘的手机

平板电脑的虚拟键盘，其常见形式是可以显示在屏幕上的，要占用大部分屏幕。因其常见，此处不再解说。现今已经又出现了更新颖、先进、神奇的激光虚拟键盘。它有些像神话里的事物，甚是奇妙。图 8.2 左部是一个平板电脑激光虚拟键盘；右部是智能手机的激光虚拟键盘。这种键盘是由激光形成的，它出现在平板电脑或手机的外部，由使用者指定。这种键盘先显示在（电脑或手机）屏幕里，用户用手指抓拿，就能够把它放置到桌面上，并且能够像使用普通真实键盘那样操作。也具有敲击键盘的声音，还是可控的。

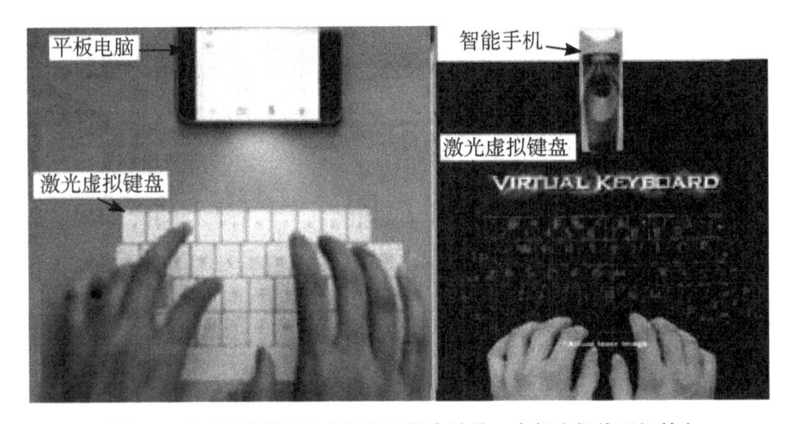

图 8.2　激光虚拟键盘（左部为平板电脑的，右部为智能手机的）

网络上这样介绍激光虚拟键盘："只见一道光线从装置的某个位置发出，在桌上投射出一个虚拟键盘，你可以运指如飞，熟练地输入一串字符"，"这好像是在科幻故事中出现的情节"，"现阶段市场中的激光虚拟键盘设备是一个类似于打火机大小的激光发射器，使用激光在平面上形成键盘的图像，并且使用接收器追踪关键动作从而实现键盘操作"，"其优点：尺寸最小，环境适应广；缺点：耗电量较大，技术尚不成熟"。想详细了解的读者，请上网查看有关视频。

小小手机上的全字母键盘和平板电脑中的激光虚拟键盘都表明键盘的重要性不可忽视，表明没有字母键盘对于手机和平板电脑是一个缺欠，有时不方便。

键盘在汉字字形输入法中依然大有用武之地　20 年前的那次"万码奔腾"显示了键盘在汉字输入中的巨大能力。后来的"万码齐喑"和

"无疾而终"是一种悲哀和无奈，与"不是拼音输入就不支持"大有关系。正如胡乔木所说：有些同志所以对汉字字形输入法冷淡，根本原因还是急于要实现拼音化，故认为不值得做。[①] 当主流学者们把继续不断扩大推行汉语拼音方案作为中国语文现代化的核心任务，认为汉语教育应当以口语词为基础而不是以汉字为基础的时候，小学生抄写拉丁拼音音节比抄写汉字更多、更频繁的时候，涉及字形的一切都被忽视了。当今，对基于汉字字形的输入法的需求是大量的、迫切的，比那第一次"万码奔腾"又多积累了二三十年的经验。今天完全有更好的条件开发出高效、易学用的字形输入法。这里关键问题不在技术，而是管理与政策。

应该对如下两类字形输入法，做一些认真的优选、扶植。一类是主要利用数码键的，另一类是可以利用字母键的。前者仅仅利用 10 个数码键，这对于手机的短信编发非常重要。用 10 个数码键输入英文也同样是不方便的。小小手机上安置全字母键盘反映了这种需求。但大量的手机还是非字母键盘的，即仅仅有数码键。用这种键盘使用拼音输入，无谓的、白白耗费的点击次数比例极大。这种现状是一种无奈，不是正常、健康的。仅仅使用 10 个数码键输入汉字，可以是基于笔画，也可以是基于笔形的，还可能是其他的，创造的空间比英文大。《和码中文》给出了一种可以统一用于数码键盘及字母键盘的方法（参见本书第八章第 12、14 节）。和英文比较，仅仅用 10 个数码键的文本输入，汉字输入极可能更高效。后者，可以利用字母键的，这主要基于部首或字根，可能的方案十分丰富。问题是，当今易学用、高效的字形输入法缺失或者仍然不予重视，不容许进入课堂，不支持其改进、提升、优化。公众常常遇到不会读的字，或读不准的字，却无所适从。其实，基于字形的输入法，同时也是一种电脑化的检索工具。利用字形信息，可以方便地找出有某种（些）字形特征的字或字

① 参见胡乔木：《胡乔木谈语言文字》，人民出版社，1999 年，296 ～ 300 页。

表。这种工具是极有使用价值的，是需求广泛而迫切的。

11. 优秀字形输入法能够帮助实现双赢或多赢

基于笔画、笔形的单纯数码键输入法，能够有效地帮助、强化用户的笔画、笔形知识。基于部首或字根的输入法同样能够有效地帮助、强化汉字结构知识，从而能够大大减轻或消除提笔忘字的现象。字形输入法和汉字结构知识工具软件可能帮助实现汉字结构教学、电脑技能操作的双丰收。

基于字形的输入法，很容易兼作汉字检索工具，与汉字电子式字典相结合。再则，从电脑在各行各业、各个学科的应用看，它已经为各行各业、各个学科的跨时代发展提供了强大的技术支撑。汉字信息技术处理单指数字化表达、存储、传输，处理也已经实现类似跨越，但汉字教学及其基础研究则未见显著进步，与时代步伐差距太大，与其他许多学科已经达到的水平相差太大。一种表现就是汉字教学的电脑课件或更一般的汉字知识电脑软件工具太显贫乏。这类课件或知识工具软件，如：电子式汉字字形属性字典。操作中只要选中某个汉字，就能够立即显示该字的笔画数、笔顺序列、部首及部件分解序列；或者具体给出新华字典中的部首、汉语词典里的部首；需要时可以给出该字的结构分解树形图，给出包括该字某个部件的其他所有字字表（可限定在某字表如常用字表内），对字表内该部件表意、表音情况的分类列表，以及关于该字的字谜材料。可以考虑的甚为丰富多样。但在以汉语拼音方案为主、为基础、为起点，强调不断扩大其应用的情况下，在汉字难、汉字落后的舆论下，它们被完全忽视了。

12. 对字形输入法的偏见或误解

在评价汉字输入法时有一种常见的说法：字形输入法肯定记忆量大、难学。持这种观点的人通常都极力推崇拼音输入法，贬损像五笔字型之类的字形输入法。其实，电脑输入法设计，是传统的汉字检索法的延伸、发展。传统的汉字检索中，基于部首的长期占有重要位置，在电脑输入法设计中，从部件着手也就很自然。台湾朱邦复的仓颉码（1979 年），大陆王永民的五笔字型（1983）是早期的两个重要代表。这里，就先从五笔字型说起。五笔字型输入法早在 1983 年就开办了培训班，是汉字电脑化浪潮早期著名的一种输入法，它也为 1994 年汉字的复兴做出了重要贡献。许多当今流行的基于拼音的输入法，当时（指 1994 年前）还缺欠今天的效率，难于与五笔字型竞争。仓颉码、五笔字型、郑码、大众码等字形码，都以汉字结构的完整、规范化拆分作为编码设计的基础。其设计的最初工作是对所有要编码的汉字做结构分析。在传统的汉字部首知识基础上，重新归并、分类，归结出能够分配到二十五六个键位（对应 26 个拉丁字母）上的字根或字元、部件。例如，如下几个汉字的五笔字型表达就是：

汉字	结构拆分	五笔码
俺	亻大曰乙	wdjn
庵	广大曰乙	ydjn
胺	月宀女	epv
案	宀女木	pvs
癌	疒口口	ukk

前四个汉字是结构的完整拆分，得到对应的五笔字型输入码。最后一个省略了后两个字根，但也仅仅是完整拆分后的省略。在汉字电

脑化浪潮突然袭来时，从汉字本身的结构分析起步，寻找一个破解汉字输入电脑的难题，走这一条路是十分自然的，也是老老实实地、不畏繁难的勇敢做法。从实践效果看，这种做法成功了。它适应了当时电脑打字、激光排版印刷急剧发展的需要，为汉字 1994 年的复兴做出了重要贡献。许多当今流行的基于拼音的输入法在当时（指 1994 年前）还缺欠今天的效率，这可能受到当时电脑存储量、速度以及输入法智能化水平的限制，基于拼音的输入法的码过长、重码多的问题当时解决得还不够好。

五笔字型、郑码、大众码以及仓颉码等字形码，确实需要重新学习汉字结构，记忆、熟悉输入法中的字根及其在键盘上的分配。但这种难度不应该被夸大。就这几种字形输入法培训、使用情况看，并不比英文最早的打字员培训期（半年）来得长。英文机械打字早期也多使用单个手指击打的办法。并用十个手指的盲打打字法是在 1888 年，英文机械打字机商品化 20 年后才产生的。一种实用的技术或技艺，需要一个发展成熟过程。就此而言，五笔字型、郑码、大众码、仓颉码等字形码的成功和贡献应该给予充分肯定。

传统汉字检索中的非部首类方法，在电脑输入法也有相应反映。王云五的四角号码法就引导出安子介先生的输入法，自然安先生做了改进、补充。事实上，汉字字形输入法不仅仅只是限于五笔字型、郑码、大众码以及仓颉码。这一类方法可以具体地叫作字根类（或字元类、部件类）方法。字形输入法里还包括笔画类、笔形类。这两类就都不需要对汉字做结构的完整、详细地拆分，方法的记忆量并不比拼音类明显地多。王竹溪先生在《新部首大字典》中，精选了 56 个笔画、笔形或部件作为汉字字母。实现了对五万汉字的几乎无重码检索。56 个汉字字母在键盘上安排，自然比使用一两百部件要容易得多。王竹溪先生的字典出版于 1988 年，没有引起汉字编码输入法设计者的注意，是一大遗憾。王同亿有类似的创新也完全无人理睬。

事物总是发展的。字根类输入法在电脑化浪潮早期是占优势地位的，但很快地为许多新方法补充或替代。许多新方法的特点是充分利用汉字输入可以“非全息输入”的事实。其实，汉字输入只要利用汉字部分的、甚至是少量的关键性信息就够了。安先生写字机的方法及数字王码，其实就是利用汉字的笔画、笔形信息。对于大量的词汇，有时只要利用各个汉字的首笔画或首笔形就行，这和拼音输入法中利用各个汉字的声母一样。近年来出现的功德结构输入法，把汉字结构类型作为首要属性，先按结构类型（上下、左右、一上二下，……）划分十类，这第一个输入码就把待选汉字排除掉十分之九。这些年出现的一些输入法，更有其新颖之处。旅加华人欧阳贵林先生的《和码中文》，既是输入法培训教材，也是一种识字教材。它先用五个数码1，2，3，4，5，两两组合，得到25个二位码。对应于25个最基本部件。这种方法用在手机的数字键盘，十分方便。他再把25个码分配在标准英文字母键盘的25个键位上，就是适用于微机上标准字母键盘的输入法。它的易学性及输入效率都较好。欧阳先生能够把输入法培训及识字教学紧密结合，是非常好的思路。实际上，汉字识字教学，广大基层教师有许多优秀的创造。真可谓“高手在民间”。基层教师们的许多创造实在是比某些高官、权威们的好得太多了。欧阳先生以及许多致力于小学生输入法开发的朋友，如果能够与优秀基层教师结合、合作，其《和码中文》或什么《工具箱》《知识包》之发展、提升的空间就极其广大。应该看到一个重要事实：汉字的电脑化，已经成功地推动中国许多行业实现了翻天覆地的跨越性转型、发展，唯独在汉字本体研究及识字教学上少有进步，相当地落后、混乱。这可能正是中国汉字改革家，思想仍然停滞于铅字时代的必然后果。

汉字的结构复杂，在电脑时代意外地有了大可宝贵的价值。充分地、详尽地、科学地分析、提取汉字结构中的有用信息，构造、设计更为高效、方便、易学的输入法，前景不可限量。一味地推崇汉语拼音，贬损汉字，是对汉字缺乏信心的一种表现。当今的中国，对于汉语拼音方案的过度、强制推行，已经成为危害汉字健康发展的重要因素或主要因素。

13. 从键盘的历史变迁看汉字的韧性、包容性、适应性

图 8.3 给出历史上一些主要的键盘图。其中第一行中的子图 a 和 b 是铅字时代的。子图 a 是英文打字机，其中键盘是整个机器的一部

图 8.3　历史上一些主要键盘图

分，英文字母铅字焊接在金属杆上，金属杆通过机械方式由键盘控制。铅字时代，与英文打字机类似的、用键盘控制铅字的汉字打字机始终没有出现。汉字机械打字机的铅字是真正的“活字”。这些铅活字放置在一个大的方形盘子（字盘）里，每个字盘最多放置 2450 个铅活字。这样的字盘无法实现英文打字机那样的控制，更无法像英文电传机（收发电报用的）那样的控制，因而汉字失去了一个大众化的机械打字机时代，也失去了汉字印字电报时代。子图 c、d、e、f、g、h、i、j 都出现在电脑时代。其中子图 c、d 分别是带一体键盘的四通电子打字机和苹果 II 型微电脑，这时延续了机械化时代英文打字机那种键盘与主机的一体化。子图 e 是带独立键盘的微型机。子图 f 是一个独立键盘。独立键盘至今仍然是微型机和更大的各类计算机必配的单独设备。1980 年代以来，独立键盘的累积产量已经有数亿台。子图 g 是一台笔记本电脑，这种便携式电脑的键盘又回归为与主机一体化。子图 h 是一个带数字键盘的手机，其上一共有 12（10 个数码 +2 个符号）个键。子图 i 是一台带 26 个拉丁字母键的手机。子图 j 则是一台没有键盘的手机，也是没有任何按键的手机。平板电脑比无键盘手机体积大，功能强，但操作方式类似，依赖手写、语音及屏幕触摸。

按与汉字关系可分两类键盘：图 8.3 a 属于一类，可算是汉字的对头或杀手；图 8.3c-j 属于另一类，可算是汉字的帮手或工具。机械化时代，是图 8.3a 所示拉丁字母键盘大行其道的年月。汉字由于自身结构复杂、数量庞大，始终没有应用上键盘，只能使用笨重、低效、繁难的铅活字字盘（图 8.3b）。可以说机械拉丁字母键盘是汉字的对头或杀手，它作为重要的“证人、证据”给汉字戴上了落后、低效、繁难的帽子。它的“作证”不是“作伪证”，汉字机械打字确实比英文机械打字落后、笨重、繁难、低效，事实清楚，证据确凿。只是当时判汉字灭亡，量刑过重而已，而由于种种原因“判决未能执行”。图 8.3 中第二、三行所示的都是电脑时代的产物，是由机械式拉丁字母键盘发展、演化出来的。铅字时代的键盘是金属的机械制品，是机器中的部件。其工业基础是金属冶炼、铸造、加工。电脑时代的键盘是信息化的电子产品，其核心技术是变成了数字化的软件。电脑时代以来的各种键盘（除计算机的机械式控制打字机）都不再是汉字的对头和杀手，而变成了汉字的帮手或工具。中国于 1994 年基本淘汰了铅字，拉丁字母标准小键盘，特别是图 8.3c-f 对此做出了重要贡献。这是洋为中用的成功典型案例。图 8.3c-j 这些键盘，在服务于汉字和英文的时候，不再是那么优劣鲜明，汉字和英文可以一争高下。（比较结果参见第六章）图 8.3c-j 这些键盘不仅很好地服务于汉字，而且自身就产于中国。从以上键盘的历史变迁，我们可以看出汉字的几个特征。

无比顽强的坚韧性　在机械式键盘风行世界的时候，汉字陷入厄运，一百多年里处境凄惨、悲凉。东亚汉字文化圈曾经有超过 20 多种的汉字式文字，是一棵枝叶繁茂的大树，一下子“枝叶枯萎殆尽，只有根干依旧坚强”（周有光语）。使用汉字的只剩下中国、日本、韩国，还都数度陷于风雨飘摇中。汉字故乡废除汉字的风暴也多次掀起。但汉字终于坚持下来了。它挺过了千军万马的打击，亿万大众的鞭挞、责骂，迎来了自己的春天。如此坚忍顽强在世界文字历史上是唯一的。大难不死的汉字必将迎来自己科学发展的好时光。

甚好的适应性　图 8.3 c-j 这些键盘用于汉字并不比英文差。就以单纯数码手机键盘而言，基于笔画、笔形的汉字输入法肯定都比英文高效。这些键盘在中国的广泛普及本身就是汉字甚好适应性的证据。

宏大的包容性　汉字的包容性是其他任何文字都无法相比的。西学东渐以来，汉字文本里自然地、按需要夹杂了拉丁字母及其他字母，这是其他文字做不到的。

虚拟键盘可能为汉字提供新机遇　汉字能够适应电脑时代已经产生出来的各种键盘。遗憾的是，至今没有一个具有中国汉字特色的键盘成功批量生产应用。曾有过一些具有中国特色的汉字键盘，但都没有推广，没能形成规模。一个可能的原因是汉、英兼容的强烈需求抑制了汉字键盘的发展；另一个原因可能是汉字专用键盘生产线需要大量投入。现今应当注意：虚拟键盘的生产不需要专用生产线，只需要专用软件；虚拟键盘无须一定和英文键盘捆绑在一起。虚拟键盘可能适应各种需要，各种设计思路，有很大的灵活性，这里汉字有了许多新机遇。

无键盘智能手机、平板电脑的启示　智能手机和平板电脑的共同特征是没有键盘。键盘在微型机、笔记本电脑里是不可缺少的，它是操作者给计算机下达指令的工具、主要工具甚至是唯一工具。一个方便地用十指操作的键盘需要有足够的大小，对于手机和笔记本电脑来说，这种键盘还是显得过大了。无键盘智能手机和平板电脑的推出和普及，表明除键盘外，人们有了其他途径给电脑下达指令，表明触摸、手写、语音输入的进步和实用化，也表明键盘的地位不再具有独占性，垄断性，其相对价值在下降。这一切进步，对汉字同样是福音而不是噩耗。电脑时代的键盘输入和非键盘输入，没有哪一样是仅适用于英文而不适用于汉字的。有人说某种输入法仅适用于英文，事实上都没有根据，经不住推敲和论辩。至于担心将来是否有一天，又有像铅字那样的新汉字克星出现，实在是杞人忧天。今天的信息处理中，文字信息早已经不是热点，也不再是难点。比汉字（包括繁体字）复杂千倍、万倍的声音、影像都已经不在话下。难道社会化的技术还会一下子退化到农耕时代、铅字时代码？

14. 从单纯打字向“综合知识包、工具包”方向扩展

20 世纪 80 年代初期之前，电脑打字首要问题是解决“能不能”问题。这个曾经被认为是世界难题的问题，很快在中国获得突破。1978 年台湾的仓颉输入法及中国大陆 1982 年的五笔字型是两个著名代表。同时也产生了基于笔画、笔形以及双拼、全拼音的输入法。整个 1980 年代，买一台微机要花费一名中国大学毕业生数年的工资，那时的电脑主要是专业打字员的工具。输入法也主要考虑打字效率（就是输入

速度快及差错率低）；易学、易用还在其次。随着技术的进步及电脑价格下跌，1990 年代初，电脑打字开始在记者、作家等文化人中普及，出现了“记者、作家换笔潮”。徐迟，马识途，周有光等当时已经高龄文化人成功换笔。前文化部部长王蒙多次发文畅述换笔喜悦，并反驳“字形输入法干扰思维说”。这些表明：输入法的易学、易用已经达到相当好的水平。1990 年代，一台电脑，还要花费一个大学毕业生数月工资，进入小学生课堂还少有可能性。那时出现了专门为小学生设计、生产较为低价的“学习机”或“娃娃机”。21 世纪以来，电脑的价格下降到一个大学毕业生一两个月工资或一部分月工资的时候，打字开始迅速普及，开始进入小学生课堂；要求打字法易学用，变得越发重要。并且汉字输入法，也从单纯的打字，到全面辅助汉字识字教学，往往具有较多的“汉语文综合知识包、工具包”的能力。“汉字工具箱”（开发者姚鸿滨）就是此时早期的一个典型产品。其专利申请在 1988、1995 年。它密切结合小学生语文教材，其字形输入法的一种就是“写字输入法”。按笔画键实现一笔一画地“写汉字”，同时输入该汉字。实现方式上，有一笔一画击键，屏幕上一笔一画显示的方式；也有一次击键连续写出的方式。显示方式还设计了“毛笔字”形式及“硬笔”两种形式。这其实完全是把传统的在纸上用笔写字，变成屏幕上用击键方法写字。该“工具箱”还包括查字，学拼音，拼音输入法，自造词库，部分偏旁部首输入法等内容。利用这个“工具箱”于识字教学并获得识字教学成果奖的小学教师在 2010 年前已经有数位。该软件还于 2010 年香港国际软件赛上获得金奖。较晚的与小学生识字教学结合紧密的还有“功德汉字汉语学习软件”。光明日报出版社的《汉字结构的魅力》第八讲有该软件基本功能的简介。其工具性能当然要更丰富些。打字输入汉字的同时，你可以方便地获取一个“字”或“词”（二字或多字组合）的许多相关详细信息，如：该字的笔画数，结构类型，主要部件，读音及义项，其简、繁性质……它同时还至少是一个电子字词典，还特别收录了大量成语、典故，供使用者查阅。

此外，还收录了大量诗词及蒙学读物的全文及有价值的解说，及用字的统计材料；还具有借助机器翻译的双文对话功能。《汉字结构的魅力》的前半部分，是关于汉字形音义常识的讲解，反映了作者的汉字观，也是他开发"汉字汉语学习软件"思想基础。他很重视易经对汉字产生的影响，引述了多位学者的见解。他的汉字输入法的第一步是汉字结构码。他把全部汉字结构分为十类。每一类对应一个八卦符号。这第一个输入码，就排除掉"十分之九"的汉字。第二以后的输入码，可以按字形，也可以按字音（拼音）。易学性和效率均好。作者认为"世界语言的统一没有希望"，但"世界通用文字"是可能的。汉字可为候选。作为论据，他用两页给出约十个汉字—英文双文对话的例子。和我鼓吹的利用手机、电脑再现汉字文化圈传统"笔谈"交流方式电脑化提升，颇为相似（参见本书第十四章第9、10节）。在最近的"汉字教育创新论坛"（2018年10月27，28日）上还见到《和码中文》。这是旅加（拿大）华人软件专家欧阳贵林先生数年前的产品。它已经不单纯是一个输入法软件。它本身就是一种中文培训教材。此教材就以他自己开发的软件为工具。他的输入法，是同时适用于手机数码键盘，也适用于标准拉丁字母键盘。其输入法完全是基于字形的。他是面向全球汉语文教学需求设计的，有很好易学、易用性。上面提及的基于汉字字形的输入法，其实就是"在电脑键盘上写字"。和传统的在纸上用笔写字一样，能够亲身体验汉字字形与结构。某些把"提笔忘字"弊端归结为"电脑和键盘"的汉字改革家们，他们的这种错误结论，源于他们对汉字输入法知之甚少。他们心中只有"拼音输入法"！

应该说，单纯输入法软件综合知识化、扩充工具包功能是一个需求急迫、可能迅速发展的应用领域，对中小学语文教学及对外汉字教学提供效率与质量意义巨大。其应用效果欠佳，不在于技术及产品的水平，而在于管理与政策环境条件。在强制性地推行《汉语拼音方案》注音及拼音输入法的条件下，必然扼杀一切涉及字形的创新、创造。

15. 再谈“提笔忘字”和“普遍开设书法课”

这一节是2018年底重新写的。本章1-13节都是初版（2014）的内容。“提笔忘字”问题，经过四年有何进展？解决得如何？应该说：“提笔忘字”问题，确实已经得到广泛、充分重视。早在2011年，教育部下发《关于中小学开展书法教育的意见》，要求三至六年级的语文课程中，每周安排一课时的书法课。2013年，教育部进一步明确：要对书法教育学生用书进行审查。义务教育3至6年级《书法练习指导》、普通高中书法选修课教材须经教育部审定通过后使用。2015年，全国各地共81家出版社陆续展开了书法教材的研发工作，最终11家出版社的教材通过了审核，2015年秋季新学期，这些书法教材首次走进课堂。北京地区选定三个版本。开设书法课，得到教育部领导及权威专家高度重视。2017年3月8日“两会E政录”电视访谈专题节目：“书法：中国人的必修课”。该访谈中教育部官员称：书法教育在中小学是“国家课程”。国家课程是法定的，不容许不开，也不容许随便开。该电视访谈对书法课的意义、作用、如何推行都有具体论述（参见《中国教育报》2017年3月4日）。又2018年1月12日报道：《教育部要求：学校必须开设书法课！》，近日印发的《义务教育学校管理标准》中要求“要按国家要求开齐开足音乐、美术课，开设书法课”，同一个报道中提到上海中小学生已经超过21万学生参加了写字等级考试。随之而来的是社会化商业化的书法培训迅速发展，成了语文教育商业化的新热点。关于提笔忘字的原因，在上述电视访谈中也再次涉及。专家称：“王选发明了激光照排，汉字落后论没有了市场。但技术也是把双刃剑，在信息化越来越发达的今天，孩子们书写汉字的能力越来越差。”该专家还说：“汉字中包含着很多‘文化密码’，只能靠手写才能感悟。如果你只用电脑、手机来输入，就把它的内涵、内蕴抽空了，它就变成了简单的表层的声音符号或文字躯壳，中国文化就会出现深度的蕴含的丧失。对中国字，我们应该有敬畏的态度。手写是认知、理解、品味中华文化的必需过程。汉字是有亲和力的，但只有手写才能体味到它的亲和力。”另外一位专家说：“我曾经到北京的一所学校调研。学习完一篇课文，我让孩子们合起书本听写词语，结果写对的只有 20%！这说明，书写能力在我们孩子身上已经明显退化、下降。我们大人也一样，常提笔忘字。如果照这样下去，我们就只会认字，然后就只认拼音，甚至连拼音也不认识了。”

从上面的情况看，对“提笔忘字”并没有找到问题的症结所在，就下了药方。对社会广泛关注、众说纷纭、争论激烈情况下，为什么不把问题搞清楚点再对症下药？把问题症结说成是“电脑、手机等新技术”的使用，实在是大错特错了。不过这种“大错特错”也“沾一点边”。那就是“拼音输入法一枝独秀”才是问题的症结。如果优秀的字形输入法得以进入小学生语文课堂，那就不会有今天的“提笔忘字”！当今中国的识字教学，从汉语拼音起步，以(普通话+汉语拼音)为主，汉字仅仅有从属地位。字形结构教学大大弱化，甚至完全没有。孩子们心里，装满的是普通话读音，是拉丁字母串，根本没有字形结构的东西在。实际上不完全是“提笔忘字”，是心里根本没有字，没有字形、字的结构。中国的识字教学并非完全“一塌糊涂”，都像前述电视访谈中专家所言。有的教学不仅仅两个学年能够“四会”2500 个汉字。作文、汉字书写成绩惊人的好。具体情况可见《走进科学序化的语文教育——大成·全语文教育》。20 多年前，该书中提出了“不练写字也会写”的概念，就是“先心中会写，才有手会写”。我想用成语“成竹在胸”比喻解说之。苏轼(1037—1101 年)《文与可画竹记》曰：“故画竹，必先得成竹于胸中，执笔熟视，乃见其所欲画者”。是“先胸有成竹”，而“后手画出成竹”。识字教学课堂上，就应该“把汉字字形及结构装入小学生心中”。具体做法要点有二。其一，以“李”字为例。首先，用两个“田字格”。第一格写“木”，第二格写“子”(该教材认为：一开始就“一笔一画地写”，是把汉字肢解了，破坏了汉字整体观念，陷入了繁琐哲学泥坑）。其二，告诉学生“李”字由“木”和“子”两个部件组成。要写好字，写正确，一定先要整体上把握字形及其结构。再采用“五步析字法”巩固之。第一步正音读字；第二步组词以明其意，曰“李子的李”；第三步陈述汉字结构类型：“李”为上下结构；第四步称说“木字头，子字底”。最后再次以词明意：“李子的李”，“姓李的李”，“李大钊的李”。在这里，不是单纯地读音，不是反复写拼音字母串 LI LI，LI，LI ……在具体写字教学中，从 100 个精选的汉字着手。这 100 个汉字，包括 60 个偏旁部首。这些偏旁部首，涉及 3500 个汉字的书写。还强调“书写有价，识读无价”的观念；根本无须过多的写字练习[①]。我相信这种教学法。再在平时使用基于字形的输入法，就能够完全破解、根除“提笔忘字”！

说电脑、手机使得手写远离了中国人。这是不全面、不真实、不客观的描述。电脑、手机使得手写远离了中国人，其要害和关键是“拼音输入法独霸中国大陆”。这种“独霸”所以成为现实，长时期里的现实，是部分汉字改革家的“不是拼音输入法就不支持”的政策导致。胡乔木在 1985 年就当面批评国家语委几位副主任，“不要不是拼音就不支持”（参见本书第八章第 7 节）。可惜，胡乔木的批评成了“耳旁风”。中国部分汉字改革家对基于字形的输入法充满偏见（参见本书第八章第 4 ～ 7 节）。说“拼音输入法适宜于想打”，不干扰思维。字形输入法干扰思维。这完全是西方语音中心论的负面影响。只承认“有声的语言是思维的物质外壳”；不承认“汉字字形表意的真实性、重要性”；不承认字形及其结构也是思维的物质外壳，并且还富有联想等优势。王蒙先生最早学的就是“五笔字型”。他当时向更年轻的文学家介绍电脑打字经验时，就明确反对“字形干扰思维”之说（详见本书第九章第 1 节之（2））。许多熟悉“五笔字型”的人，长时期里，脑

① 参见戴汝潜：《走进科学序化的语文教育——大成·全语文教育》，江西人民出版社，2016 年，12、13 页。

子里都装着“汉字字形及结构”。基于字形的汉字输入法，就是“用键盘写字”。只承认“传统手写”与汉字有“亲和力”，是根本不了解“字形输入法”。天天使用基于字形的输入法，一定不会“提笔忘字”。“字形输入法”就是“新时代用键盘写字”或“用触摸屏写字”。夸大字形输入法难度，是基于“不平等条件的比较”。因为每一个中国小学生都要花费三个月或半年先学了《汉语拼音方案》。反反复复地写拉丁字母串。当代识字教学，字形教学是十分薄弱的。学习被认为最难的“五笔字型”，也不需要先花费三个月学字形。

问题更严重的是：不仅仅识字教学汉字被轻视，整个近代中国社会的“去汉字化”从来就没有停歇过。本书作者认真查阅了宪法、语言文字法以及《国家语言文字政策法规汇编》(1949—1995)。结果很惊人(参见附录C)。所以语文教学中，强调普通话及汉语拼音，可以随手找到许多法律依据。要加强汉字字形教学，找不到任何法律依据。“初等教育应当进行汉语拼音教学”写入了法律。而“初等教育应当教汉字”却“完全没有法律依据”，更不要说什么字形、字形结构、字理教学了。上述三个法律文献中，找不到一句“说汉字的好话”。汉字被改革、改造的身份十分明确。汉字在基础教育中地位大大低于普通话及汉语拼音。我们有“北京语言大学”“对外汉语教学”“国家语言战略”“国家语言能力”“国家语言产业”“国家语言规划”“国家语言生活”“汉语桥”“汉语夏令营”“游中国学汉语”“汉语是中华文化的根”，……这一切都与汉字无关吗？国家语委前领导LYM先生2.2万字的几篇论文中，使用术语频率数据如下：“语言”1057；“文字”93；而“汉字”居然为“零出现”(详见本书第十四章第3节)。请注意：汉字在中华文化中的核心地位，基础地位就这样被有声语言(汉语或普通话)掩盖了，取代了。这些可能是“提笔忘字”的真实的、深层次的原因。这绝对是靠增开书法课所无法解决的问题。

2015年一批书法教材审定、发行。书法课处于发展的初始期。许多管理者似乎认为：搞好书法课，就解决了中国语文教学大问题。

开书法课，是当今语文新改革的一项内容，还有其他多项任务。部编统一教材及新课程标准；海量阅读；背诵文言文（数量提高四五倍！），……几位权威专家的设想、建议，指标高得惊人，我以为最关键的、最根本的还是切切实实地搞好语文课教学。重新建立汉字在识字教学中的基础、核心地位。戴汝潜先生们的试验表明，他们的教学就不会产生“提笔忘字”的问题。类似地，用一两年完成小学语文教学主要任务的识字教学试验，经由主流媒体报道过的已经不下二三十项。为什么不重视这些来自基层教师的创造？这些试验还是没有充分利用电脑新技术情况下。如果再让基于字形的输入法及汉字汉语综合知识包、工具包进入课堂，那识字教学效率还能够大幅度提升。终结识字教学“少慢差费累”；终结“提笔忘字”并不难。书法教育与识字中的写字，是两个领域中的两件事。它是否会加重学生负担；是否降低识字教学效果；是否像某些书法家预料的“书法课会培养出‘书法叛徒’”[①]；有条件开课的到底占多大比例（包括建有书法教室）？中国共产党强调马克思主义的人民性。要问需于民、问计于民。我们党始终坚持人民性特质，得民心、顺民意、谋民利，把为人民谋幸福作为根本使命，坚持全心全意为人民服务的根本宗旨，贯彻群众路线，尊重人民主体地位和首创精神。“党中央制定的政策好不好，要看乡亲们是哭还是笑。要是笑，就说明政策好。要是有人哭，我们就要注意，需要改正的就要改正，需要完善的就要完善”。最近，见到国家教委印发了《义务教育学校管理标准》，语文课程也有《课程标准》。这里的标准，是工业界和科技界那种标准吗？工业界与技术界，必须标准化，必须严格、确切、统一，否则就是混乱。义务教育和语文课，怎么能够标准化？科技和工业标准，都是经过严格检验，确实证明成熟、有效的。而“语文课程标准”“义务教育学校管理标准”，如何证明其绝对正确？当今急迫的，可能是立即解决语文课本的优选问

① 陈振濂:《书法课不是写字课》,《中国美术报》2017 第 15 期，第 16 页。

题。应该运用大数据提升国家治理现代化水平。要建立健全大数据辅助科学决策和社会治理的机制，推进政府管理和社会治理模式创新。建立“语文教材展示、选用、按需定制的电子网络大厅”（参见本书第十四章第 14 节）。让最近二三十年来，产生于基层的，试验中效果很好或较好的教材，修订完善后进入网络大厅。当然，统编教材、部编教材也一同进入大厅，参与公平竞争，供广大教师、学生家长自由、择优选用。打破教材编写、出版、发行的垄断，部门利益纠葛、藩篱及暗箱操作，真正让优秀教材能够得以普及应用。

九　汉字跨入电脑时代，其处理效率已反超英文

1. 1994 年汉字跨入了电脑时代

我们称说“铅字时代”，是因为那时的排版印刷、打字、电报通讯中铅字是主角。我们说 1994 年进入了电脑时代，也就需要看一看这三个产业当时淘汰了铅字、普遍使用电脑化设备的实际情况。

（1）关于排版印刷

1994 年，纪念“七四八汉字工程”20 周年聚会上，一位领导有如下讲话：“以计算机激光编辑排版改造传统铅字排版，在印刷技术上结束了‘铅与火’的时代，在推广应用上达到了普及的程度。全国省以上大报已经采用了计算机激光编辑排版技术，50% 左右的地区一级报刊以及部分书刊印刷厂也已经跨入了这一技术改造的行列。国产系统占我国报纸编辑排版的市场的 99%，书刊市场的 90%。1989 年我国自行研制的计算机激光照排系统开始初开海外。现在中国香港、中国澳门和马来西亚的大多数华文报，美国、加拿大、澳大利亚、法国、巴西、印尼、泰国、菲律宾和中国台湾地区的一些中文报刊也先后采用了这一系统。在国际华人界产生了巨大影响。”参加此次会议的有当时的国家计委、国家经委、国家经贸委、电子工业部、新闻出版署、新华社以及有关大学、研究所的领导、专家。“光与电”取代了“铅与

火”的事实得到与会者的广泛认同。[①]

关于“铅与火”的具体情况，现今已经很少有人知其详了，这里略说一二。铅活字印刷包括：以火熔铅，以铅铸字，铅字排版，浇铸铅板，用铅板印刷。其中铸字前还有雕刻铜模，浇铸铅板后还有打纸型（以备再浇铸铅板）。据 1973 年立项时的调查，当时全国有排版印刷用铅 20 万吨，铜模 200 多万付。每年需要补充耗铅五千吨，铜模九千付。[②] 单以中等规模的经济日报社印刷厂为例，其 1985 年有生产周转铅 65 吨，铅印轮转机 4 台，自动浇铅板机 2 台，修版、刮版设备 2 套，压板机 2 台，穿孔铸排机 2 套，铸字机 12 台，70 付铜模以及化铅锅、排字房中的铅字架、案子等。[③] 铅字排字车间近千平方米（实际为 962.5 平方米）。[④] 铅印轮转机每次开印要上铅板 16 块，每块 17 公斤，总计 272 公斤。铅板耐印量为 10 万，日报每日 40 万份，需要 4 次浇铸铅板，4 × 272 等于 1088 公斤。[⑤] 1988 年经济日报社印刷厂卖掉全部铅字、铅锅、字模、铜模、字架、铸字机、浇铅板机，撤销一切铅排作业机构、人员、设备。改造后的报社全部使用了华光、方正的计算机激光照排系统。1994 年与 1986 年对比，产值提高到改造前的 5.18 倍，利润提高到 8.3 倍，人均利润提高到 6.38 倍。繁重、污染严重、低效率的铅活字排版印刷，跨入了“光与电”时代。在近千平方米车间不停走动、检字、排版的高强度劳动，换成了在窗明几净的计算机机房里电脑前的敲敲打打。那近千平方米铅活字排版车间

---

① 参见中华人民共和国电子工业部、新闻出版署、印刷机设备器材协会：《七四八工程二十周年纪念文集》，1994 年 8 月，8 页。

② 参见中华人民共和国电子工业部，新闻出版署，印刷机设备器材协会：《七四八工程二十周年纪念文集》，1994 年 8 月，23 页。

③ 参见沈中康：《创新历程》，经济日报出版社，2004 年，186 页。

④ 同上，197 页。

⑤ 参见中华人民共和国电子工业部，新闻出版署，印刷机设备器材协会：《七四八工程二十周年纪念文集》，1994 年 8 月，90 页。

里脏兮兮的铅活字不见了，变成了存储芯片、硬盘、光盘、U 盘里的数码。那用铅活字击打印出字来的作业，被激光束照射替代了。这在铅字时代，谁能够想得到呢？

“七四八工程”短短 20 年就实现了告别铅与火，这已经很神速、精彩。但事实上，进步还远不只如此。一旦铅活字排版被激光照排取代，后续的技术进步也接踵而至。王选在“七四八工程”初期就产生、形成了自己的十大梦想[①]，前五个在1994年都已经基本实现了。这五个梦想的第一个，是告别铅与火。第二个是告别传真机，实现基于页面语言的远程传版。1989 年，全国只有几家大报在外地设有报纸代印点，传版的方式是飞机空运或传真机传输。飞机空运，外地通常要晚一天出报。用传真机，则有版面失真的问题，使印刷质量明显下降。北大“七四八课题组”的排版软件主要是陈堃銶老师开发的，1976 年就制定了页面描述语言格式，在原理样机中使用。1986 年系统移植到 PC 机时，做了很大扩充、改进，形成了北大页面描述语言 BDPDL。国务院秘书局最早使用该系统向各省远程发送文件。1991 年《人民日报》成功使用此系统，比使用传真机传输的信息量缩小为 1/50，传输一版只要 5 分钟。1992 年底，人民日报社使用此系统向外地 22 个代印点远传，传输时间缩短为每版 2 分钟。到 1994 年初，全国 100 家报社使用此系统，这在西方报业也很少见。1994 年，台湾与洛杉矶还在使用昂贵的传真机。由于传输失真，洛杉矶印出的报纸质量不如台湾。传输一版要一两个小时。1996 年，洛杉矶购买了方正产品，使得效率大大提高，洛杉矶出版质量反超台湾，因为它印刷设备比台湾的好。[②] 王选第三个梦想是告别电子分色机，用电脑彩色出版系统替代。1987 年，国内已经进口了数百台电子分色机，耗费了巨额外汇。王选曾经在不少场合呼吁搞电脑彩色出版，但曲高和寡。1989 年，王选给

① 参见丛中笑:《王选的世界》，上海科学技术出版社，2002 年，252 页。

② 参见丛中笑:《王选的世界》，上海科学技术出版社，2002 年，189 ～ 190 页。

自己的学生肖建国安排任务，1990年给肖配备必要设备，1991年8月在解放军报社第一次试用成功。1992年1月21日，北大方正彩色出版系统在《澳门日报》投入生产性应用。紧接着，香港《大公报》《明报》《新晚报》以及马来西亚《星岛日报》相继采用。1994年，北大方正又推出高端彩色桌面出版系统，进入高端画刊、彩色杂志系统，并着手尽快对几百台电子分色机进行改造。[①] 王选的第四个梦想是告别纸与笔，实现新闻采编、发稿、编辑、审定、签发、组版、发排全程电脑化管理。北大方正这一成果第一个在《深圳晚报》成功应用。随着internet的迅速发展，很快两百余家报社使用了北大方正这一系统。[②] 王选的第五个梦想是开拓海外华文报业市场。这在1994年也已经获得重大进展。这一切，都证明汉字绝不是什么落后的文字，而是先进的文字。

（2）关于打字

铅字时代，英文机械打字机与汉字机械打字机的比较，明显地暴露出汉字的低效、笨重、繁难。英文打字机迅速成为西方人的日常文化工具；而在中国，笨重的汉字机械打字机，在20世纪七八十年代还是县团级才能配置的设备。中国失去了一个大众化的打字机时代。20世纪70年代，当西方开始了电脑打字的时候，中国是否还要再失去一个电脑打字的时代成为一个极大的疑问。

当时的台湾与西方的技术联系比大陆更密切、更方便。在美国苹果II产生（1977年）仅两年后，台湾施振荣先生就推出了汉字微电脑，配了朱邦复先生的仓颉输入法。这个仓颉输入法在台湾、香港和西方华人世界市场一度占据80%的份额，成为早期汉字输入法的明星。中国内地的改革开放摆脱了无休止的内斗，也紧追世界技术潮流，开始了一个跨越式的创新浪潮。1982年（美国苹果II产生五年后），

① 参见丛中笑：《王选的世界》，上海科学技术出版社，2002年，191～195页。
② 参见丛中笑：《王选的世界》，上海科学技术出版社，2002年，205～207页。

ZD2000 中文微电脑面世；1983 年，著名的汉字操作系统 CCDOS 出世；同年著名的五笔字型输入法通过鉴定并开始了培训推广。1984 年，五笔字型法赴美国展示、比赛、交流，大获成功。紧接着就是一场万马奔腾的创造热潮涌现。

汉字操作系统 CCDOS 中配了三个汉字输入法：拼音、首尾码和国标码。和后来的许多输入法比较，这三个输入法并不很好，但它们起到了重大的示范作用。它清楚地让参观者相信：汉字不会再失去这个电脑时代。它第一次展示了电脑高速度对汉字的巨大价值。操作电脑那弹指一挥间（约 1/10 秒），电脑的数十万次运算足可以破解汉字数量庞大的难题。汉字电脑输入或处理的问题，是微电脑和软件的问题。它不再像铅活字那样，涉及金属冶炼、铸造，涉及金属字模浇铸、雕刻，涉及不少的资金、多种设备、多种技术。那时候，只有像林语堂这样手头有十数万美元，像舒振东那样在商务印书馆做技术工程师，才有可能对汉字机械打字机的改进有所作为。而今日汉字电脑处理的问题，只要有微电脑，再有必要的软件知识和技能，就可以一试身手。这使得大批中华志士仁人心中，那积蓄了近百年的、破解汉字难题的激情与创造力来了一次迸发和表演。这正是接踵而来的万马奔腾的社会新技术条件。

疑问依然存在。这种为西方服务了一百多年的打字机键盘，能够适用于汉字吗？汉字能够驾驭这个洋玩意跨进电脑时代之门吗？大陆和台湾都适时地开展了公开的评测活动。评测结果是令国人鼓舞的。当时比较专业的汉字输入速率，已经远远超过英文。1984 年，王永民在联合国表演的速率，已经达到每分钟 120 汉字（折合英文打字的每分钟 480 击。这已经超过极限击键速度）！

电脑打字的普及还受限于电脑的价格。1980 年代初期，一台微电脑的价格相当于当时大陆大学毕业生 30 到 50 年的工资。这曾经是一个令人无奈的事实。可是，电子产品性能的提高和价格的下跌都是惊人的，大陆员工工资二十多年不变的情况也大为改观。到了 21 世纪，一台电脑的价格已经跌落到许多人的月工资水平。

电脑打字，这个社会电脑化进程最通俗、最普及、最显著的事件，就这样飞速发展着。到了1994年，可以说汉字打字已经跨入了电脑时代。1992年底，北京连续举办了三次“作家换笔”“记者换笔”的活动，类似的事件也在中国其他城市上演着。作家、记者、编辑，这些通常自称为或被称为“科盲”（科学盲）的人，开始批量地走进换笔潮。据1993年的报道，一些先行者已经有三五年电脑写作经历，其中甚至包括一批古稀老者，如当时79岁的徐迟，77岁的马识途。还有一个例子值得一说，那就是前文化部部长、著名作家王蒙。他当时已经有了逾百万汉字的电脑写作成品。他在1993年第一期《信息与电脑》上发了一篇《多了一个朋友和助手》的文章，其中写到当湛容、张洁劝他换笔时，他自己想：“我则顾虑重重。心想：电脑那玩意是科学，咱们玩的是艺术。以科学之逻辑干艺术之虚无缥缈，殆矣！又想，字好字坏，钢笔那玩意咱玩了几十年。写字虽然累但从来不动脑筋，万一搞上个电脑，写个字前，先摸摸它的脾气找它的路子，走它的门径，这不是和自己过不去吗？”待到王蒙先生学会了电脑打字，就像是换了一个人。他又写道：“说实话，现在什么事情都不如坐在电脑前面打字那么有魅力。当然，电脑的作用不仅是打字，修改、复制、存底、检索……妙用无穷。过去邮寄稿子到外地就怕的是把稿子丢了。现在再也不用发愁了。我给天南海北邮寄稿子现在连挂号费都省了。劳动的条件当然是过去没法比的。端端正正地一坐，眼睛距离屏幕一米多，花眼也不必戴花镜。十个手指头全用上，不像写钢笔字那样，……据说，两手十指并用，还有利于大脑，老了不得瘫痪。”王先生还说，他自己从反对、怀疑用电脑，到成为一个颇为有些专制主义的捍卫者了。他写道：“一次听到刘心武与别人议论电脑怎么影响灵感、形象思维什么的，我颇有一点怒从心头起，便对刘老弟说：‘你这些议论，和清末一些顽固派，反对火车、铁路有什么两样？’”（据王文交代刘心武已经用上电脑）作家赵大年用电视剧《皇城根》的稿费，买了一台电脑，于 1993 年发表文章《我宣告进入了电脑时代》。其中提出了他对打字速度的看法："用电脑进行文学创作的速度——包括思考和修改，一小时 500 字就够了（本书作者注：折合每分钟 8.3 个汉字）。限制高速度的是我辈的大脑，而不是电脑。别小看了这个速度。如果你每天平均工作 4 小时（2000 字作品），一年就是 70 万字。这样的高产作家并不多见。"

四通打字机 MS2401，到 1992 年已经销售 20 万台。其实，那时一台微电脑加上一台针式打印机或激光打印机，就是一个汉字处理系统。这种台式机加打印机的组合数量，十分庞大，难于确切统计了。

20 世纪八九十年代，中国和华人世界出现了一个电脑打字培训及打字员招聘的高潮。台湾的《电脑技能》杂志是台湾电脑技能基金会的月刊。其中每期都登有打字员招聘及求职广告。笔者对其中一年的八期做过统计，求职者最小的 18 岁；最大的 45 岁；18 ～ 29 岁的占 86.8%。其中打字的速率每分钟 30 ～ 69 个汉字的占 69.3 %；每分钟 70 ～ 99 个汉字的占 18.4%；每分钟 100 ～ 119 个汉字的占 12.3 %。

根据计算发展的情况，大陆和台湾都适时制定了相关技术工人的技术标准。中国劳动部和前电子工业部于 1993 年初颁布了电子工业工人技术标准，其中包括计算机录入处理员的知识要求和技能要求。例如，对于初级计算机录入处理员，要求键盘输入汉字每分钟不低于 40 个，差错率不高于 0.4% ～ 0.5 %。台湾则于 1992 年把电脑打字技能列入"公务人员丁等特考科目"。1989 年起，台湾由电脑技能基金会组织全省输入技能测试。到 1992 年已经四届，四年参赛人数过 20 万，近一半参赛者获得合格证书。

以上情况，使我们有理由说，1994 年，打字已经从铅字机械打字跨入到电脑打字新时代。

（3）关于电报

铅字时代的电报，中外都是使用电传打字机作为收发报装置。电传打字机上有拉丁字母及数码铅字，没有也不可能有汉字铅字，所以中文电报不得不使用四位数码表达汉字。四码电报比英文落后的地方就在于收发电报时多了两次翻译（汉字到数码，数码到汉字）。中文四码电报的电脑化，实际上有两条路：一个是利用原有电报线路，以（微电脑＋点阵打字机）替代电传打字机，实现直接用汉字收发电报。另一个是发展计算机网络，用网络通信（计算机电子信箱，手机短信或微信）实现更高效、便捷、廉价的远程汉字通信。事实上，1994 年这两条路都走通了，即在两种意义下，汉字电报都实现了电脑化。

当微电脑成功地实现了汉字输入、输出的时候，上述第一条路就没有了什么实质性困难。事实上，1982 年，一种用于收发汉字电报的"汉字电报机"就研制成功（详见中国普天副总裁徐名文的网上访谈）。20 世纪 80 年代中期，中国的四码电报就为汉字电报取代，实现了第一种意义上的电脑化。由于汉字信息量大，计算机表达的字符串比英文的短，这时的汉字电报传输就比英文来得快了，就反超了英文。但这种比英文电报还优越的汉字电报的好运不长，仅有区区 20 来年的寿命。因为它出生时，比它更为先进的网络通信已经迅速起步、急剧发展。"新生的"汉字电报和西方发达国家的传统印字电报到新世纪初（2005 年前后）一起退出历史舞台。2004 年 1 月 1 日，香港电讯盈科宣布终止一切电报业务。美国西联电报宣布 2006 年 1 月 27 日起终止一切电报业务。北京电报大楼 2005 年每月电报量不足 10 份（1985 年每月为 300 万份），也很快终止。

计算机网络的历史比传统电报短得多。INTERNET 网的名称出现于 1989 年，其前身是美国国防部 1969 年的阿帕网（ARPANET），1983 年被拆分为军用、民用两部分，民用部分于 1989 年定名为 INTERNET 网。此时的它已经是一个国际化的网络，接入的主计算机达 30 万台，子网 2000 多个。1989 年，万维网（WWW 网）接入 INTERNET 网，使其功能剧增，每年用户成十倍的增长。国际范围的电子邮件、电子公告、信息检索为全球数亿大众服务，展示出空前的能力、活力。1986年，中国科学院高能物理研究所及电子部六所，通过低速专用线路与欧美实现远程联网，使得少数人开始使用电子邮件。1993年3月，高能物理研究所与INTERNET网联通，但由于受到美国政府的限制，只能以斯坦福大学子网的名义存在。①

中国为了加快网络建设，1990年启动了中国计算机网络工程（NCFC）。它以“中科院/北大/清华”为核心。1992年建成中科院网（CASNET）、北大校园网（PUNET）、清华校园网（TUNET）。1993年夏，中国高层领导批准中国科技界与INTERNET联网的方案。其时，美国相关政策也有所改变，1994年5月，中国作为第75个国家接入INTERNET网，被承认全功能接入，同时申请到了中国网络域名CN.。此事被中国《人民日报》《光明日报》等传媒评选为1994年度十大科技新闻之一。中国知识分子，特别是中关村的知识分子开始大举进入INTERNET网。②

无论从传统的印字电报看，还是从网络通信看，1994年可以说是汉字跨入了电脑通信的新时代。

近代文字机械化技术的引进，被动、迟缓、低效，而且充满着屈辱、不公。而20世纪最后这二三十年，是中国历史上从未有过的一次活跃的技术发明、创造期，真是人才辈出，创造缤纷。近百年来，令国人悲观、失望、绝望的汉字处理技术落后的世界性难题，居然在短短的二三十年里成功地破解了，而且破解得精彩、神奇。

（4）拉丁字母四五百年来的“一家独霸”将开始成为历史

由于全球所有现行文字的电脑编码国际标准ISO 10646-1993的正式实施，及中国汉字全功能接入国际互联网，电脑、手机已经成为全球所有现行文字统一处理的新平台。在这个平台上，全球所有现行

① 参见林立勋编著:《电脑风云五十年》（上下），电子工业出版社，1998年，691页。

② 参见林立勋编著:《电脑风云五十年》（上下），电子工业出版社，1998年，695～696页。

文字是共存、共处、兼容的，也是一律平等的。这样，拉丁字母“独霸天下”的现状，就在最底层技术基础上开始动摇、瓦解，开始变成历史。这一点，对所有“非拉丁字母文字”都是福音。不管使用这些文字的民族，其原来的经济、文化、技术是多么落后，都能够不太困难地享受信息新技术带来的红利。这些红利来自网络化的电视、电脑、手机……特别是手机。而这些对于汉字则更是“得天独厚的特大利好”。因为在此前的铅字时代，汉字是最繁难、最笨重、最低效的。这次电脑化换代转型，汉字进步最大、变化最大，得益也应该最大。文字领域的这种由“拉丁字母一家独霸”到多元化、多极化，和当今国际上经济、政治、军事上的一国霸权，走向多元化、多极化发展，是一致的、相似的，有异曲同工之妙。这种情况对于汉字，对于汉字文化，对于中国的软实力，意义巨大非凡。1995 年前的三四百年里，铅字拉丁字母打字机，帮助拉丁拼音文字走遍世界、称霸世界。拉丁字母也带着殖民扩张富有的排他性，成为打压其他一切文字的现实力量。而新时代的手机、电脑……比起铅字拉丁字母打字机来，要强大、优越百倍、千倍！富有多语言适用性的 20902 个汉字已经进驻到全球所有的手机、电脑……可以预见：未来三五十年或更短的时间，汉字的国际传播广度、深度可能达到、超越拉丁字母过去三四百年的业绩。汉字将成为新时代世界命运共同体的新的营养、血液、连接纽带和亲和剂。汉字将把中华文化、中华智慧带给世界，让天下人共享。因为过去的拉丁字母铅字打字机，仅仅是一种机械设备。它对使用者的帮助限于节省体力和工时；而电脑、手机则是全新的智能化设备。它们能够在智能化、信息化、自动化、网络化环境上帮助使用者思考、分析、判断、决策。更具体些说，电脑、手机将能够帮助使用者高效率学习汉字、学习中华文化与智慧。事实已经生动地证明：当今的网络教育已经能够实现“人人皆学、处处能学、时时可学”。本书第十一、十二、十四章将具体论述如何在对外汉字教学上实现这种判断；如何实现“让老外用母语学汉字”；让汉字“原模原样”“堂堂正正”畅行天下；让天下人共享汉字，共享中华智慧。这种美景为什么至今未见端倪？答曰：中国汉字改革家，根本不承认汉字编码技术标准！并刻意地与之对立、打架。国家语委起草的《通用规范汉字表》就仅仅承认 8105 个汉字是规范字。编码字符集中 20902 个汉字的绝大部分都被判定为“不规范”。使用它们是要罚款、扣分的（参见附录 B）！ 20902 个汉字在中国大陆尚且不能“畅行无阻”，怎么可能“畅行天下”？

2. 汉字与新技术有良好的适应性

汉字总是与中华民族同荣辱、共兴衰。这次的汉字电脑化浪潮就是与改革开放、民族复兴的浪潮几乎同步发生、发展的。改革开放以来，中国社会的方方面面都发生着翻天覆地的变化。这些变化中，包含着一种颇具时代特征的方面，那就是数字化、网络化、电脑化。而铅字的被淘汰，汉字处理电脑化的成功，为中国行行业业的这种跨时代转型提供了强大的、良好的技术保障或支撑。设想一下，如果今天我们还不得不使用铅字打字，那么，有哪一个行业不会退回到铅字的机械时代？

如今离汉字信息处理实现基本电脑化已经过去了二十多年，社会和新技术在不停地发展着，信息产品不断更新换代，汉字丝毫没有显示出什么不适应。近二十多年来，仍然不断有人预言：汉字的字量庞大，字形结构复杂，毕竟是“无法否认的缺欠”；汉字字库的巨大消耗，软件汉化的麻烦将是汉字信息化永远的累赘、永远的负担。汉字终将不得不通过“一语双文”走向拼音化。事实如何呢？我要肯定地说：事实已经充分证明了这些预言是错误的，是不合实际的，是一厢情愿的猜想、臆断。汉字字库的消耗已经变得越来越不足道。一首“甜蜜蜜”小曲的存储消耗足以抵得上一个低档常用字（7000 个汉字）字库；一个 3D 大片的存储消耗，抵得上不止一部四库全书的文本存储。至于说到汉化，最后一个经过国人汉化引进的操作系统是四通利方推出的 RICHWIN4.0，是当时最新的 Windows 汉化产品（1994年末）。其后的涉及语言文字的信息产品，一出台就已经是多文种兼容的，汉化已经变得不必要。这是因为，自 1980 年代末开始，在国际标准组织的倡议、组织下，中国和各国专家，就开始了面向全世界、全部现行文字的、统一的编码标准的制定。在中国，1993 年的 GB13000（即 ISO10646）及 2000 年的 GB18030 就都是简、繁体汉字，中、日、韩汉字统一编码的标准；并且还都是强制性技术标准。它有与其他文字协调地存在于统一的国际多文种编码标准中。这种标准的推行，使得汉化（或者俄罗斯化、阿拉伯化）变成一种成熟的、格式化的工作。原来汉化需要有精通汉语文及高新信息技术的高端人才，今天可能仅仅需要普通的语言文字工作者辅助一般的信息技术工作者就行了。

3. 多文种处理设备统一、合流、单一化新趋势

铅字时代，机械化时代，汉字打字机与英文打字机，是差异明显的两种设备。即使同样是拼音文字的英文与俄文、阿文，打字机之间也有明显区别，需要不同的设计与制造。电脑时代，特别是全球现行文字国际统一编码技术标准 ISO10646-1993 实施之后，各种文字处理设备，实现了高度统一、合流，从硬件设备外观看，硬件几乎完全单一化了。美国苹果公司的每一种型号的电脑，手机，都具有能够处理汉字、英文、俄文等多文种能力。同样地，中国华为生产的每一种手机，也都具有能够处理汉字、英文、俄文等多文种能力。这是一种全新的事实。单单从手机外观上，无法区分它是处理汉字的，还是处理英文的。原则上它们都能够处理各种现行文字，具体处理哪一种文字，可以按需要“设置”。这种情况下，已经无法从设备外观上，去区分汉字设备与英文设备，更无从判断英文设备与汉字设备哪一个优，

哪一个劣。两种文字的差异，隐藏在、封装在数字化的软件里，在芯片里，在硬盘里，在U盘里。这些都是看不见，摸不着的。此时，文字处理效率的高低估计，需要相关具体、详细的技术知识，需要设计检测软件进行实际的检测。这里，我愿意负责地告诉读者：数字化的英文信息与汉字信息（指同一个文本的英文版及汉字版两者），存储、传输时，英文的空间、时间消耗是汉字的至少两倍；排序与检索时，英文的空间、时间消耗是汉字的至少四倍。详细一些的解释见本章第4—8节。

4. 汉字信息电脑存储——从沉重负担到比英文节省一半

汉英两种文字信息处理中，占用电脑存贮量的比较是个带有重要性的问题。许多作者在比较汉、英文字属性优劣时，在论及汉字发展前途时都谈到这个问题。一种观点认为：汉字字量大，结构复杂；一个汉字占两个字节；汉字字库比英文字库大得多；故而用计算机表示、存贮、加工都要耗费比英文大得多的存贮量，是计算机的沉重负担，并认为这是古老的汉字不能适应信息新技术的一个证据。另一种观点则认为：汉字简明、准确、信息量大，这些优点在电脑文字信息处理中也一定带来许多好处。哪一种看法更正确？我们具体分析如下。

（1）字形的点阵表示

计算机的打印输出和荧光屏显示，从20世纪70年代中期以来，已经完全摆脱了金属铅字，使用数字化点阵表示。就单字字形点阵表示、存贮来说，汉字确实要比英文至少多消耗数百倍，甚至数千倍的存储。例如显示英文，最低可用7×9点表示一个字符。显示汉字字符最低需用16×16点。英文字符总量取为100（实际上Ascii可见字符为94个），汉字取为7000。那么汉、英字形库占用存贮量分别为：

汉字字库：16×16×7000 点

英文字库：7×9×100 点

简单计算可知：此处汉字字形存贮量是英文的 284 倍。由于汉字结构复杂，同一种点阵规模，汉字字形视觉区分质量比英文差。如果取英文的点阵规模为 n×n，汉字的为（2n）×（2n），英文仍取 100 个字符，汉字取 5 万个字符。那么

汉字字库：（2n）×（2n）×50000 点

英文字库：n×n×100 点

此时比值为 2000，即这种汉字字形存贮量为英文的 2000 倍。

这里所用的单位“点”，对应着计算机存贮的最小单位：二进制位。16×16 点阵 7000 个汉字所占计算机存贮，用计算机术语说，占 1750 K位 =218KB（K 字节）≈ 0.2 MB（兆字节）。24×24 点阵 7000 个汉字所占计算机存贮量为 4032000 位 =504000 字节 =504KB（K 字节）≈ 0.5 MB（兆字节）。这里 K=1024，近似于 1000；M=K×K，近似于 100 万；G=K×K×K，近似于 10 亿；T=K×K×K×K，近似于万亿。就是说，KB 近似于 1000 字节；MB 近似于 100 万字节；GB 近似于 10 亿字节；TB 近似于万亿字节。一个字节等于 8 个二进制位。

（2）字符的二进制编码表示

电脑表示文字信息有两种方式。一种是上述的点阵方式，这只用于计算机的可见输出，即制作纸版本时的打印，或者应答用户操作时的屏幕显示。还有另一种应用更广的方式即内部编码表示，它广泛用于信息存贮、传输及加工处理。编码表示类似于用四位十进制数表示汉字的电报码，只是电脑文字编码中用二进制整数表示文字字符。一个拉丁字符，通常用一个八位二进制数表示，就是用一个字节表示。一个汉字字符，按国家标准，通常用两个字节表示。粗看起来，似乎仍然是汉字编码多耗费了字节。实则不然。因为拉丁字符和汉字字符负载的信息量大不相同，拉丁字母和汉字不是同一等级的。一个最简

单的具体比较，例如："你好"这句问候语，它的汉、英文版占用编码字节数分别为：

汉文版：你好，占 2×2 = 4 个字节

英文版：How are you，占 11 个字节（内含两个空格）

英文版使用字节数是汉文版的 2.75 倍，可记为 d=2.75。这个例子似太简单，难于引出一般结论。1988 年笔者曾做过如下统计，选择《毛泽东选集》《毛泽东诗词》等材料，取英、汉两种文本输入电脑，计算英文版占用字节数与汉文版占用数的比值 d，得结果如表 9.1。

表 9.1 英文、汉文计算机编码表达长度的比较①

资料名称	d= 英文版字节数 / 汉文版字节数
① 愚公移山、为人民服务	2.0
② 毛泽东诗词 36 首	2.9
③ 英诗汉译 7 首	2.9
④ 古汉语诗英译 23 首	4.5

统计中没有计入文题、词牌名、题解、注释等项。正文统计中含空格及标点。统计结果表明：汉文的简约特点是鲜明的。汉字信息的存储量仅仅是英文的 1/d。由于 d 的值最小为 2，故汉文版编码表示用电脑字节数至少比英文省一半（英文比汉字费一倍）。汉文版这种简约性因体裁不同而差异甚大。中国古诗简约性最强，现代白话文最弱。但这最弱，也只是英文的一半。就文字编码表示、存贮来说，汉字的简捷性具有明显优点，同一文本的英文版占用电脑存贮量至少比汉文版多耗费一倍。

如果读者想要自己做一下简单统计，还可以用下述办法。我们取

① 参见《毛泽东选集》（英文版），北京外文出版社，1965 年；《毛泽东诗词》（英文版），北京外文出版社，1965 年；郭沫若：《英诗译稿》，上海译文出版社，1981 年；翁显良：《古诗英译》，北京出版社，1985 年。

一本对外汉语教材《一百句式汉语通》[1]，取其中六篇课文（具体为第2、22、42、62、82、98课），共包含16个句式。每个句式都是汉字、英文和汉语拼音对照的。很容易统计出这些课文所含汉字、英文字母、汉语拼音字母的个数（对英文和汉语拼音需要计入空格数）。三种文本所包含字符的个数，具体统计结果为：

汉字 : 英文 : 汉语拼音 =92:381:307=1:4.14:3.34，近似地 =1:4:3

由于计算机存储一个汉字用2个字节，存储每个字母用1个字节，所以三种表示所耗费计算机存储量的比例为2:4:3=1:2:1.5。换句话说，同样内容的三种文本所消耗的存储量，英文的是汉字文本的2倍；汉语拼音的是汉字文本的1.5倍。类似于《一百句式汉语通》这样有三种文本对照的书籍很多，有兴趣的读者可以选择身边的材料做类似的简单统计。

（3）计算机存储器发展情况

今天的普通微机，包括笔记本电脑，其存储量都已经足够大，用户使用时通常不必担心存储量不足的问题。这与二三十年前截然不同。表9.2给出国产计算机存储器规模的数据。这些机器包括了微型机之前的主要机型，其中没有一种机器的内存能够容得下最低精度的汉字字库（均小于218KB）。再看表9.3，其中列出美国IBM公司著名机型IBM 360的存储量数据。IBM 360是20世纪六七十年代风靡世界的产品，是微型机之前IBM公司销量最大的产品。从表9.3可见，其中83%的机器内存小于64KB；只有22台（仅占0.12%）肯定能够放得下一个低精度汉字库；仅仅13%的机器的高配置放得下一个低精度汉字库。

表9.2、9.3表明，在微型机之前，对国内外的计算机，汉字字库都是沉重负担，也可以说，是无法承受之重。

---

① 鲁川、孙文方主编：《一百句式汉语通》，华语教学出版社，2008年。

表 9.2　20 世纪 50 ～ 70 年代中国国产计算机的内存容量

年代	机器型号	字长	内存容量（字数）	内存容量（字节数）
1958	103	31	1024	4KB
1959	104	39	2048	10KB
1964	109	32	8192	32KB
1970	111	48	32K 字	192KB
1971	709	48	32K 字	192KB
1973	150	48	32K 字	192KB
1974	DJS130	16	4 ～ 32K 字	8 ～ 64KB

表 9.3　20 世纪六七十年代风靡世界的 IBM 360 机的内存容量

机器型号	推出年月	内存字节数 KB	生产台数	所占比例（总台数：18838）
IBM360-20	1966.1	4 ～ 6KB	7966	86%
IBM360-30	1965.5	8 ～ 64 KB	8219	
IBM360-40	1965.5	16 ～ 262KB	1758	13%
IBM360-44	1966.10	32 ～ 262KB	78	
IBM360-50	1965.9	64 ～ 262KB	589	
IBM360-65	1966.3	131 ～ 1024 KB	206	
IBM360-75	1965.11	262 ～ 1024 KB	17	0.12%
IBM360-90	1967.2	512 ～ 16384KB	5	

表 9.4 则主要列出的是微型机存储器状况。从中可见：20 多年时间里，微型机性能（内存储量，外存储量，速度）提高了千倍、万倍，而价格则下降为原来的数十分之一。微型机性能价格的这种变化是人类社会其他任何行业都很难见到的。不了解这种发展变化，往往会做出错误判断。从这些表格所列的数据所反映的实际情况，我们才能做出进一步的适当分析。

表 9.4　20 世纪 80 年代以来部分微型机性能 *

年份	型号	内存	外存	速度	售价
1978	DJS130（小型机）	64 KB（1）	6 MB 硬盘（1）500KB 磁鼓	1 MHz（1）	>30 万元
1981	IBMPC	64 KB（1）	160KB 5 英寸软盘（*）	4.77MHz（4.77）	5 万元
1983	IBMPC/XT	512 KB（8）	10MB 硬盘（1.7）+3 英寸软盘	16MHz（16）	3.8 万元
1993	IBM 486	2 MB（32）	84MB 硬盘（14）+3 英寸软盘	25 MHz（25）	2.2 万元
1999	国产品牌	32MB（512）	4.3 GB（734）	366 MHz（366）	0.5 万元
2005	国产品牌	512 MB（8192）	80 GB（13653）	2.0 GHz（2048）	0.5 万元
2009	国产品牌	1GB（16384）	250GB（42667）	2.66GHz（2724）	0.4 万元
2013	联想 K410	4GB	1000GB	3GHz	0.4 万元

* 首行为小型机，是王选研制激光照排时使用的，样书《伍豪之剑》用此种机器完成。可见，该机器比 2009 年的普通微机的指标低了数千倍到数万倍！

（4）计算机发展的头 30 多年，汉字字库是计算机的沉重负担

从表 9.2、9.3 可见，计算机发展的头 30 多年，当时绝大部分计算机的内存，都比最低精度的汉字字库容量（218KB 字节）要小。这就是汉字处理的一个巨大难题。可以说，这时候汉字字库是计算机无法承受之重。这是中文信息处理滞后于英文的一个重要技术原因。

此外，微型机诞生之前的 20 多年里，计算机的存储器主要是磁芯存储器，单个磁芯的直径不足一个毫米。这时，最小存储单元，二进制位，是肉眼可见的。参见图 9.1，这是磁芯板的局部照片，其中可见金属导线串在一起的磁芯。图 9.2 是一块完整磁芯板照片，其容量为 1K 位（32 × 32=1024 位）。制作磁芯板需要大量、细致的手工操

作。小小的每个磁芯里要穿过两三根导线。中国台湾曾经是美国磁芯板的重要加工区。IBM 当初购买王安磁芯专利时，曾提议每制造一个磁芯付专利费 1 美分，被王安拒绝。后来事实证明，对于王安，这其实比 50 万美元买断要强得太多了。如果我们按通常的 5% 提取专利费，那么一个磁芯应该价格是 20 美分。1K 字节磁芯板价格曾经为 1638.4 美元（1024×8×1.2=1638.4）。一个低精度汉字库，218KB 的磁芯板价格应该为 35 万多美元（实为 357171.20 美元），价格相当昂贵。把这当作五六十年代汉字库的一个成本估计，有参考价值。可见当时采取扩大存储量的办法解决汉字库问题，经济上缺少可行性。美国的一些公司（包括 IBM），曾看好中国著名作家林语堂先生发明的中文打字机，在 20 世纪五六十年代就购买了林的专利，想把它作为基础设计中文电脑的输入设备。存储器昂贵可能是汉字项目最终没能成功的原因之一。

（5）存储器技术发展使难题淡化

随着微型机存储量的增大，汉字处理的难度变小，汉字简明的优点变得突出。微型机诞生以后，计算机存储器普遍使用大容量、高速度的半导体存储器，并且以技术性能每 2 ～ 3 年提高 4 ～ 5 倍，价格每 3 年降低到 1/4 的速度发展。表 9.4 中除第一行外都是微型机，可见性能提高变化情况。其中第一行所列，是“北大七四八汉字工程”课题组于 1980 年完成样书《伍豪之剑》排版时用的计算机，是中

图 9.1　磁芯板局部照片（其中可见金属线穿在一起的磁芯）

国产的小型机的产品，价格三四十万。它仍然使用64KB的磁芯存储器和一个仅6MB的保加利亚硬盘。当时只能使用这种落后设备，是由于外部禁运封锁和内部闭关锁国的双重限制。磁芯板不仅容量小，难于提高，其稳定性、耐用性都远不及之后的半导体存储器。

图9.2　1Kb（32*32=1024位）容量的磁芯板

一个磁芯破碎，整个板就报废，平均无故障时间仅为几个小时。为了在这样低性能机器上处理汉字，王选夫妇及北大激光照排组研究人员不知耗费了多少时间、精力，还不得不挖空心思、想方设法设计多级优化调度方案。无法存储整版报纸的字模点阵信息，就按需要临时高速生成，并进行不失真快速变倍。王选发明的专利技术，帮助他们应对落后设备带来的许多麻烦，终于闯过样书排版的第一道难关。当时这种小型机的性能指标远不如1981年推出的价格仅仅数万元的PC微型机，20世纪80年代在微型机上成功实现了汉字处理。此时，应该说汉字字库仍然是个负担。汉卡及若干专用软件正是专为对付这个负担而特别设计的。90年代中后期汉卡等退出历史舞台，因为微机存储量已经足以应对汉字字库。随着微机存储量的急剧增长，汉字字库消耗变得越来越微不足道。由于一套微型机系统只需要一套字库（当然包括多种字体），硬盘里字库以外

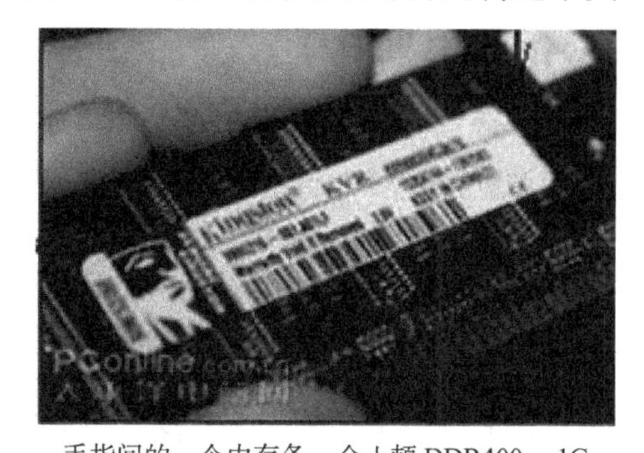

手指间的一个内存条：金士顿DDR400—1G

图9.3　1G字节的半导体内存条（折合4295平方米磁芯板）

的部分，用于存储文字编码信息（前面 2 节所述）。这部分用于存储汉字就比存储英文节省。汉字需要的存储量仅仅是英文的 1/d（d 值参见表 9.1）。字库以外的这部分越大，按比例节省的量也就越大。

从图 9.3 可见，1G 字节的半导体内存条不过只有几个平方厘米，重量不足 10 克。我们现在可以估算一下，相应大小的磁芯板会有多大。不妨假设每个磁芯只占半个平方毫米，不难算出，一个 G 字节的磁芯板的面积将达到的平方米数为：

$$(0.5\times1024\times8)\times1024\times1024/100/100/100\approx4295\text{ 平方米}$$

上面圆括号里是 1K 字节磁芯板占平方毫米数，乘 1024 得 M 字节数值，再乘 1024 为 G 字节数值；除以 100 变为平方厘米，再除以 100 为平方分米，再除以 100 得平方米数。

（6）现今在微型机里存储汉字比存储英文节省一半

前述（1）节中说汉字字形库比英文字库大数百至数千倍；前述（2）节中说英文编码表示是汉文长度的 2～4.5 倍。如何综合比较呢？最容易说清问题的是一套微机系统。一套普通的微机系统，汉字字库只要一套（包含多种字体）。具体些说，不管你的电脑是只存储单独一本《红楼梦》，还是同时存储四大古典名著，或者《四库全书》和其他任何中文材料，都只要用一套字库即可。“仅仅用一套字库”就是字库的一次性、一个性，而需要存储的文本编码信息（从单独的《红楼梦》到四大古典名著，再到《四库全书》）则是一种累积性。2005 年初装机的硬盘大多大于 100GB，其中不妨去除 1GB 字节（合 1024MB，足以容纳宋体、黑体、楷体等二三十种高精度汉字字形信息库），视为汉字库比英文多消耗的。所剩 99GB 中，存汉文版将比存英文版省下一半，即省 49.5 GB。自然，我们还要退回到 1981 年考虑。80 年代初期，通用微机硬盘为 10MB，仅仅存储低精度字库，以存 24×24 的宋体、楷体两种各一套计算，汉字字库容量约为 1 MB（一兆字节，即一百万字节）。其中不妨去一兆字节，视为汉字字库比英文多消耗的。所剩9兆字节中，存汉文版将比存英文版省下一半，即省4.5兆字节。硬盘容量在不断扩大，不到20年间，从省4.5MB，到省49.5GB，说明了海量数据的“积累性”。而每台微机或每个系统，都只用一套汉字库，就是“一个性或一次性”。此时，我们再回头看北京大学“七四八课题组”排印样书《伍豪之剑》时用的DJS 130计算机：使用64KB的磁芯存储器和6MB的保加利亚硬盘，没有显示器，没有软盘，没有针式打印机、激光打印机，没有键盘，只有光电纸带输入器，只有仅仅能够打印拉丁字符的行式打印机（激光制版机是另外的设备）。但他们排印使用的却是正式印刷质量要求的高精度字库：正文五号字用108×108点阵，封面特号字用576×576点阵。是他们用聪明智慧、艰苦卓绝克服了落后设备带来的额外困难。

（7）走进百姓日常生活的大容量存储器

中国社会正在迅速走进信息化。计算机和网络迅速地走进各行各业和普通人的生活，也把大容量、高速度的存储器带进普通人的生活。MP3、MP4、手机、数码相机、电子词典以及遍布街道、银行、邮局、车站24小时不停运转的摄像头，无一不在使用着大容量存储器。要知道，在文字、声音、图形、活动图像这些信息里，文字（当然包括汉字、繁体汉字）是最简单、最节省存储、最节省处理时间的一种。能够存储一个小时音乐或图像的存储器，可以存储三四亿汉字信息。这样的一块光盘，现今不过只卖两三元钱。你想想看，那遍布街道、银行、邮局24小时不停运转的摄像头，消耗的存储器能存多少文字信息？一个摄像头一个小时存储量就按折合3亿汉字计，一个摄像头一天存储量折合3×24=72亿汉字，全北京市一天呢？全国一天呢？全国一年呢？须知，一套《四库全书》的总字数约10亿汉字。一个人，如果想把自己毕生著作留给子女一个副本，假定著作量达到数百万或千万汉字，这个愿望在百年以前绝对是无法解决的难题；在三四十年前也是巨大难题；在今天只要用一块光盘足矣。用买一斤糖葫芦的钱（超市现价 15 ～ 24 元），足以买 5 ～ 10 块光盘，可以分发给多个后代。这和 40 年前汉字字库是难题，今天不再是难题是一样的问题。计算机存储技术的飞速发展是惊人的。每 2 ～ 3 年性能提高 4 ～ 5 倍，价格每 3 年降低到 1/4，这往往出乎人们（包括专家们）的意料。所以，我们不能要求任何人能够准确预见这种发展，但应该要求有关人员不要无视已经成为现实的发展。某些人在新世纪，仍然把 1980 年代低精度字库无法表达 138 个笔画多的汉字当作汉字落后的证据（较近的实例是 2013 年在宣传《通用规范汉字表》的电话访谈中，“还据此 183 个汉字的事论证汉字简化是仍然的必须的”。）。这表明他们的认识太落伍，太不符合实际，对于与自己关系密切的领域的技术进展认识太迟钝。可能有人会问：你这里说的今天普及应用的存储器，和王选们 1980 年用的是一类东西吗？可以肯定地回答：今天两三元钱买来的 CD 光盘（700MB），比他们当时用的保加利亚硬盘（6MB）好得多。不仅存储量大 100 多倍，易用性、稳定性也都强得多。他们在恶劣技术条件下，以聪明智慧、坚忍顽强与西方强大的产业集团竞争、抢时间。在“七四八汉字工程”胜利在望的时候，国内用户仍然花费上千万美元订购了外国货。国外厂家决定最终退出中国市场，是 1988 年经济日报社卖掉铅字、用激光照排实现日报正常生产，而进口设备还无法出报的时候。

5. 汉字传输、编辑、排序、检索效率反超英文的概要说明

表 9.1 的统计结果表明：汉字信息的存储量仅仅是英文的 1/d。由于 d 的值最小为 2，故汉文版编码表示用电脑字节数至少比英文省一半。就文字存贮来说，同一文本的英文版占用电脑存贮量至少比汉文版多耗费一倍。

文字信息的网络传输，就是文本的二进制代码序列的传输。这个序列就是其在存储介质中的那个序列。由于英文文本序列比汉字的长一倍，那么其传输所耗费的时间也必定比汉字的长一倍。这应该是自然的，毫无疑问的。这与某些文字改革专家所说的“网络是西方拉丁拼音文字国家创建的，必定最适合于拉丁拼音文字，拼音文字传输最快捷”完全相反。这是因为：这些专家的论断实际上是一种推测、臆断，或者是非严密的、不合逻辑的推理的结果，完全不符合实际。

文本信息的编辑加工，实质上是字符串（序列）的处理，其处理的时间及存储量消耗与字符串的长度密切相关。文本编辑的最基本操作是：插入、删除、排序、查找。对于插入和删除，其时间和存储消耗与字符串长度成正比。据此可知：英文的比汉字多消耗一倍。对于排序操作，其消耗与字符串长度的平方成正比。据此可知：英文的排序操作的耗费是汉字的 4 倍。对于查找操作，如在长度为 n 的字符串里查找长度为 m 的词，其消耗与乘积 $n \times m$ 成正比。文本信息查找操作的效率比较与排序类似。

这里所介绍的操作复杂性（包括存储量消耗及运行时间消耗）分析，三四十年前就已经是成熟的，得到业内公认的。在当今理工科大学生的算法或数据结构课程里已经是基本内容，其正确性是千真万确的，不必怀疑。但在公众中广泛流行的看法，却与此相反。除众多教材、著作里某些文字改革专家的误导外，如下事实也可能引发误解：汉字信息处理滞后英文大约 30 年，许多汉字处理软件是从英文汉化改造得到的，作为“先生、老师”的英文，怎么能落后于“学生、后生”的汉字呢？

6. 汉字电脑编辑加工效率高过英文的再解说

（1）文本编辑的含义及历史回顾

这里所说的文本编辑指的是：一个文件（文稿、书信、笔记、讲演稿、通知、报告等等）从起笔到文件最后写好，直到印刷之前的全部操作处理工作，包括起草、修改（删除，插入，替换，移动）、抄写等操作。中国在 9 世纪之前，印刷还没有产生的时候，文本编辑实际上包括了文件从起笔到完成的全部工作。如果需要不只一份，那就再进行手工抄写。公元 2 ～ 9 世纪，是中国文书的手抄本时代。在纸上用笔沾墨起草、写作、修改或抄写。这个时代中国已经有了文房四宝：纸、笔、墨、砚（见图 9.4）。汉字文书的写作、编辑加工、传抄技艺，适应了当时的需要，在世界上也属于先进水平。图 9.6、9.7 分别是东晋王羲之、唐欧阳询和北宋苏东坡的书法作品。王羲之、欧阳询、苏东坡所处时代，西方世界还没有开始用纸，他们的文书编辑在羊皮、莎草上进行，远远不如汉字文书制作方便（图 9.5）。此期

图 9.4　中国的文房四宝

图 9.5　埃及莎草纸及羽毛笔

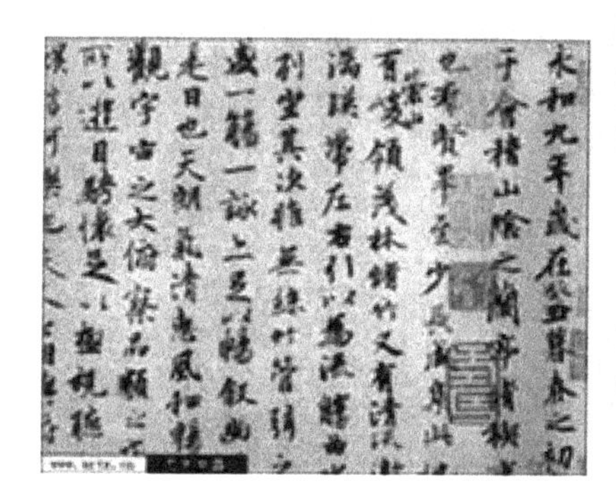
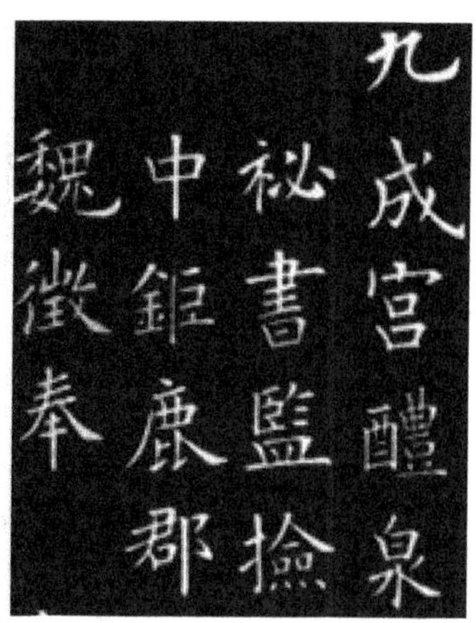

图 9.6　王羲之（321—379）兰亭序及欧阳询（557—641）的九成宫

间，西方法、德、意、西诸国的民族文字尚未形成，他们民族文字的形成是在纸从中国传入并有了广泛传播之后。具体些说：1362年英国才立法，确定英格兰语为法定用语；1375年才在学校中改变教拉丁文为教英文；《新约·圣经》直到1381年才译为英文，此期间相当于明太祖朱元璋在位时（1368—1398）。拉丁文原来是意大利的通行的唯一语言，但到13世纪后期托斯坎语（后来称意大利语）开始成主要地方语言，但丁用它写了《神曲》。16世纪（明正德至万历期间），路德才将圣经译为德文。由于欧洲主要国家的语言、文字是在文艺复兴时期才形成，所以它们的民族文化典籍的积累比中国晚得多、短得多、少得多。它们的古典文化都不得不去古希腊、古罗马寻找归依。而在华人世界，普通

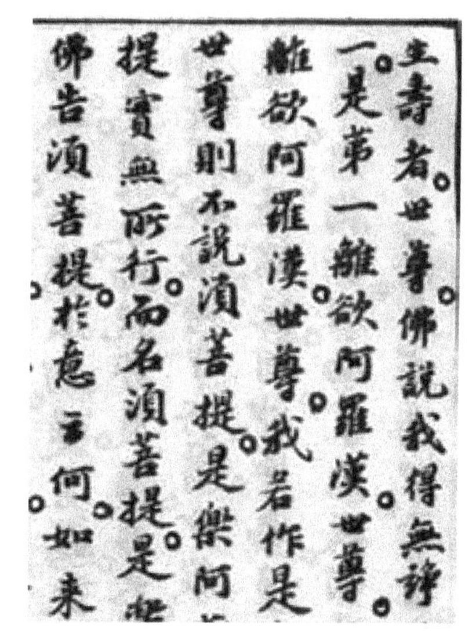

图 9.7　苏东坡（1036—1001）手书《金刚经》（局部）

此自字错误横放 仅有活字才可能

图 9.8 明朝木活字印本《毛诗》一页

（最左列出现一个活字横向倒放的错误。这是该版为活字版的铁证！）

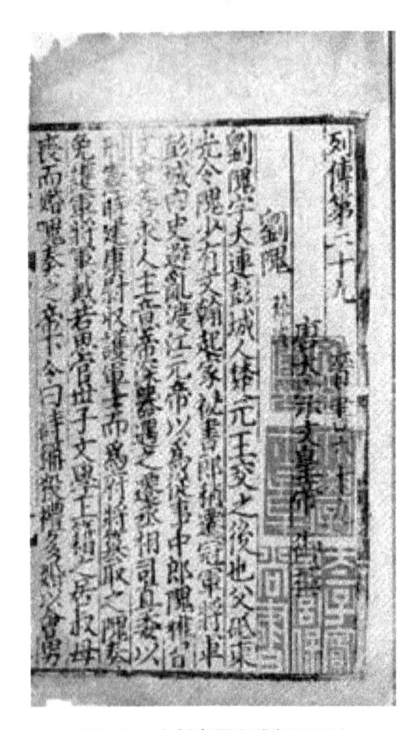

列傳第三十九

劉隗

劉隗字大連彭城人楚元王交之後也父砥東光令隗少有文翰起家秘書郎稍遷冠軍將軍彭城內史避亂渡江元帝以爲從事中郎隗雅習文史善求人主意帝深器遇之遷丞相司直委以刑憲時建康尉收護軍士而爲府將篡取之隗奏免護軍將軍戴若思官世子文學王籍之居叔母喪而婚隗奏之帝下令曰詩稱殺禮多婚以會男

图 9.9 宋版书页（雕版印刷）

人包括少年儿童能够吟咏、诵读一两千年来的古文及诗、词、歌、赋者，大有人在，极为平常。英、德等国大学生，朗读本国五六百年前的典籍者，只有专门的研究者才行。这种差别，曾经使一些西方学者感到十分惊异。中国在 9 到 19 世纪广泛使用雕版和活字印刷，图书进入手工操作的印本时代（见图 9.8、9.9）。但此期间的印前文本编辑，依然是使用文房四宝完成。15 世纪德国人把源于中国的活字印刷推向机械化、工业化，加速了印刷技术的世界性传播。中国的图书印刷开始落后于西欧。但此期间，使用文房四宝的汉字文书编辑并不比西欧落后。直到英文机械打字机普遍应用之后，西文的机械化处理高效、便捷、优质才使得古老汉字的手工操作变得相形见绌。

近代（1840 年起）以来的中国，开始从西方和东洋引进工业化的印刷及机械打字技术。大多数中国文化人仍然使用文房四宝编写汉字文书，但出现了机械打字员行当。西方人在 19 世纪发明了机械打字机，机械打字的字形正确、鲜明、规整和使用的便捷、高效，迅速获得普及。英文文书编辑制作开始了机械化时代。此期间使用传统文房四宝和其他硬笔的汉文文本制作，效率显著落后，文稿也远不如打字稿那么整齐、规范、清晰。而机械打字机的汉字文本编辑加工明显地比英文繁难、低效（参见本书第二章第1—7节），这是大家普遍认同的，也是汉字拼音化改革的一个重要原因。1980年代中后期以来，汉字已经成功实现了电脑化处理。汉字文本的起草、编辑修改、打印，越来越多地使用微电脑完成。

（2）汉、英文文本电脑编辑比较的意义和困难

汉字的这种电脑化处理，是在英文电脑化之后，是大量借用了英文相关技术（如英文软件汉化改造）情况下完成的。换句话说，具有文字处理功能的电脑最初是为了解决英文问题设计的，而后才扩展用于汉字。最初进入中国的微型计算机并不是都能处理汉字，有的要插上“汉卡”才行；汉字BB机曾经比数字BB机贵数百元，甚至上千元。这些现象使许多人觉得：汉字的电脑化处理必定仍然是比英文的繁难、低效。当今这种认识仍然十分普遍。当1994年中国已经基本淘汰铅字，跨进电脑时代的时候，某些专家的讲话依然强调汉字落后，提出继续简化汉字。到2004年，中国社会网络化进程快速推进，使普通中国百姓每人每天里都亲身感受到汉字电脑网络的无所不在。在邮局、银行、飞机场、火车站、超市的每笔业务都已经离不开汉字电脑网络。中国城镇居民水费、电费、煤气费都已经实现了电脑网络化管理。那之后，不少语文学家的著作里仍然认为汉字的处理效率不如英文，他们认为电脑化了的汉字和机械化时代的汉字一样或者差不多，还是技术性比英文差，处理效率比英文低。

笔者想要说明，从文本编辑处理各方面比较，汉字都比英文更高效。这种事实还没有被普遍认识、接受，可能的原因有：①现代电子信息技术发展的神速、难于预料，使得许多人还没有看清汉字的技

术性已经不再落后、低效的事实，或者虽然看到但无法理解，仍抱怀疑态度。②现今汉、英文文本编辑可以在同一台电脑上进行，其间的差异可以仅仅表现为软件的差异。由于软件被封装在芯片和存储于硬盘、光盘里，其间的差异不再是明显的、外露的、直观的、感性的，而是隐蔽的、内敛的、抽象的、理性的。这使得比较增加了复杂性，失去了直观性、简单性。③许多学问家总是喜欢在自己信奉的理论指导下去观察世界。而汉字电脑化成功的事实，却和中国主流语言文字理论的预见不符。这可能是使一些人视而不见的原因。

（3）文本的电脑化编辑操作及其运算复杂性

文字信息的电脑处理本质上是字符串的处理。对英文来说，这字符串就是拉丁字母、标点及空格的序列；对汉文来说，这字符串就是汉字、拉丁拼音字母及标点的序列。这种序列在电脑里都是二进制编码序列。作为文本编辑的最基本的处理操作包括插入、删除、查找、排序四个操作。基于这些操作，通过软件编程可以完成以下更复杂的操作，如：整块（块可以是若干词、句子、段落、节、章）的移位、删除；把全文中某个词甲改为词乙（甲、乙的词长度可以不相同）；对给定的词找出该词所在的每个位置（页、行、列号或章、节、段、行号）；对全书自动生成目录和关键词索引，等等。这里每个操作所需要的处理时间都密切依赖于所处理字符串的长度，即该串所占用存储器的字节个数。以下我们做一点具体观察。如下内容在理工科大学生的计算机基础、数据结构、算法等类课程里是基本内容。

①插入操作。例如，要在已经有的串："块可以是若干词、段落、节、章"里"词"后面插入"、句子"这三个字符，操作具体执行过程是：把原来串"词"之后的字符一律先向后移动3个字符位置。如："块可以是若干词□□□、段落、节、章"。再在空出来的位置写入字符串："、句子"。得到："块可以是若干词、句子 、段落、节、章"。

可见，插入操作要引起大量移位操作。移位操作的数量可以代表插入操作的复杂性。显然的，移位操作的数量取决于要插入字符的位置。要在最开头插入，整个原来串都要后移；要插入到最末尾，一次移动都不需要。通常用平均移动次数 n/2 描述其运算量。这里 n 是字符串的长度，也就是串里包含的字符个数。由于计算机处理的运算都是极其大量的，往往并不要求很准确的具体次数，更喜欢用大致的“量级”方式。插入操作的平均移动次数 n/2，常常仅仅表示为 O(n)，这表示是 n 的线性函数，或者说是与字符串长度 n 成比例的。

②删除操作。删除操作的运算复杂性类似，也是 O(n)。

③查找操作。在一个含 n 个汉字的串里(长度为 n 的串里)，查找“逼近”这个词。逼近这个词本身长度记作 m，此处 m=2。算法分析表明，在一个长为 n 的串里查找长度为 m 的串，运算复杂性是 n×m 的线性函数，既与乘机 m×n 成比例，记为 O(m×n)。

④排序操作。许多排序操作的复杂性为 $O(n^2)$，既与字符串长度的平方成比例。排序的复杂性(包括运算时间和存储量)比插入、删除、查找都高。

(4)汉、英文本电脑化编辑加工操作的比较

假定一个中文文本汉字串 Lc 长度为 1 万汉字。那么它在计算机里占 2 万字节，即 n=20000。在做插入操作时，平均移位次数 n/2=10000。按照前述表 9.1，和 Lc 为同一个内容的英文字符串 Le 长度是汉字字符串长度的 d 倍，这里 2 ≤ d ≤ 4.5，即和此汉字文本 Lc 对应的英文文本 Le 的长度为 4 ～ 9 万。平均移动次数为 2 ～ 4.5 万次，这比汉字文本计算复杂性至少大一倍。或者，我们用 O(n)的方式说明：汉字串 Lc 长度为 n，对应英文串 Le 的长度为 d×n。英文和汉文插入操作的复杂性对比为 O(d×n) : O(n) = d×n : n=d : 1。即就插入或删除操作而言，英文运算复杂性是汉文的 d 倍，这里 2 ≤ d ≤ 4.5。

我们再考虑查找操作。例如要在一个长度为 n 的汉字串 Lc，查找词“逼近”第一次出现的位置。这里词“逼近”长度 m=4(占 4 个字

节），此种操作的复杂性程度为 $O(m \times n) = O(4 \times n)$。对应英文串 Le 的长度为 $d \times n$，而词“逼近”对应的英文词是“approximation”，其长度 m=13。英文中查找“approximation”的复杂性 $O(13 \times d \times n)$，对比汉文查找“逼近”的复杂度 $O(4 \times n)$，易得 $O(13 \times d \times n) : O(4 \times n) = 3.25d : 1 > 6.5$。即在英文版里查找“approximation”是在汉文版里查找“逼近”耗费时间的 6.5 倍。

此时，我们可以概括地说，文本编辑本质上是字符串的加工处理。字符串处理的复杂性依赖于串的长度。由于英文串长度是其对应的汉文串的 d 倍，这里 $2 \leqslant d \leqslant 4.5$，同类的操作英文比汉文就要花费更多的时间。这和许多人以为汉文处理比英文更困难的估计正好相反。这是汉字简明特性在电脑处理中的反映。

在基本的计算机程序教材，以及算法设计、数据结构教材里，都容易找到插入、删除、排序、查找等操作其计算量与字符串长度的关系式。不同的字符串相比较，只要字符串长，其操作占用存储量和耗费的计算时间也就一定长。上述是一般性的论证，其正确性是显然的。下面我们还是看一个具体统计实例。材料是王懋江在加工、改造日、英、汉烟草工业词典时，所做的实验统计。该对照词典共计收词 13666 条。汉语词平均词长为 4 个汉字（8 个字节），对应的英文平均词长为 16 个字母（16 个字节）。对全部词做排序计算，英文词按通常的字母序，汉语词用笔画数序。处理结果如表 9.5。该表所展示的工作是 1980 年代末进行的，估计当时该文作者所用计算机还在使用纸带光电输入和行式打印机等低速外部设备，所以表中 I/O 时间（输入 / 输出时间）所占比重甚大。读者可以主要关注“排序用 CPU 时间”这一行。

其实，现今从事双语或多语字词典编撰的人，手边少不了双语或多语的语言材料的电子文档。他们做双语或多语的语言统计比较，有许多便利条件。他们很容易得到其他人要费很大力气得到的结果。他们应该利用便利条件，做一些统计比较，把结果公布供大家学习、引用。

表 9.5　汉语、英语词汇排序速度比较

比较项目	汉语	英语
词的个数	13666	13666
排序用 CPU 时间	1 分 23.56 秒	3 分 32.15 秒
处理中 I/O 时间	6 分 48.20 秒	22 分 33.73 秒
作业总时间	9 分 12.45 秒	33 分 42.67 秒

7. 汉字电脑编辑加工效率高过了汉语拼音的再解说

汉字文本与汉语拼音文本编辑处理的比较，和前一节汉、英文本编辑处理的比较十分类似，只是把英文文本替换为汉语拼音文本。因为英文和汉语拼音同样都使用拉丁字母，前一节的许多分析都仍然适用。所以请读者阅读本节前，先阅读前一节。英文文本编辑处理所以比汉字耗费更多的存储量和处理时间，原因主要是同一份材料的英文文本的长度比汉文文本长至少一倍。文本编辑处理本质上是字符串的处理，其处理效率严格依赖于字符串长度。为了分析汉语拼音文本处理效率与汉文文本之间差异，我们也需要先给出汉语拼音文本与汉文文本的长度比值 k（类似于前一节中的 d）。

（1）汉语拼音与汉字电子文本长度比值 k

汉语拼音和英文同样使用拉丁字母，都使用 Ascii 字符集。汉语拼音电子文本和英文文本一样，在计算机内是 Ascii 字符串，即是 Ascii 字符对应的二进制数码串。一个拼音字符（拉丁字母）通常用一个八位二进制数表示，就是用一个字节表示；一个汉字，通常用两个字节表示。粗看起来，似乎仍然是汉字编码多耗费了字节，实则不然。因为拼音字母和汉字负载的信息量大不相同，它们不是同一等级的。一个最简单的比较，例如："您好" 这句问候语，它们占用编码字节数分别为：

汉文版：您好，2 个汉字，占 2×2 = 4 个字节

汉语拼音版：nin hao，7 个字符，占 7 个字节（内含 1 个空格）

上面例子里汉语拼音版使用字节数是汉文版的 7/4=1.75 倍，可记为 k=1.75。这个简单的例子似难于说明普遍情况。查《现代汉语规范词典》，其汉语拼音索引中共给出 403 个音节（不分音调）。其中只有 3 个音节（a，e，o）包含单个字母。就是说，仅仅这三个音节，汉语拼音占用字节数比汉字占用字节数小；另有 76 个音节包含 2 个字母。这 76 个音节，汉语拼音占用字节数和汉字占用字节数相同，都是 2；还有 327 个音节（占全部音节的 80%）包含的字母个数为 3 到 6。这些音节拼音占用字节数 3 ～ 6 比汉字占用字节数大至少 1.5 到 3 倍。再考虑到汉语拼音中不可缺少的大量空格，据此容易得到简单估计值：一个汉字对应的拼音字母个数平均值下限至少为 3。即同一个材料的汉语拼音文本长度（含字母、标点及空格的总个数，即字节个数）至少是汉字文本的 1.5 倍。我们也可以做一些具体材料的统计分析。美国宾夕法尼亚大学梅维垣教授的汉语拼音论文的前言，曾经为数种语文现代化书籍引用。该文拼音字符（含标点及空格）为 574 个，汉字文本字符（含标点）为 175 个，占字节 350 个。两种表示所用字节数的比值为 574/350=1.64。

在第九章第 3 节中，我们还做过一个小小的简单统计，选取对外汉语教材里的 16 个句式。由于每个句式都有汉字、英文和汉语拼音三者的对照，容易由之统计出三种文本的计算机存储量数据。结果是汉字 : 英文 : 汉语拼音 =1:2:1.5。即同样内容的三种文本所消耗的存储量，英文的是汉字文本的 2 倍；汉语拼音的是汉字文本的 1.5 倍。

（2）文本编辑操作及其运算复杂性

文字信息的电脑处理本质上是字符串的处理。对汉语拼音来说，这字符串就是拉丁字母、标点及空格的序列；对于汉文来说，这字符

串就是汉字及标点的序列。这种序列在电脑里都是二进制编码序列。这里每个操作所需要的处理时间都密切依赖于字符串的长度，即该串所占用存储器字节个数。四个基本编辑操作的运算复杂性如下（详细分析见前一节）：

① 插入操作。插入操作要引起大量移位操作。移位操作的数量可以代表插入操作的复杂性。通常用平均移动次数：n/2 描述其运算量。这里 n 是字符串的长度，也就是串里包含的字符个数。由于计算机处理的运算都是极其大量的，往往并不要求很准确的次数，更喜欢用大致的“量级”方式。插入操作的平均移动次数 n/2，常常仅表示为 O（n），这表示是 n 的线性函数，或者说是与 n 成比例的。这种表示里忽略掉系数，即忽略掉比例的值，而仅仅保留 n 和它的次数。

② 删除操作。删除操作的运算复杂性类似，也是 O（n）。

③ 查找操作。在一个含 n 个字节的汉字串里（长度为 n 的串里），查找“逼近”这个词。逼近这个词的字节长度记作 m，此处 m=4。算法分析表明，在一个长为 n 的串里，查找长度为 m 的串，运算复杂性是 n×m 的线性函数，记为 O（m×n），或者说与乘积 m×n 成比例。

④ 排序操作。许多排序操作的复杂性为 O（n^2），既与 n^2 成比例。

（3）汉字、汉语拼音电子文本编辑加工操作效率的比较

假定一个中文文本汉字串 Lc 长度为 10000 汉字。那么它在计算机里占 20000 字节，即 n=20000。在做插入操作时，平均移位次数 n/2=10000。假定 Lp 为同一个内容的汉语拼音字符串长度，它是汉字字符串长度 Lc 的 k 倍，这里 k ＞ 1.5，即和此汉字文本 Lc 对应的汉语拼音串长度 Lp 大于 1.5×Lc ＞ 30000。这比汉字文本计算复杂性至少大一半。或者，我们用 O（n）的方式说明。汉字串 Lc 长度为 n，对应汉语拼音串 Lp 的长度为 k×n。汉语拼音和汉文插入或删除操作的复杂性对比为 O（k×n）：O（n）= k×n：n=k：1 ＞ 1.5。即就插入或删除操作而言，汉语拼音运算复杂性是汉字的 k 倍，这里 k ＞ 1.5。

我们再考虑查找操作。例如要在一个字节长度为 n 的汉字串 Lc 查找词“上海”第一次出现的位置。这里词“上海”的长度 m=4（占 4 个字节）。此种操作的复杂性程度为 O（m×n）=O（4×n）。对应汉语拼音串 Le 的长度为 k×n，而词“上海”对应的汉语拼音词是“shanghai”，其长度 m=8。汉语拼音中查找“shanghai”的复杂性 O（8×k×n），对比汉文查找“上海”的复杂度 O（4×n），易得 O（8×k×n）:O（4×n）＞3。这个例子中，在汉语拼音文本里查找“shanghai”所费的时间是在汉字文本里查找“上海”的 3 倍。

此时，我们可以概括地说，文本编辑本质上是字符串的加工处理。字符串处理的复杂性依赖于串的长度，由于汉语拼音串长度是其对应的汉文串的 k 倍，这里 k ＞ 1.5，同类的操作汉语拼音文本比汉字文本就要花费更多的时间。这和许多人以为汉字文本处理比汉语拼音文本更困难的估计，正好相反。这是汉字简明特性在电脑处理中的反映。

8. 汉语拼音在检索中的价值已经大大降低

汉语拼音产生之前的汉文字、词典检索法　传统的汉文字、词典的检索，除少数专门韵书外，长期普遍使用基于字形的方法，依据笔画数、笔形、部首进行；注音则使用直音或反切的繁难、低效的方法。由于汉字字量庞大、结构复杂，长期发展、演变过程造成的理据性丢失、变异，部首、笔形、甚至笔画数有时难于简单、明确判定，使得检索产生困难。汉文字、词典里，很少有两种其检索法完全相同的，每种里都会有一批难检索字。这类字典今天的读者已经很少见到。1984 年中华书局（北京）影印的 1936 年的《中华小字典》属于此种类型，可在国家图书馆工具书室见到。它完全使用字形检索法，注音使用反切，如“到”字注音为“朵奥切”。当西学东渐，英文词典呈现在中国人面前时，那种只依赖 26 个字母顺序的检索法，就显得格外简单、确切、统一、普遍有效。这导致汉字查检难的认识普遍流行，也刺激了汉语字典检索法的改革。1918 年民国政府公布注音字母。这实际是一种民族形式的汉语拼音方案。随之就有了依据注音字母的字典检索法的汉语字、词典出现。这种字典使用注音字母注音，淘汰了反切，检索效率也和英文的类似，它迅速地成为主流方法。此期间，也刺激了一批依据字形的新检索法问世。如使用头尾号码法的《新国音学生字典》《五笔检索学生字典》《永字八法国音字典》及最为著名的四角号码检字法。四角号码检索法，对于大量汉字甚是简单、有效；但也有好些汉字因结构特别而难于给定四码；有的则因笔画太少（如一、卜、九、人……）也使得四角同样需要特别约定；又四角号码原则上只能处理 9999 个汉字。这些与英文仅仅依赖 26 个字母顺序，能够无例外的普遍使用，仍然显得差距甚大。注音字母和四角号码是汉语拼音之前中国最流行的字、词典检索法。它们都可以看作是拉丁文字检索法影响、刺激的结果。注音字母在大陆为后来的汉语拼音取代，但台湾一直还在使用中。

《汉语拼音方案》产生后的汉文字、词典检索法　汉语拼音的一个被普遍肯定的用处就是改善了汉文字、词典的注音及检索法，这种改进是明显的、有效的。四五十年来中国大陆大量通用的或普及型的字、词典几乎都使用了拼音检索法。这已经为大陆广大民众所熟悉、所习惯。但这种改善并不是彻底的、完全的，使用它的一个前提是：知道所查字的读音。在收字数目大大多于通用字时，读音不明的字就多起来。大型工具书，像《词源》《汉语大字典》《汉语大辞典》就都依然主要使用传统的基于字形的检索法。并且，在使用拼音检索法时，通常也必须同时附加字形检字表；拼音检索法本身，也必须利用字形信息区分同音字的顺序；单单知道读音和 26 个字母顺序，缺少必需的字形知识仍然是要出错的。常用的汉字字、词典中的汉语拼音检索法是英、中“混血儿”，并非纯粹拉丁字母检索法。汉文的拼音检索和英文的检索还是有显著区别的。如矛盾（maodun）和毛竹（maozhu）

两个词，按拉丁字母序，矛盾（maodun）应该在毛竹（maozhu）之前；实际上使用拼音检索的汉文字、词典中，大多总是毛竹（maozhu）排在矛盾（maodun）之前。因为在读音为 mao 的汉字中，“毛”的笔画数为 4，“矛”的笔画数为 5。汉语词是先按首个汉字排序的，故毛竹（maozhu）排印在矛盾（maodun）之前；并且所有以“毛”字打头的词都排在以“矛”字打头的词之前。

人工检索法的原理解说　以上所说的都是人工检索法，主要适用于对纸介质印刷文本。这是电脑普遍使用之前的通行方式或主要方式。它的原理或者说操作步骤有两步：①利用某种知识或理据，把所有可能要检索的字、词排列个顺序，按这个顺序把字、词典正文印刷为纸质文本。英文词典所依据的排序知识就是 26 个字母的字母表。这一点是每个用户都知道的。排序，换句话说，就是给出一个“比较大小”的规则，把小的放在前边，大的放在后边。两个英文词比较，先看第一个字母，哪个词的第一字母在字母表里排在前面，这个词就排在前面（这个词就小）。第一个字母相同时，再比较第二个字母……而传统的汉文字、词典检索法，所需要的排序知识涉及数千汉字，涉及的知识也多得多，包括汉字笔画数、首笔笔形、部首等具体知识以及所有需要检索汉字实际的笔画数、首笔笔形、部首。这比 26 个字母顺序知识也难得多。至于用汉语拼音的汉字、词典检索法，所需要的排序知识则包括 26 个字母序，汉字读音的拼音表示，该汉字的笔画数、首笔笔形及部首。部首用于区分同音字，一般只用到笔画数和首笔笔形可能就够了。②当正文内容按检索排序规则排好顺序并印刷为纸质文本时，查字、词典就是人工把查找的字（检索字）和书中的某个字（当前字）比较，若检索字大，则在书中当前字后边再取一个字和检索字比较，若检索字小，则在书中当前字前边再取一个字和检索字比较；直到在书里找到检索字位置。从实际使用的情况可以看出：汉语拼音检索法在收汉字数量不太多的情况下，在知道读音时，区分同音字时往往只用到笔画数和首笔笔形。这相当于用 26 个字母表知识取代了大量部首知识，所以它在这种时候显得比传统汉字、词典的字形检索法简单、快捷。

高速、自动、电脑化检索的实现　在改革开放仅15年后的1994年（“七四八工程”20周年时），中国在全国范围内基本淘汰了汉字机械打字机，淘汰了汉字四码电报，淘汰了铅字排版、印刷，中国被国际有关机构承认已经是全功能接入国际互联网。这些标志了汉字的基本复兴，标志着中国在快速步入电脑化、信息化、数字化。这时汉字信息检索也自然地实现了电脑化、高速化、智能化、自动化。电脑化的检索有什么新特点呢？①内容广。电脑化之前，人们常用的检索主要是查字、词典、图书目录等。在网络化、数字化的今天，几乎什么信息都能通过网络检索、查找。像查公交线路、餐饮、旅店、基金、股票、新闻……几乎无所不能。②速度快。弹指间就会得到结果，无论是从数万还是数十万、数百万资料里寻找。③检索操作非常简单、快捷。用户几乎不必知道检索字（或词）的什么知识（无论是读音、笔画、部首什么的），只要会输入检索的字（或词），再点击搜索按钮即可。④汉字信息的检索不再比英文差，无论是操作的简易性还是检索效率。实际上汉字检索已经在不少地方超过英文，只是还需要时间待人们认识、接受。⑤无须汉语拼音的帮助，直接用汉字就很便捷、高效，毫不拖泥带水。总而言之，电脑化了的汉字信息检索真正实现了从落后、低效、繁难的手工操作跨入到自动、高速的电脑时代。下面，让我们通过观察具体应用情况，了解、比较一下电脑化检索的实际情况。

在国家图书馆图书检索中的实验观察　下面就两项检索应用具体比较一下纸质卡片和电脑检索的情况。

查找王蒙作品

①利用传统纸质卡片。国家图书馆纸质卡片有三种：主题分类，作者拼音，著作名称拼音。使用作者拼音卡片，按字母顺序容易找到

姓 wang 的作者卡片。这些卡片里姓王的连排在一起；姓汪的连排在一起；……姓旺的连排在一起。你在姓王的作者中，再找第二字的拼音是 m 打头的，其中会很容易找到“王蒙”，完成查找。显示汉语拼音的极好可用性。② 利用电脑检索系统和作者名字：“王蒙”。实际上，现今在国家图书馆已经很少有人还使用纸质卡片，大多数读者或者说几乎全部读者都使用电脑检索系统。利用电脑进入检索页面后，直接用汉字检索词“王蒙”做作者查找，立刻得到 328 条结果。逐页翻看，几乎每一条信息都可用。显示出汉字电脑检索的快速、便捷。③利用电脑检索系统和作者拼音名字：“wangmeng”或者“Wangmeng”（注意，此处“姓”与“名”间无空格）。也能立刻得到结果：“没有找到任何匹配的记录”，即检索失败。④利用电脑检索系统和作者拼音名字：“Wang meng”或者“wang meng”（注意，此处“姓”与“名”间有空格）。也能立刻得到显示结果：中文 2000 条，外文 22 条。但逐个翻页用目视查找，在前 3 页仅仅有一条是属于王蒙的。其他条目分别属于：王猛（原国家体委领导），王梦，王濛（滑冰运动员），王萌（初中生一名，大学毕业生一名），王梦应，王梦魁，王梦鼎，王梦初，王孟英，王蒙田……。由于大量同音名字使检索失败。

查找《红楼梦》

①利用传统纸质卡片使用著作者名字拼音卡片或者书名拼音卡片，很容易完成查找。显示汉语拼音在纸质印品检索时的极好有效性。②利用电脑检索系统和著作篇名字：“红楼梦”。利用电脑进入检索页面后，直接用汉字检索词“红楼梦”，立刻得到中文结果 1000 条，外文结果 28 条。逐页翻看，几乎每一条信息都可用。其中外文结果都是日文版著作，名字使用了汉字。显示出电脑汉字检索的高效、便捷。③利用电脑检索系统和作品拼音名字：“hongloumeng”。也能立刻得到结果：“没有找到任何匹配的记录”，即检索失败。④利用电脑检索系统和作品拼音名字：“Hongloumeng”。也能立刻得一条外文结

果，是一部法文著作，没有找到中文作品。这也表明检索失败。

其他检索系统中的实验观察　在百度检索中的实验观察：①查找汉字检索词“王蒙”立即显示：花费 0.001 秒，得到 1,130,000 条结果。翻看前两页，大部分是想要的，也查出古代中国画家王蒙一条。显示出汉字电脑检索的高效、便捷。②查找汉语拼音检索词“wangmeng”立即显示花费 0.0036 秒，得到 337,000 条结果。翻看前两页，大部分都不是想要的，同音不同人现象严重。应该看作是拼音检索失败。

在北京公交网及国旅网上的实验观察：在北京公交网上查询地名、站名都只能使用汉字。当使用汉语拼音时，系统立即提示：名字非法。在国旅网上查询旅游出发地地名和目的地站名都使用下拉菜单方式，显示出一系列汉字地名，供用户用鼠标点击选择。不需要、也不能使用汉语拼音。

上述百度和公交网检索中的情况，是不是系统设计没有搞好？不是！这种设计是有意封闭或封杀使用拼音，因为拼音带来的地名混淆没有办法由计算机自动处理，并且拼音的存储和查找都比用汉字要多耗费至少一半的存储空间和运行时间。

实验观察的基本评价和分析　从上述三个检索的实验观察中看，可以说汉语拼音在电子文档检索中是不能用（如在公交网和国旅网），或者是不好用（如在国图）的。在现今中文网站上的检索，可以只用汉字完成，不必使用汉语拼音。何以如此呢？原因是：①使用汉语拼音时，由于同音字、词的大量存在，使得检索效率太低，检出大量同音的虚假结果，无法使用。②检索词“王蒙”含两个汉字，检索词“wangmeng”含 8 个拉丁字母。假定国家图书馆有 100 万册中文图书，用“王蒙”检索时，逐个取第 i 册书的汉字书名 Lci（一个汉字串）；先比较它们的第一个汉字，若不相同，则结束本书（第 i 册书），转向下一本书；若相同，再比较它们的第二个汉字；此时，若它们的第二个汉字也相同，则可判定本条书目符合检索要求；若不相同，则认定此条书目不符合要求。可见对固定书目 Lci，最多做两次比较（此次数即检索词所含汉字个数)。而当用检索词“wangmeng”,它含8个拉丁字母。假定国家图书馆有100万册中文图书。用“wangmeng”检索时,逐个取第i册书的汉语拼音书名Lpi(一个拉丁字母串);先比较它们的第一个字母,若不相同,则结束本书(第i册书),转向下一本书(第i+1册书);若相同,再比较它们的第二个字母;此时,若它们的第二个字母也相同,则再比较下一个字母……直到比较它们的最后一个(第八个)字母,若相同,则可判定本条书目符合检索要求;若不相同,则认定此条书目不符合要求。可见对固定书目Lpi,最多做8次比较(此次数即检索词所含拉丁字母个数)。在此例子中,检索词的汉语拼音串长度8大于汉字串长度2。对一本藏书,用汉语拼音书名检索,就要多做6次比较。这表明,电子文档检索时,使用汉语拼音比使用汉字要多花费许多比较运算量,在效率上并不合算。何况由于同音字的存在使结果包含大量虚假结果,根本无法使用。③直接用汉字当作检索词,效率比汉语拼音高,并且结果明确、肯定,毫不拖泥带水。这使得没有必要再求助于汉语拼音。

纸质文本人工汉语拼音检索和电子文本自动检索之比较 纸质文本人工汉语拼音检索:对纸质文本人工做汉语拼音检索时,一个前提是文本必须先按汉语拼音排好顺序、印刷出来。对于绝大多数中文字、词典,汉语拼音检索法和英文字典查检法类似,但不相同。例如“宏大”(hongda)和“红肿”(hongzhong),完全按汉语拼音排序,应该“宏大”在“红肿”之前(字母d在字母z之前)。实际上绝大多数中文词典“红肿”都排在“宏大”之前(红字笔画数为6,宏字笔画数为7)。因为汉语词典同音字先按汉字字头排序,把“红”打头的字都排在“宏”字打头的之前。这实际上是“音节(汉语拼音串)—汉字—音节—汉字—”的分步检索法,对每个音节先按拼音查找,再按汉字字头把相同汉字头的连排在一起。音节查找处理与英文同,中间汉字这一步还是按字形。为了这种方法的可用,字词典印刷时就必须按“音节(汉语拼音串)—汉字—音节—汉字”这种方式排列好。

电子文本自动检索：用计算机做书名检索，实际上是在大批（如数百万册）书名字符串里找到与所给书名（检索词）匹配的那本。用计算机做全文检索，实际上是在一个长的字符串（文章、书等）里找到一个与短的检索词匹配的小的子串。要判断两个字符串是否相同，要通过逐个字符多次比较的办法。先取两个串的第一个字符比较，若不同，则认定此二串不相同，转去比较下个；若相同，再继续分别取第二个字符做比较；……由于计算机的高速度，所以它能迅速完成大量比较操作，迅速地完成检索任务。

9.《汉语拼音方案》的某些应用价值已经“一落千丈”

前面我们已经说明：铅字技术的局限性，放大了汉字数量庞大、结构复杂的弱点、缺点。汉字铅字数量百倍于英文拉丁字母铅字数量，汉字的用铅量，融化铅的能量，搬运铅的人工都要百倍地增长。这是严酷的事实。是汉字处理笨重、低效、繁难、落后的事实，千真万确，无法否认。电脑时代，汉字的字数，事实上比铅字时代更大。铅字时代，我们汉字与英文比较时，汉字仅仅取7000字（已经是拉丁字母数的百倍）。电脑时代，现行技术标准收汉字近3万。为什么电脑时代汉字不再繁难？这是因为，电脑时代，英文拉丁字母编码字符集实际为128个。汉字字数近3万。但此时英文字库与汉字字库加在一起，其大小都小于指甲，重量不足一克重而已。汉字数量大，结构复杂，带来的计算处理复杂性，百倍、千倍于英文，但在电脑每一秒钟百万次、千万次、亿万次的高速度下，汉字与英文类似的或相同的处理，其时间消耗都是非常小的、非常小的。小到了“不足为虑”“不足挂齿”的地步。就是说汉字结构复杂的许多比英文繁难的东西，被高速度、大容量的电脑成功化解了。此时，汉字简洁、明确特性发挥作用，却使得汉字处理效率能够反超英文了。这就是数字化、信息化的强大、奇妙功能。这些在铅字时代都是无法想象的，是任何伟人、圣人、领袖都无法预见的。存在决定意识。人的认识无法超越时代。

汉语拼音文字方案是在铅字时代，半殖民地时代，中华民族厄运时代酝酿产生的，是以当时国人认为最先进、最科学、最具国际性、最强大的英文为样板设计的。其产生、发展有历史合理性，甚至是必然性，也有其局限性。历史总是发展、变化的，而且还常常出乎意料。当中国人站起来了，当铅字被神奇电脑淘汰了之后，基本事实发生了翻天覆地的变化。英文及以它为榜样设计的《汉语拼音方案》，主要由于铅字技术局限性而带来的优点，就一下子丧失殆尽。而英文由于其本身是列强文字，在半殖民地国家、民族形成的被崇拜、被迷信的地位也终将逐步动摇、松懈直至最终的崩塌。应该说，当今中国，英文及《汉语拼音方案》的被崇拜、迷信还是相当严重的。我这里所表达的“其某些实用价值一落千丈”的估计可能并不能为所有的读者所接受。其实这一点，也正是我觉得有必要具体梳理一下《汉语拼音方案》当今的实用价值的原因。

对于《汉语拼音方案》原来的估计的材料主要取自《汉语拼音方案的制定和应用——汉语拼音方案公布25周年纪念文集》。该书是《汉语拼音方案》公布25周年纪念文集，出版于1983年。此时，汉字电脑化仅仅是出现了曙光，尚未成功。真正成功是在12年后的1994年。该书描述的《汉语拼音方案》的许许多多使用价值，具有当时的历史合理性、历史真实性。我说某些使用价值“一落千丈”，是从电脑新时代（自1994年起）的角度说的。我不否认1983年的那些话符合或大体符合当时的历史。关于《汉语拼音方案》的种种应用，《汉语拼音方案的制定和应用——汉语拼音方案公布25周年纪念文集》里很全面。该书重新刊发了周恩来、吴玉章1958年的报告，十余位权威语文专家的综合性论述，二十几位各领域、各部门的专家的领域应用的具体总结。综合性论述中杜松寿先生的文章给出18类43条应用，最为丰富、细致。这些看法反映了1983年前的主流认识。我这里只能概要的评说，这些估计需要按电脑时代的新情况重新估计。

“字母对话” 杜松寿先生把“字母对话”作为拼音应用的一大类。这里包括：手旗通讯，灯光通讯，打击通讯，聋哑人手指语，盲文等。这里手旗、灯光、打击，由于汉字网络远程通信（电子邮件，短信，微信，手机远程通话）的成功已经基本失去使用价值。至于聋哑人的语文教育，最早是由西方传教士带来的。1950年代又学习苏联。传入者都使用拼音文字，因而都重视口语教育。尽管聋哑人已经失去了听说生理功能，教学中还是力求恢复或重视之。困难大，效果差，是普遍情况。如果从中国实际情况出发，由于汉字以字形表意为主，学用汉字可以不依赖具体口语语音。充分利用聋哑人具有良好的视觉能力，着重从加强汉字教学中寻找聋哑人语文教育的出路，是大有希望的。不幸的是，中国聋哑人语言教育走上了以口语为主的路。对以汉语拼音方案为基础制定的汉语手指语方案予以太高的期望。……事情总是发展的。最近三四十年，国际聋哑人语文教育开始转向更重视聋哑人手势语。到2006年联合国《残疾人权利公约》发布，明确宣布：，“聋哑人语言包括口语、手语及其他非语音语言”，提出“残疾人特有的文化和语言特性，包括手语和聋文化，应当有权在与其他人平等的基础上获得承认和支持”。自此国际上开始承认手势语作为聋人母语的地位，是他们的第一语言，本国语（英语、汉语、俄语……）是第二语言。国际上这种转变迅速，中国也在缓慢地扭转中。在汉字文化复兴的大势下，对中国的2780万听力残疾人（据2006年统计），应该充分利用他们良好的视力及汉字与语音弱相关的特点，通过目视认读汉字以发展思维及非语音语言。这其中潜力巨大，前途光明。

工业产品的代号问题 例如火车车厢上的RW（软卧），YZ（硬座）之类。此类问题很普遍。其实，早在《方案》产生之前的民国时期就已经出现。特别是在中小学数学、物理、化学课本里，三角函数名称，物理量的单位表达，化学元素名称，都早就使用拉丁字母。在工业产品上，如RW（软卧），YZ（硬座）之类的应用，都是自然的合理的。RW（软卧）、YZ（硬座）这一类应用，是因为用汉字比用字母麻烦得多。当时在火车车厢上做这种标识，完全是手工方式。先要制作字形模板，把有笔画处雕空。把这种模板平放的车厢上，再用喷枪把带颜色的涂料喷上去。这种操作，需要逐个汉字的制作模板。汉字数量难于限制。而直接使用拉丁字母，总计也就只有26个，简单得多。这里，又是铅字时代汉字的数量庞大、结构复杂带来的麻烦。这一类操作，在电脑时代，也已经高度数字化、智能化了。在任何介质上，印制汉字与字母，已经几乎一样的容易。凡是汉字编码字符集中的汉字，都能够简单的操作就能够印制在任何介质上。这种情况下，用汉字意义明确，又不很麻烦。再使用拉丁字母，就显得没有那么必要。例如当今中国，直接用“歼20”取代拉丁字母式“Q20”或“J20”，用“东风41”取代“DF41”就是自然而然的了。而DF41，是洞房41？是冻方41？是冻房41？是东方41？则无从判断，易生误解。当今中国，关于这个问题的处理，是混乱的，急待重新规范。部分汉字改革家，坚持拉丁字母化，无视技术进步。RW（软卧）、YZ（硬座）之类延续以前做法。新的使用呈现混乱情况。如中国大飞机“三剑客”就用了三种不同方式：AG600，运20大型运输机、C919大型喷气式客机。这里统一为汉字式才是正确的、合理的。建议如下：C919改为客919，运20仍然是运20，AG600改为两栖600（水陆两栖救援大飞机）。大量工业产品代号表达拉丁字母化带来的意义混淆是十分严重的。应该充分利用汉字电脑处理技术成果，改进之，建立新的规范，达到简单、明确。

关于拼音电报 试验拼音电报是部分中国汉字改革家的伟大理想。其历史比《汉语拼音方案》还久远得多，始于20世纪二三十年代。当时普遍认为“四码电报”（每一个汉字用四位数码表达）是汉字落后、繁难的铁证。拼音电报一旦成功，就给汉字拼音化改革“杀出一条血路”。这种努力一直持续到汉字电脑化成功之后。拼音电报，一定无法成功，这其实一直是明确的、显然的，因为汉语拼音歧义太多。至今，在所有的成功发送、接受了的拼音电报里，没有一份，是纯粹的“汉语拼音电报”，都夹杂着“英文”，或夹杂着“汉字四码”。这是千真万确的事实。你在读到汉字改革家们珍藏的拼音电报报文里，只要认真阅读，一定读得到这些“夹杂”。我对1994年前，一切拼音电报的试验，对所有的拼音电报试验者，都持敬重、尊重的态度。这种行为毕竟是为了破解汉字电报通讯的繁难，而做出的努力。我愿意把它视为“有1%的可能，也要付出100%的努力的不惜牺牲的高尚行为”。但我认为1994年，汉字精彩跨入电脑，时代之后，仍然为“拼音电报”招魂，仍然鼓吹在网络上推行“一语双文”，则是大错特错的了。我十分不理解这些专家。为什么看不见或不看见当今汉字文本直接的网络传输是何等的高效、便捷？当今的汉字，在网络上，有哪一点落后于英文？有中国汉字改革家，一直喋喋不休地呼吁“当今中国不立即实行‘一语双文’（指以汉字加汉语拼音为中国正式文字），汉字网络就不会有国际地位”。这完全是不顾事实的无知妄说。由此可见，重建文化自信是多么的重要。

关于字词典检索　在当今中国的字词典检索中，《汉语拼音方案》还占有“一枝独秀”的优势地位。但这种优势是不正常的，是有些畸形、病态的。使用《汉语拼音方案》检索的字词典，都大大降低了其作为工具书的宝贵的“助使用者学习新知识的工具书功能”。因为，使用《汉语拼音方案》检索，必须能够正确读出有关的字的字音。不会读音，或“读不准”音的字词，根本无法使用这种字词典。学习者要学习新知识的愿望就落空了。这种工具书的工具价值就大大低落了。

关于汉字输入法　在当今中国的汉字输入法中，《汉语拼音方案》还占有“一枝独秀”的优势地位。但这种优势同样是不正常的，是有些畸形、病态的，是强制性推行的结果。这种推行成为识字教学的“少慢差费累”的原因，成为中国人“提笔忘字”的根源之一。

10. 汉字与英文在认知、习得、记忆效率方面的比较

限于作者专业的局限，本书的讨论着重于文字的技术处理及其社会化的产业应用方面。而实际上，汉字落后论除了与技术处理有关以外，还有与技术处理无关或关系不大的一些方面。诸如汉字的认知、习得、记忆等方面，具体些说如汉字难学、难认、难记、难读等；汉字有三病：字数多、笔画繁、读音乱（周有光语）。近百年来，直至现在，这些认识还大有市场。这些其实都与文字属性的理论认识密切相关，相关专家已经有了大量的学术探讨、争论。但我从一些权威专家的论述里面看到了一些与普通人常识相违背的结论。如一位国际知名实验心理学家，通过复杂实验“证明了”汉字的认知必须通过语音通道，认为“字形直接表意”是不真实的。这与中国的汽车司机感受大不同。快速行驶中的司机，用眼睛的余光一扫，就能够从路边汉字路牌得知到了何处。但对于拼音路牌，那非得拼出读音来才能够知道到了何处，不放慢车速是办不到的。中国权威语文学家吕叔湘先生，在评述中文文本的汉语拼音行之下加注汉字行这种表达时说：加注汉字是舍近求远，是从北京绕道广州到武汉；单单使用拼音是从北京直达武汉。拼音表达汉语才是最直接的。[①] 这种结论实在令敝人惊讶。故而，我这里才斗胆从一名理科教师的角度写出几点非学术性的浅显想法。

许多文改专家在谈论汉字的种种“难”、种种“病”时，是从西文的几十个字母和成千上万的汉字对比着眼的。鲁迅先生就曾说过：“只要认识 28 个字母，学一点拼法和写法，除懒虫和低能者外，就谁都能够写得出、看得懂了。况且它还有一个好处，就是写得快。”这里，鲁迅先生深深陷入了对拉丁拼音文字的误解、迷信。果真如此，使用

① 参见《汉语拼音论文选》，文字改革出版社，1988 年，116 页曹澄方文。

拼音文字的国家怎么会有文盲呢？怎么会有大量文盲呢？近几十年来的大量统计表明：不少使用拼音文字国家的文盲率高于中国。据1979年9月10日美联社电：美国当年文盲为400万。纽约州立大学著名教授唐德刚曾指出：该校新生都是纽约市的高中毕业生，其中有半数看不懂当地的纽约时报。虽然英文字母只有26个，可是词汇量极大。认为只要学会26个字母，就掌握了一门语文的根本，这是完全不符合实际的。安子介先生指出：社会的发展使新观念越发达，新词汇越多。英文为对付新事物，要创造新词；汉字有丰富的内涵、外延，用旧字组新词，在形、音、意三方面都能照顾到。中国大学生读不懂《人民日报》，北京中学生读不懂《北京日报》《北京晚报》的，是少见的。

安子介先生曾经译评两位美国专家在《科学美国人》上发表的论文《西方小孩子是怎样学 words 的》。文中提出：一个人能够有效地应用英语文必须认识多少 words 呢？文中回答说：如果把 write 及 writes，writ，written，writing，writer 等视为“一家亲”，不另算新 word，那么每个高中生毕业时应该认识大约4万个 words；若不视为“一家亲”，那就8万也不止。若按8万计，一个17岁的高中毕业生，从他们两岁起，16年里必须每天学认13个词！有哪一个老师能够持续不断地每天教学生认识13个词呢？文中说“大词汇量”的孩子很多，不达标的孩子也很多。幼儿、青少年的语言能力中还有大量奥秘不为人知。文中还明确地说：事实上西方学生通过自己阅读学到的远远大于从老师那里学到的。

阅读确实是中小学生语文教学中的一个重点，许多专家就此做中外对比时认为汉字落后、繁难。例如说：苏联小学四年语文课本总计73万字，中国四年语文课本总计只有12.5万字。这是1950年代的一个重要统计。[①] 由此认为汉字教学如何如何少慢差费。我们就用这里

① 参见周有光：《语文闲谈》下，三联书店，1997年，224页。

的统计数据小做讨论：俄文的常用词也以 4 万计，73 万的阅读材料，每个词出现率仅仅不到 19 次。小学生常用汉字以 3000 计，12.5 万的阅读材料，每个字的平均出现率约为 42 次。俄文阅读要达到汉字的这种重复率水平至少应该阅读 150 多万才行！从另一方面看，中文的这“12.5 万字”是 1950 年代的统计。现今有不少人认为，辛亥革命后中国的小学识字教育，特别是 1958 年起从汉语拼音起步的识字法使得中国当今小学识字教育成为中国历史上最少慢差费的历史阶段。近二三十年来，已经有十余种摆脱了从汉语拼音起步的、教师学生备受束缚的识字法，三年里识字三千，阅读数百万的事例。如果按汉字 100 万阅读量，按词汇平均重复率相同推算，英文、俄文的阅读量应该达到千万词才行！这可能正是美国某些高中生读不懂纽约时报的原因吧。

赵元任先生是国际知名语文学家，他具有文理双栖、中外兼通的优点。他在中国语文现代化运动中是活跃人物，还担任过美国语言学会会长。他语言学的著述丰富，可他赴美研究生选修的是理科，第三年专修数学，毕业论文是关于数理逻辑的。他就业后第一份工作是在美国康奈尔大学教授物理，回国后第一份工作是在清华学校（清华大学前身）教授物理。赵先生对于“汉字不表音”“汉字读音乱”发表过如下看法：“通常的说法是汉字不表音，其实它是表音的，但不在音位的层面，而在语素或字的层面。……如果说英语拼写法表音的程度达到 75%，那么汉语或许可以说达到 25%。人们学会了一千个汉字之后就能猜测新字的读音，而且有时能够猜对。开头的一千个汉字是最难的”（赵氏论文《谈谈汉字这个符号系统》）。这里，我们就赵先生 75% 与 25% 的估计做一点进一步讨论。按前述美国两位专家的估计，高中生有效地应用英语文必须认识 4 万个词，其中 75% 是拼写法准确表音的，25% 是拼写法不准确表音的。这 25% 就是一万！就是说一万个英语词需要某种硬记、死记。中国的常用汉字 3500，就按 4000 计，75% 需要硬记、死记的也不过 3000 字。这 3000 比英语要硬记 1 万还是少得多吧。

鲁迅的年代，是中国处于半殖民地、民族危亡的年代。1950 年代的中国还是数十年战乱之后，百废待兴、经济技术极其落后的时代。今天是中华民族复兴的时代，中外交流空前广泛、频繁的时代。今天有极为优越的条件，做一番语言文字应用的跨国度、跨文化比较研究，不应该沿用百年前，四五十年前的粗糙统计、错误估计，来指导今天的汉语文工作。

铅字时代，汉字处理设备显著的比英文的落后、低效、繁难。这种事实，严重、残酷，无法回避，这是工业时代或铅字时代，汉字改革问题产生的原因之一。汉语拼音方案正是为了克服汉字的种种“难”，以“优秀的英文”为榜样设计的。它被汉字圈中的人们寄予太高的、过多的、实际上无法真正实现的美妙愿望。近百年的艰苦努力实践之后，一场迅猛、神奇的文字处理电脑化浪潮不期而至。铅字，这位汉字的克星，沉重的、烦琐的、难缠的、污染严重的而又不得不使用的这个克星，短短的二三十年间，居然被淘汰了。汉字从手工操作，从甚低的机械化操作，一下子跨入了高效、便捷、神奇、美妙的电脑时代。这场汉字电脑化浪潮，来得迅猛、神奇、突然、出乎意料，短暂而又无法想象的跨越，至今还远远没有被真正认识、理解。至今，仍然有许多人认为：电脑是使用拉丁文字的西方的发明。英文，连同那个以它为榜样建立的汉语拼音，都自然更适合于电脑新技术；汉字电脑处理必定还是不如英文，不如汉语拼音。本书通过打字技术的时代变迁，说明了事实并非如此。由于汉字的简明，同样内容文本信息的计算机表达，英文通常是汉字的 2 倍，汉语拼音是汉字的 1.5 倍。这就决定了汉字信息的计算机存储、传输、排序、检索、编辑加工都比英文、汉语拼音更高效。本书作者希望这种事实能够逐步为大家认识、理解。本书在这一点上如果能给读者一些帮助，那就是我的极大欣慰。

十　电脑时代繁、简体汉字的再比较

从本章内容看，繁、简体汉字的比较，在电脑时代出现了与铅字时代截然不同的全新情况。认识这些情况，对于新时期的汉字问题决策有不可忽视的作用。

1. 简化字的基本情况

简化汉字，连同推广普通话、制定汉语拼音方案一起是新中国成立后推行的文字改革三大任务。1955 年 2 月文字改革委员会公布《汉字简化方案草案》；1956 年公布《汉字简化方案》。《方案》包括三个表：表 1 含 230 个简化字，正式推行使用；表 2 含 285 个简化字，开始试用；此两表共含 515 个简化字。表 3 含 54 个简化偏旁。《方案》对偏旁如何类推没有明确说明。1964 年公布《简化字总表》，该表包括三个表：表 1 收 352 个简化字，都不做偏旁用；表 2 收 132 个可以作为偏旁用的简化字及 14 个简化偏旁；表 3 是由表 2 中的字类推出来的简化字 1754 个。三个表的《总表》包括简化字总计 2238 个。1986 年做了少许调整后重新发布《简化字总表》，简化字总数为 2235 个。

简化汉字并非始于新中国，并非始于共产党。中国由政府公布的第一个简化字表是发布于 1935 年的《第一批简体字表》，当时蒋介石主政。该表虽然没有能够正式推行，但影响巨大。该表收简化字 324

个，其中有 223 个（占 68.8%）成为后来新中国和新加坡的简化字。[1]又据周有光统计，1956 年北京的简化方案和 1935 年南京的方案比较，完全相同的 225 个，大同小异的 80 个，不同的仅仅 19 个。[2]可见其间有甚大的继承性。近代第一个接见民间汉字简化学者的国家首脑是晚清的慈禧太后。1908 年，她接见劳乃宣，劳面陈简字的好处，上呈《普行简字以广教育折》《简字谱录》。[3]众多学者确认简体字在甲骨文里就出现了，据此可以说：简体与本体（繁体）其实本是孪生兄弟。很长的历史时期里，繁简体汉字是并存、并用的，是和平共处的。

简化字和繁体字是对应着说的。收入简化字总表里的字是简化字，与之对应的简化前的字叫繁体字。未经简化的那些字叫什么？似乎还未有明确、恰当的称呼。应该注意：当今中国大陆实用的汉字编码字符集标准，GB2312 所收汉字，能够类推简化的，都已经做了类推简化；这里的类推简化字就不仅仅是只有《总表》里的那 1754 个。而 GB18030 中 27484 个汉字中，大量能够类推简化的并没有简化。所以现今使用中的汉字编码字符集中包括：简化字，与简化字对应的繁体字，还有大量的“其他字”。就像“大、小、上、下”等字，称之为简化字，还是繁体字？这两种称呼显然都不合适。因而平时常说的“大陆使用简化字，台港使用繁体字”其实并不确切。因为大陆、台港使用的汉字中，“大、小、上、下”等这类字是一样的。简化字及其对应的繁体字所占的比例，这本来是个十分重要，统计起来也不困难的问题，但长期并不明了。有人估计，大陆和台湾所用汉字的大部分是一样的。对此基本情况实在应该尽早有一个明确、具体的说明和交代才好。

1980 年制定的汉字编码字符集基本集 GB2312—80 是遵循 1964

---

① 参见［新加坡］谢世涯：《新中日简体字研究》，语文出版社，1987 年，172 页。

② 参见周有光：《新语文的新建设》，语文出版社，1992 年，237 页。

③ 参见陈海洋：《汉字研究的轨迹——汉字研究记事》，江西教育出版社，1995 年，27 页。

年的简化字总表的，其 6763 个汉字中能够做类推简化的都简化了，即类推简化字不仅只有 1754 个。稍后制定了与基本集配套的五个辅助字符集，其中基本集（或称集 0）和辅助集 2、辅助集 4 一起可以称为简体字集，集 2、集 4 里能够做类推简化的都做了类推简化；辅助集 1、3、5 一起可以称为繁体字集，与集 0、2、4 相对应。这些字符集制定后发现：集合 2、4 里新类推简化字平时几乎不使用；而它们在古籍里出现时本来就不该做简化。这样的五个辅助集，特别是类推简化的集合 2、4 就变得没有什么意义了。不必要、不应该无限制地类推简化逐步被认识。这里包括一些汉字改革家，如周有光先生就说“简化常用字好，简化罕用字不好”；也包括从事汉字信息出来的技术专家。而在 1986 年重新发布《简化字总表》时，就从法规上明确：汉字字形要保持稳定；对继续简化要持慎重态度。后来制定的计算机汉字编码大字符集，如 GB13000-1993（收入 20902 个汉字）、GBK、GB18030-2000（收入 27484 个汉字）都是统一收录了中、日、韩，繁、简体汉字，为进一步的书同文做了必要的准备。其中包含中国大陆的简化字、对应的繁体字、大量可以类推简化而没有类推简化的字，以及曾经当作异体而被废弃的字。所以用同一个字符集，就可能实现繁简体汉字的自动转换。

减少汉字笔画是汉字简化的主要目标。据专家统计，1986 年简化字总表中简化汉字 2235 个，笔画总数 23025 画，平均每字 10.3 画；被替代的繁体字 2261 个（有的简化字一个对多个繁体字），笔画总数 36236 画，平均每字 16 画，平均每字减少 5.7 画。简化字的笔画数平均减少超过三分之一（以繁体字总笔画数为基数），或超过二分之一（以简体字总笔画数为基数）。从字数上看，未简化时，总表里十画以下的汉字仅占 6.2%；简化以后，总表里十画以下的汉字占 56.6%[①] 就此而言，简化的效果是显著的。

---

① 参见［新加坡］谢世涯：《新中日简体字研究》，语文出版社，1987 年，236 页。

当今中国大陆普通应用中主要用简化字系统，古籍及某些名著也用繁体字系统；台、港、澳则主要用繁体字系统。有人说：简化字是汉字的主体。此言缺乏事实根据。一则小小反例见本书第十章第10节。另外因为简化字总表里简化字为2235个，除类推出来的1754个，只有469个。这在常用字（7000个）中，或者在基本集（6763个），或者在GB18030中（27484个）都是一小部分。当今简繁体汉字之间的差异、对立被人为地夸大了。特别是，电脑化使得简繁体汉字之间的差异大大缩小、淡化了的时候，这种夸大极其有害。

2. 繁、简体汉字操作难易、效率高低已经甚少差异

在使用铅字的机械化时代，繁、简体铅字必须分别重复制造。每一台机械汉字打字机的铅字，每个印刷厂里的铅字，都必须经过单独的铸造过程才能得到。这里繁体字的制作比简体字更费工、费时、费材料、费能源。由于每台打字机、每个印刷厂的每个铅字都必须经过一次浇铸，那么繁体字的缺点和简化字的优点就因为大量重复而积累起来，简化字即便仅仅节省百分之二三，其累计效果也会十分巨大。据1973年“七四八工程”起步时的调查，当时全国铸字用合金铅20万吨，铸字铜模200多万付，其2%也是4000吨和4万付。又由于铅字、铜模、铅版等等制品都有寿命，都需要不断重复制作。在电脑化了的情况下，由于字库和软件都以数字化形式存在，有了第一套之后，其后的都经由简单的复制得到。数字化的软件和字形库，主要的开发费用消耗在第一个版本的获得。电脑化的复制十分简便，许多情况下，几乎弹指一挥间即可。现今用户拿到的电脑中，基本汉字字库和软件是现成的，用户只需要操作自己的电脑就能完成汉字处理。此时，繁、简体汉字的操作、使用中的差异大大地弱化了，甚至是消失了。我们具体地逐项说明。①由于电脑里的每个繁体、简体字都遵循同一个编码标准，所以所占字节数一样，即所消耗的存贮一样。②

同一文件的繁体版，简体版长度，即所包含的汉字个数，也一样，所以传输速度，编辑加工操作，排序、检索等效率都基本一样。③电脑输入时，如果都用拼音法，差别很少。汉字：一、壹、伊、意、肄、翼、懿，笔画数多少差异甚大，但拼音输入中，输入操作几乎相同，最多差一次选择。如果用字形码，差异大一些，但并非总是简体字简便，因为繁体字结构规律更强些。汉字“意”“肄”的字形输入，未必比汉字“一”的输入麻烦。换句话说，电脑输入时已经几乎消除了汉字笔画多少引发的操作差异。④激光打印输出时，打印速度几乎无差别；墨盒使用寿命，用繁体字时可能稍微短些，但差异不会很显著。

总体地观察，电脑化时代，繁、简体在操作难易、效率高低上几乎没多大差别，铅字时代那种巨大差异不复存在。换句话说：繁体字在铅字时代的显著繁难性降低了；简化字在铅字时代的优越性也降低了。自然，这里所说，主要是技术处理方面，而非个人使用。

3. 繁体字的缺点减轻，简体字的优点弱化

个人应用　电脑时代，人工手写汉字的需要比铅字时代少得多。电脑打字越来越普及应用，使得手写汉字的机会越来越少。简化字笔画少带来的优越性降低，繁体字笔画多带来的麻烦也降低。

社会产业化应用　1994年起，中国的出版印刷和打字都已经成功实现了电脑化，铅字被淘汰了。铅字印刷、打字中需要消耗的铅、锡、铜不再需要；金属熔炼、浇铸及相应的能源消耗也不再需要。简化字在这些方面的优越性，繁体字在这些方面的劣性，也就都不复存在。再则，由于电脑汉字字形库是数字化的，并且汉字编码字符集在20世纪90年代已经实现了繁、简体汉字统一编码。由于GB18030-2000（收入27848个汉字）是国家的强制性技术标准，自那时起，中国大陆的电脑里，实际上就都存储了繁、简体汉字字形库。这保障

了、满足了中国社会对繁、简体分别处理及兼容处理的多样需要。又由于数字化汉字字形库又几乎是一劳永逸的优点，其主要研制费用集中于第一个产品的获得，其后只要简单的复制即可。由于复制操作几乎没有耗损，复制可以千次、万次的进行，而复制操作仅仅是轻松地点击鼠标！退一步说，繁体字字形库设计有多少麻烦、多大花费，都已经在20世纪90年代就支付过了。今天只是拿来使用的事。

需要说明，这里仅仅指通用或常用的字体字库，如基本集的宋、仿、黑、楷体等，这些是一般普通用户离不开的。至于更丰富的字体，更大字符集的字库，一些有商业盈利价值的使用，用户需要向字库开发者支付专利费用是正常的、必需的，否则开发者将无法生存。中国的字形产业正面临着缺少专利保护、缺少扶持的艰难困境。

4. 类推简化的价值大大降低

简化字总表里的全部简化字2235个，其中类推简化字为1754个，类推的占全部简化字的78%，超过了四分之三。仅仅由四个偏旁“言、金、食、糸”类推出的简化字就有566个，占全部类推简化字的大约三分之一。类推简化在1950年代是一种高效的简化手段，它基本不新增加繁、简体之间的认读困难，就获得了减少笔画的好处。就是说成功地把笔画减下来了，又不会使使用者对两种字体中任何一个发生认识的错误、使用中的麻烦。一个人认得简化的“设、银、饭、综”，必定也认得繁体的“設、銀、飯、綜”；反之亦然。铅字时代，这些类推简化字，像其他非类推简化字一样，成功地减少了笔画，也就成功地节省了铅字制作中的人工、材料、能源、时间方面的消耗。就是说，铅字时代的类推简化是一种高效的简化手段。而那时，想要恢复类推简化了的繁体字，在材料、能源、时间、人工诸多方面耗费巨大资源。到了电脑时代，由于现今的国家标准GB18030-2000（收入27848个汉字）其中存储了繁、简体汉字及其字形。21世纪以来，

GB18030-2000已经作为强制性标准推行。那之后，国内外各种文字处理软件都支持GB18030-2000，即都有繁简体兼容、并存、并用的能力。你是使用“设、银、饭、综”，还是“設、銀、飯、綜”，仅仅是一种选择，不产生任何资源性消耗。如果大陆想恢复这556个类推简化字的繁体，此时已经不是一件难事，只要修改汉字输入法，使得原来指向“设、银、饭、综”的，改为指向“設、銀、飯、綜”即可。这种修改可以通过输入法联网在线更新。此时完全没有铅字时代那些麻烦和资源消耗。就是说，可以轻易地使得两地的汉字文本相互靠拢一大步，这就大大减少文本的视觉差异。对于长期使用简化字的大陆人，绝不会造成什么阅读困难，反而会收到表意更突出、明确、醒目的效果。“設、銀、飯”和“设、银、饭”的比较可以为例。简化的“没有”和“设有”容易混淆；而繁体的“沒有”和“設有”不会混淆。就是说“言、金、食、糸”比它们的简化形式表意更突出、明确、醒目。对于长期使用繁体字的人，这种改变使得简体字文本变得更容易接受。这将使得繁、简体文本有个实质性的、效果甚为可观地大靠拢。这样做不必看作是谁主动靠近谁，实际上最重要的意义是复归传统，或与传统靠拢，有利于弱化“两岸不同，古今不同”，有利于实现新的、科学的书同文。

GB18030中收字27848个，其中大量偏旁为“言、金、食、糸”的并没有做类推简化。作者查阅过GB13000文本，该标准仅收汉字20902个，可以看作是GB18030中27848个汉字的子集。这20902个汉字中，偏旁为“言、金、食、糸”而未做类推简化的汉字个数分别为：416，692，132，421。而简化字总表里，含这四个偏旁的简化字个数分别是：153，217，47，149。就是说，20902个汉字里，含此四个偏旁的类推简化字仅仅是该偏旁字中三分之一左右。据此可以估计：GB18030中27484个汉字中，此四偏旁字中简化字所占比例应该大大小于三分之一。恢复此四偏旁简化字为繁体，将使得系统内更为统一，有利于减弱大陆与使用繁体字地区同胞之间文字交流中的障碍。因为现今造成繁、简体文本视觉差异巨大的一个原因就是大量类推简化字的使用。

自然，这里仅仅是介绍、描述了一种利用新技术对简化字总表调整的可能性、便捷性。具体地如何调整，需要细致的研讨，踏实的实验，慎重的决策。

5. 当今通行汉字编码标准的宝贵属性——繁、简兼容，中、日、韩兼容

前一节所说的，使用“设、银、饭、综”，还是“設、銀、飯、綜”，是那么可以自由选择的吗？这需要做一番具体说明、解释。在使用汉字编码基本集 GB2312-80 的时候，这是不行的。因为这个基本集里只收 6763 个汉字，其中能够类推简化的字都已经做了类推简化，里面根本没有“設、銀、飯、綜”等繁体字。GB2312-80 是 1980 年颁布的，是应当时文字信息电脑化急速发展需要应急制定的。它主要考虑社会上当时应用需要，是为急速发展的汉字处理提供一个可用的基础，完全没有顾及繁体字问题，还没有来得及顾及汉字典籍的加工整理问题。稍后制定了与基本集配套的五个辅助字符集，其中基本集（或称集 0）和辅助集 2、辅助集 4 一起可以称为简体字集，集 2、集 4 里能够做类推简化的都做了类推简化；辅助集 1、3、5 一起可以称为繁体字集，与集 0、2、4 相对应。这些字符集制定后发现：集合 2、4 里新类推简化字平时几乎不使用；而它们在古籍里出现时本来就不该做简化。这样的五个辅助集，特别是类推简化的集合 2、4 就变得没有什么意义了。

汉字信息处理电脑化的神奇成功，展示了极其美好前景。国际上迅速形成了设计包含全世界所有文字，包括汉字圈里中、日、韩，繁、简体汉字的全新的编码标准。这就是 ISO10646。这个标准的目标，是为实现世界所有文字统一的电脑化处理提供一个公共平台。这

样，就有了中国两岸四地（中国大陆、中国台湾及香港、澳门特区）的专家，会同韩、日专家的大合作。这次合作中，汉字收字追求尽量完全，以便各种可能的应用，以便实现汉字圈新的书同文。这个标准中不仅收入了繁体字，还释放了许多曾经被宣布过废弃的异体字。但由于 ISO10646 是一个全新的结构，一时间并没有出现支持它的软件。此时中国推出 GBK（国标扩充版）字符集，它包括了 GB2312-80 的所有汉字，也包括了 ISO10646 中 CJK（中日韩）汉字，也考虑到与 ISO10646 体系结构的兼容。就是说，GBK 是一个上下沟通连接的系统，在中国大陆迅速获得用户认同，得到广泛推广。后来的 GB18030 被人称之为 GBK2。从 2000 年起，GB18030 作为国家强制性标准推行。这个新标准就向上与 ISO10646 接轨，向下与 GB2312-80 兼容。它是中、日、韩，繁、简体汉字统一编码的。就是说，这个字符集里包含了中国简化字总表里所有的简体字，也包含与之相关的所有繁体字，释放了相当多的异体字，以及更大量的没有简化过的汉字。一个编码标准的推行，必须同时配套提供常用字体的字形库。这样，自 2000 年起，使用这个 GB18030，既可以显示、编辑、打印简体字版，也可以显示、编辑、打印繁体字版，还能简单、便捷地实现繁简或简繁转换。它还为汉字的各种可能的规范化方案提供了广泛的可能性。

6. 当今汉字电脑中繁、简体兼容、共存、转换变得意外简便

当今中国大陆通用的电脑，几乎都装配了 GB18030 字符集，都有繁简体兼容的能力，因为 GB18030 是国家强制性标准。在编辑汉字文本时，屏幕顶部的工具菜单里有繁、简体转换软按钮，点击它就可以实现繁、简体之间的转换。十几万汉字的文本，弹指间就可以转换完毕。许多著名网站，也都有类似的软按钮，用户可以按自己的意愿选择使用繁体版，还是简体版。只是这种转换还不都那么完全准确。一

些令人啼笑皆非的差错时而出现。这里，使得繁、简体转换增加了复杂性的一个重要因素就是简化字总表里，简体→繁体的对应存在“一对多”的、同音替代等问题。当要把一个简体字版转化为繁体字版时，其中某个简体字转化为它对应的多个繁体字里的哪一个？同音替代的简化字，是转化成它自己，还是转化为它替代的那个字？这些需要智能化的判断、选择，这有相当难度。如果能够对简化字总表适当做些调整，使得简→繁的“一对多”变为“一对一”，那么高速、准确的自动转换就能马上实现。应该说高速、准确、自动转换大有希望，前景光明。

7. 铅字作业的重复和电脑时代软件、字库复制之再比较

电脑时代，繁简体兼容的这种性质，在铅字时代是无法想象的。一台机械汉字打字机，要想繁、简体兼容，那就起码必须配备繁、简体两套铅字字盘。设备的重量一下子就增加了大约 1 倍或两三倍（视字盘个数而定）。如果一个印刷厂要繁、简体都能够印刷，那就必须同时配备繁、简体两套铅活字（增加数百万或上千万铅活字），必须增加排字车间数百平方米，至少要增加一两百米长的排字架；还要增加一批繁体汉字的检字排版员……这和再建一个铅字排版车间几乎差不多。铅字时代，为实现繁、简体兼容需要成倍地增加投入。对每一台汉字机械打字机，对每一个中文印刷厂，这样的重复是必不可少的。这是当时的社会难于承受的，实际上是不可能的。而电脑化的处理中，最重要、最关键的是第一个版本的发明、制造。中国，或者说华人世界，印刷业告别铅与火，跨进光与电，最重要、最关键的是王选课题组及后来的方正集团的贡献。今天，要建立一个“汉字排版车间”，实际上只是购买一套方正排版系统（微机 + 排版软件 + 字库），或者自己购买微机，再购买方正排版软件和字库。其实，现今中国的每一台微电脑都是一个“家庭排版作坊”，还是繁简体兼容的“排版

作坊”。此时，排版软件和字库的复制，完全不像铅字时代那么沉重、繁杂，消耗几乎同第一次创建同样巨大，而是轻松点击鼠标就能完成的简单操作。这里，清楚地显示出两个时代的巨大差异。不了解这种时代差异，就难免对当今的汉字问题做出失当的判断与决策。

8. 当今繁、简体汉字的对立、分裂主要源于非理性因素

现今，汉字信息电脑化处理中，繁、简体汉字的操作差异已经显著地弱化、淡化甚至消失。简化字节省笔画的优越性在降低；繁体字笔画繁多的劣性也在降低。自 2000 年以来，由于 GB18030 的推行，简繁体汉字的共存、兼容已经实现，简繁体之间的转换也已经相当方便。可是，关于繁、简体汉字的争论依然激烈、严重，持续不断。一些人不了解汉字电脑化处理的实际情况，思想认识停滞在铅字时代是原因之一。中国近代以来，围绕汉字改革问题有过多次论争。有时牵扯、纠缠到党派之间的斗争、阶级斗争及路线斗争。这里，党派斗争主要指国民党与共产党之间；阶级斗争经常说的是无产阶级与资产阶级之间，或者被剥削、被压迫阶级与剥削、压迫阶级之间；路线斗争，通常指革命路线与反动路线之间。虽然这些斗争大都成为过去，但惯性、影响还在，这是一些非理性的因素。语言文字学术思想差异、政治观点、感情爱好等方面也有些非理性因素。周有光先生在谈及大陆（内地）、台湾、香港“三种中文”时说：“其实，根据中国古老的书同文传统，使三种中文归并成为一种，并不是一件困难事情，关键在于使语文问题的研究，纳入科学的思考，降低政治的温度。”①

---

① 赵丽明编：《汉字的应用与传播》，华语教学出版社，2000 年，11 页。

9. 胡乔木、周有光关于汉字简化问题的反思

汉字简化是一项巨大的社会工程。简化方案里存在某些失当的做法是可以理解的，这是许多赞成并积极推行汉字简化的语文学家和官员也都不否认的。曾长期参与或协助中央领导文字改革的胡乔木，就多次说过“应考虑改掉‘一简’（注：1964年《简化字总表》）中大家都不赞成的明显不合理的字”，还提出过整理汉字的15条原则：①应该减少汉字的结构单位，也就是减少汉字部件，并尽可能使汉字的部件独立成字。②要减少汉字的结构方式。③要减少汉字的笔形。④要尽量使得汉字可以分解和容易分解。⑤要减少难认、难写的字，尤其是那些最容易读错、写错的字。⑥简化汉字是要优先考虑采用形声的方法。⑦要尽量减少多音字和歧义字。⑧简化字要尽量减少记号字。⑨简化字的部件和结构单位应尽可能成为一个字。⑩凡是繁体字的一个部分或整个字已经简化了，这个部分和这个字，就应该尽可能不在另外一个字里出现。⑪关于人名、地名用字，应当规定一个用字范围。⑫国家要规定新字的“造字法”，以防止人们乱造新字。⑬要合并可以合并的形状太近似的字。⑭要尽量使得简化字便于检索。⑮要尽可能使汉字成为一种“拼形”的文字。他还说：我们还是要承认习惯，接受传统，对现在的汉字，我们只能做相当的、社会可以接受并且认为必须接受的改变。[①] 1982年他还说：“关于简化字的修订，需要进行通盘考虑，不仅要考虑‘二简’，也应考虑改掉‘一简’中大家都不赞成的明显不合理的字。过去的问题多在：一是草书楷化，二是同音替代。……为了减少字数，硬要把几个字合并为一个字的办法也有问题，增加了许多麻烦。……我觉得，把一简中几个明显不合理的字一并加以修订，这样做会得人心，人家就会认为文改会是认真负责的，

① 参见胡乔木：《胡乔木谈语言文字》，人民出版社，1999年，276页。

做到了有错必究。”[①] 周有光也多次说过：“汉字简化有利有弊”；“简化笔画有好处，但好处不大，不是有利而无弊。从清末到解放初期，往往夸大简化的好处。近二十年来的实践，使人们认识到对简化的效果要重新进行全面的、现实的估计。”[②] 它还总结出简化十诫：①约定俗成，好；约未定，俗未成，不好。②新字跟原字相比，轮廓相似，容易辨认，好；否则不好。③不增加形近字，好；否则不好。④手写不容易和别的字相混，好；否则不好。⑤不使一字多音多调，好；否则不好。⑥新造声旁能准确表音表调，好；否则不好。⑦同音替代，字音字调相同，意义不混，好；否则不好。⑧草书楷化，不增加笔画形式，好；否则不好。⑨原来笔画不顺手，改成顺手，好；否则不好。⑩简化常用字，好；简化罕用字，不好。[③] 自然，至于哪些字是公认为简化失当的，需要一定时间讨论、协调。1989 年周有光说：“简化字有三好：好教、好认、好写。可是，三好不是绝对的。有些简化字比繁体字难教、难认、难写。例如简化的‘长’字，‘尧’字，比繁体字教起来更麻烦，写起来更困难。又如，‘纤’字读 xiān（纤维），又读 qiàn（拉纤）。干字既读 gān（干杯），又读 gàn（干线）；一字多用，一字多读，易生错误。这些缺点是‘草书楷化’‘同音替代’等方法用得不适当所产生”；“汉字简化有负作用，旧书新书不同，海内海外不同。从国内外整个汉字流通地区来看，旧的书同文破坏了，新的书同文还没有建立起来”；“不能认为汉字简化了，扫盲就非常容易了，台湾没有简化汉字，可是台湾的扫盲工作做得很好”。[④] 胡乔木、周有光两位都是汉字简化政策参与制定者和积极推行者。遗憾的是，他们建议的起码修订、调整都没有进行过。

---

① 胡乔木：《胡乔木谈语言文字》，人民出版社，1999 年，302、303 页。

② 周有光：《中国语文的现代化》，山东教育出版社，1986 年，19、183 页。

③ 参见周有光：《中国语文的现代化》，山东教育出版社，1986 年，19、185 页。

④ 周有光：《新语文的新建设》，语文出版社，1992 年，236、238 页。

10. 对“汉字进入了简化字时代”的简要评说

2009 年 2 月，苏培成教授以“汉字进入了简化字时代”为题在国家图书馆发表讲演。后于 2009 年 5 月 28 日，在《光明日报》全文刊出，占两个整版（6、7 版）。苏教授曾任中国语文现代化学会理事长，当时为名誉理事长。苏教授的意见极有代表性，在学术界、领导管理层及广大公众中都极有影响。我作为一名理科教师，语言文字学是门外汉，无力全面评述，仅就涉及汉字技术处理的或比较浅显的常识问题，谈几点看法。

第一，苏教授谈道：“汉字简化为中国进入信息网络时代准备了条件（6 版左中部）。”我以为这没有根据。中国汉字电脑化中，最先产生的微电脑，是繁体字的，而不是简化字的。1979 年，台湾施正荣开发出微电脑，配有朱邦复先生的仓颉输入法，都以繁体字为基础。中国大陆的第一台微电脑产生于 1982 年，是以简化字为基础的。

第二，苏教授说：“音素文字字母数量少，便于机械处理、信息处理，这是优点（6 版左上部）。”这在铅字时代是对的，符合当时的实际。在电脑时代，汉字电脑处理效率已经反超英文。参见本书第九章。

第三，苏教授引用 2004 年中国语言调查数据，说：“在 15 ～ 44 岁的人当中，97% 的人只写简化字。……这说明了简化字已经成为汉字的主体，汉字已经进入了简化字时代。”敝人以为这里可能出现了概念的错误或混乱。请问：上、下、大、小、日、月、天、地、男、女、父、母都是简化字吗？会有 97% 的人不写它们吗？我想，华人世界里，无论何处，都不会有 97% 的人不写它们。我想：苏教授是把这些字都当成简化字了，所以才会有 97% 的人只写简化字。长期以来，简化字、繁体字的差异、对立被夸大了、扩大了。有意掩盖、模糊一个基本事实：大陆的简化字系统与台湾的繁体字系统有相当大部分字是一样的、相同的，是大同小异。敝人建议：借用早已有之的“本字”这个词表达这些字。我们不妨先看一看100个高频字中，简化字、本字各占多少。我的统计结果是：简化字32个；而本字68个。具体情况如下：

100个高频汉字中的“本字”68个：
的，一，是，了，不，在，有，人，上，大；
我，和，他，中，到，地，以，子，小，就；
全，可，下，要，十，生，也，出，年，你；
主，用，那，道，工，多，去，作，自，好；
行，能，二，天，三，同，成，活，太，事；
民，日，家，方，都，之，分，所，把，前；
没，而，部，又，法，本，定，得。
100个高频汉字中的简化字计32个：[对应的繁体字]
这，国，来，们，为，时，会，学，发，过；[這，國，來，們，為，時，會，學，發，過]
动，对，长，问，从，说，经，种，还，产；[動，對，長，問，從，說，經，種，還，產]
个，里，于，着，起，进，样，见，两，后；[個，裡，於，著，起，進，樣，見，兩，後]
面，东[麵，東]

这能够说“简化字是主体”吗？自然，这里的统计是非完整的、非全面的，仅仅限于100个高频字。但作为“简化字是主体说”的质疑应该是有价值的。

第四，苏教授文章中多次说“简化是汉字发展的总趋势”（6版左中部，7版右上部）。这其实一直存在争论。李荣、胡双宝等学者主张：汉字发展有简化、繁化两种趋势，历史不同时期有不同侧重。李荣先生在他的《文字问题》[1]一书里，着重指出一种错误倾向：错误地把笔画多的字当繁体、正体，把笔画少的当简体、俗字。其实，有大量后产生的字笔画多于前者，笔画多的反而是俗字。这种错误在《宋元以来俗字谱》一书中甚为严重。李荣先生以晚明以来五种刻本小说为例，详细地给出了丰富的实例，说明了汉字字形演变中的种种复杂情况，绝非一句"简化是发展总趋势"所能概括。胡双宝先生持类似观点。[2]他指出：州与洲，然与燃，孰与熟，右与祐，府与腑，解与懈，臭与嗅，等等字，都是笔画少的是原来的字形，笔画多的才是后来的字形。这些都是繁化的例子。就近代中国而言，汉字简化长期里是汉字改革的一项重要任务。简化真的一直是"总趋势"吗？我想举苏教授的一篇文章为例，权作质疑。苏教授在《科技术语研究》1999年第3期里的文章中给出：从江南造船局起到1964年，化学新造汉字达647个。另外1999年为105至109号新元素新造了五个汉字，近年来又为110、111号新造两个汉字。这些新造出来的化学新汉字（计有647+5+2=654个）基本都是用汉字部件拼组出来的，应该属于繁化。显然，这里的654比汉字简化总表里那非类推简化部分（515）要大（654－515=139）。

第五，苏教授讲演中还说："简化字比繁体字效率高。"（7版左中部）这句话在铅字时代还有些道理，但到了电脑时代，简、繁体汉字的电脑处理效率，可以说几乎没有什么差别。繁体字字库制作自然比简化字麻烦，但这是一次性的，就宋、楷、隶、黑等常用字体来说，这些在20世纪末就做好了，2000年起的所有微电脑里都已经配齐。

第六，读苏教授这篇文章，就像是读一篇20世纪60年代的文章，文字里几乎没有任何电脑时代的味道。这令我十分不解。

20世纪80年代起，简繁体汉字几乎同时地、精彩地、意外地、

---

① 李荣：《文字问题》，商务印书馆，1987年。

② 胡双宝：《汉语·汉字·汉文化》，北京大学出版社，1998年，59页。

神奇地实现了电脑化。2000年起，由于编码标准GB18030的推行，简繁体共存、兼容已经是电脑系统的常态，简繁体之间的转换已经变得不困难。繁体字的电脑处理几乎与简化字没有差别。这种时候还继续简化汉字，没有任何好处，只能造成新的混乱或麻烦。

11. 技术标准是规范化的新手段、高级手段

文字处理的电脑化、智能化、数字化、网络化，是新时代的一个显著特征。这种新形势带来一个重要变化就是：汉字和技术产生了空前密切的联系；汉字规范越来越依赖技术标准；规范不仅仅是面对人的，也是面对海量的仪器设备的。涉及中国语文的第一个编码技术标准是GB2312-1980，它规定了6763个汉字的二进制代码。这种代码用于汉字的计算机内部表达、存储，输入、输出，排序、检索，编辑、加工，等等一切处理操作。它也用于计算机、手机、打印机、电报收发报机、各种显示设备以及所有的电子式文字处理设备。在20世纪八九十年代，GB2312-1980里没有的，就是计算机外字，一律无法用计算机处理。但由于GB2312编码字符集不包含繁体字，无法适应汉字的完整、全面的应用。又由于计算机当时远远没有普及应用，问题还不那么严重，人们对此也还没有深刻认识。1994年，汉字处理全面地进入了电脑时代。打字、排版印刷、远程通信都实现了电脑化（参见本书第九章第1节）汉字处理，从比英文显著的落后、低效、繁难，变得几乎全面反超英文（参见本书第九章）。这之后，编码技术标准是最重要的汉字规范的事实就变得十分突出了。

这种技术标准与传统的人类专家通过会议、研讨制定出来的书面文件（法规条文、字词典、常用字表、通用字表……）有重大区别。我们称传统的专家们制定的书面文件为“专家同人约定”，简称“约定”；称新的技术标准为“技术标准”，简称“标准”。“约定”通常主要是针对人的，由有关人员执行，执行后果强烈依赖于人的态度、素

质、意愿。而“标准”则既针对人，也针对设备，通常是大量甚至是海量设备。它的后果相对说来，对有关人员的态度、素质、意愿的依赖大为减轻。“约定”通常并不十分严格、确切，有时有所含混、不明确，其正确性靠执行的人。而“标准”必须严格、确切、毫不含混。我们称“标准”的这种性质为可操作性。而“约定”通常操作性不强。标准的可操作性是极其重要的属性，因为它是要由没有意识、没有思维的仪器、设备（而且通常是海量的）去执行的。

汉字处理的电脑化、智能化、数字化、网络化，使得标准化成为规范的新形式，也是高级形式。标准才是最重要、最有效的规范化手段，是能够管理、限制、控制海量设备的最重要的东西。信息时代，“约定”仍然起作用，但其相对重要性下降。并且有一点特别重要的新要求：它不能违背、违反技术标准。任何专家、高级管理者，甚至权威乃至领袖，都不能以“一己之见”“一己之利”改变标准。标准只能以一定程序进行修订，并且通常要涉及海量相关设备的改造，也一定涉及大量人力、资金，甚至能源、材料的投入。就此而言，技术标准对汉字行为的限制，远远大于历史上任何信息工具的作用，也远远大于任何个人、机构的影响力。可惜的是，技术标准作为汉字规范的新形式、高级形式的事实，远没有被认识，被承认。2001 年立项，延续十余年的《通用规范汉字表》制定进程中，居然在任何文件、材料、谈话、访谈中（包括最新的《字表》文本、《字典》《解说》、访谈及大量文章）都只字不提技术标准，特别是自 2000 年起实施的强制性编码标准 GB18030，并且还公然地违背强制性标准。十余年、四千余人参与的巨大项目，居然见不到技术标准的影子。这说明中国语文界与当今中国信息化进程是多么地疏离，多么地不合拍，多么地格格不入，甚至是背道而驰。

由于技术标准是管理、控制海量设备的，这海量设备不可能频繁修改、更新，因而技术标准有相当的稳定性、连续性。十年里，就一个问题连续推出几个标准，这种情况是极不正常的。当这些标准之间有某些不一致，那就要么无法推行，形同虚设；要么造成混乱和破坏！

12. 电脑和软件为汉字规范提供了科学实验新技术

汉字是十多亿中国人天天都在使用、须臾不可离开的工具。对汉字的任何一种稍具规模的变动、调整都影响广大，影响巨大。汉字简化方案、汉语拼音方案在制定过程中都有持续数年、全国范围的讨论，在新中国的众多决策中应该算是相当慎重的。但事后的总结还是总能发现种种不如人意之处。应该承认，一定规模（时间、地域、人员诸方面）的社会化行为的事实材料的调查收集，分析整理；相应决策的筹划、提出、确定；某个调整方案实施情况的全面、细致、完整收集、分析；所有这些要做到基本符合实际、基本科学合理是存在许多困难的。近一二十年来，由于信息技术的广泛应用，基于信息技术的科学实验新方法，在传统的人文社科领域已经积累了一些成功经验。关于汉字社会化应用的调查、分析，某种规范方案的计算机模拟、观察，不同方案的对比检验，以电脑和软件为工具的科学实验新技术都能够发挥强大的、有益的作用。实际上，以计算机为主要工具的计算、模拟已经是一种成熟的科学实验新技术，应该予以重视，积极、逐步开展。因为当今汉字规范已经是社会信息化、网络化的基础。汉字规范工作中，传统的人文社科领域习惯的某些方式，例如主要依据专家讨论、同人共识，依据政策法规、领导指示、权威名言为基础，总是难免无法摆脱脱离实际的推断、构想、臆断，等等。这种传统方式有其历史价值，并非一无是处，但应有所改变、有所前进，要创新，要设法利用信息技术实施科学实验。这种实验要强调概念明晰；事实完整、准确、真实；一种调整方案，应该应用计算模拟的办法实施之。这种实施就是一种新的科学实验。

例如，有了一个想恢复 80 个简化失当的繁体字方案，就可以编写相应的软件 A 实现之。这就是一个关于简化字调整的科学实验。用相应的软件 A 来处理一批样本文本，从这些处理中实际地考察该方案的可行性、科学性、合理性。把软件 A 处理的那些文本和现行原方案处理的做具体比较，看哪个更科学、合理，更获得群众支持。这其中，80 个字的调整方案，软件 A，样本文本，都是具体的、真实的、公开的。实验是可以重复的，是愿意参与的人都可以重复检验的。自然，这种实验是受限的，它不直接用于正式的出版印刷，仅仅用于某些网站、某些杂志的网络版，或若干个人的使用。这种科学实验新技术，将帮助我们更好地“摸着石头过河”，而不局限于空泛的议论、激情的辩论、美妙的设想、推断、预言，甚至是乌托邦臆断。这种科学实验将帮助我们脚踏实地地、有效地解决一批应该解决而久拖不决的问题。因为这类工作有一定的技术性、专门性，空泛议论有害无益。下面就几则实例做些具体说明。

13. 汉字实用统计一例：简化字使用情况

关于简化字的使用，存在着明显的意见分歧，有时争论激烈。而实际上，基本概念、术语，基本情况、统计数据并不清楚、明白，甚至还多有混乱、模糊、大概其。重要的基础性情况何以如此不堪？这可能是因为：简繁体汉字问题，长期里并不简单的是一个学术问题，不简单的是某种专业问题，而是纠缠上党派斗争、阶级斗争、路线斗争。有一位老革命在总结自己在种种斗争中如何保持清醒时说到，他的法宝是：不唯上、不唯书，只为实。可惜的是，恰恰有些文字改革家，偏偏唯上、唯书，不为实。他们论争中，常常说某某领袖、某某领导如何说，某某理论（几乎都是来自西方的）如何说，某某文件如何说，唯独不见实际情况、实际数据。他们不重视实际情况的变化（特别是处理技术的变化）及群众需求、认识的变化。有时也拿出统计数据，却经不起起码的推敲。前面提到的苏培成教授的那个报告（参见本章第10节），以及2006年2月国家语委y处长那篇文章（参见本书第四章第8节）均可以作为实例。特别是那句“在15～44岁的人当中97%的人只写简化字。……简化字已经是汉字主体”[①] 这类话。

近二三十年来，汉字电脑化浪潮推动了许多并非语言文字学专业的普通人、外行人积极参与了汉字问题的争论。由于这些人有能够利用电脑及网络的长处，他们都有自己的统计做基础，有些统计比语文专家们的更详细、丰富。如科技专家张昌泰说：日常每写100字，含纯简化字（当指非类推简化字）4～7字，含类推简化字13～26字。就是说简化字的实际使用概率不到30%，按非类推简化字只有7%。张先生还指出：据专家提供的统计，两岸可比字4786个，完全相同1947个，占41%；字形近似字1669个，占24%；字形不同的1669个，占35%；也就是说有三分之一的字形有差异。若忽略笔画差异，如“兑兊”“温溫”“换換”“滚滾”“吴吳”，大陆繁体与台湾字体基本一致。[②] 又据李牧统计的结果，大陆与台湾字形完全相同的占64%，再加上相差不多的则占到79%（以大陆通用字7000加上台湾常用字5401，一部分次常用字1700总计7380个为统计样本字集）。[③] 又据一位钢铁企业的工程师高国鹭的统计：简化字总表里，有约100个简化字，不在7000个字的通用汉字表内。[④] 按周有光先生的看法：“简化常用字好，简化罕用字不好。”这些不在7000个常用字里的简化字，好还是不好？

可以明显看出：苏、张、李、高诸位的着眼点和所依据的事实大有差异，这必然导致结论大相径庭。现在需要最优先解决的，是弄清

① 苏培成：《汉字进入了简化字时代》，《光明日报》2009年5月28日，6、7版。

② 张昌泰：《汉字识字教育改革事关全民素质刻不容缓》，在《语言文字大论坛》的讲演。

③ 李牧：《两岸汉字字形的比较分析》，《汉字书同文研究》（第六辑），（香港）鹭达文化出版公司，2005年，33页。

④ 周胜鸿主编：《汉字书同文研究》（第八辑），（香港）鹭达文化出版公司，2010年，61页。

基本事实、厘清基本概念。对基本事实的收集、整理、分析这一块，信息技术是非常有用的工具。当今，大学生公共课机房里的电脑，性能指标已经超过王选攻坚时所使用的小型计算机千倍、万倍（参见本书第九章第4节及表9.4）。使用微电脑，普通大学生很容易做出详细的、可重复的实验统计。在现今的网络环境下，极容易把实验的全部材料在网络上公开，供大家查阅、核实、检验，使得这些最基本的事实材料，成为公共知识。这样简繁体汉字关系问题的争论以及关系的调整才有起码的基础。

关于简繁体汉字的基本统计，有如下建议。

关于汉字的类型，需要区分：表内简化字（指简化字总表里包含的）、表内繁体字（指简化字总表里包含的）、表外简化字（指简化字总表里不包含的）、表外繁体字（指简化字总表里不包含的）、本字。这里，“本字”指“上、下、大、小”这类字（参见本书第十章第10节）。

所需要统计的字符集样本及相关要求，应该包括：常用字3500个，通用字7000个，基本集汉字（国家标准字符集GB2312）6763个。对这三个样本集合，需要分别统计出：表内简化字，表外简化字，本字。不仅要给出个数，还要给出相应的字表。这三个集中没有繁体字。

对于GB13000的20902个汉字，GB18030中的27484个汉字，需要分别统计出：表内简化字，表外简化字，表内繁体字，表外繁体字，本字。不仅要给出各自的个数，还要给出相应的字表。

还需要对最重要的《简化字总表》重新做一下基本统计。要具体给出：一简对二繁的字有多少？是哪些？一简对三繁的字有多少？是哪些？一简对四繁的字有多少？是哪些？同音替代的有多少？是哪些？给出每个简化字的笔画数表，每个繁体字的笔画数表，并统计出：10笔以下的简化字有多少？是哪些？ 10笔以下的繁体字有多少？是哪些？ 20笔以下的简化字有多少？是哪些？ 20笔以下的繁体字有多少？是哪些？30 笔以下的简化字有多少？是哪些？30 笔以下的繁体字有多少？是哪些？等等。

还应该对某些真实文本（诸如四大名著、王蒙作品、本年度全部《人民日报》）做汉字用字动态统计。分别统计总字次、简化字字次（分别类推简化字及非类推简化字，表内及表外），本字字次以及繁体字字次。

以上的全部资料，是反映简化字状况的基本数据。领导和公众都应该清楚地知晓，应该心中有数。包括原始样本，包括一次统计、二次统计、三次统计等各次结果，包括所用软件，一律网络上公开，供专家、学者、公众、官员随时查阅、核实以及重复实验。改变那种“想当然”“大概其”以及概念混淆、混乱的局面。不应该总是停留在摘引圣贤、领袖名言，摘引长官、领导批示，摘引法规条款，轻视或完全不顾新情况、新事实，轻视或完全不顾群众需求、意见及呼声。

14. 汉字实验课题例一：关于类推简化

类推是一种简易、高效的简化法。例如把偏旁为“言、金、食、糸”的几个字“設、銀、飯、綜”简化为“设、银、饭、综”，认读上不会产生任何麻烦和困难，可一下子把笔画数减省下来。又由于这种偏旁的字数量大，成批地简化笔画数的减省就更加显著。在铅字时代，这不仅给个人书写带来方便，在字模雕刻、铸造，铅版浇铸等方面好处更大。再加之字模雕刻、铸造，铅版浇铸等对每个印刷厂、每台机械打字机都要重复执行，这些都使得类推简化节省人工、材料、能源的好处就大大地积累了。但是，到了电脑时代，由于软件和字库复制的简单、快捷、甚少消耗，繁简体汉字兼容、共存的方便，类推简化在铅字时代的那些好处就都消失了。把“设、银、饭、综”恢复为“設、銀、飯、綜”不仅变得简易、方便、花销甚微，还恢复了表意鲜明、醒目的好处。本来简化字中，非类推简化字数量很少（全部计 496 个，还不足 500 个）。繁、简体汉字文本的视觉差异主要是由类推简化带来的。恢复几个偏旁的类推简化，就能使繁简体文本大大靠拢、接近，为减轻交流障碍做出大的贡献。在铅字时代，这是不可想象的。在电脑时代的今天，这已经变得不困难了。并且，还容易进行有限的、可控的实验来观察、探索，根据实验的效果再决定如何处理类推简化。一种具体实验模拟方案可以考虑如下：

（1）需要编写如下功能的软件模块：把给定文本中指定偏旁的汉字改为简化形式或恢复为繁体形式；对给定文本做统计分析，给出总字次、简化字（类推与非类推分别）字次、其他汉字字次、常用字字次、通用字字次、其他字字次，等等。

（2）选择一些有代表性、典型性的真实汉字文本做素材。加工得到三种新文本：指定的偏旁全部做了类推简化的；全部不做类推简化的；仅仅选择部分字做类推简化的。利用前述软件处理之，对每种文本都给出详细、具体的统计数据。此类数据作为实验结果数据，存档、公开，供分析。

（3）把前述的真实汉字文本的三种新文本打印出来，供阅读者阅读、比较，回答填写问卷，写出阅读者的感觉、意见或者张贴在网络上，供网络阅读者阅读、比较，回答填写问卷，写出阅读者的感觉、意见。

（4）适当时候，把一种推荐方案（如选定一批偏旁，一律取繁体形式）做网络刊物实验或纸质刊物（如某些中国哲学、中医药、古汉语等刊物）的试用。同一种刊物里不同文章也可以两种方案任由之。

这里描述的实验，若是在铅字时代，哪怕仅针对一个偏旁，也少不了雕刻字模、铸造铅字、浇铸铅版等繁杂工序，完全没有可行性。电脑时代初期至 20 世纪末，这个实验仍然不现实。因为当时中国大陆通行的汉字编码字符集 GB2312 里不包含简化字对应的繁体字，无法在同一个字符集里实施加工处理。而现今，由于 GB18030 标准的强制性推行（自 2000 年起），才使得有了现实可能性。现今，这种实验是那些有基本文字知识的普通软件人员，在联网的电脑和打印机面前就能够进行的。它能够帮助我们把汉字规范方案的研究、制定放置在坚实的科学实验基础上，摆脱坐而论道，仅依据权威理论、领袖名言来推理、臆断、设想的弊端。

15. 汉字实验课题例二：关于非对称简化的调整

现今中国大陆流行的微电脑中，Office 办公系统的 word 软件里，窗口顶部容易找到繁简转换的软按钮，点击它就能够实现所选定字段（字、词、句子、段落甚至全文）的繁简体转换。一二十万汉字的转换也非常快的就有了结果。现在的问题是：正确性还不如人意，常有令人啼笑皆非的差错。产生差错的一个重要原因是简化字总表中存在的“简→繁”的“一对多”。如果能够调整一下，使得所有的“一对多”都变为“一对一”，那自动地、高速地、准确地转换就有了良好基础。由于当今汉字信息电脑处理已经在华人世界普及，实现简、繁体文本的自动转换，就给使用不同字体的华人间消除了一个重大障碍。那么，需要恢复多少繁体字呢？陈明然对近 20 年内的相关研究给出了概述，涉及二三十位作者的工作。多数人给出的是 100 多组；最多的一位，是针对 GBK 字符集的，给出 1065 组。许多人认为，引发转换差错最严重的是几十组。[①] 做调整性实验观察，不妨先做大约 100 组。

20 世纪六七十年代无法解决“一对多”问题，那时大陆开始普遍推行简化字。每台机械汉字打字机和每个印刷厂都装配简体汉字铅字，个别承担繁体字印刷任务的印刷厂，同时装配繁体字铅字。那时如果要恢复 100 个繁体字将是十分困难的，需要为每台机械汉字打字机和每个仅仅装配简体汉字铅字的印刷厂都补充 100 个繁体字铅字，

① 参见陈明然：《非一一对应简繁字研究的概况》，《汉字书同文研究》（第八辑），（香港）鹭达文化出版公司，2010 年，11 ～ 18 页。

换掉原来的对应的简体字铅字。注意，在印刷厂，需要补充的是100个繁体汉字的各种字体（宋、楷、黑、仿等等）和各种字号（小5号、5号、小4号、4号……初号、大号、特大号），这就绝非仅仅100个，而至少是100个的十多倍，甚至几十倍，数百倍！据1973年统计，中国机械汉字打字机已经有数百万台，印刷厂数千家。这种更新必须在这数百万台和数千家同时进行。这显然是极其困难的，不具备可行性。

20世纪八九十年代仍然无法解决那时是汉字处理电脑化的初期，使用的汉字编码字符集是GB2312，仅仅含6763个汉字，其中能够做类推简化的都已经做了简化，即GB2312中不包含所对应的繁体字。那时要恢复100个繁体字，也需要在全部处理汉字的微机更改编码字符集和汉字字形库，涉及多项国家标准的修订。这涉及的微机数量也是巨大的，至少是数万或数十万台，并且不只涉及软件，还涉及硬件，如汉卡。这些显然依然是极其困难的，基本不具有可行性。

当今解决"一对多"问题的可行性在大陆，对所有处理汉字的计算机恢复100个繁体字变得十分简单。为什么呢？因为从80年代末开始，国际标准化组织就开始主持设计中、日、韩，繁、简体统一的汉字大字符集。到2000年GB18030已经作为强制性国家标准推行。这个大字符集汉字是繁、简体统一编码的。具体些说，GB18030包含的27484个汉字，其中包含所有简体字以及它们对应的繁体字。就是说在同一个字符集里，包括了所有需要的字以及主要字形库数据。这是90年代以来，中国大陆（内地）专家会同台港澳地区及日韩两国专家在国际新标准框架ISO10646下共同设计的，一开始就考虑到中国两岸暨港澳及日韩，考虑到繁简两体。这个大字符集既适用于简体字系统，也适用于繁体字系统。中国大陆的大部分繁体书刊和全部简体书刊都可以使用这个GB18030，原则上也可以用于台港澳。对中国大陆普通用户来说，从20世纪80年代的GB2312（收6763汉字）到2000年后的GB18030（收27484汉字），是不知不觉中过度的，因为

GB18030 的设计充分考虑了与 GB2312 的兼容。实际上，中国通用的微机上，已经初步实现了繁简体的自动、高速转换，只是还不尽如人意。可以通过实验、观察，寻找出彻底排除繁简体文本交流障碍的好办法。下面是该实验的一些设想。

实验观察方案设想　多年来，关于繁简体汉字如何调整、如何实现新的书同文的问题，争论极大。其中，关于非对称简化问题（实质上就是“简→繁”的“一对多”问题）是一个重点问题。但争论多年，成效乏见。应该承认，这个问题本身有其复杂性。例如：这个非对称简化问题，涉及多少简化字、多少繁体字？专家们的说法并不一致。至于某种处理方案的可行性和后果估计，带有太多的推断、设想、估计、猜测的主观色彩。电脑和软件，新的信息技术提供了极好工具，使我们能够查清底数，模拟具体调整方案的实施并具体统计、检验、评估该方案的后果。对此实验、模拟、观察的方案提出以下要点：

（1）利用计算机辅助，形成完整的繁、简体汉字对照表，查清所有非对称简化情况。这种统计是静态的。还应该对真实汉字文本做必要数量的动态统计，查出哪些组非对称简化使用频率最高。

（2）利用计算机辅助，对大量真实汉字文本用现有转换工具做转换，搜集、形成转换病例库。此项工作，可以考虑在网络上公开征集转换病例。

（3）设计调整、修订方案，主要是恢复一些繁体字，规定、建立简到繁的一对一对应（作为初步，可以仅仅考虑 100 组的实验）。同时，编写新的转换程序模块。

（4）选择足够数量的真实汉字文本（与前述调整方案相应的），利用新的转化模块，进行转换；认真、细致分析转换结果，搜集转换病例，形成转换病例库。

（5）对不同调整、修订方案做详细对比、统计、分析。

（6）所有软件、数据归档；适时网络公开发布使得有能力、有兴趣的人，都可以独立进行再试验，或对公布资料进行检验、评判。

（7）把前述的真实汉字文本的各种方案下的新文本打印出来，供阅读者阅读、比较，回答填写问卷，写出阅读者对该调整案的感觉、意见；或者张贴在网络上，供网络阅读者阅读、比较，回答填写问卷，写出阅读者对该方案的感觉、意见等等。

（8）适当时候，以一种推荐的调整方案做网络刊物实验或纸质刊物（如某些中国哲学、中医药、古汉语等刊物）的试用。同一种刊物里不同文章也可以两种方案任由之。

这样，就把汉字简化方案的调整、修订放置在电脑模拟、科学实验的基础上。这种实验的规模、时间、范围都是可控制的，可以完全不影响原方案的正常继续执行。全面地实施某种新方案，是在充分地、周到地模拟实验之后，是各方面认可、支持的情况下。这足以避免大的失误和反复。

16. 我的“一字错”引发我对“简化字”术语史的一番学习与思考

我的“一字错”　2014 年，我在本书初版中，犯了个“一字错”：把 1935 年民国政府发布的“第一个简体字表”误写为“第一个简化字表”；即把“体”字误为“化”字（总计有四处！）。究其原因，是因为在我心里，“简化是汉字的主要发展趋势”“简化字古已有之”等论述记忆深刻，且存之久远，也深信不疑。当我发现了这个差错后，立即觉得有必要认真学习、思考一番。

周总理重要报告中不见术语“简化字”　我在网络上下载了周恩来 1958 年的重要报告《当前汉字改革的任务》，意外发现周总理报告中竟然见不到术语“简化字”，有的只是使用的术语“简字”“简体”“简化”“俗字”等。对电子文档进行搜索、统计，得到如下的词的使用次数结果数据：

简字:30 次，简体字:1 次，简体:2 次，汉字简化:20 次；
简化汉字:6 次，简化:10 次；繁体字:1 次，繁体:2 次。

以上词中，任何一个都不与其他词共用一个例句。术语“简化字”三个字完全见不到。此事令我感到意外。请注意：术语“简化字”与词汇“汉字简化”“简化汉字”不同，大不同！由于有了术语“简化字”的大流通，才带来术语“繁体字”的大流通。

周恩来的上述报告，在网络上很容易下载到。我这里的统计大家用 word 软件就能够自己独立完成。大家可以独立检验之。

周有光的专著中也罕见术语“简化字” 周有光先生的《汉字改革概论》是中国汉字改革高潮中产生的重要专著。我手边有周先生签名给我的 1978 年版(香港尔雅出版社)。该书主要写的是汉语拼音方案有关问题，“汉字简化”是全书中的一章(倒数第二章)，仅仅 32 页，在这一章里，有一页(344 页)上出现了“简化字”五次，全书其他部分未见一个；仅能见到简体字、简字等。看该书前言可以断定：这一页是 1978 年再版时，按曹伯韩先生讲课遗稿补写的。极可能：该书 1961 年初版里，“简化字”更少或没有。

引发我的一番检索、学习与思考 我找到三个纪年性材料:《汉字研究的轨迹——汉字研究记事》(内容从有文字记载以来到 1993 年止)、《建国以来文字改革工作编年记事》(1949—1984)以及《民国时期总书目(语言文字卷)》(1911—1949)。还有另外三本重要工具书：《辞海》(上海辞书出版社，1980 年)、《辞源》(商务印书馆，2010 年)及《汉语大辞典》(汉语大辞典出版社，1986—1993 年)。我发现 1955 年 5 月 6 日刘少奇指示:“简化字要分批推行”。这是在此六个文献里第一次见到完整的“简化字”术语！

一番检索、思考后的初步认识 经过一番检索、查找，我确信：简化字术语的真正流通是在 1964 年《简化字总表》发布之后。“简化字”术语的寿命至今应该只有约 50 岁！(从 1964 年《简化字总表》发布算起），或者至多不到60岁（从1956《汉字简化方案》算起）。我发现：汉字两千多年的历史进程中，处于相对的两方并不是“简化字”与“繁体字”；漫长的古代直到晚清，这两个术语似乎没有出现过（鄙人阅读量有限，无法说“完全没有出现过”。请专家或博学者指教）。而经常出现的是正字与俗字，或本字与别体。“俗字、别体”历史上的名称有多种：俗字、破体、省体、减笔、或体、或作、草体、简字、简体、简易字、手头字、解放字等等。与此对立地称之为正体或本字。那么，“简化字古已有之”是怎么一回事呢？

关于“简化字古已有之”　“简化字古已有之”在中国最近几十年中已经是人人耳熟能详的了。近来有几件事引起我的疑虑。《宋元以来俗字谱》被公认是提供“简化字古已有之”丰富实例的著作。而李荣先生在《文字问题》却尖锐地指出：“俗字里固然有简化字，实际上也有繁化字。有的人居然认为笔画多的就是正字，俗字都是笔画少的，也就是简字。《宋元以来俗字谱》就是这种看法的代表。”[①] 他还说：“《宋元以来俗字谱》有两个缺点，第一是选材失当。小说戏曲很重要，字书韵书也很重要。”[②] 李荣先生批评《俗字谱》仅仅选用了小说，没有选用字书、韵书。李先生接着说：“《广韵》多数的俗字笔画比正字多。”（！！）李先生附上19个例字：其中12个俗字笔画多，仅有7个俗字笔画少。“第二个缺点是《俗字谱》不能识别正字、俗字，根据‘正字笔画多，俗字笔画少’的错觉（！！）分辨正俗。这贻误一般读者，推广了这种错觉。对那些已经有这种错觉的读者，巩固了他们的错觉。”[③] 我想：我们大家是否也被《俗字谱》误导了？

“古今字”　王力先生在《古代汉语》里提到“古今字”，如责与债，责为古字，是产生更早的字；债为今字，是产生更晚的字；但古字笔

① 李荣：《文字问题》，商务印书馆，1987年，7页。
② 李荣：《文字问题》，商务印书馆，1987年，12页。
③ 李荣：《文字问题》，商务印书馆，1987年，13页。

画少，而后来的今字笔画多。又有云：“古今无定时。周为古，则汉为今；汉为古，则晋、宋为今”（清段玉裁《说文注》）。此种古今字例子甚多，如：由责而债；由弟而悌；由孰而熟；由竟而境；由馮而憑；由賈而價；由属而嘱；由舍而捨；由共而供；由自而鼻；由知而智；由昏而婚；由田而畋；由反而返；由卷而捲；由其而箕；由云而雲；由鉏而鋤；由皃而貌；由孚而俘；等等。这些其实都是繁化的例子，是原来的古字表达多种字义；为了简明，把部分字义分离、用另一个字（古字＋部件）表达其中一个意义。这些根本不是简化的例子，而是繁化的例子。

“简化字与繁体字”还是“少笔字与多笔字” 我还读到刘、李两位先生的网络文章《恢复繁体字利弊辩议》《被作为简化字的正体字——出现于〈说文解字〉中并被作为“简化字”的正体字》，他们给出数十个“所谓的简化字”，都是公元121年《说文解字》里就有的古字，而这些“简化字”对应的“繁体字”却是《说文解字》里没有的，是后起的；或者两者（指简、繁体两者）在《说文解字》里都有，但读音、意义均不同的两个汉字，却生生地把笔画少的叫“简化字”，把笔画多的叫“繁体字”，并声称：“繁体字”发展为“简化字”是规律！令我印象最深的是“厂”与“廠”。笔画数少的“厂”是古字，《说文解字》有，其历史至少近两千年。笔画多的“廠”，被我们当作是“繁体字”的、陈旧的“廠”，倒是后来、后起的。那么从“厂”到“廠”，是不是就是巴金说的“文字总要不断发展，变得复杂，变得丰富，目的在于更准确、更优美地表达人们的复杂思想”？说后起的、晚了许多年的“廠”发展为比它早许多年的“厂”，这能够叫作“发展”吗？这不分明是“倒退”回去了吗？对于“厂”字，《说文解字》的解释有两个：①读音 ān1，用于姓氏。②读音 hǎn，指山边可住人处。而“廠”读音 chǎng，在1964年简化为“厂”。《说文解字》里没有“廠”字。还有字“筑”与“築”。这两个汉字在《说文解字》里都有。但两者字意不同。“筑”的字意主要有二。其一是一种乐器名称。其二是贵阳市的简称。

而“築”才有“建築”意。两个字的读音，声韵相同，而字调不相同。

看来，把“笔画少的字”称为“简化字”，再用“简化字古已有之”来佐证“简化是汉字发展的主流趋势”的做法，逻辑上有严重缺欠。只有在这个笔画少的字之前，找到相对应的笔画多的字，这种说法才有点道理；否则结论就完全相反。这些想用来证明“简化是发展主流”的材料，就变成了“繁化”的证据材料。例如，马王堆帛书《老子》中发现有“无”字(例句为：无名万物之始)。该帛书经过考证，为距今两千一百八十多年前所抄写。这个时候，只有发现在距今两千一百八十多年更早以前，前人使用过汉字“無”字，才能说帛书里的“无”字，是简化字，其繁体字为“無”。如果没有发现更早的“無”，说“无”是“無”的简化字就毫无道理。现在我们应该能够确认:《宋元以来俗字谱》中的大量俗字，王力先生《古代汉语》里的古今字，李菁、刘丰杰先生给出的那些拉来被当作‘简化字’的《说文解字》里的笔画数小的正字等；都应该是佐证“繁化是发展方向之一”的证据！李荣先生谈汉字演变趋势时，列出的有：简化、合并、同音替代、同义替代、繁化、多音字分化、多义字分化、加偏旁、功能再分配等至少九项。唐兰先生在总结引发汉字字形演化的各种因素或类型时谈到以下各种：趋简、好繁、尚同、别异、致用、观美、创新、复古、混淆、错误、改易、是正、淘汰、选择等等。[①] 李荣先生的论述都引用了大量的实例佐证，选用的字例都有明确的前后产生年代顺序的细致考察，那才是、符合逻辑的、实事求是的分析。

17. 汉字学术语中的主观随意性、不完整性、混乱及情绪化

主观随意性　本文前面的叙述表明:“简化字”这个术语的选用，

① 参见唐兰:《中国文字学》，上海古籍出版社，2001 年，113 ～ 128 页。

带有很大的主观随意性。这种主观性，是与“简化是发展主流”的主观判断相联系的。它用来取代古代的俗字，但俗字并非都是笔画少的字。“古今字”中被当作“简化字”的笔画少的却是古字，产生更早的字。李菁、刘丰杰先生文章中列出的那些被当作“简化字”，其实是早就有的独立的本字。这样看来“简体字”或“简笔字”或“少笔字”，都比“简化字”更符合事实。“简体字”“简笔字”或“少笔字”本身没有明显的发展方向的主观含义。把“简化字”不做任何解说地更名为“规范汉字”，同时把电脑里已经装入的大量汉字的大部分划为“不规范”或“未规范”汉字（国家语委起草的《通用规范汉字表》仅仅收 8105 个“规范汉字”；国家汉字电脑编码强制性技术标准 GB18030—2000 版收汉字 27533 个汉字。两个国家正式文件如此矛盾，是一个应该立即解决的问题）。只承认 8105 个，不承认国家强制性标准里的 27533 个，这完全是主观随意性的表现。

不完整性 说到“不完整性”，理由是：对汉字整体而言，只有或者只强调“简化字”与“繁体字”，对其他字，如一、二、三、上、下、大、小等等（占常用字的三分之二的）却没有通用的称呼。这些字既不能称之为“简化字”，也能称之为“繁体字”。而当今常常有人把笼统的说法“大陆使用简化字”实际上理解为“大陆人用的都是简化字”。一位权威专家在解说一次正式的社会调查结果时，竟然有结论：“97% 的大陆人只写（！！）简化字”。这里，他一定把“上、下、大、小、一、二、三”都当成简化字了。否则怎么能够有 97% 的大陆人不写这些字呢?（写了这七个字中的任意一个，都不能再算是“只写简化字”！）。这是术语系统不完整带来的混乱。我们应该承认简、繁体汉字都是整体汉字的一部分。承认三五千年里大部分时间（1964《简化字总表》之前）“多笔字”（繁体字）是主体。简笔字或少笔字（简化字）就是在大力推行的这半个世纪，也是一小部分（约三分之一）。有人说：“简化字是当今汉字的主体”。此言不符合实际。前 100 个高频汉字的具体情况见本书本章之 10. 小节。

关于使用汉字术语的情绪化一个实例与“一个繁体字也不恢复”有关。“一个繁体字也不恢复”这一句话，在 2013 年《通用规范汉字表》发布前后，都曾经由研制组专家和主管部门领导多次公开宣传过。但实际上有 31 个《简化字总表》里的简化字没有被收入“通用规范汉字表”。又按“表外字不再类推简化”的原则，这 31 个字自然应该恢复为繁体字。在 2014 年出版的最新《现代汉语规范词典》里，对这 31 个字确实使用了繁体字形。但却称说这 31 个汉字被“退回”繁体字（参见北京青年报，2014 年 8 月 28 日之 A20 版头条关于《现代汉语规范词典》的报道）。请读者注意：是“退回”而不是“恢复”。何以如此？因为“退”字有由“高、好、先进”到“低、坏、后进”的习惯用法；而“恢复”有“病态、异常、落后到”到“健康、正常、先进”的习惯用法（例句：他从重病恢复到健康）。看来，我们的一些汉字改革家心里，简化字才是“革命的、先进的、好的”而繁体字是“被革命的、落后的、坏的”。不能说“31 个简化字恢复为繁体字”，只能说“31 个简化字退回到繁体字”，或者干脆什么也不说，干脆回避之，就像《通用规范汉字表》文本里那样。拒绝使用“恢复繁体字”，非要使用“退回”繁体字，反映了强烈的爱憎的感情、情绪。丢弃了学术术语、专业术语的平实无华，注重含义准确，而淡化感情、情绪的特点。呜呼！如此汉字术语！

18. 善待《简化字总表》，让它善始善终地服务于汉字规范

《简化字总表》产生于 1964 年，重新发布于 1986 年。它是中国近代“汉字简化运动”的重要成果，也是汉字简化工作的完整记录及重要工具。但它却在 2013 年《通用规范汉字表》发布时，宣布被废弃。原来该《总表》里的简化字，由“简化字”更名为、或“加冕为”“规范汉字”。使得原本属于两类的“一，二，三，上，下，大，小”及“长，飞，办，电，云”的东西不加区分地混同称之为“规范汉字”。当初

周恩来总理郑重表示过：简化不当的应该改正。胡乔木关于修订汉字简化的“十五条原则”及周有光先生的“汉字简化十戒”（参见本章第9节），都是对汉字简化工作中缺点、问题的总结。这些缺点、问题完全没有做任何修改、调整，就把所有的“简化字”加冕为“规范汉字”，混合进大量的或海量的“未曾简化过的：一，二，三，上，下，大，小，……”。也就是把《简化字总表》里包含的汉字简化中的各种缺点、毛病、疏失、不妥、不当……一股脑地转移到新的《通用规范汉字表》里。使得原本局限于《简化字总表》的缺点、毛病、疏失、不妥、不当……原模原样地移植到《通用规范汉字表》里，造成更难于处理的缺点、毛病、疏失、不妥、不当……这是为什么？

当今的一个基本事实是：几乎所有简化字都被“加冕为”规范汉字，混合进入《通用规范汉字表》。同时《简化字总表》被宣布废弃。我憋不住要说：《简化字总表》不能就这样“寿终正寝”！它应该“善始善终”。应该完成《简化字总表》最后的历史清查和所包含元素的整理。胡乔木、周有光先生的总结中有许多能够获得广泛共识。特别是简、繁体“一对多”问题，已经产生了不少可行解决方案。《总表》的调整、修订，关键问题仅仅在于“不足500个（组）”，这里的500实际上是350+132+14=482个（组）非类推简化字。对这些不足500个（组）汉字，需要进行一次认真的历史调查。查一查每一组里的两个汉字，是否都出现在《说文解字》？是否都出现在《康熙字典》？这一项普查工作量不大。由二三十个大学生志愿者很快就能完成。这种普查结果将清晰显示出：《总表》里有几组属于“厂厰”型，有几组属于“筑築”型，……在这种细致、周到的清查基础上，再对大约500组简繁体逐一考察、分析，标记出：真正的繁简关系，相反的简繁关系，一对二，一对三，不相干配对……根据普查和标记结果情况，开展公开地辩论、讨论，逐一地对每一组做出恰当的处理方案。保留简化中做得好的，改正简化失当的，使得中国近代以来的汉字简化运动“善始善终”，实现全新的“汉字书同文”。

19. 繁、简体汉字之间的对立分裂是列强侵略造成的历史伤疤

简体字古已有之，长期里它和繁体字是和平共处的。20 世纪初到大陆颁布汉字简化方案时的 1956 年，汉字无法适应机械化，也无法适应那时的计算机化，这是当时整个汉字圈的社会各界都有高度共识的，因而各自以不同方式、规模制定推行简化字有其可以理解的理由。一两百年来，饱受列强欺辱的中国未能完全保持统一，出现了某种分裂。香港为英国租借占领；澳门为葡萄牙租借占领；台湾在甲午海战后割让给日本，后美国第七舰队游弋于台湾海峡，蒋介石在美国支持下占据台湾。分裂的中国，各地区分别地、各自地管理汉字，这才形成了大陆推行简化字，港澳台在出版印刷中延续使用传统汉字的差异局面。可以说，当今华人世界中繁、简体汉字的并存，某种对立、分裂，实质上是列强对中国侵略留下的创伤。在中华民族复兴的今天，中国人应该以自己的智慧完满医治好列强留给我们的创伤。文字的某种不统一，自然带来交流障碍及其他的消极影响。但从另一方面看，港澳台传统汉字的使用，也对大陆汉字拼音化实践提供了某种参照样本。如果说，大陆在广大地域、广大人群进行了半个世纪的汉字改革实验，积累了相当的经验和教训，那么，台港澳和海外华人在同样时间里、在广泛的区域，也进行了更多样的实验。可以肯定地说：港澳台的文字经验和大陆的文字经验都是宝贵的，两者的全面总结，才更有利于汉字的完整、真实认识。例如，如果把中国大陆文盲率大大降低归结为简化字和汉语拼音方案的使用，那么，对使用繁体字、注音字母的港澳台，有比大陆更低的文盲率的事实，又该如何解说呢？如果认为《汉语拼音方案》才是最重要、最优秀、最不可或缺的推广普通话的工具，可是台湾却是中国各地推广普通话最好、最早成功的地区，那里当时并没有推行《汉语拼音方案》。完整的、全面的

经验，总比单独的经验好。

20. 电脑和软件可以制成医治民族历史伤疤的无痛康复剂

中国的汉字从汉、唐近两千年以来是相当稳定的。普通人能够大体读懂近两千年以来的历史文献，这在全世界只有中华民族能够做到。这是汉字、汉字文化十分宝贵、非常难得的优势，一种“通古今、通四海”的优势。大陆推行简化字的近半个世纪，这种优势在减弱。有人否认这一点，认为简化字的翻印、再版已经解决了这个问题。实际上只是低水平地解决了部分问题。大陆推行简化字之前，中国的文献积累数量十分巨大；另外有大量现今存世的名胜古迹匾额、楹联、碑刻，还有不断被发掘、发现的文物，其上的繁体字无法一律都及时翻印为简体。2011 年上半年，国家图书馆举办了两次古籍文献展。一次是关于西域的，一次是关于中医古籍的。许多展品有一千多年历史，有的是三四世纪的抄件。你如果能够认读繁体字，这些展品对你就多一些的亲切感。而如果你缺少起码的繁体字知识，看这样的展览就乏味多了。由于微型电脑的强大处理能力，实现简繁体汉字文本的自动、准确、高速转换是可能的。事实上，现今在普通微机上，弹指间，就可以实现数万、十数万汉字简繁体文本的自动转换，只是还不那么完全准确，还不得不附加人工检查、校改。原因主要是由于汉字简化方案里存在“简→繁”的“一对多”问题。只要修订汉字简化总表，恢复部分繁体汉字，使得繁简体汉字实现“一一对应”，自动、准确、高速转换就马上可以实现。由于当今汉字信息电脑处理已经在华人世界普及，实现简繁体文本的自动转换，就给使用不同字体的华人间消除了一个重大障碍。自然，简化字总表的完善性调整的具体方案需要详细、科学的论证。这里，我想仅仅着重指出：电脑和软件为简化字总表的调整准备了适宜的工具和环境，它可以帮助我们实现可控制的实验、观察，而不影响现行规定的继续执行。它能够帮助我们更好地“摸着石头过河”，避免不必要的损失和反复。

21. 迎接繁、简体汉字共存、共荣、协调发展的新时代

在铅字时代，简化字比繁体字有明显的优越性。在个人使用中如此，在社会化产业应用（打字、排版印刷）中更如此。那时，繁、简体的并用需要增加几乎一倍的消耗。在科技落后，经济实力薄弱，民众极度贫穷的年月，繁简体并存、并用是十分困难的。这是导致对繁体字应用的限制过于严厉、苛刻的一种社会经济技术原因。数十年的战乱，国家百废待兴，扫除文盲，开展基础教育任务繁重，难于顾及汉字古籍整理。那时香港为英国“租用”，澳门为葡萄牙“租用”，台湾与大陆武装对立。当时的口号，在大陆还是“打倒蒋介石，解放全中国”；在台湾则是“光复大陆”的时候。那时，中华民族汉字书同文根本就无从谈起。

在21世纪，中华民族复兴、崛起的大势之下，在汉字已经成功实现了电脑化的时候，在简体字汉字系统和繁体字汉字系统都已经成功地，甚至可以说精彩地适应数字化新时代的时候，在港澳已经回归祖国，两岸和平前景一片光明的时候，在广大民众已经从饥寒交迫、贫困潦倒快速走向小康的时候，在简繁体汉字已经实现了统一编码、统一编辑、加工的时候，繁、简体汉字共存、共荣、协调发展的新时代也就应该到来了。让我们以切实的努力，开放的胸怀，去迎接这个美好新时代吧！

十一　汉字的电脑时代（I）：汉字复兴、中华民族复兴的伟大新时代

1. 百年中国，两个时代：铅字时代与电脑时代

两个时代的分水岭在1994年。这一年，在中国及全球华人世界，铅字被完全淘汰。电子打字机、微型机淘汰了汉字铅字机械打字机；计算机激光照排淘汰了汉字铅字排版；电子邮件淘汰了汉字四码电报。汉字处理的三大社会化产业：打字、印刷、电报跨入电脑时代。铅字时代，由于汉字铅字至少要有3000—7000个，而英文铅字仅仅需要六七十个（包括字母26×2=52+10个数码+几个标点符号）。就是说，汉字铅字数量数十倍，甚至数百倍于英文。这时的拉丁字母铅字，虽然只有六七十个，其重量也有数百克或一两千克重。汉字数量百倍于英文，其铅字重量就达到数百公斤或上千公斤。因而，机械化的汉字铅字处理，就会比英文繁难数十倍，甚至百倍！汉字铅字处理设备的傻大笨粗、效率低下、使用繁难就是必然的了。这种落后、繁难是铅字时代根本无法解决的。这应该是推动汉字拼音化、简化改革的重要的、合理的、颇为充分的理由。

电脑时代，铅字意外地、神奇地被淘汰了。同时一件重大事件发生：不同文字的处理设备（指硬件设备）统一、合流了。英文的与汉字的铅字机械打字机，是外观差异巨大的两个东西，两种设备。电脑时代，文字处理设备几乎都是多文种兼容的，既能处理英文，也能处

理汉字。文字处理的差异，仅仅存在于、隐藏于软件中，在芯片中、光盘中、U盘中等。当然，这里说的统一、合流，不是电脑一产生就如此。这种统一、合流产生于1995年后，全球全部现行文字编码国际标准ISO10646-1993，及等同的中国国家标准GB13000-1993正式实施之后的1995年。电脑刚刚诞生的时候（1946年），几乎都只能或只会处理数字，稍后能够处理只有大写字母的英文，再稍后才能处理完整英文。要用来处理汉字，困难很大，至少直到1980年还是如此。在英文计算机处理已经成熟的时候（20世纪70—80年代），要处理汉字，还必须做一番汉化工作。这种汉化是一种需要两类顶级人才（计算机技术与汉语文）良好合作的复杂工程。汉化有两种方法。一种是重新编写软件，扩充、补充到原来英文软件中，这种软件方法在中国大陆最早是由1983年的CCDOS实现的。DOS是美国开发的一种操作系统软件；CC为“长城”二字的首字母，是长城计算机公司的标识。另一种是硬件方法，即用各种集成电路元器件，设计、组装成一个插件板（初期其大小约为10厘米×20多厘米）。在中国大陆最早的是倪光南的“汉卡”，就是闻名的“联想汉卡”。整个20世纪80年代，除英文以外的其他文字电脑处理，都要对只能处理英文的电脑进行这种“本地文字化”改造，包括俄文化、阿文化，等等。这种火热的“本地文字改造”预示着电脑文字处理在全球市场上的重大商机。美、英等西方的大信息产业集团预见到这种发展趋势，才积极策划了全球文字统一处理方案。其核心之一就是全球文字的统一计算机编码。中国青年科技工作者（一批比王选更年轻、更无名的人）在国家支持下，积极参与了全球现用文字的电脑统一编码，并争取到汉字编码组的主导权。1993年，这种全球现行文字统一编码国际标准ISO10646-1993及等同的中国国家标准GB13000-1993同时颁布。汉字电脑编码标准同时以国家标准与国际标准双重身份发布本身，就是一件空前的伟大事件。从此时起，全球现行文字统一、兼容、共存、共处的平等的处理平台产生。文字处理领域，从拉丁字母一家独大、一家独霸，开始了多元化、平等、公平、竞争的新时代。这些对一切非拉丁字母文字都有利；但对汉字则是得天独厚的特大利好。因为汉字从此前铅字时代的最繁难、最笨重、最低效，一下子跨越到最先进的行列。这个汉字可是人口最众多、历史最悠久的文明古国，当今大国的文字呀！非常可惜，这一个重大利好，却不被中国国家语委部分权威汉字改革家承认，刻意与之对立，直到2013年与“编码字符集”公然对立的《通用规范汉字表》的出台。明末清初那次从雕版印刷到铅字排版印刷的转型，是完全由西方教会与传教士完成之后，再卖给中国人的，而20世纪末这次电脑化则是中国人以空前的热情和创造力，积极、主动投入才达到的。这一次编码字符集里汉字部分还是一种简、繁体，中、日、韩汉字兼容、共存的编码。这之后，全球所有现行文字的处理设备、系统，开始迅速地实现多种文字的统一、合流。已经不需要强调区分什么英文电脑、汉字电脑之类。每一个大型信息产业集团所开发的文字处理产品硬件（中型计算机、小型计算机、微机、打字机等以及后来的笔记本电脑、手机等）以及各种软件，都几乎同时或稍微先后、小有区别地推出适用各种现行文字的版本。多文种处理的统一、合流，是当今社会信息产品的一种全球化。这种全球化意义重大非凡，尤其是对汉字、汉字文化更是得天独厚。其实，ISO10646-1993中20902个汉字是拉丁字母个数的200倍（比铅字时代又大出百余倍）。但由于数字化、电子化，全球所有现行文字字库也不过如指甲大小，重量不足一克而已。汉字的字数庞大、结构复杂的难题（铅字时代无法克服的难题）在数字化、电子化的电脑技术面前，仅靠脑力、智力就能够破解。这时候，不再需要矿石、金属、大型机械，不再需要金属冶炼、铸造、加工……这正是北京大学数学专业毕业生王选、陈堃銶夫妇为核心的北大“七四八课题组”能够开发出汉字激光照排系统，北京大学数学专业毕业生王缉志能够开发设计出四通电子打字机的社会技术原因。王选、陈堃銶、王缉志是新时代、新型人才的代表。这些人，一般没有大官、大商、大将帅的家族背景。他们的特长是知识、学识、才能、智慧以及探索、追求的精神，脚踏实地的实干、苦干精神，为国为民的责任和奉献精神。他们是信息时代、知识经济时代的代表人物。这种人物的产生有时代性及国际性的原因。在美国，类似人物如比尔·盖茨（微软）、杨致远（雅虎）、乔布斯（苹果）……在中国，还有倪光南（联想汉卡），严援朝（CCDOS）、王永民（五笔字型）等以及稍后更新潮的任正非、马云、马化腾、俞敏洪、雷军……这批人，给民族的下一代以巨大的榜样力量。

关于中国近代的汉字问题，区分为铅字与电脑两个时代，是一个重大、带关键性意义的课题。当今中国主流，中国汉字改革家们只承认“统一的、不分期的现代”，这个现代从卢戆章写出切音新字方案的1892年开始，直到当下，并称之为“中国语文现代化时代”。混淆机械化时代与电脑时代，无视汉字从处理技术上进入国际最先进行列的事实，痛失大好机遇，这是发展阶段性判断的重大失误。

2. 电脑时代，汉字有了原模原样畅行天下的优越品格——汉字的国际流通性在技术上走进世界前列

铅字时代，拉丁字母及英文是国际流通性最高的，也是最具国际性的，因为英文机械打字机最普及，拉丁字母电报最畅通无阻。比较而言，铅字时代的汉字，其世界流通性极低，其国际性同样极低。电脑时代，由于全球现行文字的统一编码，又由于文字信息制作产生、整合加工、传播流通都是多文种化的，此时，汉字的世界流通性和国际化品格，就技术性本身而言，就不再输于已经有数百年霸主地位的拉丁字母文字了。加之汉字本身信息量大、明确、简约的特点，汉字的流通性及国际性就超越了拉丁字母文字（传输速度至少二倍于英文！）。当然，汉字信息实际上的世界流通性、国际化品格，与中国人具体的操作行为是否积极、科学、合理等大有关系。近百余年来，由于中国语文界一向崇拜拉丁英文，又对汉字电脑化的进程了解不多，

理解不多，误解、偏见极多、极深，对汉字编码国家标准采取不理睬态度。他们的身躯进入了电脑时代，思想认识却还停滞在铅字时代。这些年，一直有一些汉字改革家称："不尽快让拉丁拼音帮助汉字，汉字在当今互联网上就没有发言权"，当今"要让'一语双文'发挥威力"。他们力主"汉语拼音方案才是东西方交流的文化津梁"。他们力主用"FUWA""SHENZHOU""TIAN REN HE YI"对外表达"福娃""神舟""天人合一"，还说这是方便地表达中国风格、中国味道。中国部分汉字改革家的这种高论，其实早已经被21世纪以来的网络发展事实所否定，他们不断被事实打脸而又一直"浑然不知"。特别是最近被誉为中国"新四大发明"中的三者——移动支付、网络购物、共享单车——都是首先在汉字网络上实现，而后又移植、扩展到海外。这里的"誉为"也可能有点"过誉"，但说"汉字网络绝对不再落后"应该是真实的。人类历史上，这是基于汉字的系统，第一次成功扩展到具有四五百年霸权的拼音文字世界。但还是非常可惜，这种扩展，就其发生机制而言，我们不是自觉的、积极的、主动的、有意识的。就整体而言，汉字本来已经获得的最佳国际流通性，还处于"被闲置""被搁置"的状态。西方人手机、电脑里的20902个汉字宝贝还在"休眠"或"昏睡"中。呜呼！宝贵机遇的丢失、被糟蹋！活生生的优越性总体上说没有变成真实的优越性。我确信，一旦这种优越性被主动、积极利用、发挥，汉字文化的各种新辉煌将不断震惊世界（详见本书第十二章）。

3. 汉字电脑化是中国社会跨入信息时代的重要基础

汉字电脑化潮流与中国的改革开放大体是同步发生、发展的。汉字处理的电脑化，是中国"家家户户、行行业业"迅速实现数字化、信息化、网络化的重要推动力量。这里说的"家家户户、行行业业"是几乎每一个中国人都能够亲身感受到的。这一二十年来，中国家庭与海外亲友的联系早已摆脱了长途电话、电报，开始使用电子邮件，使用更方便的手机，远程音频、视频交流。家庭用水、电、气缴费，可以用多种自动缴费机，还可以用更方便的手机微信及支付宝。家庭用的电子相册，色彩丰富、艳丽、分辨率高；赏心悦目，方便快捷。当今，每一个家庭用的电子存储器的容量，都足以存储几套或十几套《四库全书》(指字符集类型版本，一套仅仅十亿多汉字而已)。说到国家社会的各领域、各行业，大多数也都是人们能够感知的。例如旅游、商业、交通、银行、金融、传媒、新闻、文化、公安、司法、军队等等系统。这些领域的信息化、数字化、网络化，都是以汉字的电脑化为底层基础的，其连续、不间断运行是靠大批电脑支撑的。汉字是字符型的，这是电脑最早实现的"非数值计算类型应用"。后来的音频、视频，所谓的多媒体、动漫，越来越复杂。音频比字符复杂度或时空消耗要增大千倍，视频比音频要再增大千倍。当今世界的网络流通，大多情况下是以字符型为主、为基础的，这样最高效、最节省，在需要时，转换为更复杂的类型。传输技术的飞速发展，也不断突破极限。发展无可限量。

造船、铁路、大飞机、重型机械制造等等行业，中国长时期里都是处于非常劣势地位的。这些年来，这些行业发展迅猛，正在迅速改变落后面貌。特别是高速铁路，更是开始称雄全球。这些行业中，粗看起来似乎应该说，信息技术的地位、作用远不如前述商务、金融、传媒、旅游……其实，信息技术在这些领域至少有如下重要价值。第一，在项目立项、调研阶段，搜索信息、查找专利。第二，这些部门里，智能设计技术(例如计算机模拟取代工业时代的手工"放大样"的虚拟现实技术)开始得也较早，作用也越来越大，品类越来越丰富。中国人聪明、智慧、坚忍、顽强，在这些领域也有极大潜能，常常能够在引进的设计软件基础上，开发出更先进、自主的版本。这些领域正在快速改变后进的面貌。第三，信息智能技术常常能够给传统产业带来新思路、开辟新路径。总之，这些原来属于重工业的、中国一向极为落后的领域，也在加速改变着后进面貌。其中信息技术是重要的工具，起到发展的倍增剂作用。

一些汉字改革家想不通，为什么汉字电脑化是各种行业信息化的基础。他们信奉、崇拜西方语言文字理论，真诚地相信：语言第一，文字第二。他们强调文字仅仅是记录语音的符号。汉字记录普通话，附属于普通话。他们仅仅承认文字的个人交际工具功能。但汉字绝不仅仅是个人交际工具，它还是中华文化的主要记录者、承载者、传播者，是国家各部门、各机构沟通，上通、下达的工具；是社会巨系统的通信、控制符号系统；是巨系统的神经与命脉。中国整个社会的高效、便捷、和谐，大大有赖于汉字信息系统电脑化的成功。

4. 中国信息产业成为全球信息化的积极推动力量

铅字时代，由于大部分时间与半殖民地时期重合，中国整体的工业化水平、机械化水平落后。印刷机、铅字铸造机、铅字印刷用纸的工业化制造，电传打字机（用于收、发电报）都是西方产品为主导。汉字铅字打字机来源于日本。相当长时期后，我国才开始部分仿制，自主的技术、国产化水平很低。又由于汉字处理设备的主要市场本来就在中国，中国相关技术的国际影响就十分微弱，几乎为零。

电脑时代，情况大大改变了。汉字电脑化浪潮大体是与中国的改革开放同步发生、发展的。1980 年代，中国的改革开放终结了当时长时期的“窝里斗”，全球文字处理电脑化潮流的激发，使得中国出现了一个创造层出不穷的火热年代。压抑百余年的中国人的智慧、才能，获得一次空前规模的爆发性展示、竞赛与表演。汉字输入法是西方某些大产业集团在 20 世纪五六十年代就着手起步的，但迟迟少有进展。而 1980 年代的中国，出现了一个“百花齐放”“万码奔腾”的火热局面。大批优秀、实用的汉字输入法产品产生，汉字输入速度迅速反超英文。1984 年，中国汉字输入法在联合国总部的表演令全世界惊叹。应该说，汉字输入法的火热创造，是汉字复兴大戏的一场开台锣鼓。其热闹、喧嚣、火热、嘈杂、迅猛、怪异，令人兴奋、激越，也令人惊奇、意外。这一切，其实是一次伟大的、酝酿已久的、救国图强的、带强劲自发性、群众性的运动。其硕果累累，影响巨大而深远。但十分可惜，本来负有领导责任的国家语委领导及权威汉字改革专家，面对此种“好得很的火热创造”却陷入惊恐、茫然、不知所措的被动之中。“糟得很”评价来自一些有话语权的当时的汉字改革家。只要粗略了解当时的历史，就应该承认，整个1980年代，由于电脑内存量不够大，电脑中用于词输入的词汇量很小，基于汉语拼音的输入法效率低下，难以忍受。1994年，汉字跨入电脑时代，主要是基于字形输入法支撑的。由于国家语委执行“不是拼音输入就不支持”的政策，大量基于字形的输入法就“无疾而终”，“万码奔腾”终于“万码齐喑”，最终落得个只有汉语拼音输入法一枝独秀。至今，拼音输入法的一枝独秀依然是中国汉字改革家引以为豪的汉字改革政策的巨大成就，且不断津津乐道。而大量中国人在拼音打字时遇到不会读或读不准音的时候，要么束手无策，要么大费周折。这些实在令人唏嘘。

在国家语委力所不及的众多领域，更广泛、更重要的信息化领域，中国人的创造力爆发式地产生、发展。中国迅速成为全球信息化的积极推动力量。一批中国企业登上国际舞台。从1980年代的进口为主，到21世纪前后，中国的许多信息技术产品远销海外。中国信息产品的国际市场占有率越来越高。电视机、手机、电脑的产量经常居于世界前几位或首位。中国的企业是非洲，中美洲、南美洲，东亚、南亚地区，以及“一带一路”沿线俄罗斯等许多国家信息化的积极推动者。中国企业也同时打进一些发达国家市场。中国的信息技术产品，是以优秀的汉字信息处理为根基的。中国信息企业的海外成功，也印证了汉字信息处理技术不再落后，而是跨入了国际先进行列。这一切都表明：某一些汉字改革家所宣扬的“如果不让汉语拼音帮助汉字，不实行‘一语双文’(双文指汉字与汉语拼音都是正式文字），中国网络在国际上将没有发言权”是错误的判断。

5. 为中华传统优势学科复兴、发展提供了全新技术支持

中国传统优势学科，指周易与中国传统哲学，中医药、针灸、中华武术等等学科。这些都是中华民族伟大的文化遗产，是中国特有的。它们需要继承、保护、改革、发展。它们需要现代化、科学化、国际化。中国的这些传统学科都有一个明显的特点，那就是：其核心术语的汉字翻译成外文形式有巨大难度。这是由于这些学科长时期里是在中华大地完全孤立环境下形成、发展的，它们自成独特体系，其中许多核心术语在西方任何语文里都找不到恰当的对译术语。它们看上去都是常用字构成，但内涵独特。如中医药中的“补”字，用英文意译为“补血”“补肾”“补脾”“补脑”……需要使用多个不同英文词来表达单个汉字。这样一来，统一的、单一的中国中医药概念“补”就被肢解为多个英文词。术语的明确性、准确性、单一性就完全破坏掉了。简单地用汉语拼音拉丁字母串串“BU”，那一定更让人莫名其妙。在《中华武术术语的外译初探》[①] 一文的列表中，统计给出当今中华武术术语大量使用汉语拼音的情况。近三四十年来，这些中国特色学科的术语或名词，已经做了大量规范化工作。但规范术语对外使用基本还都是“单纯拉丁字母化”的，就是采取“英文意译”或“汉语拼音表达”，还完全没有想到对外传播中直接使用汉字。有统计表明：中华武术术语大量采取“汉语拼音表达”。如“太极拳”有关术语 2082 个，用英译的比例仅为 12.4%（仅仅 258 个），其余的 87.6% 都使用汉语拼音。汉语拼音的表意性比起汉字来太糟糕了。我十分担心，这些学科术语完全拉丁字母化时，汉字术语就失去了它的准确的、明确的、单一性的含义。核心术语的含混、模糊将完全破坏学科本身，它

① 《中国科技术语》2017 年第 1 期，第 53 ～ 55 页。

们将不再是中华传统学科，而变成了西学的附庸，没有什么价值的附庸。同时中华这些传统优势学科终将弱化、退化，直至消亡、灭绝。要摆脱这种厄运，必须坚守“核心术语汉字化立场”。让汉字原模原样、堂堂正正出场、在场。中国传统哲学、医药、针灸、武术等学科中的汉字，应该像数学科学中的数学符号那样，作为国际通用语义符号使用。这些学科的学术论文，就像当今的数学论文那样，核心术语用汉字，就像数学符号；一般论述就像数学论文中的民族语文那样，可以是英文、法文、德文及中文！这一点，在1995年后，技术上已经十分简单、易行。数学符号融入世界各个主要国家语文的时候，数学才成为真正国际性的学科。同样的，只有核心术语用的汉字，融入当今各个国家、民族的语文里时，这些中华传统优势学科才能成为真正国际性的学科。而国际性的联合研究、创造、更新，这种大开放，才是中华传统优势学科发展成为国际性、现代化的康庄大道。数学符号是数学发展历史中，许多国家数学家一定历史阶段的创造，它成熟后作为一种专业性的文字，流行于世界数学界。当今，这种数学语言的编辑排版软件，是一种独立的专用软件，使用者需要单独装入，并学习其使用。比较而言，我这里设想的中华传统优势学科的论文书写编辑软件，其实就是当今各个国家、地区，正在使用的通用的文字处理软件。因为国际标准ISO10646自1995年起，20902个汉字一直是与各个国家、地区文字兼容的。只是有些国家、地区没有启用罢了。换句话说，汉字与当今其他文字的混合编辑、排版，比起数学符号与各个国家文字的混合编辑、排版更容易。它既不需要什么专用软件，也不必刻意学习数学符号的编辑排版规则。因为汉语文与其他语文的编辑排版规则高度一致，至少在数学符号语言比较上看，确实如此。

这里，技术上条件已经齐备，不存在原则性困难。仅仅是没有被注意，是被忽视了而已。关键问题是中国人对汉字缺乏信心，对汉字能够为众多外国人学好、用好缺乏信心。中国汉字改革家夸大了汉字的难度，夸大了简、繁体对立，更夸大了学习使用繁体字的难度。我们应该相信外国人能够学好汉字，并在汉字基础上学好中医药、针灸，就像外国人能够学好数学那样。而现实情况恰恰是：“中国人的这种宝贵的信心，早被近代的汉字繁难论打碎了。”说到此，我们需要反思更长些或稍长些的历史。应该说，开始于20世纪七八十年代的汉字电脑化，是最新、最近的一次汉字处理技术跨越性变革。此前，在19世纪还有另外一次技术跨越性变革，那是由传统手工雕版印刷到铅字印刷的变革。那一次，主要是由西方教会及传教士们完成的，而后被中国人接手（卖给中国人）。铅字印刷术的国际传播被西方称为古登堡革命，西方传教士希望这种古登堡革命能够尽快发生在中国，他们积极、努力地推进之。开始，他们完全得不到清朝政府的任何支持，不得不在中国邻近的境外进行实验、办印刷厂、印刷宗教宣传品。直到第二次鸦片战争后，他们才得以进入中国内地。那之后，他们在华还自主举办了规模化的汉语文培训。由来华先学会汉语文的洋人自己编写教材，自己当教师，教其他洋人。把持中国海关50年的英国人赫德，一直主持海关洋员的汉语文培训。他计划周密具体，要求明确严格，在职务安排、升降，薪金、养老金、奖金发放等方面奖优罚劣，不徇私情。他招聘西方未婚大学毕业生来华，培训两年后分配工作。19世纪中期到中华民国初年的五六十年里，这是全球最大的汉语文培训基地。它不仅仅保障了来华外交官、海关洋员、传教士们在华正常工作，还产生了一批汉语文教师，产生了一批汉学家，他们的汉字文化著述丰富多样，近代西方一些汉学领军人物都出自这种培训。他们的著作中，特别是教材、字词典，汉字与西文（英文、法文、德文、葡萄牙文、日文、俄文……）混合排版的数量颇大。这应该是世界文化史上，第一次较大规模的汉字与外文混合排版的出版物。西方教会与传教士借此获得了中国铅字印刷技术引进、开拓的优势条件，近水楼台先得月，干成了一番颇具价值的事业。他们离开中国后，西方没有任何国家建立过汉字印刷厂（这种印刷厂必须配备数百万或上千万铅活字，因为印一本100万个汉字的书，必须使用100万个铅活字！一本《红楼梦》就有 120 万个汉字）。西方人的这种汉字与西文混合排版的事业也就完全中断。西方一批没有汉语文知识的大学毕业生，在中国经过两年培训，就有如此良好的后续发展，令我惊讶。我低估了洋人学习汉语文的能力与热情，低估了汉字文化对洋人的吸引力、魅力，低估了汉语文的易学性。对于在新时代，采取中外合作方式，培养有良好汉语文能力，熟读汉字经典的洋中医药专家，洋中国哲学家，洋中华武术家，对此中国人应该有信心，至少应该像英国人赫德那样有信心。对于把一批汉字术语作为国际化、全球化、超语言通用语义符号的事业，中国人应该责无旁贷地承担起来。不要再畏缩不前、无所作为了。当前最大的障碍恐怕就是“掌握话语权的某些权威专家、管理者依然深深地陷入迷信、崇拜拼音英文的泥潭，对汉字信心已经完全荡然无存”了。说到这，就看出这些年反复强调的文化自信是多么重要，多么及时。

6.“患癌实为误诊”，应该停止“放疗、化疗”

事实已经生动地证明：汉字铅字处理技术效率低下、手工书写的繁难仅仅是不足两百年的“短暂时期”里的事，并非汉字固有属性落后使然。电脑时代汉字处理效率已经全面反超英文。此时再实施“放疗、化疗”就变成了“伤害汉字健康的错误手段”，必须立即停止。就是说电脑时代“应该明确宣布终止汉字改革”，开始医治汉字的创伤，重建汉语文的和谐生态。不要再继续简化（放疗）及拼音化（化疗）了。

十二　当今汉字正值全面、完整复兴的绝好新机遇——初步描绘能够立即实现的汉字教育、传播美好景象

1. 是什么激发了我的信心和想象力

十八大以来，习主席、党中央反复强调增强文化自信，反复强调挖掘传统、实现传统文化的创造性转化，创新性发展。同时，也反复强调充分利用、发挥电脑、网络及大数据技术，推动中华民族的伟大复兴。在他致国际教育信息化大会的贺信中（2015 年 5 月 22 日），描述当今的网络化教学时，用了 12 个汉字概括：“人人皆学、处处能学、时时可学。”正是这些号召和指示，激发了我的自信心和想象力。说实话，改革开放以来，特别是 1980 年以来，我不断地为汉字电脑化日新月异的进步而欢欣鼓舞，对汉字复兴设想着各种美妙前景。但非常不幸，我一次一次地被现实打脸，一次一次地失望。中国语文界与信息技术界的“两张皮”不断制造着乱象，制造着“复兴进程中的”各种“奇葩”或“怪现象”，使我常常陷入忧虑、困惑、无望中。是党中央国务院的关于新时代的论述及国家各方面高速高质量的实实在在进展，重树了我的信心，激发了我的想象力。“发掘传统”“传统文化创新性发展”等论述，使得我从“汉字书同文”里终于醒悟到：“两三千年来，汉字使用者都是使用自己的母语学习好、使用好汉字的。”汉字的多方言、多语言适用性是一种独特、优异的属性。中央领导的“敏

锐抓着信息化的历史机遇”及“人人皆学、处处能学、时时可学”的话，使我恍然发现：宝贝的20902个汉字进入西方人手机、电脑里已经近四分之一个世纪（1993至今），可惜至今仍然在“休眠”或“昏睡”中。我们已经失去历史机遇25年之久！在这一章，我就写出来“原本已经能够实现了的各种美妙前景”，“亡羊补牢”不为晚。我们可以，我们能够在中央领导思想指引下“夺回失去的机遇”。

2. 汉字两个“闲置”优势的唤醒必定带来汉字的新辉煌——汉字书同文及ISO10646-1993中的汉字新优势

（1）“汉字书同文”中的被长时期忽视了的宝贵属性（宝贵优势）

“发掘传统”的话，使得我想到“汉字书同文”。汉字文化圈中，两千多年来的“汉字书同文”是一个基本的历史事实，它不仅仅是“汉字字形在汉字文化圈里的统一”，更表明“汉字具有多方言、多语言适用性的品格”。中国方言差异巨大。美国罗杰瑞（Jerry Norman）先生说：“北方的哈尔滨到云南的昆明，远隔3200公里，相互间通话没有问题。南方方言差距最大。福建每一个县都有自己的方言，甚至不同的村子也有互相不能通话的方言”，“北京话与广东话之间的差异，和意大利语与法语之间的差异一样大。闽语与西安话之间的差异，同西班牙语与罗马尼亚语之间的差异一样大”[①]，“中国各地方言间的差异非常巨大。北京人能够听懂的广东话，一点也不比英国人对奥地利话的理解多。尽管如此，广东人总是觉得和北京人在文化传统上关系紧密，而英国人对奥地利文化却并没有这种感觉”，“汉语更像是一个语系”，“人们常说，汉语方言是不同的语言。确实是这样，有些大学中，亚洲语言系得把普通话和广东话分开来教学，就像西方德语系

① 罗杰瑞：《汉语概论》，语文出版社，1995年，166页。

把德语和荷兰语分开来教一样。对于历史语言学家来说，汉语更像一个语系，而不像有几种方言的单一语言。汉语方言的复杂程度很像欧洲的罗马语系”[①]。英国也有方言，但不同方言区的人，无法口语通话的事少见。因为英文是记录英语语音的。而汉字是以字形表意为主的“非拼音文字”。汉字是，或曾经是日、韩、越的正式文字达千年之久，他们都仅仅用自己的母语而不是中国话学习、使用汉字。汉字至今仍然是日文中不可缺少的成员。这些事实表明：汉字具有多方言、多语言适用性的宝贵品格。这种品格是汉字独特属性带来的。

再进一步讲，“汉字书同文”表明，汉字使用者仅仅使用自己的母语学好、用好汉字是一种“历史常态”。漫长古代，广东人就用粤语学习、使用汉字，并不需要先学官话（近代是普通话），更不需要先学《汉语拼音方案》（此方案至今只有60岁而已）之类。还有，查阅明、清两个朝代的状元名录，令人惊讶地发现：人口比例占73%的北方方言区，产生的状元人数大大小于其他方言区。明朝276年间，产生90名状元，来自吴语、闽语、粤语等方言区的状元人数为51人，占总数的56.7%。而清朝267年间，产生112名状元，来自吴语、闽语、粤语等方言区的状元人数为80人，占总数的比例高达71.2%。而这些方言区的人口比例不超过20%。据网络显示，清代的状元之省为江苏省，从顺治四年到光绪二十年(1647—1894)，247年间共产生状元49人。清代的状元之府为苏州府（辖境相当于今苏州市及常熟、昆山等），共有状元24人。（《趣味历史》，2015年4月16日）又据百度文库《千年科举考试的特殊符号——状元》一文所说，“在历史长河中，状元毕竟寥若晨星。可这样少量的状元，也出现了‘状元窝’奇观。福建永泰县在南宋孝宗干道年间接连出了三位状元，即萧国良、郑桥、黄定。后人在县城建‘三元祠’以为纪念，并作诗曰：‘相去未逾一百里，七年三度状元来。’‘状元窝’最突出的是苏州。明清两朝共

① 罗杰瑞：《汉语概论》，语文出版社，1995年，165页。

出状元204名，而苏州独占34名。其中清朝状元114名，苏州占27名，绍兴8名，杭州6名，山东曲阜5名，这四个地方竟占全国状元总数的40%强。”此事实很重要，它表明：在明、清两朝，与北方方言（含普通话）差异极大的吴语、闽语、粤语方言区的人，学习、使用汉字的水平相当高，比使用普通话的北方方言区的人高得多，高数倍。这或许从一个侧面反映出：普通话和汉语拼音并非是学好、用好汉字的必要条件，也未必真的对学好、用好汉字有什么优越性。中国近几十年来，在方言区特别是那些与普通话区无法通话地区的小学，一刀切地让“普通话进小学课堂”，未必是应该的、必须的，未必是利大于弊的。挤压方言，方言的迅速退化，造成方言的过早消失，是一件不可逆事件，是无法挽回的。方言的弱化，将不可避免地弱化母语教育，加大家庭里祖孙间的语言隔阂，祖孙不能口语通话绝对不是好事。我们应该思考：明、清时代，吴语、闽语、粤语等方言区的人是怎么学汉字的呢？他们肯定没有走先学汉语拼音、普通话，再学习汉字这样的路。因为《汉语拼音方案》的岁数（年纪）不过刚刚60岁而已，汉语普通话的明确定义也还不足百年（普通话的明确定义产生于1955年，第一本以北京音为基础的汉字工具书是1932年的《国音常用字汇》）。这些状元们学用汉字时，恐怕就是先通过非普通话（或非官话）母语（方言母语）学汉字，后来需要时再学习普通话的吧？实际情况到底如何，应该认真地调查研究一番。近百年来，中国汉字改革家们完全接受了来自拼音文字世界的主流语言文字观。他们坚信，文字仅仅是记录有声语言的书写符号。语言（普通话）第一、语言（普通话）为主；文字（汉字）第二，文字（汉字）为辅。人类的思维主要依赖于有声语言（普通话），而非文字（汉字）。只有语音才是大脑思维的物质外壳，汉字字形表意不是真实的。民国初期，中国小学的国文课更名为国语课，反映了中国政府和学术界从重文（重汉字、重古文）轻语（轻汉语，主要是国语，即普通话或华语）向重语轻文的转化（周有光语）。1958年起，小学识字教学更是一律从汉语拼音起步，以汉语拼音和普通话为基础；以听说为主，而非以读（目视的读）写为主。实际上汉字与（汉语普通话+汉语拼音方案）捆绑在一起了，这种捆绑成为近代的新常态，与中华传统背离的新常态。汉字失去了在识字教学中的基础地位、核心地位。汉字结构及字理的教学淡化，甚至完全取消。这些理论认识及做法，完全与三千年来的中国传统相反。非官话方言区拥有高比例状元的历史情况，变得令人难于理解、大感惊奇。我思考这个问题时，在近代中国语文学家的著作里，见不到什么有用的、有启示的材料，甚至根本无人提及（当然，这也可能只是由于我自己的孤陋寡闻）。反而在西方传教士、汉学家那里，在日本学者那里，找得到一些有用的材料。我真有些担忧：到吴语、闽语、粤语等方言消亡了的时候，如果我们还搞不明白“非官话各方言区”为什么能够有这么多状元的时候，不得不去日本、去西方求教，那我们当代中国人是否太愧对祖宗，太愧对自己的宝贵汉字，太愧对中华传统文化了！我们应该珍惜、尊重我们民族宝贵的历史经验与文化传统。这种传统是延续了四五千年、在整个中华大地（和整个欧洲差不多一般大或更大）、在十数亿人口中历经种种磨难而顽强生存下来的。轻视、否定甚至丑化、妖魔化宝贵的民族历史传统，是一种自轻、自残、自贱、自毁命运的愚蠢行为。习主席说：“一个抛弃了或者背叛了自己历史文化的民族，不仅不可能发展起来，而且很可能上演一场历史悲剧。”（《在哲学社会科学工作座谈会上的讲话》，2016 年 5 月 17 日）在民族复兴的伟大新时代，我们确确实实应该重新树立对汉字的信心。

（2）编码技术标准 ISO10646-1993（等同的 GB13000-1993）中的汉字优势

这里，再来说电脑新技术带给汉字的崭新技术优势。1995 年，中国及世界开始实际上推行、实施汉字编码技术国际标准 ISO10646-1993（等同国家标准 GB13000-1993）。此时起 20902 个汉字已经成为全球几乎所有文字处理设备中的必备成员。这个包含 20902 个汉字的字符集，还是简、繁体兼容，中、日、韩汉字兼容的。为什么说这是汉字的新优势？因为它不像“汉字书同文”的优势已经存在两千多年。这个新优势刚刚从 1995 年开始。为什么说它是优势？因为此时起，西方人开始很容易利用自己的电脑、手机，从网络上接触、学习汉字，阅读、下载、发送汉字信息。西方网络用户很容易通过网络来学习汉字、汉字文本。英语者可以在自己的手机、电脑上利用英文词“I，you，he”输入、显示汉字“我，你，他”。当今全球网络人口 37 亿（2017 年底统计），其中中国 7 亿，海外 30 亿。这 30 亿网络人口可以在手机、电脑帮助下，就用自己的母语学好汉字，用好汉字。可惜，这些海外网络人口的手机、电脑里的汉字还在“休眠”或“昏睡”中。就是说汉字的这个新优势被忽视了将近四分之一个世纪了。为什么被忽视？首先，在中国，这个“强制性国家标准”（当今实施的标准为 GB18030-2000，以那 20902 个汉字为真子集！收汉字 27484 个，接近 3 万！）竟然一直不被国家语委理睬，不被承认。直到 2013 年，国家语委设计、制定的《通用规范汉字表》只承认 8105 个汉字是规范汉字，其中不包括任何一个繁体字。非规范汉字（特指繁体字）的使用是要被罚款 500—5000 元人民币或扣分的。2013 年底，一名中国商户因为用五个繁体汉字就被罚款人民币 1 万元（一字两千金！）并没收 30 件白酒（参见附录 B2）。在当今中国，也已经早就放弃了“用母语学汉字”的宝贵传统。民国开始教授“国语、国文”。1958 年起，汉字教学开始实行与（汉语普通话 + 汉语拼音方案）捆绑在一起的教学模式。这种教学模式是中国精英照搬拼音文字的英文教学模式形成的。英语文被中国精英迷信、崇拜已经长达一个多世纪。西方索绪尔辈的语言文字理论统治中国语言文字界也已经长达一个多世纪了。

需要强调，“汉字书同文”包含的传统优势和技术标准 ISO10646-1993（等同的 GB13000-1993）带给汉字的新优势，只有两者联合、叠加，才能够发挥强大威力。这种联合、叠加，是与中国近代及当代的主流理论与做法都不相符合的。这其中必将伴随一场深入的、大规模的变革。从改革开放以来的大形势看，从国家新领导集体的治国理政思路看，我对这两个“被忽视的优势”的联合、叠加，持乐观态度，对必将产生的汉字文化新辉煌，持乐观态度。

会有大量读者强烈怀疑：老外仅仅借助手机、电脑能学好汉字？“面对面、手把手都很难学得好的汉字，网络、远程，无生命的手机、电脑就真的能行？开玩笑吧！我愿意再次强调，汉字使用者用自己母语学汉字是漫长的历史常态。是两千年来，广大地区（范围与欧洲或北美相仿或更大）、众多人口（数亿、十数亿）中活生生的历史事实。这种事实还是发生于农耕文明时期。上了年纪的中国人都知道，毛泽东是用湖南话学的汉字，没有学过《汉语拼音方案》。蒋介石是用吴语学的汉字，也没有学过《汉语拼音方案》。孙中山、康有为、梁启超是用粤语学的汉字，也没有学过《汉语拼音方案》。宋家三姐妹是用吴语学的汉字，也没有学过《汉语拼音方案》……我 1957 年考入北京大学，当时四五十个人的班级，总有个别同学说的话，全班里多数同学听不懂。在大饭厅（当今的百年大讲堂）的全校学生大会上，也听过许多同学听不懂的讲演。记忆深刻的是马寅初校长及陈伯达的讲话。就是说，20 世纪 50 到 60 年代，在北京的中国人，口语不能通话的现象还是平常事。当今，普通话的推广及方言的退化是十分迅速的。人们特别是青年人，几乎对汉字超方言使用完全不了解。汉字的这个宝贵属性被严重轻视、忽视甚至否定了。还要看到，当今的信息时代比农耕文明的古代，各方面条件都已经产生翻天覆地的变化，网络、电脑、手机将随时、随地提供帮助。学汉字并不需要像学英语文那样，十分依赖有声语言环境，不需要把学习者“浸入到‘母语与汉语’双语环境”中！不一定非要“一批人的语言环境”或“一个单个的对话伙伴”。换言之，不一定非得在学校学，进课堂学，或者像特朗普外孙女那样，请一个高价保姆来学。汉字可以自学。至少，自学可以成为一部分，重要的一部分！学汉字最依赖的是包含汉字的“双文环境”或“双文文本环境”。不是有声口语第一，应该是视觉优势的汉字文本第一，应该是目视阅读第一。最重要的不再是口语语感，而应该是目视阅读之“文悟”。讲究字斟句酌，讲究推敲玩味，讲究分析语境，融汇文道，求索方法，揣摩心理，透视情感之悟。而这个过程只能由阅读者自主完成。换言之，这是一个主体个性化的自我教育过程。视觉的汉字文本长于学知识、受教育、人品涵养、道德养成、性格塑造。以字形表意为主的汉字，“声韵调一口呼”的方块字是独特的具有教化优势的文字，绝非汉语拉丁拼音所能相比。（这里的“文悟”我最早是从戴汝潜先生的书《走进科学序化的语文教育——大成·全语文教育》得知的，自然我这里稍许发挥了一下。如果有错，责任在我）。汉字的这种独特属性也是独特优势，在近代以来已经完全无人知晓，无人承认，无人相信了。

最后我想说，习主席在致国际教育信息化大会的贺信中（2015 年 5 月 22 日）描述当今的网络化教学时，用了 12 个汉字概括：“人人皆学、处处能学、时时可学”。我会在本章后面各节具体说明，对各类各种教育所说的这句话，也适用于汉字教学。特别能够用于“老外用母语学汉字”。天下人学汉字都能够做到“人人皆学、处处能学、时时可学”（至少是在全球 30 亿网络人口之中）。在学了一两千个汉字之后，再花费累计 10 个小时（可分散于两三个月），就可以粗通汉语普通话。我这样说的根据是汉语文的两大特点及优点：（1）汉字与汉语语音流中的音节一对一对应；（2）汉语文的音节数很少（400 多或 1300 多）。反观英语文，它既没有一对一，其音节数又太大（最大可能值 35 万多，取四分之一也有八九万之多）。因此，汉语速成学习法无法用于英语。我确信，只要汉字摆脱了拉丁英文的误导，跳出英文陷阱，或者说“跳出索绪尔辈陷阱”，汉字就不再繁难。汉字可能重新成为易学、有趣、迷人的文字。近代以来，英文已经迷倒、俘虏、征服了许多中国精英，给汉语文带来许多灾难。英语文的这个胜利是“趁火打劫”的胜利，是伴随西方列强入侵及铅字处理技术传入，拉丁字母优越性、便捷性、高效性大展神威中获得的。在中华民族伟大复兴的今天，汉字迷倒、俘虏、征服一些老外，就不值得大惊小怪。正所谓“三十年河西，三十年河东”呀。我以为“汉字迷倒老外已经早有先例”，那就是清末民初，来华洋人（三大群体：外交官、传教士、海关洋员）的在华汉语文自主培训。一批西方未婚的大学毕业生来到中国，在破败的、动乱的、屈辱的中国，在山河破碎、民不聊生的中国，一批西服革履的洋人，手捧汉字书写的书，孜孜不倦，潜心学习。那时少有当今中国弥漫着的“汉字繁难论、汉字落后论”。这真是一道别样风景。他们中许多人，以汉语文教学、研究为终身事业。在这种自主培训中成长为洋汉学家，洋汉语文教师，产生出几个列强国家汉学的领军人物。这些洋人还撰写了大批汉字文化著述。有一批人终老、埋葬在中国的土地（参见附录 E）。我所说的“让汉字迷倒、俘虏、征服一些老外”，就是要由中国人主导，再培训出更多的洋汉学家、洋中国哲学家、洋中医药学家……英语文及索绪尔辈对中国精英的“迷倒、俘虏、征服”给中国制造了麻烦、灾难。而汉字对老外的“迷倒、俘虏、征服”是双赢、多赢的。我们这一代要有勇气借助汉字，把优秀的中华文化、中华智慧传播全世界。悠久、博大精深的汉字，应该有此种胸怀、气魄与能力。

3. 汉字原模原样、堂堂正正畅行天下

让汉字原模原样、堂堂正正畅行天下，在长时期里（1995 年前）都仅仅是梦想、幻想。但 1995 年后，由于全球现行文字的统一电脑编码标准 ISO10646 开始推行，20902 个汉字已经成为全球所有电脑、手机里的必备成员。原来的“梦想、幻想”已经变成一件平常事、简易事。

由于铅字时代拉丁英文的强大优势，全世界几乎处处见到的都是“CHINA、MADE IN CHINA”或“china、made in china”。新时代，从

今天起，应该更多的使用“中国、中國、中國造”。高速奔驰的动车上，不应该只有“SHENZHEN TO MADELI”，一定要加上“深圳到马德里”。当今数十条一带一路上奔驰的高速动车的起点、终点，都应该有汉字式表达。这些地名汉字如深圳、义乌（義烏）、成都、青岛（島）、杭州等都应该以汉字形式原模原样、堂堂正正畅行天下。不仅仅只是标志到列车车厢，还一定要编写文字材料。这种文字材料是“汉字与一种其他文字混合”的，其中汉字字数少，很少；更多的是另一种文字（俄文、波兰文等一带一路沿线国家文字），就是本书所说的“单语双文”文本。这种文本是用来简单介绍中国高铁及中国城市的。其中另一种文字是用于解释其中少量汉字的。这种文本材料有纸质印刷的，用于沿途散发或每一个车站张贴。还要有电子版本，这种电子文档应该通过各种网络传播，或者在纸质印刷品上加“二维码”，让用户“扫一扫”获得。这种材料不仅只用于介绍中国动车及中国城市，同时也是在传播汉字文化，它同时还是一种老外学汉字的学习材料。这种文本材料确确实实要按“教老外学汉字的思路”编写。我的文学水平、外语水平都甚低，但为了具体反映我的思路，我写了几篇“单语双字”学材的样例。它还不是我说的真的“单语双文”，因为我的英文不行，其中应该改为英文的部分，我暂用另一种字体表达。它可以称之为“单语双文原初预版本”（详见本书十二章之 10 及附录 D）。

当今中国已经有众多的单纯的外文报纸、期刊、网站。从今日起，积极而稳妥地、有计划、有步骤地实现向“单语双文”型提升和改造。把其中最热点、最关键、最具中国特色的词语，以汉字形式原模原样、堂堂正正地出场。因为只有汉字才最具中国特色、中国风格、中国气派。这一类词语如“一带一路”“合作共赢”“命运共同体”“一方有难，八方支援”等。这里自然应该对这些少数汉字给出外文（分别用英、法、俄、西、葡、阿等）注释、解说，使得西方阅读者顺便认识几个汉字。

中国的淘宝网站已经创造了震惊世界的奇迹。希望我们利用已经有的良好基础，对那些单纯的、纯粹的外文用户界面，进行“单语双文”式改造、提升，积极开展“单语双文”型的汉字传播事业。中国商标中的汉字不要为了迎合海外用户而完全拉丁化（拉丁汉语拼音或外文意译），应该保留汉字，另外加注更细致的外文意译，帮助、鼓励生产者给产品编写简短、精练的“单语双文”型产品说明书，随产品销售发放。这既是产品说明书，又是汉字文化传播品，还是老外学汉字的学材。

在学习、继承中华优秀传统文化上，中国高层领导身体力行地为我们树立了绝佳榜样。中华优秀传统文化是中国政府治国理念的重要来源之一。文集《习近平用典》已经出版两集，并且已经有了一些外文译本。但已经有的译本都是“不见汉字的纯粹外文译本”。我希望，我呼吁尽快出版“单语双文”类型文本。其中名言、警句应该是原模原样的汉字，外文是解释汉字的。汉字数量较少，而外文解释较多。类似于《唐诗三百首》中唐诗原文汉字数量少，用于解释的“白话文”的字数可能七八倍或十余倍“唐诗原文”。这种方式对于中华文化海外传播，肯定是全新的，此前似乎从未有过。让汉字原模原样出场、在场，是国际标准 ISO10646 赋予汉字的全新品质。习主席在谈话、讲演、文章中，引用古今中外的名言警句、古语、诗词，看似顺手拈来，其实无不恰到好处，尽显画龙点睛之妙。这是他对中国智慧的极好代言。海内外广大读者群，从这种“单语双文”型文本学习中华传统智慧，是一种有效、便捷、易行的方法。为了反映我的一些具体想法，我也草拟了几个“单语双文”学材课文，见本章之 10 及附录 D。

4. 老外能够用自己的母语学好、用好汉字

中国近代以来，汉语文教学一直受到英语文的强烈影响。这种影响似乎越来越大，并且持续到当下。中国的改革开放及汉字电脑化的伟大成功，似乎都没有对弱化这种影响有太大作用。中国当今的

汉字教学模式可以称之为“汉字与（汉语普通话＋汉语拼音方案）紧密捆绑”并且汉字处于从属的、次要的模式。这是近代以来逐步形成的主流模式。我不可能否定这种主流模式。这种主流模式形成了当今汉字教育、教学的主战场、第一战场。我只是鼓吹、建议开辟、试验第二战场。就是“让老外用母语学汉字的战场”。这个第二战场是挖掘汉字书同文中的汉字传统优势；充分利用新技术（特别是国际标准 ISO10646）赋予汉字新优势（可惜这是两个被完全忽视了的真实优势！）。这种第二战场的开辟，符合“百花齐放、百家争鸣”的一贯方针。它的试验、推行可能产生多方面积极影响。

民国初年，随着“语文”课更名为“国语”课，中国汉字教育开始了“从重文轻语到重语轻文的伟大转变”（周有光语）。到 1958 年，则形成了汉字与（汉语普通话＋汉语拼音方案）紧密捆绑在一起的新模式。使得“用母语学汉字”的传统模式真正成为历史。说老实话，我这些年的学习、思索，除当今的日本外，我没有找到像样的、真正的“用母语学汉字”的成功案例。中国国内的汉字教学也已经远远不能说是“用母语学汉字”，即便是北方方言区（普通话区在此区）中的晋方言区、四川方言区，都不能说是“用母语学汉字”，吴、闽、粤语等方言区更不能算。就全国而言，应该说主要都是（普通话＋汉语拼音）与汉字捆绑模式，是汉字从属于、附属于（普通话＋汉语拼音）模式，甚至可以说是“用汉语拼音方案学汉字”模式。

但“用母语学汉字”确确实实是中国及东亚两三千年里的历史常态，我们不能采取历史虚无主义态度否定它们。我们要努力重建被“列强殖民侵略和铅字技术局限性”双重打击下破碎了的民族自信心，再发掘、重新认识汉字的优秀品格。近代中国大批精英人物都是“用母语学汉字”的成功典型，这些精英包括康有为、梁启超、孙中山、毛泽东、蒋介石、鲁迅、巴金……几乎大部分近代名人。在国际上，瑞典的高本汉先生可能是个精彩的例外，他曾经用瑞典语教自己的弟子学汉字。高本汉先生的大弟子马悦然先生就是诺贝尔文学奖评委会里唯一懂汉语文的那位评委，他说他第一次来中国时一句汉语也不会说，但能“读懂”（目视的读，或看懂）当时的报刊书籍及汉字古籍。从马悦然的自述看，高本汉极可能主要用瑞典语教弟子们学汉字。瑞典文与汉字双文混合文本，“单语双文”文本（此处单语为瑞典语）一定起到了重要作用。高本汉先生还认为：即使是西方成年人，根据这种简单、合理的方法，也能在一年里学会2000个左右的汉字。他在对欧洲人解释为什么不能用西方人仅仅学26个字母、中国人必须学两三千汉字，就认为汉语文特别繁难时说：“经验表明，困难没有那么严重，由于汉字有某种理据，所以学起来相当容易。一旦你学会了几百个简单的书写符号，就是基本材料（引者注：应该指偏旁、部件），那就只是个拼字的问题了。‘手’和‘口’两个符号结合起来就是个‘扣’字，等等。孩子们很容易记住。”[①] 东学西渐之后，欧洲出现过“从来没有到过中国，不会说一句普通话的著名汉学家”，他们都有各自的关于中国学的著述，为学术界认可、尊敬。德国学者在《近代来华传教士汉语教材研究》一书的序言里谈到这种情况，他明确提到这样三位汉学家：雷慕沙（1788—1832）、儒莲（茹理安）（1797—1873）、甲柏连孜（1807—1874）。这些人是通过学习、研究汉字文本来学习、研究中国的，而不是先学汉语或同时学习汉语文的。这样的人不多或很少，但有其价值，偶然性中包含着必然性。它说明汉字是能够脱离汉语，仅仅用学习者母语进行学习、研究的，是能够通过学习汉字文本成为汉学家的。

应该说，近代以来的中国，用母语学汉字的模式迅速退化乃至消失。今天在中国已经难于找到有“用母语学汉字”直接教学经验的人。从发挥学习者母语优势提高汉字教学效率的角度看，事例还是有的。之一是近代来华洋人（传教士、外交官及海关洋员三大群体）在中国自办的汉语文自主培训。这种培训是由洋人当教师，编教材，教学课

① 高本汉：《汉字的本质与历史》，商务印书馆，2000年，22页。

堂上可能用英语、法语、俄语、葡语等的分量较大。其教学效率似乎不比当今中国汉字教学差（参见附录E）。之二是朱德熙先生曾经在1952年赴保加利亚教授汉语文3年。他和熟悉保加利亚语的另一位中国人（保加利亚国籍）用保加利亚语编写、出版了保加利亚文的汉语文教材。朱德熙离开后，该教材一直被使用了37年。我曾经到国家图书馆去翻阅中文版的各种对外汉语教材，我觉得中国当今编辑出版的大部分这类教材都应该属于以“汉语文为教学语言”的，这可能不利于发挥学习者的母语优势，应该积极编写“用学习者母语为教学语言”的教材或学材。

高本汉先生的教学是从汉字的独特属性出发的。中国现代对外汉语教学受到英语作为第二语言教学的巨大影响，强调（普通话+汉语拼音），汉字处于从属地位；重视词汇，不重视汉字。一两册、三四册教材里，都很难见到一句中华古典名言。这一点，吕叔湘先生“说对了”。吕先生说：“汉字加文言，配合封建社会加官僚政治；拼音文字加语体文（引者注：指白话文）配合工业社会加民主政治——这是现代化的两个方面。……倘若咱们要，并且咱们能，挽狂澜于未倒，把中国拉回到封建社会去，或者是世界的形势有改变的一天，重复走上封建社会和官僚政治的路，我一定跟在你的后头摇旗呐喊保存汉字和文言文。”周有光先生有类似的说法：“汉语拼音方案是拼写汉语普通话的，不是拼写汉字的。汉语拼音方案是拼写白话的，不是拼写文言的。”这两位大师的高论，有一点是正确无误的，那就是（普通话+汉语拼音）不利于传播文言文表达的汉字文化。这是过分重视（普通话+汉语拼音）的必然后果，是特别重视汉字的个人交际功能的后果。有人认为，当今某些对外汉语教材是旅游汉语，主要解决口语交流、交际，传播汉字文化功能弱，或很弱。按照吕、周两位权威的话，前面我所建议的用“单语双文”文本，向海外传播中国传统文化的名言、警句，传播汉字文化及中华智慧，就应该算是“大逆不道，无知妄说”了。我确确实实认真地、沉重地思考过两位大师的名言，我该不该

"反两位大师之言"而行之？后又读到胡适先生的话，他说："无论吾国语能否变为字母之语，当此字母制未成之先，今之文言，终不可废置，以其为仅有之各省交通之媒介物也，以其为仅有之教育授受之具也。"[①] 胡适先生是白话文的开山师祖，他开风气之先，但在他处理具体问题时却很少偏激、绝对。他这里的话，难得地强调了文言文在各方言区交流、沟通的价值以及在教育传承中的不可或缺。我相信，从汉字书同文的历史看，文言文才是汉字文化圈最具通用性的文本，是流通性最高的文本。这许多年里，习主席引用的名言、警句已经结集出版了两册《习近平用典》。我相信，许多中国人从这两册《用典》，开始重新认识文言文。"文言文是死文字，是死文学""文言文是统治阶级的工具""文言文是愚民利器"等等评价，开始大大失去市场。从吕、周两位的言论也看到，用母语学汉字由于摆脱或暂时摆脱了（普通话 + 汉语拼音），是大大有利于中华经典文化传播的。这使得我确信，通过"单语双文"文本向全球传播中国传统文化名言、警句中的中华传统智慧，不仅有重要价值，还会引发多方面的积极影响。当今中国大学里的《普通语言学》《现代汉语》《现代汉字学》等模仿、照搬西方语言学的倾向非常明显，实际上成了西方仅仅依据拼音文字的历史经验得到的西方语言文字理论的翻版、抄袭。中国传统的汉字学说被严重轻视，甚至是被否定、被取消。《现代汉字学》更有主要为近代汉字改革做理论解说的明显味道。传统汉字学中的"古今文字"分界，是以"隶变"为界，隶变之前为古文字，隶变之后为今文字（这里的"今"最晚也是从秦、汉开始）。《现代汉字学》为什么从晚清开始？《通用规范汉字表》设计组组长说："只有记录普通话的字才有资格进入规范汉字的范围"，"此字典一般不收文言音项及意项"（《通用规范汉字字典》序）。用不足百岁的普通话给三五千岁的汉字"定性"合适吗？行得通吗？孔子的话"三人行必有吾师焉"，是记录孔子的话还是

① 《胡适学术研究文集：语言文字研究》，中华书局，1993 年，第 78 页。

记录的普通话？如何判定？所有繁体字都不是记录普通话的吗？中华经典中大量繁体字怎么就都是非规范汉字？

5.“人人皆学、处处能学、时时可学”的汉字——从习主席一封贺信说起

2018 年 7 月 10 日，人民日报海外版大标题“人人皆学、处处能学、时时可学(《习近平讲故事》)”刊发习近平“致国际教育信息化大会的贺信(2015 年 5 月 22 日)”，摘录如下：

> 当今世界，科技进步日新月异，互联网、云计算、大数据等现代信息技术深刻改变着人类的思维、生产、生活、学习方式，深刻展示了世界发展的前景。因应信息技术的发展，推动教育变革和创新，构建网络化、数字化、个性化、终身化的教育体系，建设“人人皆学、处处能学、时时可学”的学习型社会，培养大批创新人才，是人类共同面临的重大课题。
>
> 中国坚持不懈推进教育信息化，努力以信息化为手段扩大优质教育资源覆盖面。我们将通过教育信息化，逐步缩小区域、城乡数字差距，大力促进教育公平，让亿万孩子同在蓝天下共享优质教育、通过知识改变命运。

该版面其他部分为长文“中国慕课风生水起”，该文开头写道：“‘百姓不出门，便上名师课’，慕课(MOOC)的魅力正在于此。一台电脑或一部手机、一根网线或连入 wifi，就能加入全国甚至世界范围内的名师课堂。”

慕课是最新型的网络远程教育。中国电子化的网络远程教育，起步于 1979 年的中国广播电视大学。慕课全称是“大规模开放在线课程”，2012 年在美国兴起，2013 年就传入中国，大学校园里的老师，将自己

的课堂搬到互联网上。不只是学生，各行各业的人都可选择学习这些课程，还能获得一张由大学所签发的结课证书。如今在中国，像这样的线上课程已有 5000 多门，课程总量居世界第一。目前，中国大学 MOOC 平台的注册用户数已经超过 1000 万。中国孔子学院也已经开启慕课教学。一门课程搬到网络化的慕课上，能不能取得比普通面对面教学更显著的好成绩，与课程的性质、特点大有关系。当今主流的汉字教学，汉字与（普通话 + 汉语拼音）捆绑的模式，强烈依赖有声语言环境，要求把学生“浸入真实双语环境”，慕课就未必比面对面来得更好。这可能是孔子学院慕课并不很如人意，而少见报道的原因。但从习主席热情的贺信可知，网络化远程教育能够达到“人人皆学、处处能学、时时可学”是真实的，是十分诱人的。我以为，主要依赖于含汉字的“单语双文文本目视阅读”的“用母语学汉字”模式，更适合于网络远程教学。甚至可以说，不必非要上最新的慕课，利用慕课之前的一般网络远程教学，也能够实现“人人皆学、处处能学、时时可学”的目标。要实现“用母语学汉字”，最重要的是获取“单语双文文本”的教材或学材。只要使每一个想学汉字的人，能够随时、随地获取“单语双文文本”型学材，就实现了最重要的部分。余下的主要是学习者潜心地自主学习，这种学习最重要的环节是“认真的目视阅读”。而其实，当今已经普遍用简单的“扫一扫”实现移动支付、共享单车，也可通过“扫一扫”获取“单语双文文本”型学材。与移动支付、共享单车的差异在于，网络教学中心有丰富、优秀的电子式“单语双文文本”学材库，又具有识字教学丰富经验的指导教师。对学员的线上、线下管理，可以吸收慕课、移动支付、共享单车已经积累的成功经验。并且“共享汉字”不会有“共享单车”的种种负作用（如故障车泛滥、车祸）。

6. 两种对外汉字教学模式的比较

当今主流的“双语双文”模式　这里的“双语双文”包括两个完

整、独立的语文：英语文及汉语文，各自成为独立的听说读写用系统。英语文里的形、音、义任一个，都应该与汉语文的形、音、意任一个建立关联关系。如果把“dog→狗”和“狗→dog”当作是两个关联，那么这个“双语双文”系统中的关联就有 3×3×2 总计 18 条关联线。这些关联中通常认为“双语环境”最重要。所以学习过程中，强调双语环境的营造、强调把学习者浸入双语环境。

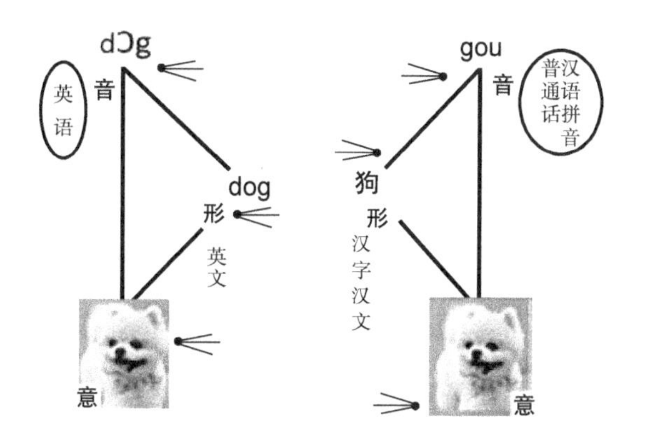

本书建议的“用母语学汉字”的“单语双文”模式　这里，首先强调“双文对应”，建立英文词“dog”与汉字“狗”的对应。再利用英语者的母语优势，汉字“狗”通过“dog”与英语文全部形、音、意建立普遍联系。在这个过程中，最重要的是**“dog→狗”和“狗→dog”这一对关联**。相当长一段时间里，英语学习者不必关心普通话与汉语拼音，这必定能够减少大量学习负担，英语学习者最严格关注的是“双文对应”的效果，即**“dog→狗”和“狗→dog”**，而非两种有声语言环境的营造。

漫长的古代农耕文明时期，中国各个方言区以及日、韩、越各国，并没有产生像近代以来的汉字繁难论，表明这种“单语双文”模式是有效的、易行的。

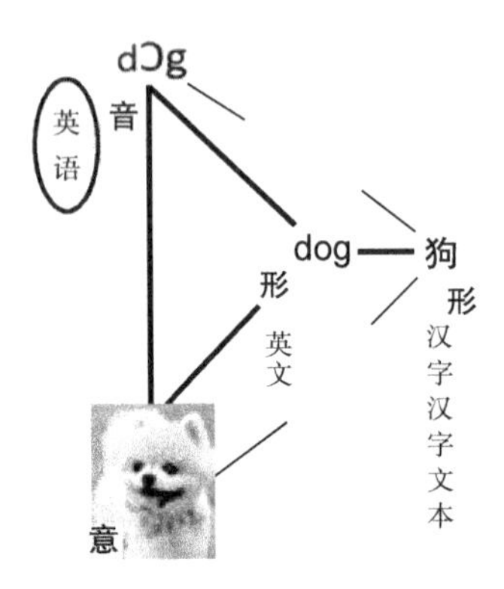

7. 汉字教学必须符合汉字独特属性，不能完全照搬英语文

汉语文和英语文是世界上差异巨大的两种语文类型。由于近代英文随着中国迅速半殖民地化强势进入中国，也由于铅字处理技术低下，英文显现了突出的高效、便捷，英语文迅速“迷倒、俘虏、征服”了中国的精英及公众。追随、模仿、照搬英语文的一切，将其用于汉字，成为一个世纪以来中国的社会风气。汉字教学，无论是国内还是对外，都与世界接轨、与字母接轨、与现代接轨。汉字教学传统、成熟的历史经验都被抛弃了。原本是“声韵调一口呼”的汉字，先费劲地改为“音素化拼音”，拼成字母串后再费劲地“直呼字母串回到音节”。传统上的谬误与荒唐，变成了当今的真理与时髦。原本是以字形表意为突出特征的汉字，字形结构、字形表意、示音的字理教学也变得完全不见了踪迹。汉语文在长时期里，“字”一直是核心、基础，并没有与英文 WORD 相对应的概念。百年前开始把原来“诗词歌赋、宋词元曲”里的“词”拿来对应英文 WORD，并努力建立以“词 WORD”为基础的汉语文语法。这一番对英语文的追随、模仿、照搬，“少慢差费累”终于成了汉字教学常态，这些又返回来强化了“汉字繁难论”“汉字落后论”的普遍认识。我还要强调，学汉字并不需要像英语文那样，十分依赖有声语言环境，不需要把学习者浸入到“母语与

汉语”双语环境中！不一定非要一批人的语言环境或一个单个的对话伙伴。换言之，不一定非得在学校学、进课堂学，或者像特朗普外孙女那样，请一个高价保姆来向保姆学。汉字可以自学。至少，自学可以成为一部分，重要的一部分！学汉字最依赖的是包含汉字的“双文环境”或“双文文本环境”。不是有声口语第一，应该是视觉优势的汉字文本第一，应该是目视阅读第一。最重要的不再是口语语感，而应该是目视阅读之“文悟”，讲究字斟句酌、推敲玩味、分析语境、融汇文道、求索方法、揣摩心理、透视情感之“悟”，这个过程只能由阅读者自主完成。换言之，这是一个主体个性化的自我教育过程。视觉的汉字文本长于学知识、受教育、人品涵养、道德养成、性格塑造。以字形表意为主的汉字，“声韵调一口呼”的方块字是独特的具有教化优势的文字，绝非汉语拉丁拼音所能相比。说起来有趣的、值得注意的是，来华洋人们自己编写的汉语文教材，倒都重视部首、部件，有的洋人还给出改进的部首汉字检索方法。他们重视“字”的教学，课后有生字表，书后有生字表，有的还附有汉字频度表（而我们当今的许多对外汉字教材只附词汇表、词语表），有的洋教师设法从“先”“生”两个汉字的字义，来解释为什么二字组合“先生”表示“年纪大的人”或“老师”。中国当今许多对外汉字教材，只教二字词“跳舞”，不教单个汉字“跳”和“舞”，当美国学生第一次见到“舞迷”时，常常是口中念念有词的“跳舞、跳舞”，最后一半人把“舞迷”读出来的却是“跳迷”。中国人对英语文的追随、模仿、照搬，完全是中国人自觉、自愿、非常主动的行为。百年前，来华洋人们自主创办汉语文培训，倒是比当今中国人更重视中国汉字的特点。此事值得深思（参见附录E）！

8.“用母语学汉字”的最重要条件是“单语双文”文本环境

当今的语文教学，普遍十分重视有声的口语教学，这是近代以来强势英语文带来的后果。对于拼音文字，这可能是对的；对于非拼音文字的汉字，对以字形表意为突出特性的汉字，可能是弊多利少。强调口语教学，强调有声语言环境，强调场景，强调语言的个人交际功能。为了营造环境，常常需要一班人、一批人、一群人的活动安排，或者至少找一个对话伙伴。因此为了语言学习，人们进入正规教育的学校、课堂、培训班，或请私人教师、家庭教师，都成为正常事。这些事都难以个人安排。

对于以字形表意为突出特性的汉字，从汉字文化的习得来说，汉字文本的目视阅读极其重要。学习者尽快学会阅读，尽力大量阅读很重要。此时，就不再是汉语第一，普通话第一，而是汉字第一。不再是口语训练第一，而是汉字目视阅读第一。不再是强调有声语言的语感，而应该强调目视阅读的文悟。阅读能够使学习者增加自主学习的能力，占领发展兴趣的制高点，获得自我教育的高招，培养终身受益的能力。[①] 这里，在"用母语学汉字"的情况下，"读"其实是用母语（如英语）来读。对于汉字句子"我爱你"，英语者目视汉字句子"我爱你"，读出的是"I love you"。这种学习使得学习者能够把汉字与相对应的英文词对应起来："我"对应"I"，"爱"对应"love"，"你"对应"you"。掌握了这种对应，就是认识了这三个汉字的一种用法，知道了这两三个汉字的一种字意。这种对"单语双文文本"的阅读，是不太依赖他人的，能够自行安排。这就是"单语双文"文本的一种易于自学的品质。当然，当今网络环境下，学习者利用网络，可以获得更多、更丰富的帮助。因为网络能够传播各种类型信息，包括字符文本、语言音频及视频。但对于学习汉字而言，最重要的应该还是对汉字及汉字文本目视的"读"。过多、过滥的音频、视频，有可能产生对目视阅读的弱化或干扰，也需要更多的资源消耗。字符型数据是电

① 参见戴汝潜：《走进科学序化的语文教育——大成·全语文教育》，江西人民出版社，2016 年，104—106 页。

脑能够处理信息中最成熟、效率最高、消耗资源最小、技术难度最低的，如果主要用字符型处理信息，可能3G即可，加上音频、视频可能需要4G、5G。某些欠发达地区可能难于使用。

为了有效阅读，当然要同时实现快速高效识字。虽然整体上看，中国国内识字教学效率不理想，五年学习2500个汉字还嫌负担重。按吕必松先生分析，每个学年有720个语文课时，五学年约4000个课时，折合每一个课时学习不到一个汉字。又据一位语文现代化学会（国家语委下属）领导称：当今对外汉语教学，3000个汉字需要3000个小时，折合每一个小时学一个汉字；每一个学时（45分钟）学不到一个汉字。[①]但国内外都有一些基层教师的试验、实验，可以在一两年内完成小学五年的语文教学任务。近二三十年，这样的成功案例由媒体正式报道的不下30起。可惜，这些成果都不被管理者承认、采用。戴汝潜先生的《走进科学序化的语文教育——大成·全语文教育》是持续10年、由21个省市近20万小学生参与试验的总结性成果，实现了入学一年识字突破2000个、两年"四会"2500个的创举，开创了开放式尽早阅读的模式。但它同样没有被承认、采用。瑞典汉学家高本汉先生说，西方成年人也能在一年里学会2000个左右的汉字。[②]吕必松先生曾任北京语言大学校长、第一任中国对外汉语教学学会会长，当今中国对外汉语教学的许多规范性文件都是他主持制定的。他卸任后，不断试验、探索，终于醒悟到：词本位，从汉语拼音起步的对外汉语教学是失败的。是"他引错了路"，他多次表示"愧对之心难于言表"。他去世前编写出版了两套教材，并做了多年的教学实验，最终完全放弃了汉语拼音，改为从汉字入手教汉语。他用汉字教学带动汉语书面语教学，用汉字书面语教学带动汉语口语教学，实现了每个课时教会5个汉字（2500个汉字用500个课时），没有学生觉得汉

① 参见马庆株：《汉语汉字国际化的思考》，《汉字文化》2013年第3期，7—13页。

② 高本汉：《汉语的本质和历史》，商务印书馆，2010年，22页。

字难、汉语难。[①] 他还在生前出版了《汉语语法新解》（北京语言大学出版社，2016 年），是试图摆脱“印欧语眼光”的汉语语法著作。吕必松先生把毕生精力都献给了汉语文教学实践与理论探索。他的教学仍然是同时教汉语普通话的，只是他放弃了使用汉语拼音。我认为，中国古代常态的“用母语学汉字”，由于减少了汉语学习，效率或许会与吕必松先生的接近，或更好一些。对此，最重要的是，尽快开展小规模试验。我建议尽快编辑、出版“单语双文年历”，这种年历既是日常文化用品，又是“单语双文”型汉字学材。这种年历里插入三五十个汉字（包括汉字数词，年月周日表达），主要使用外文说明，即用外语（英、德、俄、阿等）讲解这三五十个汉字。如果这种年历使用者用 10 个课时阅读，认识了其中的 50 个汉字，那他就达到了吕必松先生的实验水平。这可能是当今对外汉字教学的最高水平了。如果仅用 5 个课时，那他的识字效率就超过吕先生一倍。如果仅用二三个课时，那效率就超过吕先生三倍了。想到这些，我对汉字很快将洗刷掉“难学”恶名持极为乐观的态度。但毕竟，近代以来“用母语学汉字”一直没有像样的成功案例，没有任何现代人有这种直接经验。没有调查研究就没有发言权。实践是检验真理的唯一标准。空谈误国，实干兴邦。让我们尽快开展一些试验吧。

9. 丰富多彩的“单语双文”文化产品及产业必将产生并急剧发展

“单语双文”文化产品的价值　中国改革开放以来，由于终结了数十年的内残、内斗、内耗，转向以经济建设为中心，全社会发生了翻天覆地的伟大变革。汉字在世界上长时期里沉寂、清冷、古旧、奇

---

① 参见吕必松:《说“字”》,《汉字文化》2009 年第 1 期；吕必松:《汉语教学为什么要从汉字入手》,《英汉语比较与翻译（8）》上，上海外语教育出版社，2010 年。

特的普遍印象已经扭转。汉语热、汉字热产生并迅速发展，来华留学生大增。海外汉语文学习者随着孔子学院、孔子课堂的发展而急剧发展。世界各国正式教育中汉语文的地位在提升。这些都使得海外已经学了汉语文、正在学习和积极想要学习的人群相当广大。就算完全不考虑我所提出的“让老外用母语学汉字”，当今已经存在于老外手机、电脑里的 20902 个汉字，也应该尽快从“休眠、沉睡”中被激活、唤醒，让它们帮助提高识字效率、扩大汉字阅读、养成终生的汉语文学习习惯。此外，还有一项并不完全属于汉语文教学，和汉语文教育有点关联，但其意义更重大、更深远的要事：那就是让中华传统文化的经典名言、警句原模原样、堂堂正正畅行天下，让天下人见识、体会、品味中华传统智慧。原汁原味的中国风格、中国气派、中国味道只能是汉字的。说什么“FUWA”“SHENZHOU”“TIAN REN HE YI”（“福娃”“神舟”“天人合一”的拉丁拼音）是中国味道（参见《汉语拼音 50 年》），那一定是口中味蕾完全被拉丁魔女的迷魂汤毁掉了的非正常感觉。

“天人合一”这样的文言文短语，实际上具有某种不可翻译性，更不用说翻译为英文。就是翻译为中文白话，都没有一个大家公认的简短译法。查阅网络，各个网站的解说都有各自不同的七八百字或数千字的解说。一个人在具体引用它时的具体含义，需要结合当时的语境，当时的上下文去解说。这样就有了可以在不同场合做不同解释的灵活性；有了结合新情况再解说的可持续性；有了它本身的稳固性；有了它经久不衰的永恒性。这可能正是季羡林等大家反对文言文用白话翻译了就“万事大吉”的原因。英语中，根本就没有意义与汉字“天”“人”确切对应的词语。从这种观点看，中华汉字典籍的全文外文译文里见不到任何汉字的情况，当属于铅字技术条件限制下无可奈何的行为。因为西方国家不会为了这种双文类型出版物，去专门建立铅字印刷厂。这样的印刷厂必定配置数百万、上千万的铅活字。在中国近代，文言文被当作死文学、死文字，自然无人愿意做。电脑时代是中华民族复兴的新时代，20902个汉字存在于西方几乎所有手机、电脑里，使原模原样的汉字保留在西方文字的翻译本中，就成为应该做、必须做的了。中国人应该责无旁贷地带头做好这件事。

各行各业都要做贡献 先说国家主流外文报纸、期刊、网站。当今中国，几乎所有外文报纸、期刊、网站都是纯外文的，大都见不到任何汉字。这在铅字时代是正常的，但在20902个汉字存在于西方人手机、电脑里的今天，对于中国人则是一种遗憾。2017年，美国《时代周刊》首次在封面上使用了16个汉字。不久前，法国第二大日报《世界报》封面又出现了6个醒目汉字（参见第四章第10节图4.2）。我们中国也应该立即开始从纯粹的、单一的外文，向加入汉字的“单语双文型”文本转变。一项重要工作是，配合国家外交，将中国政府政策的新提法用汉字表示，走上传播中华传统文化、智慧的战场。让诸如“一带一路”“命运共同体”“合作双赢”“一方有难，八方支援”等汉字术语原模原样、堂堂正正畅行天下。这也为对全球汉语文使用者、学习者提供了继续学习的机会。另一件工作是，开辟专栏，连续进行“用母语学汉字”的系列讲座网络课程或举办网络学校。

再说各种商业、行业网站。中国淘宝网里，有基本是纯粹外文的用户界面（英文、俄文、阿文、西班牙文等），希望尽快实现“单语双文”性提升或转化：对知名中国品牌的汉字做“单语双文”式解说；帮助中国产品生产者写“单语双文”文本说明书，这种说明书同时就是“单语双文”型学材，购买者可能在购买产品的同时顺便学几个汉字；有条件的网站开辟专栏，连续进行“用母语学汉字”的系列讲座课程或举办网校。

在传媒上见过“游中国学汉语”的大标题。其实，这里是用“第一的汉语”取代、遮掩了拥有三五千年根基的“汉字”，所以应该或更应该是“游中国学汉字”。每一个旅游景点都应该有介绍自己的“单语双文”型的文本材料。这种材料应该简短，每一篇里包括不超过20个汉字，用外语解释其中的汉字。这种材料既是旅游景点的传播品，又是旅游者学习汉字的学材。这里，自然应该给出各种主要语文（英文、俄文、阿文、西班牙文等）的版本。这种材料一定要有多种方式让旅游者能够方便地下载。中餐馆菜名的外文翻译难倒过许多人，也闹出过许多笑话。如今使用 iPad 点菜普遍起来，这给用新办法解决中餐菜名问题提供了新思路：用户直接点菜的界面应该保留汉字，并给出数码编号或外文字母编号；iPad 后台应该有介绍该菜名的“单语双文型”解说材料。这种材料用户可以下载，作为汉字学材；对有些中餐菜名，还可以向食客征求其外文译名。通过中外合作、联合的方式，破解中餐术语外译的历史难题，对被采纳了译名的提供者（食客）应该予以奖励。这种工作，门店可以做。行业网站更应该做。

为了加强对中华优秀传统文化的挖掘和阐发，我们不仅要让世界知道“舌尖上的中国”，还要让世界知道“学术中的中国”“理论中的中国”“哲学社会科学中的中国”，让世界知道“发展中的中国”“开放中的中国”“为人类文明做贡献的中国”。我想我们还应该有“汉字的中国”。凡是外国人所及的中国地方，都应该制作、使用面向老外的“单语双文”文本的宣介材料。这种材料既是汉字文化传播品；又是制作单位宣传自己的宣传品；又是老外学汉字的学材。“一品三用”何乐而不为之？既然是“汉字的中国”，汉字就应该无所不在。除了上面提及的，在中国国内还应该包括各种展览馆、博物馆、纪念馆、图书馆、体育中心，涉外的商场、市场、游乐场……在海外，则应该包括唐人街、华人聚居区、华人商场、超市……总之，要真正实现“人人皆学、处处能学、时时可学”，就必须脚踏实地，创造一个老外在中国、在海外，所到之处都有“可学的汉字或汉字的词、语、句”的环境。到那时，老外才能随时随地把见到的“属于汉字的东西”通过扫一扫或手机拍照的方式方便地获取汉字学材！

“单语双文”型印刷出版物　（1）通俗、普及类。“人人皆学、处处能学、时时可学”，明显地反映了当今的教育、教学不限于课堂，不限于学校，甚至于不限于国家。因此对传统意义的教材，也应该扩展概念，扩展品种，扩展类型。有一种既可以当作日常文化用品，又可以当作“单语双文”汉字教材、学材的，就是“单语双文年历”。它是汉字与另一种文字混合编辑、排版、印刷的，其中汉字字数少或很少（从三五十个到三五百个或更多），要附有充分多的外文（如英文）来解释、讲授汉字，目的是让英语用户在使用这种年历时，通过阅读“汉英双文”文本顺便学习一些汉字。例如能够把汉字“一,二，……十”与英文词“ono，two，……ten”对应起来；汉字“年，月，日，中国”与英文词“Year，month，day，china”对应起来。也用英语的读音读这些汉字，理解这些汉字的字意；也用英文词在电脑键盘上输入汉字。对于汉语句子“今天八月五号”“今天星期三”等，就用对应的英语句子去读、理解和键盘输入。如果这种含 50 个汉字的年历，英语者在使用过程中通过阅读对应的“双文文本”，能够用英语独立地识别出这些汉字及汉字句子，那他就初步认识了这些汉字。这应该是顺便地、比较轻松地认识了这些汉字。

我们可以用 A001 标记英语的、其中包括 50 个汉字的“单语双文”年历版本。A002，A003，……，A006 标记汉字字数逐步增加，直到包括 2500 个汉字的版本。类似的，B001，B002，……B006 标记俄语的；G001，G002，……G006 标记阿语的。这就有了多个语种的“单语双文”年历，可对各个不同国家、地区开展“用母语学汉字”的教学实验。年历所附的汉字课文，应该注意介绍汉字的特点，如汉字的方块性、单音节性、无语法形态变化等。应该具体指出，汉字在数词表达法上，几乎和数学数码表达完全一致，而英文表达多了许多例外。如 11、12、13 的英文表达，其读音及字形都是特例，需要单独记忆。英文数词的记忆量三四倍于汉字。在“年、月、周、日”表达中，由于汉字利用了表意基元性汉字“月、周”，比英文减少了 12 个月份的独立英语词和 7 个一周七天的独立英语词。汉字中复合概念用汉字字组表达（如三月、周二）大大减轻了词汇记忆量。英语者学汉字过程中，应该得到汉语文、英语文各有短长的正确认识，汉字并不一切落后。

“单语双文年历”的内容有多种多样的选择，可以以历史知识为主，也可以以地理、旅游、中医药、养生等为主。我建议把“单语双文年历”作为让老外“用母语学汉字”的第一个系列的、连续的汉字教材、学材。

通俗、普及性的“单语双文”出版物还有许多选择。如中国寓言故事、中国成语故事、中国笑话、中国历史故事、孔子语录选、老子语录选、孟子语录选、唐诗一百首、宋词一百首、元曲一百首、红楼梦节选、三国节选、西游记节选等等。其中，最后三种节选在晚清来华洋人的自编教材中就已经都有过！还都是在开始一两年学习的教材中。一百多年后，中国人自然应该比当时的洋人搞得更丰富、更优秀。

（2）专业、学术类。迄今为止，中国传统汉字经典的外译，几乎都是全文外译，译文里基本不见了汉字踪影。前文曾以“天人合一”为例，表达了它的某种“不可译性”。在当今20902个汉字存在于西方人手机、电脑里的时候，应该让这些汉字发挥作用，发挥汉字独特的、其他文字无法取代的作用。具体如何做是个复杂的问题，需要周到、细致的研究、准备。我坚定地认为外文版中保留部分汉字大有益处。但如何保留、保留全部还是部分、如何选择，我自知提不出适当的意见。我设想，如果1800年有译者甲翻译出周易英文译本甲，50年后译者乙翻译出英文译本乙，两个译本都完全没有保留汉字，那么对这两个版本，中国学者、英国学者如何评判它们的优劣？依据是什么？在完全没有汉字的情况下，如何判定译文优劣？能做出有价值的判断吗？我再设想，译本甲是保留了相当部分汉字的，对这些汉字表达的译文也是明确、具体的，50年后第二个译者可以通过译本甲的“汉英对照部分”做出分析、判断，可以保留以为翻译得好的，修改以为翻译得不妥的。这就是改进，就是可持续性。

10.“单语双文”学材的两个课文例子

样例一 二字组合：“中国（國）”

一个关于汉字“中国（國）”的双文文本。就是下面全部在 {{ }} 内的内容。以下短文除加黑汉字及字符外，其他应该一律翻译为外文（下仅以英文为例）。

{{ 以“**中国（國）**”两个汉字为核心的一个“单语双文”文本样品

汉字的方块性 先讲汉字词“**中国**”。这里的“**国**”字应该包括“**国**”与“**國**”。用教师的板书或电子投影，显示这两（三）个汉字字形。每一个汉字占一个方块位置。说明：不管汉字出现在句子什么位置，做什么语法成分，其字形总是不变的。汉字文本是“汉字的串”或“汉字的序列”，在“串”或“序列”里是不明显区分出“词”的。“词”并不是汉语文的最基本单位，“汉字”才是汉语文的最基本单位。

汉字的读音 在汉语里，每一个汉字读一个音节。词“**中国（國）**”的读音就是两个汉字读音的连读。母语非汉语人群用这种办法学习汉语，开始时困难较大，这里提倡学习者先用母语读“**中国（國）**”，先不考虑汉语的读音。这样，英语者就用母语词“China”读“**中国（國）**”。这种用学习者母语学汉字的方法，在中国、东亚、东南亚，是两千多年来的历史常态，绝对不是新奇的、怪异的。

汉字的书写 每一个汉字，几乎都比一个拉丁字母难写。铅字时代，这是汉字的突出缺点之一。在汉字处理电脑化成功后，这个困难就基本消除了。学习者可以先不学用“手、笔、纸”写汉字（待学习了五六百个汉字之后再学书写也不晚），一开始就用电脑或手机“写汉字”。英语者就直接在国际通用键盘上用拉丁字母串“China”输入汉字“**中国（國）**”，“**中国（國）**”三个字显示到屏幕上，你可以按需要选择其一，或“**中**”或“**國**”或“**国**”或“**中国**”或“**中國**”。单个汉字或词的输入就解决了。

识字、读书、写文章 在传统汉字教育里，人们着重“三件事”：识字、读书、写文章，而这三件事都可以仅仅使用学习者母语完成。不必一定同时学习汉语口语（官话或普通话），更不必先学汉语拼音。有着 1300 年历史的中国科举考试，都只是考汉字功夫，不理睬应试者的口语状况。方言区（吴语、闽语、粤语、客家话……每一个方言区的人口数仅占全国总人口的 3%—6%）产生的状元（科举考试头一名）人数，普遍高于官话区（普通话区）。这足以表明：普通话 + 汉语拼音并不是学好汉字的必要条件，更不是充分条件。学习者用自己的母语就能够学好汉字。把“**中國**”“**中国**”与“China”对应起来，只是学习了一个汉语词（两个汉字的组合）。知道了两个汉字的组合，还远远不够，还必须对两个单个汉字的形、音、意有基本了解。为了发挥中国传统的以母语学汉字的历史经验，我们先来看“**中國**”两个汉字的形与意，而先不在意它们的读音。

西方语言学家说：为什么英文 book 读音为 [buk]？表示“**书**”？这是一个没有理由的问题，称之为“词的语音与词义关系”的“任意性”。汉字则大不同，汉字是以字形直接表意为主的文字。我们来看“**中國**”的字形何以表达“**中國**”。

汉字以字形表意为其突出特点，汉字字形如何表意？我们先看“**國**”字的字形结构图：

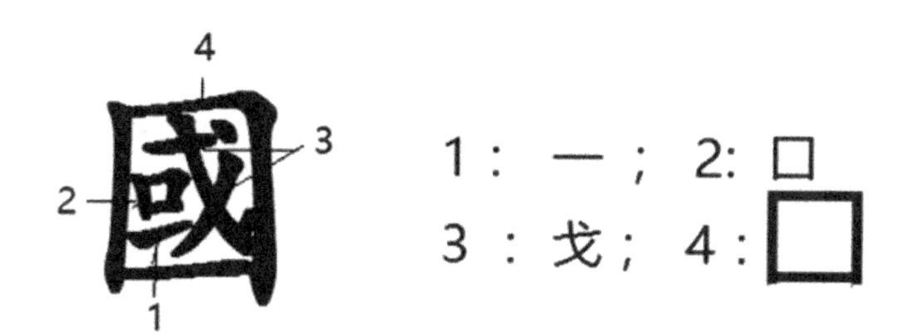

“國”字的字形结构图

由图可见，**國＝一＋口＋戈＋大“口”**。这里“**一**”表示土地；“**口**”的一个原意是“人的嘴”，这里的“**口**”表示人口、人民；“**戈**”本身就是一个汉字，是一种兵器的名称。它此处表示武器，即武装；最外边的大“口”表示有边界的领土。四个部件合起来表达了：有土地、人民、武装及边界的实体，就是國家。该字字意随时代而有变化。“**國**”在远古时指城邦、部落，后来曾是“皇帝所居住的地方或城市”的意思，春秋战国时期还指代“**秦、晋、鲁**”等诸侯国，近现代表示**中国**（China）、**美国**（America）、**法国**（France）、**俄国**（Russia）等国家。这个汉字的创造，显示了中国先民的智慧。能够把这样抽象概念的“**國**”给出如此比较合理、贴切地表达。“**国**”是“**國**”的简化字，“**国**”的历史不足两百年，而“**國**”字的历史有两三千年。“**國**”的读音在中国各方言区不同，与日、韩、越各国读音也各不相同。但“**國**”的字意在整个汉字圈是大体一致的。下面是 10 个包括“**国（國）**”字的词及其英译：

国歌	**国旗**	**国土**	**国王**	**国花**
national anthem	national flag	homeland	king	national flower
大国	**小国**	**强国**	**弱国**	**富国**
big country	small country	powerful country	weak country	rich country

再看“**中**”字，其含义见下图：

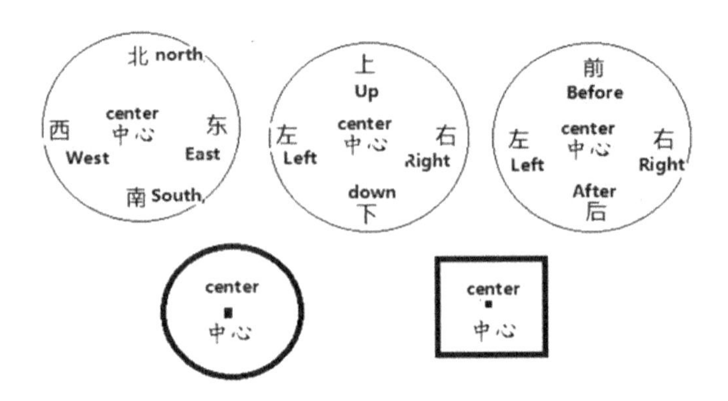

汉字“**中**”可以看作是圆盘或方盘的中心插入了一根长棍子，我们眼睛能够看到被盘子遮掩的部分，就成了“**中**”字。主要字意就是：**中心、中部、中点、中央、中间**，等等。下面是6个“中”字的词及其英译：

中心	**中部**	**中点**	**心中**	**高中**	**击中**
center	center	midpoint	heart	high school	hit

那么，“**中国**”何以表达“**中国**”（China）？这是因为**中国** (China)的先民自以为当时居住的地方（那时主要指黄河中下游）是天下之中心，所以自名为“**中国**”。那是在两三千年前，人们还不知道自己居住在大圆球上，中国人当时认为天下是个大的方形平板。一个圆球的表面，当然是没有什么中心的。人们认识地球是在1492年发现新大陆之后的事。至于西方人为什么称“**中国**”为China，这是另外一个问题。它的来源极可能比英文的寿命还长。此样例中28个汉字}}

样例二：刻舟求剑

以下{{　　}}的使用同样例1。

{{　以成语“**刻舟求剑**”四个汉字为核心的一个“单语双文”文本样例

1. 汉字成语

成语是汉字文化大花园里的一朵小小的花，它是数千年来累积下来的。有的成语库收录了约五万条成语，其中绝大部分都是四个汉字组成的。这是全球各种文学产品中最短小、最精炼、最浓缩的佳品。这种精炼的文学是汉字文化所特有的。由于近代中国的半殖民地化，中国特有而西方没有的东西就都成了陈旧、落后、不值一提的东西。

再加之多位语言文字大师们明确、反复强调“汉语拼音方案和普通话仅仅适用于白话，仅仅服务于白话，不适用于文言”，更有“汉字配文言，拉丁拼音配白话”是天造地设的匹配的说法，所以在当今正规的汉字教学中，成语就很少见了。在对外汉字教学中，可能是完全不见了。当我们回到以汉字为核心、为基础的学习中，暂时离开普通话+拉丁拼音的学习方式时，汉字成语也就同时摆脱了各种羁绊，可以再展风姿了。

2. 成语“刻舟求剑”

成语“**刻舟求剑**”出自《**吕氏春秋**》，至今已经流传两千余年，它受到了数亿或十数亿人的欣赏、玩味。先看这个成语的意思。

刻舟求剑

Carve on gunwale of a moving boat

刻 画 帮 船 帮 行 走 中 的 小 船

逐个汉字解说如下：

刻：指用刀或其他尖利的工具在物体上刻画，留下痕迹（score）。或削除、挖掉某些部分，得到一种有艺术效果的造型，就是雕刻（sculpture）。

舟：**船**，常指小船。

求：寻求、设法得到。

剑：古代的一种兵器，长条形，两面有刃，前部尖锐，后部有短的手柄。

这个成语说的是：楚国有个渡江的人，他的**剑**从船中掉到水里。他急忙在船沿上用刀在掉下剑的地方**刻**下个记号，说：“这是我的剑掉下去的地方”。船到目的地后停了下来，这个楚国人从他在船上刻记号的地方跳到水里去寻找剑（**求剑**）。可是此时，船被刻了记号的地方对应的河道已经远远离开了剑落水的河道。船已经行驶了许久，但是落水的剑没有移动，还留在它掉落的河道中。

这四个汉字无法按英文语法分析主语、谓语、宾语，但可以分析两个二字组合。“**刻舟**”说的是：用尖利的东西在舟帮上刻画记号。“**求剑**”说的是：想要寻找回落水的剑。20世纪五六十年代的中国，对英文的“主、谓、宾”分析法是否适用于汉语文，有过激烈争论。主流一方认为，应努力按照英文语法来分析处理汉文，把无法解释的称之为“省略”（省略主语、省略宾语等），或是说成倒置（如主语与宾语倒置）。另外一方坚持认为这是生硬套用，并在近年来的著作中提出一种观点，认为主语、宾语概念不适用于汉语文，汉语文更适合一种两分法：一个句子中的第一部分是话题，是称说的对象、主题，第二部分是解释主题、对象怎么样了？发生了什么？[①] 对于解说成语“**刻舟求剑**”，我以为这种二分法可取。“**刻舟求剑**”这个四字成语十分言简意赅地表达了一种看法、见解、智慧。

汉字里还有另外的一种“**箭**”，它与刚刚介绍的“**剑**”读音一样，意义不同，但很有关联。“**剑**”是金属制造的（以‘刂’为标记），而“**箭**”是竹子或硬木制造的（以“**竹**”为标记）。“箭”字字形上部就是一个“**竹**”字。“**剑**”和当今体育竞赛中击剑里的剑相似；而“**箭**”和当今体育竞赛中射箭里的箭相似。“**竹**”字是“**箭**”字里的表意部件，表示该“**箭**”是竹子做的。

3. 舟、船与西欧宗教

“**舟**”字与“**船**”字密切关联。从字义上看，“**舟**”是小船；从字形上看，“**舟**”是“**船**”的一部分，“**船**”字字形里包含着“**舟**”字 。请看公式：

船＝舟＋几（或‘八’）＋口

① 参见鲁川：《知识工程语言学》，清华大学出版社，2010年，113页。

“**船**”字拆开成三个不同部件的组合，其中“**几**”像汉字“**八**”。上面的公式表示了一艘装着“**八**”“**口**”人的“**舟**”。这个解释明显又意外地与《创世纪》中诺亚带着一家八口人坐方舟逃难的故事产生了联系。《圣经》记载：由于偷吃禁果，亚当、夏娃被逐出伊甸园。此后人世间充满着强暴、仇恨和嫉妒，只有诺亚是个义人。上帝看到人类的种种罪恶，愤怒万分，决定用洪水毁灭这个已经败坏的世界。上帝要求诺亚建造方舟，并把舟的规格和造法传授给诺亚。此后，诺亚一边赶造方舟，一边劝告世人悔改其行为。诺亚在孤立无援的情况下，花了120年时间终于造出了一只庞大的方舟，并听从上帝的话，带着他的妻子、三个儿子和三个儿媳，一共八口人，登上方舟逃生。“**舟**”加“**八**”“**口**”不就变成“**船**”字了吗？

此事非同小可，古老的圣经故事竟然出现在中国的汉字里！有的传教士高兴地说：看圣经多么古老，圣经传播到了东方古国，中国人把它记录到汉字字形里了。另一位传教士说：且慢，要是汉字“**船**”出现得比圣经还早呢？那可就是中国汉字预示了我们的宗教了！就这样，汉字字形引发了西方传教士关于圣经产生时间的重新思考。西方不少传教士关注汉字字形分析，各自都给出了一批汉字的自己的解释。有两个极有代表性的汉字。那就是：

男＝田＋力　　婪＝林＋女

这个“**男**”人就是偷吃圣果的亚当，罚他下“**田**”出苦“**力**”。林子里的“**女**”人就是偷吃圣果的夏娃，一个贪“**婪**”的女人。

4.“**刻剑**”中的部件“刂”

“**刻舟求剑**”中两个汉字“**刻剑**”都有部件“刂”，这个部件称之为“立刀”，就是立着的刀。这个部件表示该字与金属、尖锐的东西有关。这样的常用汉字还有：**削、剁、刮、剃、剥、刺、割**等等。

削掉苹果皮 Peel off the apple peel

削铁就像削泥土 Cutting iron is like cutting earth

剁牛肉饺子馅 Chop beef dumpling stuffing

他在刮胡子 He's shaving

他在刮脸 He's shaving

他去剃头了 He went to shave his head

他在剥羊皮 He's peeling sheep's skin

他的剑刺进牛的腹部 His sword pierced the cow's abdomen

他昨天割腕自杀了 He cut his wrist and committed suicide yesterday

汉字中“刂”及“**竹**”这类东西称之为“部首”。在公元121年的汉字字典《说文解字》中，这种部首有540个。此样例中有50余个汉字。两个样例中计80个汉字。

}}

11. 中华传统优势学科术语应该尽快汉字化——以中医药术语为例

独具中国传统文化特色的一些学科，如中医药、针灸、中华武术、周易哲学、儒学等，改革开放以来国际影响日益扩大。这些学科中名词、术语的规范化受到空前重视。已经形成的术语规范化常规是：先规范汉字术语，再给出对应的拉丁字母英文翻译，在找不到恰当的英文翻译时，直接用汉语拼音。这种做法用于近代产生、发展的数学、物理、化学或者当代科学技术如计算机技术、激光技术等，都没有什么困难，但当这种规范化实施于中医药、针灸、中华武术、周易哲学时，就遇到了极大困难，因为其中许多汉字术语在西方语言文字里，根本找不到比较合适的对应词语。当今现状是：干脆直接使用拉丁化的汉语拼音，或者把一个汉字术语放在不同语境下翻译成不同的英文词（一对多！）。这两种做法都无法准确地表达汉字术语的含义，是一个巨大的“两难”问题。要真正解决此问题，唯有让汉字原模原样地直接登场。这应该先从中国出版的外文书刊上开始。中医药、针灸、中华武术、周易哲学等学科，只有其汉字术语被各国文字原模原样接纳，才有可能成为国际性、专业性、现代化的独立学科。这就像只有数学符号系统为各国文字接纳时，数学才成为了国际性学科一样。我们应该坚持“中医药、周易哲学的理论及实践原则都是建立在汉字术语体系上”的信念，坚持“独具中国特色的传统学科术语汉字化”的立场。我坚信：当中医药、周易哲学术语完全拉丁化（汉语拼音化 + 一个汉字对多个英文词的英文意译）的时候，就是中医药、周易哲学被西化、洋化，沦落为西学的附庸而终于被抛弃的时候。在汉字多语言、多方言适用性优秀传统延续两三千年的成功实践面前，在 20902 个汉字已经成为全球几乎所有手机、电脑中合格成员的当今，我们更应该有信心、有勇气坚持“独特中华概念术语的汉字化”。

《针灸学通用术语文化负载词音译浅析》一文指出：汉语拼音的拉丁字母串“本身没有传递任何文化含义。对于国外学者来说，拼音只是一串拉丁字母，而且不能按照他们的母语来读。由于不同语言之间的发音差异，或者其中的某些发音对国外学者来说极易混淆”，用汉语拼音“并不能恰到好处地传递文化内涵，也难以表达术语的真正含义。同一类术语都用拼音表示，容易引起误读和混淆。对于没有中文基础的学习者更加晦涩难懂”。作者也举出了针灸中的“三才法”及“青龙摆尾法”等多个术语的英文意译例子，都无法令人满意。《中华武术术语的外译初探》[①] 一文中的列表统计给出了当今中华武术术语大量使用汉语拼音的情况，如太极拳有关术语 2082 个，用英译、不用汉语拼音的仅仅 258 个（比例仅为 12.4%）。《中医“补”字词组的英译》[②] 一文中指出，中医药中的“补”字在英文里用六个不同的独立词来翻

① 《中国科技术语》2017 年第 1 期。

② 《中国科技术语》2009 年第 6 期。

译。《脏腑译法探索》[①] 一文里类似地指出，“脏腑”中的“脏”“腑”都各翻译成六七个英文词。就这样，汉字完整的单独的“补”“脏”“腑”概念就被肢解得七零八落了。那么还有什么术语概念的确切性、唯一性、统一性、稳定性可言呢？

12. 帮助海外华人后代留住民族的根：汉字

随着中国改革开放，海外华人数量也急剧增长，海外华人后代的“母语文”教育问题也突出起来。当今世界，学汉语文、说汉语成了许多洋学生的选修专业、第二外语、职场语言。我们面对蓝眼睛黄头发的“中国通”而倍感欣慰之时，却也经常遇到一些黄皮肤黑头发的“外国通”“汉语文低下得不如洋人”的尴尬情况。如何让海外华人后代避免丧失母语文能力，成了重要的“留根工程”。这里的根即是汉字，而非任何有声语言！这是第一要事！这个“留根”工程面临着前所未有的机遇和挑战。当今海外的中文学校还一律以汉语普通话教学为主，而汉字却是从属的、第二位或第三位的。这可能应该是需要改变的。当今海外的汉语文教育在形式上多属业余教育，很多为周末学校，没有进入住在国的正式教育系统。资金匮乏、校舍难觅、师资不稳定、教材不规范等因素，也成为制约海外中文学校发展的重重阻碍。还有“家长热，孩子冷”这类问题。家长十分重视母语文教育，海外华侨领袖人物、华商企业家在历史上一直有支持华人子女教育的传统。总的说来，其中许多问题是急剧发展中的新问题，也包括近代以来英语文教育、教学模式强烈误导、干扰汉语文的问题。考虑到海外与国内差异巨大的环境，笔者提出以下建议供参考，各个建议的重点还是要发挥汉字的独特传统优势及20902个汉字存在于当今世界几乎所有电脑、手机里的新优势。

---

①《中国科技术语》2011年第5期。

（1）为海外华人儿童从出生起就提供丰富的、无所不在的汉字字形环境。主要是单个汉字的卡片：一面是汉字字形，另一面是该汉字字意的图画或照片。卡片上一律不标注任何读音信息，在需要给儿童读音时，主要用“母亲的语音”，即“妈妈的音”。海外华人家庭里“妈妈的音”很多样，比中国国内多样。这完全没有问题，也不是问题。汉字的读音对汉字字意的理解是外在的，无关紧要。就像北京人、上海人、福建人、浙江人、广东人、江西人、客家人对相同的汉字“书、狗、猫”的读音差异很大，却丝毫不影响理解“书、狗、猫”的字意一样。漫长的中国历史表明，中国人“妈妈的音”十分多样，绝对不仅仅是八大方言，而是数百上千的“次方言”或“次次方言”。说“汉字是记录汉语的书写符号”的观点，完全不符合汉语文漫长的历史实际。这是近代强势的英语文对沦落为半殖民地中国的汉语文的误导，是对汉字传统的破坏。汉字卡片起初应该是纸质的或硬塑料的，孩子大些后，可以改用数字化的在手机或 iPad 上显示。这种卡片或软件系统设计，应该考虑到“汉字字形的拼组或拆分”，以便介绍汉字基本知识。

（2）汉字是以字形表意为主要特点的文字，是视觉优势的文字。婴幼儿认知心理试验表明：汉字字形易于引发儿童“注意”。汉字的平面性结构容易引发空间关系的认知。汉字笔画、部件数量容易引发对数量的认知。加上“妈妈的语音”，儿童就能够形成对汉字形、音、义的综合认知。以上对于婴幼儿智力的早期开发大有益处。

（3）对于稍大年纪的儿童，应该适时地换用汉字文本环境。这里的“文本”指的是汉字字组，包括二字、三字及多字字组、短语、句子。这种环境是按汉字分级的，第一级可以是关于前 50 个汉字的，第二级可以是关于前 100 个汉字的，主要标注的还是形与意，语音仍然以“妈妈的音”为主，不怕多样，只要对具体孩子，这个语音是稳定不变的就好。这种形、意、音关系，反映了中华民族的历史常态，汉语文的历史常态，绝非凭空臆断、异想天开。此时，文本信息载体介质仍然可以是实物的或数字化的。20902 个简繁体兼容的汉字，存在于全球几乎所有手机、电脑里的事实，为设计各种面向儿童的识字教具提供了极其广阔的空间。

（4）对于海外华人儿童，乃至华人成年人，都应该编辑出版专门面向他们的、丰富多样的、篇幅大小适当的含汉字文本的双文。这种文本一大部分是纯粹汉字的，另一大部分则是“单语双文”型的。这对海外华人留住民族的根——汉字极为重要。这种学材，这种文本环境，比有声语言环境容易营造，容易使用，便于自学，且应该能够方便地从网络上下载。

（5）在粤语、闽语、客家话聚居区，在普通话教师极度缺乏的地区，应该容许“用母语学汉字”，不再强制执行把汉字与{普通话+汉语拼音方案}紧密捆绑的做法。这种“用母语学汉字”的方式有利于家庭成员及家族长辈发挥积极作用；有利于减负增效；有利于分散难点（分离汉字的难点及汉语的难点）。掌握方言的语文学家要积极编写方言版汉字教材（学材）。在漫长的农耕文明时代，中国各个方言区都是这样做的，且效果很好。方言区产生的状元数大大高过官话区，是这种做法合理性的有力证明。

（6）在海外华人聚居区，争取当地政府支持、协助，开办以当地语言为教学语言的汉字教学，吸收华人子女及当地住民子弟共同入校学习。这是双赢模式，既有利于当地住民子女，也有利于华人子女，他们先学一大批汉字后，再学汉语会更快、更好。积极鼓励、组织中国语文学家与当地语文学家合作编写教材，进行合作教学。

（7）总结、推行“朱德熙模式教材”的编写、出版。朱德熙先生曾经在1952年赴保加利亚教授汉语文三年，和熟悉保加利亚语的另一位中国人（保加利亚国籍），用保加利亚语编写、出版了保加利亚文版的汉语文教材。朱德熙离开后，该教材一直被使用了37年。读到有关材料后，我曾经跑到国家图书馆去翻阅中文版的各个语种的对外汉语教材。我觉得中国当今编辑出版的大多数对外汉语教材，都应该属于以汉语文为主要教学语言的对外汉语教材，这可能不利于发挥学习者的母语优势。

本节的最后，我要做几句说明请读者注意：这里提出的建议，都是一名没有任何汉字识字教学直接实践经验的理科教师提出来的。我说得对吗？符合历史和现实实际吗？行得通吗？请读者自己做出认真的判断。

13. 在全球开展汉字状元选拔考试——只考汉字功夫不考口语的考试

中国的科举考试源于汉朝，创始于隋朝，完备于宋朝，兴盛于明清，废除于清末。从隋朝大业元年（605 年）的进士科举算起，到光绪三十一年（1905 年）正式废止，科举制在中国存活了 1300 年。科举制度是由世袭制或以统治者血统关系选官，转变为以德取人、以能取人，实行公开考试、公平竞争、择优录取的选官制度。在漫长的发展历史进程中，科举制为泱泱中华选出了大量各级各类人才，在完善提高各级政府管理，调动各阶层知识分子的积极性方面，都发挥了难以替代的作用。科举制度在西方世界引起普遍赞誉，并对西方近代文官制度产生了积极影响。16 世纪东学西渐以后，有一百余种西方著作谈及中国科举。美国学者威尔·杜兰在他的《世界文明史》中说：中国的科举考试“是人类所发展出的选择公仆方法中最奇特、令人赞赏的方法，科举制度后为西方文官制度所借鉴，其对世界文明的贡献可与中国四大发明相比美”。历史上任何制度都有弊端。科举考试的内容严格限于儒家经典，禁锢了中国知识分子的思想；不包括任何科学、技术内容，实际上限制、压抑了中国科技的发展。这些明显弊端为后人所诟病。中国科举考试在具体操作上形成了一套严密制度，有的至今仍有借鉴价值。据说，当今试卷中隐藏应试者姓名的做法，就是唐朝女皇武则天的主意，堪称创意。中国政府应该在总结经验的基础上，在国际上试行、推行全球汉字状元选拔考试。这种考试只考汉字功夫，不考口语。汉字是中华文化的根，是汉语文的核心和基础，是汉语文的牛鼻子。只考汉字不考口语，将大大简化考试程序，提高效率，还有助于摆脱近代中国已经搞得混乱不堪的“汉字与汉语”的关系。

我们有必要认真研究一下，唐朝以来的科举考试，如果按现代的方式，同时要求应试者考汉字与汉语（官话）口语两者，后果会怎样？那样做的话科举是否还能延续1300年？为什么1300年间的科举只考汉字功夫，不考应试者口语？为什么最后到皇帝面前的殿试也考汉字作文？我们今天的对外汉语文考试能不能试验一下，只考汉字功夫，不考汉语口语？朱德熙先生说，由于印欧语影响，我们有了“可怕的一种教条或者是框框”，使得“真理与谬误颠倒”（参见本书第十三章第8节）。对于汉字书同文的认识、理解，对于中国科举考试模式的认识、理解，对于汉字独特属性、识字传统教学模式的认识、理解，是否都有这种“颠倒”？“实践是检验真理的唯一标准”，“空谈误国，实干兴邦”。我们是否应该积极开展一些实验探索？要知道，当今全球网络人口（仅海外30余亿矣！）手上的手机、身边的电脑中，都常驻有20902个汉字呀！汉字文本的阅读（包括用学习者母语的阅读）是容易自主安排的。汉字及汉字文化的学习，都需要潜心自主阅读，这对“文悟”的体验、求索十分重要。我们应该对汉字的文化魅力有信心，对海外洋人也要有信心。因为从近代来华洋人（三大群体）在华的汉语文自主培训看，有相当多的洋人把汉字教学、汉字文化研究作为自己终生的追求（参见附录E）。

14. 为什么“先学汉字、再学汉语，汉语能够学得更快、更好、更容易”？

这和汉语文与英语文两者之间的如下巨大差异有关。

汉字文本是汉字的“串”，每一个汉字对应一个音节，汉语语音流是音节的“串”，文本中的“串”与语音流里的“串”一一对应，规则十分简单、明确。并且汉语文中音节数目少（不分四声为 417；分四声为 1313），可以列表表达。5000 字的汉字文本朗读一遍，每一个音节就都能够遍历多次（遍历次数：在计字调时约 4 次，不计字调时约 12 次）。5000 字的汉字文本朗读一次，按每一秒钟两个汉字计算，总计需要 2500 秒，不足 43 分钟。5000 字汉字文本朗读 10 次，累计需要约 7 个小时，每一个音节遍历次数达 40 次（计字调）或 120 次（不计字调）。40 次或 120 次的重复，对于建立汉字与音节（即读音）的对应（学会读汉字）应该足够了。每天学习 7 个小时，如此训练 7 周，也只有 49 天，便可解决汉字读音（就是学说普通话）问题了，应该不算慢。

英语文则和汉语文大不同。从英文的拉丁字母串区分英语音节是一件很复杂的事，从英语语音流区分音节也是一件复杂的事。这就谈不上文本音节与口语音节的对应了，更别说一对一对应了。另外一个大问题是：英语音节数目太大。许多英语文教材里，见不到英语音节数量的具体讲解。据《思考汉字》英语音节数目分析，其全部可能数目达 35 万。按四分之一为实际数目也有 8 万多！ 8 万这个数目和日本学者金田一春彦的估计大体一致。要把每一个音节都读到，至少要读 8 万个。8 万是 1313 的 61 倍，也就是说，要把每一个英语音节读够某个固定次数，其需要花费的训练时间，是汉语需要的 61 倍。例如，同样都重复 40 次，汉语需要 7 个小时，英语则需要 427 小时。所以汉语的快速训练法，无法用于英语。

两种语言差异巨大，但很少有人提及。英语中的数词 six，按英语读音，中国人（其实英国人也应该一样）听起来是“赛克思”。按葛遂元先生的观点：英语的单个音节中可以包括多个“单音”。英语词 speaks 是单音节的四个“单音”的词，中国人读之为“思批克斯”。有一些学者认为汉语音节和英语音节根本是不相同的两个东西，这一点对学习有什么影响?

学汉语容易通过高声朗读、背诵、唱中文歌、听中文轻音乐（带字幕的视频）很快学好汉语，就是得益于汉语文的两个特点及优点：

一是文本中的汉字与汉语语音流的音节一对一严格对应；二是汉语音节总数很少，全部音节重复 100 次花费时间很短。至于令老外头痛的汉语四声，可以用如下的表做集中、快速训练。

下图“四声常用字字表”仅有 105 组（每组 4 个汉字，总计 420 个汉字）。这 105 组中，每一个声调的字都有。建议四声不必过早讲授，不要每一个汉字单独地学，单个汉字地练。待阅读相当多汉字文本后，再讲授四声。通过朗读、背诵，已经熟悉了几百甚至近千个汉字后，再开始集约式地朗读“四声常用字字表”。也可以先选其中一部分集约式地练习。这样学四声肯定没有什么特别的繁难。当然，在强调口语第一的语言学习环境下，人们肯定不愿意把这种方式安排在后。可是，欲速不达呀！

挨癌矮爱	凹熬袄奥	八拔把爸	掰白百败	包雹保报	逼鼻比必	波伯跛簸
猜才采菜	参残惨灿	搀馋产颤	昌长厂唱	撑成逞秤	吃迟尺赤	抽仇丑臭
出除础处	川传喘串	窗床闯创	搭答打大	低敌底地	都读堵度	多夺朵舵
帆凡反饭	方房访放	非肥匪费	分坟粉奋	风逢讽奉	夫福府父	哥革葛各
锅国果过	酣寒喊旱	蒿豪好号	呼胡虎户	欢还缓换	灰回毁会	豁活火货
机及几记	家夹甲价	交嚼角叫	接节姐介	居局举巨	科咳可克	捞劳老烙
溜留柳六	撸炉鲁路	妈麻马骂	嫚馒满慢	猫毛铆貌	咪迷米密	摸模抹末
抛刨跑炮	砰朋捧碰	批皮匹屁	拼贫品聘	七奇起气	千前浅欠	枪强抢呛
悄桥巧俏	切茄且窃	青情请庆	区渠曲去	圈全犬劝	杀啥傻厦	烧勺少哨
奢舌舍设	申神审渗	生绳省胜	失十史是	书熟暑术	虽随髓岁	贪谈坦叹
汤堂躺烫	掏桃讨套	踢提体替	通同统痛	脱驼妥拓	挖娃瓦袜	弯完晚万
汪亡网忘	危为伟未	温文吻问	屋无五勿	西习洗系	先闲显现	香详想向
消淆小笑	些鞋写谢	星行醒姓	须徐许续	烟言眼燕	央羊养样	腰摇咬要
椰爷也页	一仪乙义	因银引印	英迎影硬	优由友又	淤于雨玉	冤元远愿
遭凿早造	扎闸眨炸	摘宅窄债	遮折者这	支直止至	舟轴肘昼	朱竹主住

四声常用字字表[①]

① 戴汝潜：《走进科学序化的语文教育——大成·全语文教育》，江西人民出版社，2016 年，133 页。

十三　汉字的电脑时代（II）：汉字“半拉子”复兴的乱象、尴尬与无奈

上一章，我们概要地描述了在电脑时代，让老外“用母语学汉字”并且实现习主席所说的“人人皆学、处处能学、时时可学”的美好前景。其根据有二：一是汉字书同文的悠久历史表明，漫长农耕文明时期，汉字使用者都是“用母语学汉字”的。二是ISO10646-1993的实施，使得20902个汉字已经存在于西方人的手机、电脑里。当今网络远程教学所能够实现的让汉字“人人皆学、处处能学、时时可学”并没有实现，甚至是“没有人敢想”的事。这是为什么？本章就来探究一下，是什么使得汉字的两大优势没有能够发挥作用。

1. 中国改革开放以来，语文界与信息技术界的“两张皮”现象

汉字电脑化浪潮大体上是和改革开放几乎同时进行的。标志着中国电脑化起步的“七四八工程”开始的同一年，毛泽东、周恩来的两个批示恢复了中国的汉字改革运动。汉字电脑化浪潮与恢复汉字改革同时开始。1980年，北京大学“七四八课题组”成功完成样书《伍豪之剑》的计算机激光照排印刷，方毅题词称：这预示了中国印刷业开始从“铅与火跨入光与电”的时代。同一年，中国召开的一场大规模汉字改革学术会议上出现了“计算机将是汉字的掘墓人，也将是中国

拼音文字诞生的助产士”的论断。1980年，中国第一个汉字编码技术标准GB2312-1980发布。此标准保障了中国汉字电脑化处理技术潮流在一个大体有序的基础上展开。1985年，中国政府把“中国文字改革委员会”更名为“中国语言文字工作委员会”。1986年召开的“全国语言文字工作会议”上，明确不再提“汉字走拼音化方向”，强调“汉字简化要持慎重态度”，“汉字字形要保持稳定”，同时也说“继续汉字改革”。自此，汉字电脑编码中不再继续简化汉字，开始简繁体兼容、共存的计算标准设计。语文界则继续汉字改革，继续简化汉字，继续并扩大《汉语拼音方案》的推行，推广普通话考试。两支队伍渐行渐远。1992年，汉字电脑化处理接近全面成功前夜，7月7日，中国语文界出台文件，把繁体字打成非规范汉字，使用繁体字将被罚款500到5000元不等，并有“由法院强制性执行”的条款。1993年，简、繁体汉字统一编码技术标准以双重身份（国际标准ISO10646及国家标准GB13000）出台。自此简、繁体汉字，中、日、韩汉字实现统一编码，其中的20902个汉字成为全球所有文字处理产品中的合法、必备成员。全球所有文字开始平等地共存于统一平台。该标准迅速获得广泛使用，全球汉字文化圈及西方世界反映积极、良好。这是汉字处理技术也是汉字命运的根本性转折或跨越。非常不幸，19920707文件发布后，中国全国开始开展清剿繁体字的政府行为，广东省等沿海最早开放区损失惨重（见附件B1任仲夷等老同志送给党中央领导的信）。2000年，汉字电脑编码新标准GB18030作为国家强制性标准发布实施。该标准收汉字27484（另说27533）个，以此前的20902个为真子集。这保障了汉字信息处理不断扩大领域的现实需求。同一年，《中国通用语言文字法》发布，此法居然延续了19920707文件中把繁体字判定为非规范汉字及对其使用的严厉限制，在继续肯定简化字及汉语拼音方案的同时，对汉字没有任何肯定的言辞。汉字继续被改革、被限制的情况没有丝毫变化。GB18030-2000版的实施，使汉字信息处理得以从日常使用、普通教育、一般传媒，进一步扩展到古典文献、佛经、各种古文字、新发现的经典文献等的处理。2005年，GB18030-2005版发布，所收汉字扩展到7万多个，仍然保持了技术编制的稳定性、前后版本的兼容性，仍然以20902个汉字为真子集。标准研制组直接与《通用规范汉字表》研制组联络，希望通用规范汉字表不要出现电脑编码标准之外的字，那将带来无法克服的技术困难。2009年，《通用规范汉字表》发布公示，仅仅承认8300个汉字为规范汉字。发布的文本是一种类似照片的格式，这种电子文档无法做字符类操作，即无法对任何单字、汉字字组、句子做检索及其他任何操作，仅能够按页复制、插入、删除。新类推简化字没有逐个一一列出，只给出了数目。《字表》研制组特意选择以“类似照片格式”发布，客观上有掩盖其中包含了大量电脑外字（电脑编码标准中没有的字）的严重事实。报刊、网络上立即出现大量批评文字，指出这个《字表》与汉字编码技术标准字符集对立。2013年，正式的《通用规范汉字表》发布，除了所收汉字从8300个减少为8105个以外，无实质性修改。《中国教育报》同时发表文章，称《通用规范汉字表》为中国近代汉字规范集大成之作，是信息时代汉字规范的新起点。在一一列举过去的规范化成果时，只字不提任何一个字符集。《光明日报》发布了一篇名为《技术专家五年质疑终“被规范”》的报道。

2. 中国改革开放以来，汉字管理的双轨制乱象一窥

异体字的身份证问题 2013年颁布的《通用规范汉字表》，把45个异体字调整为规范字。这45个汉字，已经有一两千年的历史了。1956年2月1日起，在汉字简化运动中，这些字曾被判为“异体字”，停止了使用。这就几乎像被判了死刑，待到《通用规范汉字表》发布，这些字又从“另册”进入“规范字表”。一种形象化的说法是，《通用规范汉字表》给这些异体字重新发了“身份证”（这种身份证自然应该是“国家语委身份证”）。宣传中称，由于这次的发证，使得名字用到这

些字的人，摆脱了“无法办理身份证的困扰”。这为部分民众解决了麻烦，是国家语委服务群众的一项功德。一批媒体以此事作为《通用规范汉字表》的一个重要特点、优点和巨大贡献而广为宣传。

其实，这45个汉字从“异体字表”释放出来，重新为中国公众服务，早在1993年就基本完成了。由谁完成的？由国家也是由国际技术标准！证据何在？证据就在《通用规范汉字表》配套的字典里。在该《字典》的附录中，每一个规范汉字都有相应的国际标准ISO10646（即国家标准GB13000-1993）编码。如下是几个被释放的异体字字例：

《字表》里的序号	汉字	ISO10646 编码
5401	晳	07699
7294	喆	05586
7371	淼	06DFC
6674	昇	06607
6530	邨	090A8

上述五个异体字在技术标准ISO10646-1993中是存在的，即列入了该国际标准字符集。而该字符集是在那之后中国各个汉字编码国家标准字符集的真子集。换句话说，1993年，这些异体字就有了技术标准身份证，还是国际身份证。而同时颁布的GB13000-1993是与这个国际标准等价的中国国家标准，它又是后来1995年的GBK1（汉字编码扩充规范）及2000年的GBK2(强制性国家标准GB18030)的真子集。所以，这些异体字从1993年起就能够像“上、下、大、小”这些字一样在中文电脑里使用了。因此，国家语委身份证比技术标准身份证迟发了整整20年！两种身份证，表明了汉字管理存在着双轨制：国家语委的一套，技术标准一套。迟到了约20年的《字表》宣传广泛；而实施了20年的“字符集”着重在设备、系统中推行，舆论上声息微弱，少为人知。双轨制的另一个重要实例就是国家语委起草的《通用规范

汉字表》与汉字电脑编码字符集标准的对立。（详见下一节）

汉字管理中，语文界与技术界的“两张皮”，《通用规范汉字表》与“技术标准 GB18030”的对立，也是一种双轨制。这种情况已经带来了许多弊端，许多消极影响。汉字管理的双轨制：①不存在一个相当广泛的利益对立的人群。语文界与技术界并不是两个利益对立的群体，其间的差异、矛盾，主要在于学术或专业观念上的偏好、作风与习惯不同。②一般不牵涉广泛人群的具体物质利益。《通用规范汉字表》的严重问题是由少数人错误的思想、错误的态度、错误的行为造成的。否定《通用规范汉字表》应该是一种纠错行为，这种纠错有利于国家与公众（包括语文界与科技界）的共同利益。

3.《通用规范汉字表》与汉字电脑编码技术标准字符集的对立、打架

《通用规范汉字表》以下简称为《字表》。汉字电脑编码技术标准以下简称为字符集，主要指 GB18030-2000 中的汉字集。这个技术标准与之前的汉字编码技术标准都有兼容型、继承性。具体些说，2000 版的 27484 个汉字里包括 ISO10646 中 20902 个汉字。2013 年《字表》发布，其与字符集对立终成公开事实。中国语文界与信息技术界“两张皮”现象凸显，汉字管理双轨制的严重问题暴露出来：

（1）收汉字个数，《字表》为 8105，字符集为 27484 个。《字表》研制组组长在《中国教育报》2013 年 8 月 30 日第 4 版的文章中有如下一段话：“我们要明确‘规范汉字’对应着两个不同的概念：一个是‘不规范汉字’。已经有了规范汉字，在通用层面上书写现代汉语文本时，仍然去用对应的异体字、繁体字，就属于不规范汉字。另一个概念是‘未规范汉字’，也就是没有被收入规范汉字表，也不对应任何一个规范汉字的字。”这一席话明确说出了《字表》的一个重要功能，把 GB18030 的 27484 个汉字分解为规范、不规范或非规范、未规范三种

情况。它使中国当今最重要的汉字编码强制性标准 GB18030 中的大部分内容变成不规范或未规范的状态。又按国家语委起草的《教育部等十二部门关于贯彻〈通用规范汉字表〉的通知》中称：“社会一般应用领域的汉字使用应该以〈通用规范汉字表〉为准，原有相关字表停止使用。”这人为地造成国家强制性技术标准 GB18030 在实施中的许多困难及阻碍。

（2）《字表》不包括任何一个繁体字，而“字符集”为简、繁体兼容，中、日、韩文兼容。在汉字处理技术电脑化的当今，简繁体操作难易程度及效率高低已经毫无差异，而语文界仍然把繁体字打成非规范汉字，清剿、封杀之，丝毫没有道理。这给海外华人及海外一切汉字使用者使用汉字造成不便。

（3）《字表》中包括“字符集”里没有的汉字，或称之为“电脑外字”（或“外字”），计算机对这些字无法做任何处理，无论是输入、显示、存储、传输。例如《字表》中的 4004 号汉字“火区”（该字左边为“火”，右边为“区”，当今的任何电脑都无法把它显示为正常的单个汉字）就是一个实例。其对应的字符集中的单字为“熰”。《字表》所包含的外字是它与字符集打架、对立的主要特点。在《字表》中，外字总计有 199 个，但《字表》并没有说明这一类字有多少，也没有指出具体是哪些。这种做法，恐怕是担心公众或上级部门得知它与字符集如此打架、不和而引发反对意见。这里，告诉大家如何从《字表》里找到这类“外字”。

表 13.1 《字表》与字符集相应汉字展示

《字表》中汉字编号	字符集中规范字 UCS 码	《字表》中页码
4003	炜 0709C	383
4004	火区	272
4005	炖 07096	83

表 13.1 表摘自《通用规范汉字字典》546 页，这里的显示与字典

中的不同之处是：字典中的“𬉼”是一个单字。因为它使用了方正电子有限公司开发的专用软件，而我们使用的是普通电脑的一般常用软件。上表“火区”后面是空白，就是没有 UCS 码。这个 UCS 码就是该字在 ISO 10646 中的编码。当你拿到此字典，查阅从 500 页开始的《字表》，凡汉字后面为空白的字，就是《字表》中的电脑外字，部分如表 13.2。

表 13.2 《字表》中的部分电脑外字

编号	规范字
6520	讠于
6547	氵万
6551	讠伫
6553	纟川
6560	土区
6564	土仑
6594	山历
6616	氵贝
6623	讠戋
6630	弓区

这些年，有人向有关方面举报反映《字表》中制造外字，给字符集的应用带来破坏。国家语委回复称：问题都已经解决，并且花费成本很小。我请读者自己做一些试验。选以上两表 11 个电脑外字中的任何一个或几个，看是否能在自己的手机或电脑上输入、显示出来。这样做一做，问题是否解决就一目了然。还应该强调指出：与以上 11 个外字对应的“没有简化的字”或“原来的字”或“本字”，电脑字符集中是有的。为什么不用已经有的“熰”，非要用简化后的“火区”？这种强烈的需求从何而来？制造外字就是制造混乱。到底是“已经解决”，还是在“制造混乱”，需要认真检验、统计。只有几万、十几万

电脑、手机解决了，都无济于事。因为当今运行着的手机、电脑是数十亿台套。技术标准的轻率修修补补，只能制造混乱。

（4）字符集的设计是完全按照现实需要进行的。由于汉字历史悠久、文献浩瀚、字量庞大，汉字的实际数量不断突破已经有的界限。GB18030-2005 已经收汉字 7 万多。而国家语委《字表》研制组只承认 8105 个汉字是规范汉字，就是把字符集中大量汉字（至少 11797 个即 20902-8105 或 19379 个即 27484-8105）打成非规范汉字。这里的非规范不是说一说算了的小事，是严肃又严重的法律概念。《字表》发布不久，国内发生了一个商户因为使用 5 个繁体字，被罚款 1 万元、没收白酒 30 件的事件。罚款的根据是中国语文界于 1992 年 7 月 7 日发布的文件，该文件第一次明确规定“繁体字为非规范汉字”，并规定若使用将罚款 500—5000 元人民币。2000 年，国家通用语言文字法继承了对繁体字非规范性的定性。《字表》发布次一年，网络新闻报道：数百年里一直使用鉏姓的千户居民，被强制要求使用电脑里没有的“钅且”字的荒唐事（该字是《字表》中的规范汉字，电脑字符集中的外字）。这里，问题的实质是语言文字管理者把从来没有简化过的“原字”“本字”，错误地当作是繁体字，定性其为非规范。尽管“鉏”字一直存在于电脑中，但按《字表》精神，“鉏”姓不能再用，必须用电脑里并不存在的“钅且”字。

有读者会问：如今电脑强大得几乎无所不能，电脑里加一个汉字“钅且”有什么麻烦？答曰：电脑的无所不能，就是因为电脑的一切应用都是依照规矩办，依据标准办。瞎办、乱办，麻烦太大了。往字符集里随意加字，具体地加入一个“钅且”字，就是违反标准化的瞎办、乱办。这种“加入”不能采取“网络即时更新”的办法，必须把电脑或手机搬进专业实验室。加入“钅且”字，必须修改编码以及各种字体（宋、楷、黑、隶等数十种）、字号（六号，五号等数十种）、点阵精度（48*48，96*96 等数十种）。这比重新制作一张二代身份证麻烦得多。中国 10 亿张二代身份证花费十余年，1.5 万个派出所参与，才得以完成。中国国家语委不承认国际、国家双重标准，非要加入 199 个电脑外字，就必须再花费十余年，数万、十数万派出所参与。这是绝对不可能的。况且，例如仅仅是因为要使用“火区”，而不使用已经存在的“熰”字，就全国动员，干上十余年，值得吗？中国国家语委不承认字符集的合法性，已经进入全球所有文字处理设备中的 20902 个汉字，也就不得不暂且“休眠”“沉睡”了。

4. 初评“打架双方”的“是与非”

在我与朋友交谈时，朋友们首先会提醒、告诫我：（1）我以什么身份参与评说？我有资格吗？我这个理科教师和“打架双方”都没有什么关系，或者说离得远得很。（2）打架的内容都是国家大事，并带有敏感性。我哪里来的勇气？不怕惹得一身骚吗？我确实思索良久。说老实话，我的核心思想并不是批评《字表》，而是为字符集宣传、呼吁。我要高声告知所有中国人：20902 个汉字已经成功进入西方人的电脑、手机里了，这已经有四分之一世纪的时间了，它们都具有了原模原样、堂堂正正畅行天下的能力与资格。汉字的这些全新优秀品格是 ISO10646-1993（等同的 GB13000-1993）赋予的。中国第一个汉字编码标准 GB2312-1980 曾经获得国家科技进步一等奖，我以为 GB13000-1993 连同它之后的技术标准 GB18030 应该获得国家科技进步特等奖。可惜，主要由于语文界部分人的不理睬、不承认，20902 个汉字宝贝才不得不暂且“沉睡”“休眠”。2017 年初，《中共中央办公厅、国务院办公厅关于实施中华优秀传统文化传承发展工程的意见》中号召：“每一个国民都要有‘天下兴亡匹夫有责的担当精神’；要‘形成人人传承发展中华优秀传统文化的生动局面’。”（参见《两办意见》6 条、18 条）习主席最近又鼓励说：“人人都是参加者”，“人人都是实践者”。看来，习主席、党中央、国务院都注意到广大群众的积极参与极其重要。我也自信，20 世纪 80 年代以来，我关于汉字改革与汉字电脑化浪潮关系的持续、积极的学习、思索，确有所得。特别是发现汉字两个被忽视的巨大优势时，发现汉字能够很快实现习主席概括的“人人皆学、处处能学、时时可学”时，更觉得有必要呼喊出来、写出来。希望人微言轻的我能够有助于抢回失去了四分之一世纪的宝贵机遇。

对于国务院批准发布的《字表》，我是认真、严肃地披露、评判：国务院下属的两个部门制定的两个重要政府文件对立、打架，而打架的主动方、无理方，是国家语委起草、制定的《字表》，被动方、有理方则是字符集。这种对立、打架是 30 多年来中国语文界与信息技术界“两张皮”的后果，是汉字管理双轨制的后果，也是电脑化浪潮急速发展中出现的巨大变革不为人们普遍认识的后果。汉字跨入电脑时代之际，汉字规范化实际上发生了重大变化，那就是以前汉字规范主要靠“人”（规范制定者、执行者、广大公众），靠“同人共识纸质文件”的约定，特别是各种字表，规范的效果靠人的觉悟、知识、能力以及健康状况等等；而之后（特别是 1994 年后），则发展为也靠（或更靠）“机器”，靠电脑及各种信息化系统的科学性、合理性、实用性。字符集成为新时代汉字规范最重要、最有效、最靠谱的工具。它还有不知疲倦，从不闹情绪，能够长时连续工作不停歇的长处。看一看 1994 年之后，中国行行业业的各种信息化系统的运转，就应该感知这种翻天覆地的变化。字符集是社会信息化最重要、最基础、最底层的技术标准，《字表》并不一定和字符集对立、打架，《简化字总表》就没有。但《通用规范汉字表》与字符集打架则是《字表》研制组刻意“不合作”的后果。《字表》公示的 2009 年，GB18030-2000 已经成功推行八九年，GB18030-2005 出台也已经三四年。《字表》研制组在《字表》中保留了 199 个电脑外字，实际上是继续坚持汉字简化，继续追随日本汉字改革的模式：简化汉字＋限制汉字字数。新类推简化字 226 个，把规范汉字字数限制为 8105 个！使得 GB18030-2000 字符集中的大部分汉字被划入非规范，给字符集的正常使用制造了人为障碍。2013 年底，某商户因为使用 5 个繁体字被罚款 1 万元人民币“这件小事”，对于一切想开发基于简繁体兼容实用系统的公司、企业来说，就是一个警钟。2018 年两会期间，科大讯飞等公司的多种有声语言实用产品面世，令人欣喜。此类产品已经十分丰富，每一种都对应着一个“汉字与另一种外文文本互译”的产品。语音互译技术难于文字互译技术，其难易差异还很大。从技术、算法复杂性、投资、人员队伍、产品生产看，音频处理比字符处理要复杂百倍、千倍。为什么困难的搞得很红火，容易的反而冷清清？此中原因有二：第一，近代直到当今，语言第一，普通话第一；文字第二，汉字第二；三大任务中，推广普通话、汉语拼音方案是国策，继续汉字改革也是国策，但这三大任务中，继续被改革的汉字只能是最末。第二，将繁体字定为非规范汉字是 2000 年国家大法“国家通用语言文字法”规定，又为 2013 年《通用规范汉字表》肯定。口语翻译里，“义乌”到“yiwu”可以不见汉字字形，但文字翻译中，是“义乌”还是“義烏”？一不小心使用了“義烏”，招来麻烦怎么办？希望中国政府能够对本来就明确规定为“强制性国家标准”的 GB18030-2000 字符集（其中包括那 20902 个汉字）签发“赦杀令”，使得其中每一个汉字（无论简繁体）都是合法身份，让中国每一个信息技术产业大胆放开手脚发明、创造，解除它们有可能遭遇罚款的威胁。

5. 国家语委对两个国际标准截然相反的态度

这里的两个标准指：ISO7098-1982（信息与文献——中文罗马字母拼写法）及 ISO10646-1993（全球现行文字通用多八位编码字符集）。这是涉及汉语文的两个最重要的国际标准。

（1）ISO7098-1982（信息与文献——中文罗马字母拼写法）

由 ISO/TC 46 技术委员会制定，规定了中文人名、地名、文献目录索引的罗马字母拼写法。与这个技术标准相关的工作，其实在 1982

年之前很长一段历史时期里就已经开始。地名、人名的单一罗马化实际上是近代以来逐步形成的一种国际惯例。某一国家的地名在国际间使用时，采取“专名拉丁转写＋通名英译”的办法，实现完全罗马（拉丁）字母表达。这种国际惯例是在西欧拉丁字母列强国家殖民扩张中形成的。按周有光先生对拉丁字母国际传播的总结，这种地名、人名的单一罗马化（拉丁化）属于拉丁字母全球传播的第六个波圈。第一、二波圈是在欧洲内部。第三、四、五波圈是伴随着发现新大陆后的三次殖民扩张而产生，这种扩张与传播充满血腥、暴力，伴随着土著民族、文化、文字及人种的灭绝。第六波圈血腥气已经大大淡化，它表现为非拉丁字母文字国家建立拉丁字母转写规则，译写人名、地名等以利于国际交流。[①]

应该说，中国地名、人名单一罗马化（拉丁化）从清末民初开始。1906年春，上海举行“帝国邮电联席会议”，会议之后，中国的中文人名、地名拉丁字母转写开始用“邮政式”。1960年，联合国成立了地名专家组，专门负责地名标准化问题。1977年，联合国召开第三届地名标准化会议，通过了中国代表团提出的“采用汉语拼音方案为中国地名罗马字母拼写规范”的提案。从1979年6月15日起，联合国秘书处采用汉语拼音的新拼法作为中国人名、地名拉丁转写的标准。1982年，国际标准化组织(ISO)决定采用《汉语拼音方案》作为拼写法的国际标准，即ISO7098-1982。以上都发生于铅字时代。铅字时代，由于英文铅字打字机最方便、快捷，拉丁字母电报最流行，所以拉丁字母就成为最具技术先进性，最具国际流通性的文字。又由于在近代四五百年里，法语、英语是最强势的国际语言，拉丁字母也就成为最强势的国际文字。这就是全球文字单一罗马化（拉丁化）的时代背景或原因。第六波圈确实淡化了第三、四、五波圈中的血腥与暴力，但依然与西方强权密切关联。这种全球文字的单一

① 参见周有光：《世界字母简史》，上海教育出版社，1990年，299页。

罗马化（拉丁化）对于所有国家的国际交流都有益处，但最有益于拉丁字母国家。

非拉丁字母文字国家的单一罗马化，仅仅“是一种辅助的文字工具”①。国际标准并没有要求用这种辅助的转写去表达正式文件。国家语委非常重视这个国际标准，积极推动它的更新、修订，至今已经有了1991及2015两个新版本。每一次修订，中国汉字改革家都把富有拼音文字特点的东西（如拼写普通话及分词连写）增加进去，力图借助国际标准身份，转而加强国内的汉字拼音化。2015年新版本在中国发布的时候，原国家语委副主任在《光明日报》上发文宣传、致贺，并预言:《汉语拼音方案》将成为拼音文字，与汉字“双翼高翥”（《光明日报》2016年5月1日第7版）。实际上，国家语委领导与专家始终高度重视、高度评价该标准:“《汉语拼音方案》从国家规范提升为、上升为、发展为国际标准。融通中外，影响深远。为提升国家文化软实力和深化国际交流发挥重要作用。加快了信息化、智能化环境下汉语走向世界的进程。增进了世界对中国文化的了解，促进了中华文化的国际交流与传播。”（《光明日报》2018年5月11日第8版）为什么对于西方舶来品的拉丁拼音如此多情？为什么对于中国汉字已经强过拉丁拼音的崭新国际流通性不予理睬，还打击、限制？

（2）ISO10646—1993（全球所有现行文字通用多八位编码字符集）

这个标准适用于世界上各种语言文字书面形式的表示、传送、交换、处理、储存、输入和展示，是信息时代一切文字处理设备必须遵守的最基础的技术标准。它由国际标准化组织（ISO）和国际电工委员会（IEC）旗下的编码字符集委员会发布，用来实现全球所有文字的统一编码。它的实施是文字信息处理的一次划时代飞跃。

① 周有光:《世界字母简史》，上海教育出版社，1990年，300页。

1994年前，中国汉字软件的第一大课题就是“开发汉字软件”或“对引进的仅仅适用于英文的软件进行‘汉化’改造”。因为那时西方生产的电脑仅仅适用于英文。这种汉化工作，技术复杂，工作量极大，不是中国特有的。俄罗斯有“俄罗斯化”，阿拉伯国家有“阿拉伯化”等等。面对市场前景无限巨大的这一项工作，国际有关大产业集团及国际标准化组织都很早关注了这一课题。这个问题最重要、最基础的部分就是“全球所有现行文字的统一编码字符集”。这种全新的技术标准就是1993年发布的ISO10646-1993，它的实施使汉字成为全球所有文字处理设备中必备的、合法的成员。这是全球所有现行文字统一、平等兼容、共处的平台，为中华汉字文化的国际传播创造了全新、强大、神奇的技术优势。可以说，在全部国际标准中，ISO10646是对中国，对中华民族，对中华汉字文化，最具宝贵价值的一个。这种价值与仅仅用于国际交流辅助工具的ISO7098（单一罗马化）有天壤之别。但国家语委在设计、制定《通用规范汉字表》时却只字不提ISO10646，给这个国际标准的推行制造了障碍。

人名、地名单一罗马化（拉丁化）的ISO7098，反映着近代西方拉丁字母强国殖民扩张的势力及其在铅字处理中的巨大优越性，是近代数百年形成的拉丁字母霸权的延续。而ISO10646反映电脑信息新时代，是全球所有现行文字统一、平等兼容、共处的平台。这种平台大有利于信息技术产品的多语言、多文字版本的产生及普及、推广，对势力雄厚的西方大产业集团占据广大国际信息技术市场意义巨大。所以他们才十分积极地提出该项目，并推动这种国际标准的制定。ISO10646也为汉字畅行天下提供了巨大机遇，中国科技工作者敏锐地观察到这种机遇，在中国政府的支持下积极参与该项目，并争取到汉字编码组的主导权。而某些汉字改革家对于简、繁体兼容，中、日、韩汉字兼容的ISO10646不理睬、不承认。他们对并存的ISO7098和ISO10646两者的褒贬、爱憎态度十分明显。

6. 字符集与《通用规范汉字表》实际应用情况及价值的比较

字符集的诞生始于1980年，已经形成的序列是GB 2312-1980、GB13000-1993（等同的国际标准ISO10646-1993）、GBK1995、GB18030-2000及GB18030–2005，它们都是前后兼容的。正是这些标准支撑了中国社会行行业业、家家户户的信息化、数字化、网络化。特别是GB13000-1993（等同的国际标准ISO10646-1993）使得汉字的国际流通性步入全球所有文字的前列。汉字具有了原模原样、堂堂正正畅行天下的品格。GB 18030-2000作为国家强制性标准，支撑保障了中国全社会持续地、高速地数字化、网络化。字符集能够做到这一点，是因为每一个字符集都必须配套有如下软硬件支撑环境（这些环境其实已经成为庞大的产业）：①为收入的汉字字符集设计一个合理、有效、具有易行性的编码表结构。给每一个汉字在编码表里定一个位置，使它得到一个属于自己的二进制代码。②给出每一个汉字的字形库信息，包括一般至少四种字体（如宋、仿宋、隶、楷等。实际上汉字电脑字体已经达二三百种）、数十种字号（如大号、初号、一号等）、多种点阵精度（如16×16、24×24等）的点阵字形信息。③设计、实现与该字符集配套的多种输入法，对每一个汉字以及词、短语、成语给出它们的输入代码。④有相应的操作系统及文字编辑加工处理软件。⑤其他配套的各种工具软件、知识软件（如文本校对、文音转换、文字识别、字形属性、字音属性、网络传输、网络化管理等）。特别是①②③项，必须对每一个汉字单独给出，⑤则是颇具开放性的，可以不断扩充、增补，日益形成了丰富、庞大的社会产业。而《通用规范汉字表》给予的仅仅是8105个汉字的清单而已，对其他诸项（①到⑤）一律不予理睬，这种违反标准化常规的做法是行不通的。以上五项中的每一项都包含着大量繁杂的技术工作。比如①，对于最早、最简单的汉字基本集来说，它收汉字 6763 个，其中每个汉字用两个字节（两个 8 位二进制数码）表达。整个基本集汉字用一张 94 × 94 的表格表示。对于 GBK1 和 GBK2 来说，同时既使用双字节编码，又使用四字节编码，其编码表结构复杂得多。要对理工科大学生讲解明白这个结构图表，就需花费数个学时的时间。比如②，要对两三万个汉字进行多种字体、字号、点阵精度的信息设置，其规模和工作量将极其庞大、繁复，必须有专业技术团队做产业性运作。比如③，每一个输入法的设计，都必须对每个汉字，对海量的词、词组、短语给出输入编码。输入法还必须包括社会需要的多种类型（拼音的、笔画的、部件的等）以及针对各种程度的定制需求（普及的、专业的等）。关于④⑤，软件的规模更大、更复杂。总之，文字信息处理已经是一个全新的、大规模的、十分复杂的社会系统工程，是社会化的庞大产业，而字符集是这个庞大工程的基础。传统的《通用规范汉字表》仅仅是一类汉字的清单而已！但它并不一定非要与字符集对立，某些《字表》研制者拒绝与字符集设计者沟通，对他们的多次建议不予理睬。

字符集事实上管理、控制着海量无生命的仪器、设备、系统。这些海量的仪器、设备、系统能够暂时摆脱人的直接干预，自动、高速、连续地网络化运行。21 世纪以来，中国社会的行行业业几乎都实现了这种数字化、信息化、网络化，而 GB18030-2000 字符集是一个须臾不可缺少的基础。数亿、十数亿台套电子式文字处理设备也成为字符集最强大、最忠诚的支持者。为了使读者有更具体的认识，我们看一看自己的手机。手机一开机就有菜单页面，每一个页面有二三十个菜单图标，每一个图标就是一个软件或软件包。一部手机常常有数十个或两三百个软件或软件包。电脑、iPad 等一切文字处理设备都类似。所有这些软件都是以中国强制性标准 GB18030-2000 为基础的。就全球范围来说，所有应用软件都是在 ISO10646 编码体制下运行的，当今所有这些软件都自然地与中国的字符集适配！自 1993 年起，引进软件的汉化工作都已经不再需要。只要尊重、善待 GB18030-2000，就能够享用全球不计其数的软件的优质服务。

一切字表，包括《通用规范汉字表》是铅字时代使用的汉字规范化手段。它仅仅是一个字表或清单而已，就和《简化字总表》《常用字字表》一样。《通用规范汉字表》确实比《简化字总表》“好一点”的地方是，它配上了方正电子公司的一个软件，这个软件的最大作用是把《通用规范汉字表》制作成电子文档，并转化为某种类似照片的格式，用于上报、发布（掩盖了其中包括的199个电脑无法处理的“规范汉字”）以及出版《通用规范汉字字典》《〈通用规范汉字表〉解读》。除此之外，《通用规范汉字表》与几乎所有应用软件没有任何关系，并且想要与其中任何一个建立关系都是极其复杂、困难的。《通用规范汉字表》事实上只能停留在“一本空文”。它削弱、破坏了强制性国家技术标准GB18030的正常实施。由于把字符集中大部分汉字打成非规范，使得基于字符集数据处理的教学软件、互联互通软件本身就包含了被罚款、处罚的政策风险。科大讯飞公司等许多企业成功推出多种多样的基于语音处理的双语、多语翻译产品，每一个产品几乎都对应着一个基于字符（或文字）的双文、多文翻译产品，例如双文型QQ对话、短信对话、微信对话、电子邮件对话等（这些其实都是古代汉字文化圈中“笔谈”交际的电脑化形式）。这些产品都比讯飞公司语音翻译产品更简单，更易于开发、推广，市场前景同样巨大。但这些双文、多文字符形式的产品却并未出现，原因何在？西方社会的语言中心论认为，文字仅仅是记录语言的符号，这可能是重要原因之一。中国近代以来，追随、模仿、照抄、照搬英文已经成为中国语文界的主流，此其原因之二。字符集的大部分汉字（三分之二或四分之三）都被政府法律文件（如《国家通用语言文字法》等）判定为非规范，应该予以罚款、扣分（教师板书一个繁体字扣0.1分；教师在学生操行评语中写一个繁体字扣0.1分。参见附录B4），此其原因之三。当繁体字在它的祖国还没有获得合法身份时，谈汉字文化的真正复兴是困难的，需要有有效的政策激活。

7.“违规类推简化字”的失控、泛滥——兼谈电脑外字的困扰及破坏性影响

再说外字　本章第 2、3 节已经提及电脑外字，这里具体来说。图 13.1 是《通用规范汉字表》的局部截图，包含 30 个汉字。因为是图，不是表格，也不是字符型数据，所以不能对其中的单个字进行操作。

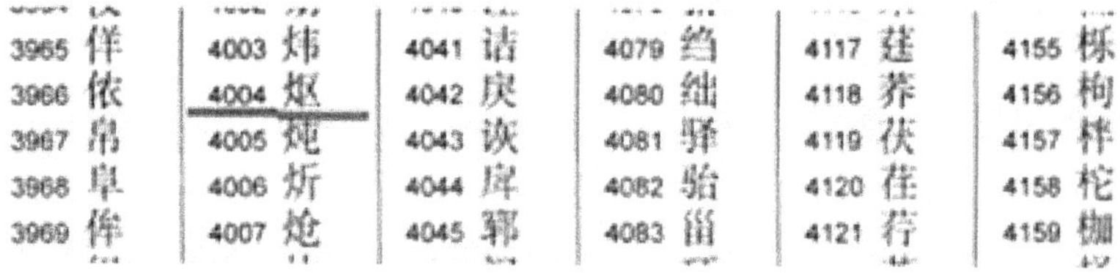

3965	佯	4003	炜	4041	诘	4079	绉	4117	莛	4155	栎
3966	依	4004	𬊤	4042	戾	4080	绌	4118	荞	4156	枸
3967	帛	4005	炖	4043	诙	4081	驿	4119	茯	4157	栟
3968	阜	4006	炘	4044	庠	4082	骀	4120	荏	4158	柁
3969	侔	4007	炝	4045	郓	4083	甾	4121	荇	4159	枷

图 13.1 《通用规范汉字表》局部截图

若要删除、复制某字，只能同时对 30 个汉字一起操作。如果要把“火区”上下 5 个字按单字转换时，就会显示：

炜？炖炘炝

应该出现“火区”处（上行？处）要么是空白，要么是乱码！因为计算机字库里没有“火区”。这样的外字在《通用规范汉字表》里有 199 个之多。这些外字仅仅存在于国家语委和商务印书馆的某些个别电脑里，在其他电脑里不存在。计算机无法表达这种外字，也无法输入，无法显示，无法打印，无法做任何字符类操作处理。“熰”字是电脑里有的，而它的类推简化字“火区”就是电脑外字，可是这个外字在《通用规范汉字表》里却是个“规范汉字”。

外字是违背标准化行为的产物　外字，或电脑外字，或标准外字，是指不在汉字编码技术标准字符集里的字。如作为“熰”的类推简化字的“火区”就是个电脑外字，这个外字是被《通过规范汉字表》

规定为规范汉字的，但GB18030里没有。而“煱”字是个繁体字，按照《通用规范汉字表》是非规范的。换句话说，“火区”有国家语委身份证，是规范汉字，但它不在GB18030里，没有技术标准身份证，是外字。而“煱”是电脑内字，有技术标准身份证，但没有国家语委身份证。

外字的失控、泛滥 当今的外字几乎都是“违规类推简化字”。从1986年起，编码标准字符集在设计中停止了类推简化，但语文界继续坚持“无限制类推简化”。两个系统的“两张皮”是造成外字失控、泛滥的根本原因。当今中国各种大中型字词典、语文工具书中，“字头”一律为简化字。而在“字符集”中，各种偏旁部首的字已经简化的是少数，仅占全部的四分之一或三分之一（如金字旁汉字，未简化的为930个，简化了的为242个，均以标准ISO10646为基准。参见本书附录B3）。中国语文学家独爱简化字，强调“简化字系统”的完整性，所以就不断地、持续地制造之。电脑技术的强大、灵活，使得新造一个字，加入个别电脑是很容易操作的。原本在20世纪80年代，电脑能够处理的汉字只有6763个，不包括任何繁体字，所以那时中国的电脑几乎都配备有自己的造字软件。21世纪以来，个人造字的需求淡化，但作者文章里需要造字，出版社通常就提供方便，这就造成外字的失控、泛滥。造字现象的漫延滋长也与汉字编码技术标准实施几乎没有监管有关。“字符集”也几乎完全没有宣传，其基本常识知之者甚少。

外字只能在制造它的电脑里或在专用软件支持下使用 如“火区”只能在某些特定电脑里正常使用（即按正常的单个汉字输入、显示、编辑，依然无法用带字库的打印机打印），或者能在安装了方正电子公司那个专用软件的电脑上正常使用。在其他海量的电脑、手机上，它都无法进行输入、显示、编辑加工等操作。电脑或手机里，根本没有这个字。仅仅为了拒绝使用“煱”，非要使用“火区”，而在海量设备上安装方正电子公司的那个专用软件是不可能的。

含外字的字符型电子文档在流通中会带来隐蔽性破坏　如果拿一个含外字的WORD文档到其他电脑（没有安装方正专用软件的）上使用，肯定无法正常显示。运行中产生什么混乱则难以预料。正因为这一点，商务印书馆已经出版的《通用规范汉字字典》和《〈通用规范汉字表〉解读》的WORD文档，就无法在U盘、光盘及网络上正常流通。这种电子信息转到别人的电脑上时，所含外字会出现什么情况是无法预料的，其破坏是隐蔽的。

含外字的照片型电子文档失去了对任何字符的可操作性及可检索性　如果你拿到含外字的照片格式的文档，你就只能一页一页地阅读，一页一页地删除、移动、复制，无法对其中任何的字、词、句子进行任何操作，也无法以文档中的任何字、词、句子为检索词做任何检索、定位查找。这种文档的可用性价值大大降低了。只要你把下载的《通用规范汉字表》在自己的电脑上操作一下，这种性质，这种缺欠，就明显地暴露了。

8. 汉语文中为什么出现了那么多“真理与谬误的颠倒”？

1982年，中国著名语文学家朱德熙先生在香山科学会议上说：“我们的汉语有我们自己的规律。但到现在为止我认为仍受印欧语的影响，不知不觉的影响。这个东西使得我们不能往前走。问题早就提出来，但摆脱不了。这是因为先入为主。……科学最可怕的是一种教条或者是框框。……先入为主和传统观念对科学的束缚非常大。有的时候超出我们的想象之外，不知不觉地受到这些限制。总觉得这是大家这样说的不应该有问题呀。其实问题就出在这儿。过去荒谬的东西现在都变成了真理。我们语言学也不例外。”“荒谬变成了真理”，也就难免“真理变成了荒谬”。朱德熙先生的话，让我逐渐发现，原来许多汉字改革家在他们自己专长的语言文字学上，也有让平常人无法理解的奇谈怪论，这些其实就是朱德熙先生1982年谈到的。

在我开始思索“真理与谬误颠倒”的数年后，又读到习主席的一系列讲话。习主席强调对中华文化自信心的重要性。他说：“一个抛弃了或者背叛了自己历史文化的民族，不仅不可能发展起来，而且很可能上演一场历史悲剧。”强调“着力构建中国特色哲学社会科学，在指导思想、学科体系、学术体系、话语体系等方面充分体现中国特色、中国风格、中国气派”（在《哲学社会科学工作座谈会上的讲话》，2016 年 5 月 17 日）。这样，我的有所独立思考也就真的有所得。这里把部分所得略述如下，与读者交流、分享。

关于对汉字书同文的评价 汉字书同文是汉字悠久、优秀的传统。中国方言复杂，方言之间差异巨大，无法口语沟通是十分普遍的现象，但可以使用相同的汉字。汉字书同文与中华民族多元一体格局也是共生、共存、相互支撑的。一些少数民族已经通用汉语文，许多少数民族知识分子认识汉字，能够阅读汉字文本，特别是文言文的能力，但并不一定通晓官话（普通话）。汉字及文言文是维系中华民族团结统一的宝贵工具，这至少在中国两三千年的历史中是千真万确。但近代以来，汉字书同文不再被视为是好的、优秀的。由于西方拼音文字是记音的，“言文一致”是拼音文字普遍且显著的特点。汉字是以字形表意为主的文字，是视觉优势的文字。汉字与汉语语音是疏离的，有相互独立性，“言文不一致”恰恰是汉字的特点。而近代，随着列强的洋枪火炮和先进的英文处理机械化技术东来中国的英文，征服了中国精英及广大公众。基于西方拼音文字事实总结出来的西方语言文字理论，就在中国取得了权威地位。其实，中国古代（晚清之前）是没有当今这种语言学、文字学名称的，也没有“语法”这一术语。“词”仅仅是“唐诗宋词”里的词，并不是与英文单词“word”对应的。在中国近代建立、发展起来的语言学、汉字学（特别是“现代汉字学”）中，汉字书同文变成了落后、原始、不发展、老旧的代名词。宝贵的遗产变成了严重的缺欠。近日恰巧读到一篇文章《“书同文，中华民族还有机会吗？》[1]，开场白就说：“今天，我们还要重议‘书同文’的话题，感觉十分沉重。”通读全文，我发现作者所以沉重，根本原因是：他认为近代的汉字改革完全是汉字本身缺欠无法适应近代社会造成的。近代以来的汉字改革基本正确，应该继续。他既没有认识到“汉字书同文是汉字独特优异属性的表现”，也没有认识到“汉字网络技术及ISO10646为重新建立、发展汉字书同文创造了难得的新机遇”，他的沉重是必然的。我坚信，中国改革开放40年的经验与成就，将使20世纪80年代“万码奔腾”到“万马齐喑”的悲剧不再重演，“汉字书同文的重建与发展”将成为汉字复兴的一场大戏、正戏、重头戏，精彩纷呈。

关于“语言第一，文字第二”　按照西方拼音文字的事实，西方语文学家认定文字仅仅是记录有声语言的符号，文字存在的唯一理由就是记录语音。这种理论被中国语文学家，也就是中国汉字改革家们所承认、接受。辛亥革命后不久，中国的国文课更名为国语课，就是从“重文轻语”到“重语轻文”的转变（周有光语）。1958年起，汉字识字教学更是开始了与（普通话＋汉语拼音方案）捆绑在一起，一律从学汉语拼音方案起步的强制性做法。长时期里，识字教学效率低下，“少慢差费累”的现象或评价普遍存在。这些都与识字教学中淡化或取消汉字字形教学，汉字的核心、基础地位被（普通话＋汉语拼音）取代大有关系。本书第八章第9节提到《中国教育报》上关于“识字教学要不要从汉语拼音起步”问题的争论，深刻反映了西方语言文字理论对中国识字教学的干扰与破坏。汉字从语言学习的核心、基础变为附属、次要的地位。

关于“汉字是记录普通话的书写符号”　这显然是索绪尔名言“文字仅仅是记录有声语言的符号”的中国版本。索绪尔从西方拼音文字

① 张素格：《中国大陆与台湾地区计算机字库字形比较研究》序一《书同文：中华民族还有机会吗？》，中国社会科学出版社，2019年。

世界总结出的这个结论，对英语文可能是对的，但用于汉语文则明显说不通。中国的汉语几千年来变化巨大，区域性变化也巨大（方言差异），根本没有办法记录流传下来。中国古代语音系统的面貌，对普通人来说完全是一笔糊涂账；对专家来说，是通过汉字的音韵对比、构拟反推出来的，也根本无法再现，同样也是模糊的。而汉字则大不然。每一个汉字都是真实、可见、具体、明确、一笔一画的，并且一脉相承，大体稳定（和西方文字相比应该说非常稳定）。汉字的书同文恰恰表明：汉字与语音相对独立，相互疏离，以字形表意为主。这些才是汉字多语言、多方言适用性的根据。“汉字是记录汉语的符号”是生搬硬套西方的恶果，是谬误。但谬误成了真理，成了“尚方宝剑”，成了用来砍杀自己学术对手的利器。

对拉丁字母文字的盲目迷信、崇拜 鲁迅先生曾经说：“只要认识28个字母，学一点拼法和写法，除懒虫和低能者外，就谁都能够写得出、看得懂了。”[①] 这里，鲁迅先生深深陷入了对拉丁拼音文字的误解、迷信与崇拜之中。在民族危难、国将不国，中外交流极度不平等、不普及的时候，这种认识是情有可原的。但在中国站起来、富起来之后，在中外交流广泛开展、空前普及的时候，类似的盲目迷信、崇拜为什么继续盛行？为什么“拼音文字容易学、汉字难学”这种谎言还被当成是千真万确的真理？果真如此，使用拼音文字的国家怎么会有文盲呢？怎么会有大量文盲呢？（参见本书第九章第9节）。所以，习主席强调文化自信是多么的必要，多么的重要。百年汉字厄运对中国人最大、最严重的伤害莫过于对中国人自信心的摧残、破坏！汉字一脉相承地发展了三五千年；是全球唯一留存至今，最长命的古老文字；是世界上最丰富、最多彩的古代文化典籍积累的媒介。然而当代中国，高效率的婴幼儿识字及小学识字成功案例很多，为什么都不被重视，甚至不被承认？半殖民地化的某种奴性导致否定、抛弃优秀的

①《鲁迅全集》第六卷，1981年，96页。

民族传统，这是一种民族悲哀。

关于汉字不表音，汉字读音乱　汉字是以字形表意为主的文字，是视觉优势的文字，汉字字形结构中确实不存在直接表达音素的完整的东西，但"汉字不表音，汉字读音乱"完全不符合实际，有害无益。汉字是形音义浑然一体的，它一字一音节，在音节的层面表音！最早明确指出这一点的，是中国杰出语文学家赵元任。唐兰先生也有类似论述，他说1000多个汉字就完整表达了全部汉字语音系统，汉字不需要另外一套新的拼音方法。赵元任先生还具体分析了汉字与英文的表音程度。他说："如果说英语拼写法表音的程度达到75%，那么汉语或许可以说达到25%。人们学会了一千个汉字之后就能猜测新字的读音，而且有时能够猜对。开头的一千个汉字是最难的。"按照赵元任先生的表音程度估计，可以论证汉语语言学习中死记硬背的数量肯定大大小于学习英语时的数量（参见本书第九章第8节）。还需要指出，完全否定在音节层面上的表音，过分夸大音素层面上的表音，起到了打击汉字、抬高汉语拼音的实际效果。这种效果有巨大但隐蔽的破坏性作用。不少汉字改革家称：汉语拼音方案是推广普通话的得力工具，有的甚至称之为"有利无弊"的工具。明确批评、反对这种说法的是马希文。他作为一位杰出的数学家、计算科学家、信息技术专家，对于汉字信息处理及汉字改革都发表过许多有价值的见解。他说，汉语拼音给出的字音只是"字典音"，是基本上不考虑上下文环境的"字的读音"（个别的词给出了连读变调），它不包含汉语语音流中许多重要的语音要素，如连读变调、音长、音高、音节节律、顿挫、句调、重音等等。他尖锐地指出，中国语言学家对这些汉语语音流中的要素的态度还是"一笔糊涂账"，"没有人能够说出个道道来"。因而过分强调汉语拼音方案的推普作用，或强制性推行，其负面影响极大。完全按照汉语拼音方案学习普通话，也就完全抛弃了汉语语音流中那些反映汉语语音特性的抑扬顿挫、声韵和谐，根本无法表达汉语的语音美！我听到过一些基层语文老师的类似看法。我也到国家图书馆翻阅过十余本各地方言区出版社的普通话培训教材。在这些教材里，汉语拼音方案出现在开头汉语语音知识介绍中，在后面实际训练部分，则见不到汉语拼音方案的利用，一律不使用句子的拉丁字母拼音表达。有的就是单纯的汉字文本句子。我还见一些人论述过，按汉语拼音方案拉丁文本读，很难读出流利、通达、地道的汉语。许多连读变调的规律是按汉字形式总结出来的，换成拼音形式就根本无法使用。过高的评价汉语拼音方案在推普中的作用，无视实际存在的问题与缺欠，损害了推广普通话的事业。马希文先生尖锐提出的这个问题，实在应该引起足够的重视。

听说 199 个电脑外字，已经补充进入汉字编码字符集，“不再是外字”，成为了“电脑用字”。事实果真如此吗？那就完全是好事吗？一个严肃的问题是：这样的修订，能够使全国、全球许许多多亿万台套的电脑、手机、IPad、打印复印机、各种文字识别设备以及一切的文字信息处理设备，都能够同步更新吗？字符编码、字库信息（各种字体、字号……），各种应用软件、各种输入法……都能够同步更新吗？不能同步更新，那就必然是混乱、不一致。自技术标准实施（1995 年）以来已经积累的海量数据资源的一致性何以保证呢？

十四　网络新时代“汉字书同文”的新作为、新景象、新常态

1. 中国政府关于网络、大数据技术的战略

党中央、国务院以宏阔视野和战略思维，高瞻远瞩地提出了网络强国的战略思想，就如何认识、运用、发展、管理互联网等提出了一系列战略性、前瞻性、创造性观点，深刻回答了中国是否要发展互联网、怎样发展互联网等重大理论和实践问题，深刻揭示了互联网的本质特征、发展规律、发展路径。网络强国战略思想是习近平新时代中国特色社会主义思想的重要组成部分。

党中央、国务院高度而又是实事求是地肯定了中国网络（当然是汉字网络）技术的发展成果。肯定了当今中国网络走入千家万户，网民数量世界第一，我国已成为网络大国。而某些专家的“中国不实行‘一语双文’（指汉字和汉语拼音两种文字），不让汉语拼音帮助，汉字网络就没有国际地位，中国在国际网络就没有发言权”，这种论点与国家战略，与发展大趋势是多么的背道而驰！

实际已经生动地证明：互联网让世界变成了“鸡犬之声相闻”的地球村，相隔万里的人们不再“老死不相往来”。可以说，世界因互联网而更多彩，生活因互联网而更丰富。事实还生动地显示：互联网之光是时代之光，现代信息技术深刻改变着人类的思维、生产、生活、学习方式，深刻展示了世界发展的前景。它代表着新的生产力、新的

发展方向。互联网是传播人类优秀文化、弘扬正能量的重要载体。中国愿通过互联网架设国际交流桥梁，推动世界优秀文化交流互鉴，推动各国人民情感交流、心灵沟通。我们愿同各国一道，发挥互联网传播平台优势，让各国人民了解中华优秀文化，让中国人民了解各国优秀文化，共同推动网络文化繁荣发展，丰富人们精神世界，促进人类文明进步。

互联网是一个社会信息大平台，亿万网民在上面获得信息、交流信息，这会对他们的求知途径、思维方式、价值观念产生重要影响。“要运用大数据提升国家治理现代化水平。要建立健全大数据辅助科学决策和社会治理的机制，推进政府管理和社会治理模式创新，实现政府决策科学化、社会治理精准化、公共服务高效化。”

2. 让汉字随着中国产品畅行天下——中国产品应该有汉字标牌、汉字标志、汉字名片

中国大量的商品走出中国，走遍世界，为什么不让汉字一起同行呢？为什么不是“中国造”而非要是“made in china”呢？单单两个汉字“中国”有什么不可以使用？中国产品型号使用拉丁字母源于铅字时代，用汉字比用拉丁字母更费时、费力、费金钱，是不得已而为之。今天，电脑时代，汉字已经是国际文字统一编码表中最重要的合格成员，用汉字几乎不再费时、费力、费金钱的时候，为什么还要用英文、用拉丁拼音呢？各个国家都用英文表示“中国”，那就是追随英文，为英文助威、抬轿；如果在不同国家，用各个国家文字翻译“中国”，实际执行起来又很麻烦。只用“中国造”或“中国”二字不是最简单、最明确、最中国也最普遍的方式吗？

记得我第一次在网络上看到义乌到马德里的中欧班列图片，车头上是大大的汉语拼音“YIWU → MADELI”，我心里真的很不是滋味。中国的歼击机 20 直接用“歼 20”表示，而不用“J20”，这样做非常好。

复兴时代的中国，电脑时代的中国，就应该这样做。可惜，“歼 20”还是少数，就连中国大飞机“三剑客”，也只有一个“运 20”用汉字表示，另外两个都用拉丁字母打头。中国大量商品、产品的编号几乎都还在拉丁化，这是铅字时代汉字厄运的不良遗存。这样做对阿拉伯字母世界，对斯拉夫字母世界，对印度字母世界公平吗?

国际上的确有一个“单一罗马化”规则的国际标准，就是各种文字都要制定一个罗马字母 (拉丁字母) 转写系统。但须知，它只要求在地图、各种文献中“人名和地名”转写时使用，从来没有要求各个非拉丁文字国家把各种文献、文件的文字都拉丁化。中国某些汉字改革家试图借助联合国的名义，以“国际标准”大旗，继续推行中国的汉字拉丁化。这是十分低级的错误，是可能伤害中国文字主权的错误行为。

中国产品应该普遍使用“单语双文”型文本说明书，其中汉字尽量少，仍使用用户母语解说。中国名牌产品的汉字不要“退隐”，要原模原样、堂堂正正出场，让海外用户顺便认识几个汉字。日积月累，效果会越来越显现。中国名牌如“北京烤鸭”“南京盐水鸭”“金华火腿”“老干妈辣酱”“北京臭豆腐”“茅台酒”“龙井茶”等等。全国出口的产品都这样做，其效果将是巨大的。

3. 让汉字随着中国工程项目畅行天下——中国海外项目应该有汉字标牌、汉字标志、汉字名片

中国已经在世界上成功建造了许多大型甚至超大型桥梁、建筑、水坝、电厂等，有些还是无偿支援的。这些工程应该有汉字标识，至少是汉字与目的国双文标识，并附上较为完整的“单语双文”介绍。这种介绍应该在目的国公开发布，存储于目的国图书馆、档案馆。中国的黄鹤楼、寒山寺闻名天下，除了其自身优势外，还特别由于有李白等名人的吟咏传颂。同样的，中国记者、使馆官员、访问目的国的

中国文化名人等应该为这些伟大的工程写点东西，使这些作品成为目的国民众学习汉字的单语双文教材、学材。中国汉字的百年厄运尚需许多年月才可治愈，今天在世的大多数人，都有机会为汉字复兴尽力添彩。

4. 让汉字随着华人的脚步畅行天下

中国赴海外旅游的人口逐年增长且增长迅速。近些年来，许多手机增加了双语语言翻译功能，使得偶遇的、使用不同语言的人之间可以借助手机进行交流。手机的这种功能是民心相通的工具，中国游客利用这种工具广交朋友，就是推进民心相通，也是传播中华汉字文化。我相信，这种基于双语语言翻译的产品很容易推出基于双文文字翻译的类似产品，例如双文 QQ、双文短信、双文微信等等。其实质就是汉字与另外一种文字文本的翻译产品。这是中外使用不同语言的人们借助手机及电脑的自动翻译功能实现交流、交际的新方法。这种方法可以看作是古代汉字文化圈的人借助纸和笔用汉字进行沟通、交流的“笔谈”现象的当代转型或新发展。中国人应该积极使用这种新产品与外国人交朋友，相互学习各自的文字，帮助外国朋友学汉字。我相信，这种双文 QQ、双文短信、双文微信等等，一定能够创造新时代的中外各种友谊佳话。2019 年初，我在北京乘坐滴滴快车时，司机是个开朗的小伙子。他说他实际上已经移民泰国，不过还在北京、曼谷两边跑。他说他娶了位泰国新娘。我问他如何解决两个人之间的语言障碍的。他说：“靠手机和网络。”两个人各用自己的母语文，靠手机翻译，语音的、文本的都很方便。我问他，“用什么软件？”他说：“用脸书（facebook）。”很遗憾，我听到的“电脑红娘软件”不是来自中国。但我相信：中国的产品一定能够做到“脸书”能够做到的，并且一定会做得更好。我期待着。

5. 积极开发、生产含汉字的“单语双文”文化产品

（1）“单语双文”文化产品的初步解说

“单语双文”文化产品指的是：汉字与另一种文字（如英文、俄文、法文等）混合编辑、排版得到的产品；这种产品是专为使用另一种文字的人们学习汉字使用的，与｛汉语普通话 + 汉语拼音方案｝脱离（或暂时脱离的），仅仅用外语识读汉字。换句话说，是以一种有声语言同时使用两种文字——汉字 + 另一种文字。这是“汉字多语言适用性”属性的一种反映。在中国及东亚的两千年历史中，汉字这种属性一直存在，绝不是当今一时头脑发热的“异想天开”。日文、韩文、越南文可为典型实例。我建议并设想，在这种“单语双文”文化产品中，汉字的个数、分量是较少的，另一种文字的数量、分量是更多的；其用户对象主要是另一种文字的使用者，如英国人、俄国人、法国人等，这是他们用自己母语学习汉字的一种方式。这种学习汉字的方式，在漫长农耕文明的古代东方，是历史常态。

（2）学术性、专业性“单语双文”文化产品

中国古代经典如《易经》《论语》《老子》《庄子》《孙子兵法》等等，在国际上已经传播了数百年，这些都是近代西方汉学研究的重要对象。在这些经典的外译中，几乎无一例外地，都完全见不到汉字。这是铅字印刷时代，技术局限性造成的。1995 年，汉字电脑化处理成功，使得汉字与任何一种其他文字混合编辑、排版成为一件容易的事。对汉字典籍的外文翻译，完全可以采取保留汉字原样、附加外文译文的方式，而且应该是汉字原文之后（或之下）附加多行的注释、解说。这种注释、解说，有的是对单个汉字的；有的是对汉字字组的；有的是对不同版本的比较的；有的是补充解释某些历史事件、典故的，等等。这样的双文版本是全新的，作者和广大读者会从双文对

比中更深入、更全面地理解、认识经典，会发现不够好的地方，以便不断改进、修订。这种保留汉字原文的双文文本当然更具有价值。

（3）大众性、通俗性“单语双文”文化产品

改革开放以来，中国国际地位不断提升，关心、关注中国汉字文化的人在迅速增长，学习汉语文的人也在迅速增长。有的人参加各种汉语文学习、培训，但这类人的比例还是极小的。安子介先生就遇到过一位说英语的朋友，他向安先生表示，他不想去中国工作，也不想用汉字写作，只想能够阅读汉字的报刊或书籍，想通过阅读了解中国。安先生正是在听了这位朋友的话后受到启发，才写出了他的英文版巨著，后来又出了中文缩略版，即《解开汉字之谜》[①]。安先生的英文版著作是双文的，汉字占比小，英文占比大，但写入的汉字也有近6000个。它本是面对广大英语者的普及性读物，只是部头太大，皇皇数千页，弱化了普及品格。

许多以各种方式学习汉语文的人更需要大众性、通俗性“单语双文”文化产品。中国古代经典如果不采取全文翻译，而是摘要翻译，如孔子名言、老子名言、庄子名言等，这类作品的“单语双文”产品就更容易为广大非汉语母语读者所欢迎。可以考虑的选题很多，如中国寓言故事、中国成语故事、中国神话故事，唐诗五十首、宋词五十首、元曲五十首，中国名山、中国名湖、中国名楼等等。其篇幅较小，所含汉字不多，也比较常用，并且用学习者母语详细解说。这种大众性、通俗性“单语双文”文化产品就是外国人学习汉字的学材或教材。

要真正实现让老外用母语学好汉字，需要大量或者说海量的阅读文本。按《走进科学序化的语文教育——大成·全语文教育》[②]一书所记，他们的识字教学试验中，一年级学生最大年阅读量达到30万字，

---

① 安子介：《解开汉字之谜》，（香港）瑞福有限公司，1990年。

② 戴汝潜：《走进科学序化的语文教育——大成·全语文教育》，江西人民出版社，2016年。

二年级最高达300万字，平均100万字。在中国，汉字的祖国，阅读材料十分丰富，但“单语双文”型文本需要重新创造，需要有大批人才投入编写、开发，产品品种应该十分多样。这是一项颇具规模、严谨、细致的学术性工程。晚清西方来华洋人群体自主举办汉语文培训，就曾编辑出版了一批汉字与西文（英文、法文、德文、西文、葡文、俄文、日文等）混合排版印刷的著作，内容包括孔子语录、康熙圣谕、千字文、四大名著节选、中国民俗、清朝名画欣赏、泰山与中国文化等多个方向。（参见附录E）作者几乎都是西方未婚大学毕业生，来华培训两年，安排工作。上述著述都是这些人在华工作若干年后的成果。在电脑时代，国人一定能够超越百年前来华洋人在创作“单语双文”文化产品上的成就。

6. 可能成为普及型“单语双文”第一产品的“单语双文年历”

年历是一种很常见的文化产品，其中必须的文字，是数词系统，是年月日的表达（先不考虑各种节假日名称）。这种必须的文字部分，在使用汉字的情况下，就是数字一、二、三、四、五、六、七、八、九、十以及年、月、周、日等字。如果我们设计、印刷只使用二三十个汉字的年历，其中再加上使用者母语的必要解说，那么，非汉字母语使用者在使用这种年历的同时，就能够顺便地、比较轻松地学习二三十个汉字，即使用者能够把汉字同母语的词对应起来。还可以用键盘符号串c6在电脑上输入汉字“六”，用键盘符号串year在电脑上输入汉字“年”。中国的数字系统和年月周日表达更加合理、科学，“月”“周”两个汉字具有表意基元性，和数字组合使用表达12个月、一周7天，明确便捷，避免英文中必须死记硬背许多不规则表达的困扰。我们应该在这一类“单语双文”产品中实事求是地、也是理直气壮地宣讲汉字的优越性。在与全球众多文字联姻过程中，互相取长补短，主动学习一切其他文字之所长，不断改善、修正自己，求得自身的科学优化。

“单语双文年历”可以开发成三种系列产品。一是关于汉字字数的，从最初的二三十个汉字，到最后2500个汉字。二是关于内容领域的，主题可以是中国地理、中国历史、中国山水名胜、中国陶器、中国花卉、中国武术等。三是关于用户语言的，可以是英文、法文、德文、西班牙文等。这种年历既是日常文化用品，又是汉字文化宣传品，还是老外学汉字的学材。一举三得，何乐而不为？这是中国送给“一带一路”沿线国家人民乃至世界各国人民的文化礼品。

7. 积极开发、推广“单语双文”型短信、微信产品

在漫长的农耕文明时期，汉字文化圈中的人们口语差异极大，但却一直以汉字为统一的文字工具，在两个不能口语通话的人之间，习惯用纸笔写汉字进行交流、沟通。这就是汉字文化圈中独特的“笔谈”现象，是汉字独特属性带来的独特用法。在电脑时代，在“用母语学汉字”流行起来之后，这种“笔谈”现象一定会重生、再现，并且一定会有适合当今信息技术环境的新表现、新作为、新常态。那就是基于字符集的文字处理技术的新面貌。具体地说，就是双文QQ、双文短信、双文微信等产品的诞生及广泛应用。一个汉语者与一个英语者，各自用母语文字书写表达，由手机实时翻译并立即传输给对方；发送方和接收方的屏幕上都出现两种文字文本，仅顺序不同。这种方式既有利于不同母语者之间具体的交流，又是双方学习对方语言的好机会，特别是老外学习汉字的机会。

近年来，语音智能处理进展神速。谷歌、亚马逊先后于2014、2016年推出自己的“智能音箱”产品。这种产品能够听得懂人话，执行主人（操作者）的口语命令，做各种事。能够实时语音翻译，或把讲演变换为文本（此功能将取代人工电脑速记）。这种语音翻译成为旅

游者在各地非母语环境中得力的翻译助手，给使用者极大方便。中国科大讯飞等公司也紧追世界潮流推出类似产品。2018 年，讯飞翻译机 2.0 的"同声翻译"模式，解决了用户部分应用场景下不适于公放的难题，满足用户在收听景区导游讲解、展览展会讲解、国际小型会议、收看电视节目等单一交互场景下的翻译需求。33 种语言的中外互译，除了全面覆盖主流出游目的地的英、日、韩、法、西、德、俄、泰、印尼等语种，甚至还支持很多小语种，如希伯来语、泰米尔语、加泰罗尼亚语等。此外，讯飞翻译机 2.0 还能识别粤语、河南话、四川话、东北话四种方言，可以说是来自天南地北的旅行爱好者的必备神器了。科大讯飞并非唯一做智能语音的公司，国内还有有道翻译蛋、百度翻译机、搜狗旅行翻译、清华准儿等。

上述成就表明，中国汉语语音处理技术绝对不落后，这令我非常欣喜，同时也引发我深深地思考：语音处理或音频处理比文字处理或字符处理复杂得多。换言之，汉语语音处理大大复杂于汉字字符处理。双文 QQ、双文短信、双文微信等这些基于字符集处理的产品，其技术难度、投资规模、开发周期肯定大大小于语音处理。这些产品的不见踪迹，不能不说有规避"使用非规范汉字遭遇罚款"的考虑。汉字畅行天下的障碍不在技术和资金，而主要在政策环境。（具体参见第七章第 10 节，关于"双语智能翻译产品必将淘汰人工电脑打字式的速记"）

8. 积极举办各种"用母语学汉字"的网络栏目或网校

习主席概括的"人人皆学、处处能学、时时可学"的网络远程教学，是一种已经相当成熟的信息技术。能不能尽快在汉字教学中成功实现，还要靠脚踏实地地努力，克服各种障碍，破解许多问题才行。实干兴邦，空谈误国。可是，这种"用母语学汉字"的宝贵、悠久传统，在中国已经中断一百多年了，当今并没有具有直接经验的人（日本当属例外），需要发掘传统，面对现实，针对全新技术环境，开展大量细致、周到、严谨的研究、试验。习主席一再强调文化自信，确确实实抓到了要害。自信心十分重要。法国汉学家白乐桑先生前几年说，当今大谈汉字繁难的主要是中国语文学家。百余年前，来华洋人的自主汉语文培训中也不见如今中国语文学家这样严重的汉字繁难论。吕必松先生说，我们目前的汉字教学法就是以汉字繁难论为前提设计的，这种状况急待改变。

希望中国的淘宝、移动支付借助自身在世界上的强大影响力，将用户界面尽快从“单纯外文”向“单语双文”型转变、提升，使用用户母语解释中国产品中的汉字。对于当今中国大量的涉外网站，都应该尽快实行从“单纯外文”到“单语双文”型的转变、提升。对于本领域的热点问题、中国政府的重要主张、习主席引用的名言警句等做“单语双文”式解说。

9. 提供、推广面向汉语文零起点外语者的汉字电脑输入法

能够输入汉字，是利用手机、电脑学习汉字的一个重要条件。只要摆脱（普通话＋汉语拼音方案）的学习方法，直接用母语输入汉字，这样学习起来就容易多了。比如要输入汉字：一、二、三，壹、贰、叁，个、十、百、千，拾、佰、仟，只要使用拉丁字母 c 或 C 及阿拉伯数码 1，2，3，就可以办到。（详细的介绍见附录 A）

键盘符号串（输入码）	输入、显示的汉字
c123	一二三
cc123	一百二十三
C345	叁肆伍
CC345	叁佰肆拾伍

中国计算机技术专家和汉语文学家应该联合推出全新的“汉外双文、双向词典”，使外语者（如英语者）能够按下列方法输入、显示汉字：

键盘符号串（输入码）	输入、显示的汉字
I	我
you	你
he	他

应该说明，这种输入法是外语者“学习汉字阶段”的输入法，它适用于汉语文零水平的人，不要求使用者具有相当的汉字字形、汉字读音知识。所以，学习汉字的第一天、第一堂课就能够使用。至于当外语者学好了汉字，自己用汉字写文章时会用什么输入法，我想一定是多种选择，并且是自由选择。总之，绝对不会是“汉字繁难论”的选择。

这种输入法开发的技术难度较低，和基于汉字字形或基于汉语拼音的相比，更为简易。这种输入法迟迟不见踪迹，主要是“根本没有想到有用母语学汉字这件事”。这种软件可以是汉字教师在网络上发布的，也可以是随识字教材、学材发送的，是外语者可以随时随地下载获取的。

10. 迅速建立内容丰富、使用便捷的“汉字文化资源”共享平台

中共中央办公厅、国务院办公厅《关于实施中华优秀传统文化传承发展工程的意见》明确提出：“构建准确权威、开放共享的中华文化资源公共数据平台。”习主席在十九大后不久的中央政治局讲话里也说道：“打通信息壁垒，形成覆盖全国、统筹利用、统一接入的数据共享大平台，构建全国信息资源共享体系，实现跨层级、跨地域、跨系

统、跨部门、跨业务的协同管理和服务。”我希望汉字教学的各种辅助资源（学材库、阅读文本库、写作样本库、普通话语音样本库、方言语音样本库、古籍库等）也应该包括在某一个网络共享平台上。它们应该是基本正确的、丰富的，真正开放共享的，为广大汉字汉语研究者、学习者、爱好者欢迎的。这种平台规模庞大，数据浩瀚。《关于实施中华优秀传统文化传承发展工程的意见》还提出：“坚持全党动手、全社会参与，把中华优秀传统文化传承发展的各项任务落实到农村、企业、社区、机关、学校等城乡基层。各类文化单位机构、各级文化阵地平台。”这种平台应该积极网络化、大数据化。先是单纯汉字文本的，再是各种“双文文本”的。

“汉字文化资源公共数据平台”的设想是在2017年初中央两办意见里提出的。这种思路极好。我希望能够有可试用的小规模平台尽快出现。这种小平台不是完全、完整、尽善尽美的，也不是全国统一的，它是由某个单位按本行业、本领域需求建立的。它们能够尽快提供给网络用户试用，能够尽快让海外网络人口（2017年统计为30亿）体验一下用手机获取“用母语学汉字”的“单语双文”型自学材料，开启自学汉字、汉字文化的新方式。

要充分相信广大民众的创造力。网络购物、移动支付、共享单车都是群众的创造，不要一开始就先安排什么主管部门制定完整、全面规划，要号召、鼓励有能力的人、单位、企业先做起来。这里有一个具体项目值得单独提出以供考虑。

常用字数字化的电子字典　它是“单语双文”的，又是“双文双向”的。一定要有不标注汉语拼音方案注音的版本。全世界网络用户都能够方便地用类似于“扫一扫”的方式查阅它。这种字词典包括汉英、汉俄、汉法、汉德等等。字数最初可以比较少，逐步扩充之。

11. 建立语文教材展示、选用、按需定制的电子网络大厅

合格、优秀的教材是搞好语文教学的重要基础。长时期来，中国基础教育中的语文教材，主要依据权威专家（同时也是权威汉字改革家）的意见编写、发行，管理过死，使得广大教师失去了起码的自主选择权。教师教授具体的汉字注音方法时，被强制性要求使用《汉语拼音方案》，这样极为不妥。而对外汉语教学的教材，又似乎管理过于松懈，出现了许多教师都用自编教材的现象，这就造成水平一般的出版物重复生产。按照习近平总书记指出的“要强化互联网思维，利用互联网扁平化、交互式、快捷性优势，推进政府决策科学化、社会治理精准化、公共服务高效化”的指示，笔者建议，应该充分利用网络大数据技术，建立一个高效、便捷的“语文教材展示、选用、按需定制的电子网络大厅”。鼓励、支持广大教师积极实验、编写语文教材，提交到“网络大厅”展示。让教师们在“网络大厅”里丰富的教材中选择自己看中的，“网络大厅”则按需制作，供给用户。这种做法的好处至少有：改变教材单一，教师无法选择的缺点；打破利益集团垄断造成的“中饱私囊”；有助于真正的百花齐放、百家争鸣，使得优秀教材丰富多彩；解放广大教师的创造性、主动性。当然，严格审查仍然是必须的，但应该主要限于几条简易、明确、容易操作的政治原则，在教材的学术观点、学术风格上则采取宽松的态度。把近二三十年来传媒已经报道过的二三十种识字教学试验教材，如戴汝潜先生主持的“大成·全语文教育”实验教材，当然也包括教育部统编教材，一起放入上述电子网络大厅，参加公平竞争，供全国教师选择使用。网络传播具有快速、广泛的惊人优势，对各种垄断、丑恶都有极大抑制力、杀伤力。这是一种充分依赖、信任广大基层教师的做法，有利于充分调动广大基层教师的创造性、主动性，做到公开、公正、有效抑制暗箱操作。

12. 建立关于政府法规立项、制定、公示、发布全过程监管的网络平台

2017年底，全国人大常委会办公厅印发了两个重要规范，以健全立法工作机制、提高立法质量。这两个规范是《关于立法中涉及的重大利益调整论证咨询的工作规范》《关于争议较大的重要立法事项引入第三方评估的工作规范》。仔细研读后我发现，国家语委领导及汉字改革专家是十分重视依法行政的，他们执行清剿繁体字前，制定好有关法规，一经确立，只有实行之，修改、废除十分困难。我实际上对法规知之甚少，这里仅从对个别国家语委起草的文件为限考虑。下面给出这种网络监管平台的组织、工作设想。

“政府法规立项、制定、公示、发布全程监管网络平台”设计概要

一、基本思路

“要运用大数据提升国家治理现代化水平。要建立健全大数据辅助科学决策和社会治理的机制，推进政府管理和社会治理模式创新，实现政府决策科学化、社会治理精准化、公共服务高效化。”以确保立法的高质量，避免不当的甚至错误的法规文件或文件条款发生。

本平台是一个利用电脑、网络、大数据技术的辅助科学决策、管理的软件系统，用于一个国家法规立项、制定、公示、发布全过程管理。每一个国家法规立项时，必须登录此平台，建立初始的“立项文书”，此文书立即归入某位平台管理员名下，由该管理员全程管理，直至该法规最终制定成功或中途撤销。

二、关于立项文书

立项文书应该包括以下各项内容：1. 项目名称及编号；2. 性质、类别；3. 负责起草单位、制定单位；4. 此项目实施涉及的主要行业、次要行业、无关行业，主要部委、次要部委、无关部委；5. 立项法规主要内容、主要问题的概述；6. 与现行法规的关系，主要修改什么、保留什么、废除什么；7. 重要术语列表（包括新概念、解释）；8. 社会共识情况判断，主要争议问题及争议程度判断（规定等级如：很大，大，一般）；9. 规模描述（如《字表》收汉字数量）；10. 进度估计（规定几个阶段，按阶段提出情况报告）。

三、平台管理员及其主要工作

平台管理员是服务于法规立项、制定直至发布全过程管理的人员。他对所服务的专业的知识掌握不必很专深，但要相当广博，有较强的分析、辨别及逻辑推理能力。有良好的利用电脑网络获取、发送信息，编辑处理文字、图表、语音、图像等的能力。有良好的交际、沟通能力。遵守规章制度，不增、删、改原始数据；保证数据真实、原始、完整。遵守组织纪律。在这种平台合理、可行的情况下，一个中级平台管理员可能发挥平台外大师、权威、高官所无法发挥的作用。这是网络系统的诸多优越性带来的。平台管理员的主要工作：

（一）立项文书初步、一般性审核，决定接受或退回。被接受的起草单位，最初提出的为“〇级文书”。

（二）初步审核接受的文书，转高一级审核。必要时请起草者修改。通过此次审查的文书为“壹级文书”；未通过此次审核的文书为“〇级废文书”。

（三）壹级文书经网络发送至主要相关行业、相关部委（不含起草单位及其主管单位）或某个范围，要求限时返回意见（明确表达态度：赞成，反对，无意见（不称之为弃权）。应该负责任地提出具体需要补充、修改、删除的内容。此反馈意见应该有单位及具体经办者的两种签字或签章）。此为第一次反馈。平台管理员对此次相关部门反馈意见进行规定的整理、分析，做出继续或终止的决定，呈上一级审查。此次终止的文书称为“壹级废文书”；被接受继续制定的文书，可能需要由起草单位修订、补充、删减，再提交到平台，此文书称为“贰级文书”。这是第一次向有关行业、部门听取意见后，经过起草单位修改的文书。

（四）某一级文书发回起草单位再加工、修改，再通过有关单位审议后，得到后一级文书。该文书被否定则成为“某级废文书”，某次通过则转为“公示文书”。平台管理员把公示文书发布在网络上，进行大范围（含全国）公示。明确要求：反映意见应该简短、明确；公示时间应该足够、充分。

（五）平台管理员对公众在公示中提出的意见，一一分类存档，给出初步统计及采用或驳回的建议（公示反馈意见的整理文档一定保持完整、真实，有多个复本，以便事后查证用）。提交中央办公厅高一级审查，办公厅视情况决定是否做进一步分析、处理、判断（包括使用某些专业统计判决软件），应将结论先通告各个相关单位、部门（不包含起草单位及主管单位），做出最终决定后，再通知起草单位及其主管单位。最后向全国发布最终结果（发布新法规时，不必在没有实施效果的情况下就过高评价法规的科学性、先进性、优越性之类，反倒是应该指出推行、实施中应该关注的问题）。

四、中央办公厅的领导、管理

这种平台是按照党中央、国务院“推进政府管理和社会治理模式创新，实现政府决策科学化、社会治理精准化、公共服务高效化”来设想建立的，有一个试办、逐步完善的过程。要不断总结经验，开拓前进。由于中国已经形成的国家法规数量巨大，每一年立项数目也大，这项工作的开展既要组建平台管理员团队、购置配套设备、开发软件，又要有立项数据与已经存在的法规数据的整合等工作，希望中央办公厅对此方面的工作，能够尽快按中央指示积极、顺利开展起来。

最后以《通用规范汉字表》(以下简称《字表》)为例，按照上述设计的监管平台流程走一遍，看如何及时发现其弊端，终止其制定过程。这是一种"事后诸葛亮模拟"。对此《字表》而言，我们把工信部、公安部、科学院定为密切关联单位，其他定为一般关联单位。

1. 简繁体汉字如何处理，一直是争议巨大的问题。上节 2017 年全国人大常委会办公厅印发的两个重要规范，一个就是谈的此类问题，提出了第三方评估。但在中国语文界，第三方实在是难于组织，按上述网络平台方式，则由于壹级文书、贰级文书的处理，完全脱离起草者及其主管单位，所以关于简繁体汉字的各种意见，就不会被完全忽视，不予理睬。这是一个卡住或拖延《字表》立项的环节。

2."规范汉字"是中国汉字改革家的一次"名词战略"实践。汉字规范化是中国汉字文化的悠久、优秀传统。秦始皇的书同文，被公认是政府主导的汉字规范化早期工作。规范化是贯彻汉字生命周期全过程的行为。而术语"规范汉字"就把连续不断的进程断点化、二态化为"规范"与"非规范"，非此即彼的两种。这实际上是终止汉字规范，破坏汉字规范。《字表》采取对所有简化字统统加冕"规范帽子"的方法，是无视汉字简化工作中已经发现的许多不妥、不当、缺欠、差错。胡乔木先生在总结简化字经验时，提出修订《简化字总表》的"十五条原则"，周有光先生提出类似的"简化十诫"。术语"规范汉字"是另一个卡住或拖延《字表》立项的因素。

3. 关于项目的规模叙述，《字表》收录汉字个数估计，项目立项

文书必须说明。无论《字表》研制组说规范汉字个数不足一万还是超过一万，都会引发争论。说不足一万，那《字表》用于解决人名、地名的用字，一定严重不足，因为公安部户籍管理电脑系统已经收汉字3.2万个。说大于一万，那为什么不参考已经存在的工信部的标准字符集及公安部人口户籍系统的汉字？为什么要另搞一套？这又是一个卡住或拖延《字表》立项的因素。

4. 外字问题。一旦《字表》研制组提交了具体方案，其中的电脑外字就必然无法掩盖。现实版本的《字表》采取了把外字隐藏的办法。但在网络监管平台上，无论是哪一级的立项文书，这个外字问题都无法再隐藏、掩盖。这种分析、讨论也是由第三方执行，《字表》研制组及主管单位不可参与。这也在一定程度上卡住或拖延了立项的进行。

仅仅上述4个问题，都会使得《通用规范汉字表》无法继续。“事后诸葛亮模拟”告诉我们，按中央的设想，要建立健全大数据辅助科学决策和社会治理的机制，推进政府管理和社会治理模式创新，实现政府决策科学化、社会治理精准化、公共服务高效化，用一两个中级的、称职的平台管理员，就足以把许多不合格产品卡在它出生之前。而不合格产品一旦产生，其各种消极、破坏作用就难以处理，已经正式颁布的法规文件的修订或废除都将是困难的。由于《字表》的出台，《简化字总表》被弃用，它的“善始善终”，胡乔木、周有光提出的修订设想也就无从说起。20902个“沉睡”“休眠”的汉字宝贝，又要推迟几年才能被“唤醒”、被“激活”？

参考文献

[1] 前国语研究会编:《国语月刊·汉字改革号》, 文字改革出版社, 1957年。

[2] 陈海洋:《汉字研究的轨迹——汉字研究记事》, 江西教育出版社, 1995年。

[3] 周有光:《汉字改革概论》(修订本), (澳门)尔雅出版社, 1978年。

[4] 刘庆俄:《汉字新论》, 同心出版社, 2006年。

[5]《鲁迅全集》第6卷, 人民文学出版社, 1986年。

[6]《瞿秋白文集》(二), 人民文学出版社, 1986年。

[7]《简明不列颠百科全书》, 中国大百科全书出版社, 1985年。

[8] [英]柏特里克·罗伯逊著, 李荣标译:《世界最初事典》, 北京科技出版社, 1988年。

[9] 章国英:《英文打字速成技巧及打字机故障检修》, 上海交通大学出版社, 1991年。

[10]《上海轻工业志》编纂委员会编:《上海轻工业志》第一篇第十六章《办公机械》, 上海社会科学院出版社, 1996年。

[11] 株式会社编辑部编:《华文打字机解说》, (东京)大谷仁兵卫, 1917年。

[12]《华文打字机》, 日本制造打字机有限公司, 1918年。

[13] 杨月亭:《中文打字机的构造、使用与维修》，上海科学技术出版社，1988 年。

[14] 王一求:《中文打字机的使用与维修自学读本》，科学普及出版社，1984 年。

[15] 郑如斯、肖东发:《中国书史》，书目文献出版社，1991 年。

[16] 马希文:《逻辑、语言、计算——马希文文选》，商务印书馆，2003 年。

[17] 吉少甫:《中国出版简史》，学林出版社，1991 年。

[18] 李约瑟:《中国科学技术史》第五卷，科学出版社、上海古籍出版社，1990 年。

[19] 马克思、恩格斯:《共产党宣言》，社会科学出版社，1999 年。

[20] 胡廷武、夏代中主编:《郑和史诗》，云南人民出版社，2005 年。

[21] 王登峰:《汉语拼音 50 年》，语文出版社，2010 年。

[22] 中华人民共和国电子工业部、新闻出版署、印刷机设备器材协会:《七四八工程二十周年纪念文集》，1994 年 8 月。

[23] 周有光:《新时代的新语文》，三联书店，1999 年。

[24] 国家语言文字工作委员会政策法规室编:《国家语言文字政策法规汇编(1949—1995)》，语文出版社，1996 年。

[25] 聂鸿音:《中国文字概略》，语文出版社，1998 年。

[26] 文字改革出版社编:《建国以来文字改革工作编年记事》，文字改革出版社，1985 年。

[27] 赵元任:《通字方案》，(北京)商务印书馆，1983 年。

[28] 胡德润:《表音四百字及其他》，中国华侨出版社，1991 年。

[29] 文字改革出版社编:《汉语拼音方案的制定和应用——汉语拼音方案公布 25 周年纪念文集》，文字改革出版社，1983 年。

[30] [新加坡] 谢世涯:《新中日简体字研究》，语文出版社，1987 年。

[31] 周有光:《中国语文的现代化》，山东教育出版社，1986年。

[32] 林立勋编著:《电脑风云五十年》(上下)，电子工业出版社，1998年。

[33] 电子工业部标准化研究所译:《数据处理—软件》(ISO标准手册1982)，中国标准出版社，1986年。

[34] 华绍和:《电脑输入汉字与输入英文速度的比较》，《汉字文化》1991年第3期。

[35]《毛泽东选集》(英文版)，北京外文出版社，1965年。

[36]《毛泽东诗词》(英文版)，北京外文出版社，1965年。

[37] 郭沫若:《英诗译稿》，上海译文出版社，1981年。

[38] 翁显良:《古诗英译》，北京出版社，1985年。

[39] 李广宇编:《图书文化大观》，中国广播电视出版社，1994年。

[40] 许寿椿:《文字比较研究散论》，中央民族学院出版社，1993年。

[41] 胡乔木:《胡乔木谈语言文字》，人民出版社，1999年。

[42] 赵丽明编:《汉字的应用与传播》，华语教学出版社，2000年。

[43] 苏培成:《汉字进入了简化字时代》，《光明日报》2009年5月28日。

[44] 李牧:《两岸汉字字形的比较分析》，《汉字书同文研究》(六)，(香港)鹭达文化出版公司，2005年。

[45] 周胜鸿主编:《汉字书同文研究》(八)，(香港)鹭达文化出版公司，2010年。

[46]《科学发展观重要论述摘编》，中央文献出版社，2008年。

[47] Louise Levathes(李露晔)著，邱仲麟译:《当中国称霸海上》，广西师范大学出版社，2005年。

[48] 王开扬:《汉字现代化研究》，齐鲁书社，2004年。

[49] 安子介、郭可教:《汉字科学的新发展》，(香港)瑞福有限公司，1992年。

[50]《吕叔湘文集》第四卷，商务印书馆，1992年。

[51] 郭沫若:《日本的汉字改革和文字机械化》，人民出版社，1964年。

[52]《王选文集》，北京大学出版社，1997年。

[53] 毕可生:《中文是世界上最适合电脑应用的文种》,《汉字文化》2012年第1期。

[54] 周有光:《新语文的新建设》，语文出版社，1992年。

[55] 唐亚伟、王正、居正修主编:《中国速记百年史》，学苑出版社，2000年。

[56] 沈中康:《创新历程》，经济日报出版社，2004年。

[57] 费义、王琳珂:《打字排版技术》，哈尔滨工业大学出版社，1992年。

[58] 陈丙旭:《英文打字及计算机键盘输入入门》，清华大学出版社，1992年。

[59] 李荣:《文字问题》，商务印书馆，1987年。

[60] 胡双宝:《汉语、汉字、汉文化》，北京大学出版社，1998年。

[61] 金其斌:《街道路牌书写规范的若干思考》,《中国科技术语》2011年第4期。

[62] 许寿椿:《中国地名单一罗马化表达中的混乱从何而来》,《汉字文化》2012年第3期。

[63] 许寿椿:《开放型中文字符集的编码处理策略》,《1992年北京中文信息处理国际研讨会会议文集》(二)；另刊于《中央民族大学学报》(理科版)创刊号，1992年。

[64] 鲁川:《知识工程语言学》，清华大学出版社，2010年。

[65] 陈容滨:《汉字输入法集锦与梳理》，网络文章。

[66] 丛中笑:《王选的世界》，上海科学技术出版社，2002年。

[67] 周有光:《世界字母简史》，上海教育出版社，1990年。

[68] 罗杰瑞:《汉语概论》，语文出版社，1995年。

［69］李敬忠:《粤语是汉语族群中的独立语言》,《语文建设通讯》（香港）1990年第27期。

［70］高本汉:《汉语的本质和历史》，商务印书馆，2010年。

［71］江楠:《中医“补”字词组的英译》,《中国科技术语》2009年第6期。

［72］邱经、岳峰:《脏腑译法探索》,《中国科技术语》2011年第5期。

［73］江枫:《论文学翻译及汉语汉字》，华文出版社，2009年。

［74］徐道一:《周易科学观》，地震出版社，1992年。

［75］安子介:《解开汉字之谜》,（香港）瑞福有限公司，1990年。

［76］袁晓圆:《21世纪，汉字发挥威力的时代》，光明日报出版社，1988年。

［77］鲁川:《细胞分析语言文字学研究》，同心出版社，2010年。

［78］徐德江:《徐德江语文论著选集》，光明日报出版社，2005年。

［79］李土生:《汉字与汉字文化》，中国文献出版社，2009年。

［80］黄宵雯、徐晓平:《思考汉字》，同心出版社，2005年。

［81］胡建华:《百年禁教始末》，中共中央党校出版社，2016年。

［82］芮哲非:《古腾堡在上海——中国印刷资本业的发展（1876—1937）》，商务印书馆，2014年。

［83］王澧华、吴颖主编:《近代海关洋员汉语教材研究》，广西师范大学出版社，2016年。

［84］王澧华、吴颖主编:《近代来华外交官汉语教材研究》，广西师范大学出版社，2016年。

［85］王澧华、吴颖主编:《近代来华传教士汉语教材研究》，广西师范大学出版社，2016年。

［86］陈霞飞:《中国海关密档——赫德、金登干函电汇编》(1—9)，中华书局，1990—1996年。

［87］赵功德:《汉字结构的魅力》，光明日报出版社，2017年。

[88] 唐兰:《中国文字学》，上海古籍出版社，2001年。

[89] 刘丰杰:《恢复繁体字利弊辩议》，网络文章。

[90] 李菁:《被作为简化字的正体字——出现于《〈说文解字〉中并被作为“简化字”的正体字》，网络文章。

[91] 江楠:《中医“补”字词组的英译》,《中国科技术语》2009年第6期。

[92] 邱经、岳峰:《脏腑译法探索》,《中国科技术语》2011年第5期。

[93] 袁一平等:《中华武术术语的外译初探》,《中国科技术语》2017年第1期。

[94] 马悦然:《我的学术生涯》,《跨文化对话21辑》，江苏人民出版社，2007年。

[95] 吕必松:《说“字”》,《汉字文化》2009年第1期。

[96] 戴汝潜:《走进科学序化的语文教育——大成·全语文教育》，江西人民出版社，2016年。

[97] 杨玉玲、付玉萍:《美国学生“识词不识字”现象研究》,《语言文字应用》2014年第2期。

[98] 吕必松:《汉语语法新解》，北京语言大学出版社，2016年。

[99] 许嘉璐:《语言文字学论文集》，商务印书馆，2005年。

[100]《语言文字学辩伪集》，中国工人出版社，2004年。

[101] 尹斌庸、苏培成选编:《科学地评价汉语汉字》，汉语教学出版社，1994年。

[102] 中共中央办公厅、国务院办公厅:《关于实施中华优秀传统文化传承发展工程的意见》，2017年。

[103]《胡适学术研究文集：语言文字研究》，中华书局，1993年。

[104] 赵亚平等:《针灸学通用术语文化负载词音译浅析》,《中国科技术语》2017年第1期。

[105] 胡廷武、夏代中主编,《郑和史诗》，云南人民出版社，

2005年。

［106］马庆株:《汉语汉字国际化的思考》,《汉字文化》2013年第3期。

［107］吕必松:《汉语教学为什么要从汉字入手》,《英汉语比较与翻译(8)》上，上海外语教育出版社，2010年。

［108］许寿椿:《汉语拼音方案是中国聋人手语怎样的基础?——电脑时代重新审视汉语拼音》(之三),《汉字文化》2011年第1期。

［109］陈明然:《非一一对应简繁字研究的概况》,《汉字书同文研究》(第八辑),(香港)鹭达文化出版公司，2010年。

［110］《语文现代化》(第一辑)，知识出版社，1980年。

［111］张素格:《中国大陆与台湾地区计算机字库字形比较研究》序一《书同文：中华民族还有机会吗?》，中国社会科学出版社，2019年。

［112］徐德江:《婴幼儿语文教学以文字语言学论纲》，光明日报出版社，2017年。

［113］魏庆鼎、许寿椿:《清剿繁体汉字的政府行为不能再继续下去了》，2014，北京大学计算中心承办“纪念汉字跨入电脑时代20周年——电脑与汉字文化复兴学术报告会，暨《汉字复兴的脚步》图书发布会”会议散发文件。

附录 A　面向汉语文零起点外语者的汉字电脑输入法

1. 概要说明

本书设想的汉语文学习者，可能是对汉语文一无所知的英语者，主要是中学、大学学生及非英文文盲的英语成年人。他们应该有必要的英文基础和基本的自学能力，已经熟悉拉丁字母键盘的操作使用。本节是作者设想中多语言的、单语双文电脑系统的最初始的介绍性文字，其形式容易移植到汉字与法文、德文、俄文、阿拉伯文等众多语文的双文电脑系统中。

在当今的汉字教学中，通常需要学习三五个月、半年，甚至更长时间之后，才能开始使用电脑。因为现今所有的汉字输入法必须以汉字知识或汉语拼音方案知识为基础。本人设想的、面对的恰恰是汉语文零起点的外语者。我设想在一开始就使用电脑，使汉字本体教学与电脑辅助同步展开。这里的输入法自然不可能是基于汉字字形和汉语拼音方案的，而是基于“英文→汉字”转换法的，或一般性地称之为“数码、字母→汉字”转换法。需要强调的是，这里的输入法仅适合汉字初学者，它不需要汉语文知识，容易起步、上手。我不以为这是外语者学习汉语文的终生使用方法。当外语者学好汉字之后，使用什么输入法输入、编辑自己的汉字文章，那是另外一回事，并且可选用的方法多种多样。

2. 几乎适用于各种语言的汉字输入法

需要特别指出，本小节里的汉字式数字（指汉字一、二、三等）输入法，几乎可以完整地搬到汉字与法文、德文、俄文等双文汉字输入法系统中。因为阿拉伯数码已经在当今数理科学、技术领域充分地、世界性地普及了。这种软件的使用，会使全球用户知道，汉字的计数系统和近现代以来国际上广泛普及的数学数码（阿拉伯数码）系统高度一致，比许多国家自然语言里使用的数码系统要便捷、易学、易用得多。这里有一个小小的假定：学习者已经知道拉丁字母串“China”是指“中国”。这一节集中讲，如何输入汉字计数法系统相关的汉字。我们充分利用汉语文的计数法与数学数码 1、2、3……的极好一致性，利用学习者知道“China”就是指“中国”，给出如下高效、便捷又易于为世界各国人士接受的输入法：

字母数码串	→	输入并在屏幕显示汉字
c1 □	→	一
c8 □	→	八
c21 □	→	二一
c982 □	→	九八二

字母串中开关的 c 表示此处要输入中国的数码，就是汉字式数码；□表示空格，不一定是必需的。还可以直接输入含汉字“十、百、千、万”等位值名称形式的表达。只要在输入码后再加个字母 c 即可，如：

字母串□	→	输入并在屏幕显示汉字
c21c □	→	二十一
c91c □	→	九十一

c421c □　　→　　四百二十一
c5421c □　　→　　五千四百二十一
c65421c □　　→　　六万五千四百二十一

上述输入串最后的字母 c，表示结果数码串中加入“十、百、千、万”等位值名称的汉字。还可以在输入串前换用大写的 C，以实现输入汉字数字的大写形式。汉语文里设计数字的大写形式，主要用在财会账目、单据里，以避免数字被涂改作假。人民币中的汉字数字就一律是大写形式。输入法中，输入串开头换用大写字母 C，实现大写形式的输入。如：

c65421c □　　→　　六万五千四百二十一
C65421c □　　→　　陆萬伍仟肆佰贰拾壹

人民币上全部可能的面额有：壹分、贰分、伍分；壹角、贰角、伍角；壹圆、贰圆、伍圆；壹拾圆、贰拾圆、伍拾圆；壹佰圆。其中全部汉字为：壹、贰、伍、分、角、圆、拾、佰，总计 8 个汉字，还有“中国人民银行”6 个汉字。我们不妨设定键入字母串：RMB 或 Cmoney 或 Cdollar

屏幕上显示汉字：→壹 / 贰 / 伍 / 分 / 角 / 圆 / 拾 / 佰 / 中国人民银行

3. 缩略标记的使用

使用某些缩略标记以提高输入效率。由于电脑及自然科学的普及，某些字母缩略词已经在世界范围内广泛流传，其中某些可以用来简化汉字的输入。例如 KB 表示千字节，MB 表示兆字节或百万字节；

KG 表示千克或公斤；KM 表示千米或公里。我们约定如下输入法：

M □→百万兆；c100M □→亿；KB □→千字节
KG □→千克 / 公斤；KM □→千米 / 公里

还有一些普通的缩略形式，如 am 表示上午，pm 表示下午。我们就约定：

am □→上午；pm □→下午

4. 其他一般性词汇

如英文词→汉字或汉字串的转换：

I □→我；you □→你；he □→他；she □→她
year □→年；month □→月；week □→周 / 星期；day □→日 / 天
spring □→春季 / 春天；summer □→夏季 / 夏天；autumn □→秋季 / 秋天；winter □→冬季 / 冬天
or □→或者；and □→和 / 与
no □→不是；non □→非 / 无

显示不只一个汉字的情况，类似于当今汉字输入法中显示五六个待选汉字，通常第一个汉字是最常选的。下面的方法，针对英文词对应的都不是单个汉字，并且第一个待选汉字不一定是最常选的情况。这种方法使得能够用较少的英文词输入较多的汉字，可能用不足 2000 个英文词，输入 3500 个汉字常用字。例如：

China □→中国；China1 □→中；China2 □→国

类似地：

man □→男人；man1 □→男；man2 □→人

ladies □ → 女 士 们；ladies1 □ → 女；ladies2 □ → 士；ladies3 □→们

这种一个英文词对应两三个汉字的情况可能是最大量的。在通用的汉字输入法中，常规形式是屏幕上同时显示多个备选汉字。所以，这里“man1 □→男；man2 □→人”的做法是否必要，可根据实际需要确定。

5. 一个英文词输入多个汉字情况

对于某些英文词，需要用它输入多个汉字，如：

father □→父亲 / 爸 / 爹

mother □→母亲 / 妈 / 娘

uncle □→叔 / 伯 / 舅 / 姑父 / 姨丈

aunt □→婶母 / 伯母 / 姑母 / 姨母 / 舅母

all □→所有的 / 都 / 全部 / 全体

RMB □→分 / 角 / 圆 / 壹 / 贰 / 伍 / 拾 / 佰 / 中国人民银行

6. 字母→汉字转换法的一些基本估计

利用上述各种方法，选择六七百个英文词，输入 1000 个汉字；或者选择不足 2000 个英文词，输入 3500 个常用汉字，应该是不难做到的。对单个汉字的输入来说，平均击键的次数为 2~4 次，也是可以接受的。这种输入法，和当今任何一种字形输入法或拼音输入法相比较，技术上都更容易实现，用户也更容易掌握，特别是更容易被汉语文零起点的、非汉语母语者所接受、欢迎。

7. 另一种简便方法——三数码法

此处的“三数码法”，类似于“四码电报”中的方法。那里用四个数码表达一个汉字。我们这里的“三数码法”最大数码是 999，能够表达近千而达不到一千。这种方法适用于国内外最广大的人群。大部分读者会以为：“四码电报”是没有什么技术的、落后的、名声很不好的方法；并且“三数码法”不足一千字，也太不够用呀！这种看法过于消极片面。实事求是地说：“四码电报”“没技术”“很落后”“名声坏”是不真实的，不符合实际。这其中包含历史的误会。应该说：“四码电报”是中国电报生存期中唯一的实用方法，始终是主角，功劳巨大。它成功地抵挡住“势力强大的拼音电报”的不断夺权进攻。实验中的拼音电报，收、发两方的人名、地址还都必须使用四码方式。因为“汉语拼音表达”歧义太多，根本无法准确投送。由于通常汉字电报中出现的汉字数量不太多，许多发报员能够熟练地“盲打”，许多收报员也能够“不依赖码本”直接翻译。至于说 999 个汉字太少了，我要解释说，我看重的是“三数码法”简单、易学，不需要任何其他汉字知识，非常容易上手。我还要说，999 个汉字已经“足够多”。只要先学会六七百个汉字，甚至三五百个汉字，学习者已经获得的汉字知识，足以能够开始学习各种字形输入法。甚至在最初还可以用“二数码法”。用 01 到 99 输入最初的 99 个汉字。再与前述两个方法联合使用，可以非常方便地输入最初的两百多个汉字。实现识字教学全过程电脑辅助，非常重要。就此而言，“三数码法”，甚至“二数码法”都有价值。

8. 小结

本附录介绍的方法，优点是几乎不依赖使用者的汉语文知识。在学习的第一堂课就可以使用。能够在电脑上输入某个汉字，就很容易调用电脑中关于这个汉字的知识。这为学习全过程接受电脑辅助创造了条件。

附录B 电脑新时代发生的清剿繁体字案例[1]

1. 改革开放功勋人物、老干部任仲夷等五人给中央领导的信[2]

编者按 1996年4月，我省的老同志任仲夷、吴南生、杨应彬、欧初、关山月等在深入调查研究的基础上，写出了《“约定俗成，稳步前进”——关于文字改革问题的几点看法》一文，送给中央领导同志，并在《同舟共进》《汉字文化》等刊物发表（署名“伍仁言”）。今天，我们转发此文，供读者参考。以此希望共同将语言文字用得更准确规范，管理得更好。

近年来在推广文字改革工作方面出现了一些问题，引起许多反映，我们也想谈谈自己的一些看法。

我们都赞成文字改革，也曾为此做过一些工作。文字是随着时代的步伐和群众的应用而不断演进的。周恩来总理说过：“从汉字的历史上来看，一字多体是从甲骨文起就一直存

① 本附录B、C参见魏庆鼎、许寿椿：《清剿繁体汉字的政府行为不能再继续下去了》，2014，北京大学计算中心承办“纪念汉字跨入电脑时代20周年——电脑与汉字文化复兴学术报告会，暨《汉字复兴的脚步》图书发布会”会议散发文件。

② 南方网，2001年2月19日发布，http://news.sina.com.cn/c/189115.html。

在的。”它有自己独特的发展规律。我们十分拥护周总理对文字改革工作定下的“约定俗成，稳步前进”的方针，希望改革得更为合理些，不要一刀切，不要操之过急，不要简单化。

近年来，国家语言文字工作委员会大力推行规范字，这本来是好事。但不知为什么却要强行规定：城市中所有繁体字招牌一律强制拆除改为简体字。我们认为这个做法不妥当，宜再慎重考虑。

一、浪费太大：如广州市“粤海地产”的招牌，光为一个繁体“産”字要改成“产”字，就花了十多万元搭棚费；有一家百货公司为改招牌的两个繁体字，便花了五十万元；而全国各地花几万、几十万的公司、店铺不知凡几，数目十分庞大。加上广告牌、宣传品以至笺纸、信封、名片等，数字就更加惊人了。我们国家并不富裕，即使富裕了也不宜这样做。

二、法律问题：举一个例子，广州有一间陈李济制药厂是个三百多年的老字号，所生产的成药畅销全国、港澳和海外。“陳”“濟”两字是繁体，要改为简体势必牵涉到商标，既有法律问题，也会影响产品销路，同时浪费大量包装物等。类似这样的企业全国不知有多少，影响面很大。

三、古迹问题：广州著名百年老字号茶楼——莲香楼，它的招牌是清代翰林院编修陈如岳题写的。但就因为一个“樓”字不是简化字而另做，不但情理不通，而且造成古迹湮没。这种情况，在全国来说数不胜数，把这一大笔文化遗产毁掉，实不应该。

四、已故领导人、文化名人写的招牌怎么办？我们不可能让前人复生，后人去改也不合理。据说，有规定“毛泽东、周恩来、朱德、刘少奇、邓小平等老一辈无产阶级革命家”和“已故文化名人（如鲁迅、郭沫若等）”“亲笔题写的”

招牌、匾额以及书名、报头、刊头、题词等“如有不规范字，可暂时保留”，“题写者的亲笔签名，如有不规范字，可暂不改动”。“暂保留”即是以后不得保留，“暂不改动”即将来要改动了。这样做合适吗？还有的是现职中央领导人写的又该如何处理？据说，也有规定：“属于党和国家主要领导人亲笔题写的”可以暂缓改动；其他情况均应加以纠正。如果党和国家主要领导人写的可以“暂缓改动”，其他人（包括书法家）写的“均应加以纠正”，这必然会增加许多莫名其妙的矛盾，对党和国家没有好处。如果以后把毛主席等一辈老人家的亲笔签名都改了，那对“历史”和“文物”的定义也必须另定了。

五、新加坡政府推广华文简化字，但新加坡社会上仍然流通繁体汉字，在港、澳、台地区及新、马、泰以至世界各地华人社会至今仍然沿用繁体汉字，这里有商标问题和习惯问题，也还有对中国文化的看法问题。有些文件、文章只强调新加坡等国家以及联合国的公文也使用简体字，了解情况的人都觉得这种提法过于偏颇，值得商榷。

六、还有值得考虑的是，如果把繁体字禁绝，那么，若干年后就没有人看得懂古籍了，浩如烟海的古籍书又怎么办？继承古代优秀文化遗产，不仅是搞“一定的专业范围内”的人士的事，也是精神文化建设的需要，是增强中华民族凝聚力的需要，这点特别值得深思。

为此，我们建议：除公文、报刊、书籍、教科书和国家机关名牌应该使用简化字外，至于商店、企业、文化艺术单位，即使仍使用繁体字也无妨。报刊上的栏目或标题，为增强艺术效果而采用手写的，亦可根据书写者的构思或习惯，“悉听尊便”。我们的孩子在上小学时，已掌握和使用简体字，以后在社会上再认识一些繁体字，只有好处，没有坏处。相反，现在有许多成年人，包括不少的大学生却不认识已简化了的繁体字，这对中华民族文化的未来，是很值得注意的。

建国后的文字改革（简化）有成功的，也有不成功的。所以取消了第二批不成功的简化字。我们建议，对于近年来推广文字改革工作中的问题，也应根据实践予以检查总结。今后除了严格遵循“约定俗成，稳步前进”的方针以外，还要考虑到汉字的特点，即既有实用性，又兼有艺术性，在中华民族的历史长河中，形成了甲骨文、金文、篆、隶、楷、行、草等字体，因而能形成一种独特的书法艺术。这一书法艺术，至今在日本、韩国、新加坡等国家以及世界各地华人社会中流传。今后，在推行文字改革时还应重视兼顾。至于清除那些不规范的简体字，尤其是错别字，我们是十分赞成的。

2. 五个繁体字招来万元罚单的新闻报道①

本报讯　依法律规定，商品包装应使用规范的汉字，可有商家在食品外包装标签上使用繁体字。近日，荔城区一家商行因此受罚。9月10日，莆田荔城区工商局西天尾工商所执法人员对荔城区西天尾镇洞湖村“信源兴贸易商行”进行日常巡查，发现该商行待售的30件白酒产品，外包装上有“不是純糧酒奬勵100萬”等含繁体字的标签内容。执法人员认为，根据《预包装食品标签通则》第三条“包装应使用规范的汉字（商标除外）。具有装饰作用的各种艺术字，应书写正确，易于辨认”规定，商家该行为属于经营标签不符合法律规定的行为，已责令其改正，并没收标签不符合规定的30件白酒，同时处以罚款1万元。

---

①《海峡都市报》，2013年10月29日发布。http://roll.sohu.com/20131029/n389126613.shtml.

3. 千余名鉏姓村民的姓氏烦恼

2014 年 7 月 7 日，“中安在线”发布一则消息：安徽怀远县古城乡庙荒村千余村民，因为其姓氏用字电脑打不出，存款、买房、买车，都办不了，只好用媳妇的名字，苦不堪言。有村民对记者说：“现在火车票要求实名制，票都买不到，我们出门打工，也只能坐汽车。”有的村民家里孩子上学，也因为姓氏的原因，对学业产生了影响。今年参加高考的考生“× 正正”，准考证上就只有名“正正”，而没有姓。许多报道的标题中有“‘怪姓’字打不出”的话。报道中明确称这烦恼持续了十年！（本书作者补记：鉏字是一个没有简化的字。‘金’字旁的字，在 1993 年颁布的编码标准 ISO10646 或 GB13000 的 20902 字中，已经简化了的有 242 个，没有简化的有 688 个。没有简化的是简化了的 2.84 倍！许多汉字改革家不承认技术标准。鉏字是电脑里有的，但汉字改革家把它当成繁体字，不让老百姓使用。非要用简化形式“钅且”。而当时电脑中没有这个“钅且”字。这才是问题的缘由。2013 年颁布的《通用规范汉字表》把“钅且”列为规范汉字。至今，字库更新了的电脑中有简化了的鉏，字库没有更新的就没有它。在全球所有电脑上做这种字库更新事实上是做不到的。）

4. 对繁体字罚款、扣分的政府行政法规摘要

（1）《出版物汉字使用管理规定》[①]

发布时间：1992-07-07

发布单位：新闻出版署，国家语言文字工作委员会

---

① 摘自国家语言文字工作委员会政策法规室编：《国家语言文字政策法规汇编》，语文出版社，1996 年，311 ～ 315 页。

部分规定摘录：

•规范汉字指《简化字总表》（1986）里的简化字及《现代汉语通用字表》里的汉字（见第三条）。

•不规范汉字指被简化的繁体字、二简简化字、异体字等（见第三条）。

•需要使用繁体字的需经新闻出版署批准（见第九条）。

•违规使用不规范汉字的可处以500元—5000元罚款、停业整顿（第11条）。

•可以强制执行条款。

（2）《一类城市语言文字工作评估标准（试行）》[1]

评估指标及要素	分值	实施要求及评分标准
社会用字管理	100	
名称牌规范	4	每出一个繁体字扣1分。
公文印章	3	公文文头一个不规范汉字扣0.3分，正文一个扣0.1分。 印章一个繁体字扣0.3分。
标牌、指示牌、电子屏幕、印刷体标牌	4	标牌一个繁体字扣0.2分。 其他一个繁体字扣0.1分。
学校名称牌、标志牌、标语	4	印刷体出现一个繁体字扣0.3分。 手书字一个繁体字扣0.2分。
公文、校刊（报）、讲义、试卷及其他自办印刷	4	公文头、封面一个不规范字扣0.2分，内文一个扣0.1分。
指示牌、电子屏	2	一个繁体字扣0.1分。
教师板书、批改作业、书写评语	3	一个繁体字扣0.1分。

① 摘自北京市语言文字工作委员会办公室编：《国家通用语言文字标准规范手册》，2012年，274～282页。

附录C　国家政策法规中的“普通话”“汉语拼音方案”及“汉字”

国家政策法规指：《宪法》《国家通用语言文字法》以及国务院、各部委颁布的行政法规。两个大法之外的行政法规以《国家语言文字政策法规汇编（1949—1995）》[1]为依据。

一、《宪法》（1982年）中的情况

现行宪法为1982年宪法，在1988、1993、1999、2004、2018年都有修订。仅在1982、2004年两个文本的第十九条中有“国家推广全国通用的普通话”。第四条、第一百二十一条、第一百三十四条关于少数民族条款出现有“语言文字”“多种文字”等术语。宪法全文中不见术语“汉字”“汉语拼音方案”。可以说：“普通话”已经入宪，“汉字”“汉语拼音方案”没有入宪。汉字没有得到宪法的明确承认。

① 国家语言文字工作委员会政策法规室编：《国家语言文字政策法规汇编（1949—1995）》，语文出版社，1996年。

二、《国家通用语言文字法》(2000年)中的情况

第二条 本法所称的国家通用语言文字是普通话和规范汉字。

第三条 国家推广普通话，推行规范汉字。

第十七条 本章有关规定中，有下列情形的，可以保留或使用繁体字、异体字：

(一)文物古迹；

(二)姓氏中的异体字；

(三)书法、篆刻等艺术作品；

(四)题词和招牌的手书字；

(五)出版、教学、研究中需要使用的；

(六)经国务院有关部门批准的特殊情况。

第十八条 国家通用语言文字以《汉语拼音方案》作为拼写和注音工具。《汉语拼音方案》是中国人名、地名和中文文献罗马字母拼写法的统一规范，并用于汉字不便或不能使用的领域。初等教育应当进行汉语拼音教学。

全文中“规范汉字”出现共计10次。没有对其做出解释或定义性说明。第十七条表明：繁体字不是规范汉字。规范汉字的这种“模糊处理”是罕见的。这是该法律的最重要术语！在《国家语言文字政策法规汇编》中收录的1992-07-07文件中明确规定：规范汉字指简化字及通用汉字表中的汉字。字数为7000个，明确规定繁体字、异体字、二简字为非规范汉字。《国家通用语言文字法》对重要术语采取“模糊处理”，让人费解。这种做法是与国家强制性技术标准GB18030矛盾的。

《汉语拼音方案》在《国家通用语言文字法》中得到充分肯定，这

是对国家语委及汉字改革家们的充分支持，表现在第十八条，其中，“拼写”二字是1958年以来第一次进入法规文件。这里的“拼写”与“分词连写”一样，是使《汉语拼音方案》作为“准文字”或“亚文字”的基本要求。普通话也得到充分肯定。普通话及汉语拼音方案得到了《国家通用语言文字法》充分保护。

汉字的状况最糟糕，仅仅有7000个汉字得到合法地位，为规范汉字，汉字的主体没有获得合法地位。汉字“被改革”“被改造”的身份明显。作为国家强制性标准的《字符集》，其大部分（三分之二）被判为“非规范”。汉字整体没有得到《国家通用语言文字法》的承认，还谈什么保护。

三、《国家语言文字政策法规汇编（1949—1995）》中的情况

普通话得到充分重视。文字名称里明确出现“普通话”一词的法规文件计20个。对普通话的意义反复强调。如第8页：“大力推广以北京语音为标准的普通话，是加强我国在政治、经济、国防、文化各方面的统一和发展的重要措施，是一个迫切的政治任务（1956年）。”第12页：“在文化教育系统中，和人民生活各方面推广这种普通话，是促进汉语达到完全统一的一种主要方法（1956年）。”第61页：“推广和普及普通话是当前语言文字工作的一项重要任务，必须继续抓紧、抓好（1986年）。”总之，推广普通话的伟大意义、价值及具体要求，一直在不断地持续进行中。

在该汇编中，文件名称里明确出现“汉语拼音方案”字样的法规文件有20多个，例如关于人名、地名拼写法的。关于商标上的应用，1957年到1987年大约有10个文件。《汇编》第44页：“继续推行《汉语拼音方案》，扩大其使用范围，并注意研究、解决它在应用上的一些问题。(1992年)”

关于汉字，文件名称里明确出现“汉字”一词的法规文件有20多个，都是讲如何规范、管理汉字的。说的几乎都是“规范汉字”“简化汉字”“汉字简化”。单单谈“汉字”的有两句话很突出：一句是第6页：“我国汉字有许多缺点，必须在一定条件下加以改革（1954年）。”另一句是第160页：“在今后相当长的时期里，汉字仍然是国家的法定文字，还要继续发挥作用（1986年）。”汉字被改革、改造的身份十分明显。1992-07-07文件给出了规范汉字与非规范汉字的定义，并列出了对使用繁体字罚款、扣分的法规，包括停业及法院强制性执行等。汉字受到了各种限制。

从现行中国法规看，在中小学识字教学中，国家语委执行的加强普通话及《汉语拼音方案》的做法都有许多法规依据。而想加强、改进汉字教学，例如汉字结构教学、部首教学、字理教学等，在现行法规中都找不到任何法律根据。这可能正是五六十年来，汉字在中小学识字教学中一直附属于普通话及《汉语拼音方案》的法律上的原因。

附录D　试拟“单语双文”识字教学课文样例

（单语双文年历A001版。此为最简版本，含158个汉字）

提要

这里给出的年历是一种“英语‘双文（英文+汉字）’年历”。就是年历中的年、月、周、日表达使用了英文与汉字两种方式。另外附有几课课文，用英文讲解汉字的使用。这里，汉字与英文的关系，类似于《古文观止》《唐诗三百首》中文言文与白话。英文的数量五倍或十倍于汉字。希望操英语的读者利用这种年历，在不学习“汉语普通话+汉语拼音”的情况下，就用母语认读（默读）、朗读它们，获得汉字的初步知识。亲身体会一下，汉字是可以这样仅仅用母语、较为轻松地学习的。读者完全不必怀疑这种方法的功效。因为这种方法，从秦汉到晚清的两千多年时间里，在东亚数亿人口范围内，成功地实现过。北京人，上海人，广州人，福州人……有声语言差异巨大，可能大于欧洲不同民族国家之间的语言，相互口语无法沟通，但使用统一的汉字。大家熟知的，孙中山是用粤语学的汉字，毛泽东用湘语学的汉字，蒋介石是用溪口话学的汉字，他们都说不好普通话，相互间难于用口语交流，但都能用汉字沟通。汉字在日、韩、越诸国，都有上千年应用历史，但他们都不使用汉语，而是使用各自的母语（日语、韩语、越南语)。当今主流的汉字教学，普遍地从“普通话+汉语拼音”起步，强调口语交际，强调有声情景制造和训练。这种语音中心论的教学法，不适合以字形表意为主的、视觉优势的汉字。这种教学法容易培养能够说几句普通话的“洋文盲”，难于培养出认识汉字、能够阅读汉字文本、文献的“汉学人才”。当今，为破解汉语文教学的“繁难”，正在实验着许多方法。这里的基于汉字书同文悠久传统的，用母语学汉字的传统好办法不妨一试。这种学习依赖的主要是“双文文本环境”，而非有声双语环境。它不怎么依赖“语感”，而是十分依赖“文悟”(指对汉字、汉字文本的“字斟句酌”“体会领悟”“玩味品鉴”……)。本文其实就是这样的一种“双文文本”，是英语者能够自主学习汉字的一个“学材”。习主席对网络远程教育的高效率表现概括为12个汉字“人人皆学、处处能学、时时可学”。本文作者以为：由于汉字书同文的优秀传统，加上ISO10646(等同于GB13000)-1993中20902个汉字已经成为当今全球所有手机、电脑中必备成员的新优势，汉字网络教学能够实现习主席预见的便捷及高效率。这种“双文年历”是实现这种高效率的初步尝试。关于此种方法的具体、其他安排，请阅读本书十四章之6。作者希望此材料能够在“重新发挥汉字书同文”优越性上，在破除世人对汉字的种种误解、偏见上发挥一些作用。

一、产品样式、特点

这种产品采用国际上常见的年历样式。整个年历中出现的汉字数量相当少，而英文解说数量大得多；并且仅仅用英语识、读它们。暂时不用汉语。本文是这种年历的第一次、最简单的举例说明。本年历，除通常的分十二个月给出月历外，后附有几课课文，用于讲解出现在年历里的少量汉字。在此最简版本里，主要讲解汉字中的数词(基数词及序数词)；汉字的年、月、周、日的表达；以及相关的一些词语、几个汉语句式。简要介绍汉字的方块性，无形态变化，以字形表意为主及视觉优势，字意的基元性及组词的灵活性，词意的可理解性或自明性，以及生字熟旁及生词熟字等易于学习的特点。

二、内容的概要描述

下面两个大花括号{{　}}之间的东西，就是这种“单语双文年历的一个原初预版本”。其中除带下划线的楷体汉字外，都应该翻译为英文。本版本应该翻译为英文的而没有翻译，故称之为“原初预版本”。

{{（一）年历主体（美术装饰设计略）

A Calendar in Two National Characters（Chinese Characters and English）

双文年历（汉字与英文）

2019，Dog Year

二〇一九，狗年

一月月历样式如下（其中的内容无需再翻译）：

JANUARY　　一月

SUN 周日	MON 周一	TUE 周二	WED 周三	THU 周四	FRI 周五	SAT 周六
		1 一	2 二	3 三	4 四	5 五
6 六	7 七	8 八	9 九	10 十	11 十一	12 十二
13 十三	14 十四	15 十五	16 十六	17 十七	18 十八	19 十九
20 二十	21 二一	22 二二	23 二三	24 二四	25 二五	26 二六
27 二七	28 二八	29 二九	30 三十	31 三一		

其中，月份及星期几等采取汉字、英文对照方式；日期号采取汉字数码与阿拉伯数码对照方式。上述方式无需再做翻译。其他月份

（指二月到十二月）此处从略。作为第一个试验版本，我们删除了每个月里的节假日名称。

（二）汉字知识讲解

本产品面对的对象是已经掌握了英语文的人，其水平达到熟练阅读本文本中英语的词、句子，并能够熟练地使用拉丁字母键盘。在不学习｛汉语普通话＋汉语拼音｝的情况下，就用英语理解、阅读文本中讲授的汉字及少量汉字词及句子，以获得对汉字的初步、粗浅认识。这种用母语学、用汉字的方法，在古代的东亚是历史常态。以下是几课教学材料，它们是自学的材料。在先抛开汉语时，可以不需要汉语语言环境。以下，除带下划线的楷体字外，其他都应该翻译成英文。

第一课：基数词与序数词

本课汉字 16 个：〇，一，二，三，四，五，六，七，八，九，个，十，百，千，万，第

1. 汉英基数词对照表

〇	一	二	三	四	五	六	七	八	九	十	十一
0	1	2	3	4	5	6	7	8	9	10	11
zero	one	two	three	four	five	six	seven	eight	nine	ten	eleven

十二	十三	十四	十五	十六	十七	十八	十九
12	13	14	15	16	17	18	19
twelve	thirteen	fourteen	fifteen	sixteen	seventeen	eighteen	nineteen

二十	二一（或二十一）	三十	百	千	万（萬）
20	21	30	100	1000	10000
twenty	twenty-one	thirty	a/one hundred	a/one thousand	ten thousand

2. 汉英序数词对照表

第一 first；第二 second；第三 third；第四 fourth

第五 fifth；第六 sixth；第七 seventh；第八 eighth；

第九 ninth；第十 tenth；第十一 eleventh；第十二 twelfth；

第十三 thirteenth；第十四 fourteenth；第十五 fifteenth；
第十六 sixteenth；第十七 seventeenth；第十八 eighteenth；
第十九 nineteenth；第二十 twentieth；第二十一 twenty—first；
第二十二 twenty—second；第二十三 twenty—third；
第二十四 twenty-fourth；第三十 thirtieth；第四十 fortieth；
第五十 fiftieth；第六十 sixtieth；第七十 seventieth；
第八十 eightieth；第九十 ninetieth；第一百 one hundredth；
汉字的序数词只要在基数词前加个“第”字即可。

3. 英文与汉字数词的比较

基数词比较：

汉字式和数学数码式极其一致。每一个汉字都是单音节的。读汉字数字串时，只要从左向右逐个数码读即可。所用全部汉字（及音节）都是10个（〇，一，二，……九），或者再加上位值名（个，十，百，千，万）计15个汉字（同时也仅仅是15个音节！）就够了。对0—99如此，对更大的、所有的、数亿万都如此。

而英文基数词，0～99这100个数中，0……19，20，30，40，50，60，70，80，90等28个词都是独立的词，需要单独记忆。这28个词，在100～199中同样存在，在200～299中也同样存在……还要加上位值七八个，总计用到近35个独立的英文词。这样，英文基数词的表达、认读，就比汉字式的明显地更繁难。

序数词的比较：

从基数词到序数词，汉字式只要加一个“第”字即可，也十分简单、有规律，无特例。而英文中，前11个中就有7组互不相同，它们是：one—first；two—second；three—third；five—fifth；eight—eighth；nine—ninth；twelve—twelfth。这里的前六个，在后面更大的数中，如20～29，30～39，等等将不断重复出现。这些都比汉字式的仅仅简单地加“第”字要麻烦，需要更多的记忆。

4. 幼儿智力蒙养学材

九九表（歌）“九九表”是关于两位数乘法口诀的表。其原理见表 1。

表 1. 阿拉伯数码式（原理式）：

	1	2	3	4	5	6	7	8	9
1	1×1=1								
2	1×2=2	2×2=4							
3	1×3=3	2×3=6	3×3=9						
4	1×4=4	2×4=8	3×4=12	4×4=16					
5	1×5=5	2×5=10	3×5=15	4×5=20	5×5=25				
6	1×6=6	2×6=12	3×6=18	4×6=24	5×6=30	6×6=36			
7	1×7=7	2×7=14	3×7=21	4×7=28	5×7=35	6×7=42	7×7=49		
8	1×8=8	2×8=16	3×8=24	4×8=32	5×8=40	6×8=48	7×8= 56	8×8=64	
9	1×9=9	2×9=18	3×9=27	4×9=36	5×9=45	6×9=54	7×9=63	8×9=72	9×9=81

更简单形式见表 2。

表 2. 阿拉伯数码式（简单式）：

	1	2	3	4	5	6	7	8	9
1	1								
2	2	4							
3	3	6	9						
4	4	8	12	16					
5	5	10	15	20	25				
6	6	12	18	24	30	36			
7	7	14	21	28	35	42	49		
8	8	16	24	32	40	48	56	64	
9	9	18	27	36	45	54	63	72	81

汉字式见表 3。

表 3. 汉字式（表内汉字不做翻译）

	一	二	三	四	五	六	七	八	九
一	得一								
二	得二	得四							
三	得三	得六	得九						
四	得四	得八	十二	十六					
五	得五	得十	十五	二十	二五				
六	得六	十二	十八	二四	三十	三十六			
七	得七	十四	二一	二八	三十五	四十二	四十九		
八	得八	十六	二八	三二	四十	四十八	五十六	六十四	
九	得九	十八	三六	三六	四十五	五十四	六十三	七十二	八十一

中国已经发现的最早九九表实物是秦朝（前 221—前 207）的里耶秦木牍。古籍里提到九九表，则早在齐桓公（约前 716 年—前 643 年）时。西方古希腊、古埃及、古印度、古罗马没有十进位制，原则上不可能有九九表。古罗马采用 60 进位制，它如果有乘法表将是 59×59 的表。九九表是训练儿童智力，特别是计算（心算）能力的极好工具，简单而有效。汉语文中，九九表的背诵按如下顺序：

一一得一

一二得二　二二得四

一三得三　二三得六　三三得九

一四得四　二四得八　三四十二　四四十六

一五得五　二五一十　三五十五　四五二十　五五二十五

一六得六　二六十二　三六十八　四六二十四　五六三十　六六三十六

一七得七　二七十四　三七二十一　四七二十八　五七三十五　六七四十二　七七四十九

一八得八　二八十六　三八二十四　四八三十二　五八四十　六八四十八　七八五十六　八八六十四

一九得九　二九十八　三九二十七　四九三十六　五九四十五　六九五十四　七九六十三　八九七十二　九九八十一

这种顺序，实际上就是表 3 从左上到右下的顺序。在中国，让儿童背诵九九表是长时期历史传统。这大大有益于儿童思维及计算能力的培养。有人统计，全球不同民族“背诵九九表”花时间最短的就是中国汉字式。著名中国语文学家赵元任先生（他曾经担任过一届美国语言学会的会长）自己用两种方式朗读九九表。用英语的时间是用汉字的一倍半。读者或学习者，可以用两种语言（汉语及英语）大声朗读“九九表”，并记录下两个时间，自己再比较一下所花费的时间。汉语读法简单，是由于汉字表达法与数码表达法高度一致，十分规则，没有任何例外。全过程仅仅涉及 11 个汉字（一，二……九，十，得）。

英语则不同。对应于汉字式的二六十二，英语读法是 two six twelve。这里的 twelve 是英文里独立的词。这种独立词还有不少。建议英语者把 12（十二）读为 one two，就是按位读 12，去除 twelve 这样的独立词。这种按位读，能够排除各种例外的独立词，有利于减少记忆量，也能够缩短时间。

本文作者提倡、鼓吹英语者就用自己的母语（英语）学汉字。主要目的是分散学习难点，提高识字效率。就是先摆脱"普通话＋汉语拼音"。这里，摆脱普通话是"暂时的"，不是"绝对的、严格的"。普通话是中国国家通用语。许多人就是想学汉语。本人建议的先用母语学汉字，能够使得汉语学得更好、更快、更地道（参见本书第十二章之 14）。日语中，汉字有两种读法：音读及训读。音读是用汉字在汉语中的读法，用汉语的音，又有"吴音、汉音、唐音"之分。训读是用日本民族语读。对于英语学习者来说，音读是按汉语读，训读就是用英语读。建议外语者学习汉字开始，先尽量采取用母语读的办法（音读为主），辅以少量的用汉语读（训读为辅），并且这种读完全是"整个句子地读"（完整的汉语语音流），而非单个汉字地读（单个汉字字音地、死板地连接）。本文作者建议摆脱"汉语拼音"的"摆脱"是"绝对的、严格的、全程的"，因为汉语拼音对识字及学普通话，弊大于利。近代以来，人们习惯说"汉字不表音"，这种说法不正确。赵元任先生说，汉字是表音的。不过汉字表音不在音素层面，而在音节层面，每一个汉字就是一个音节。这种音节还是"声韵调一口呼"的。汉语的音节数量很少（不区分四声四百多，区分四声一千三百多），并且结构简单。而英语音节数量太大（达八九万），且音节结构复杂。在学习过了四五百，或一千多汉字的时候，可以集中朗读音节汉字表，很快地熟悉大部分音节的读音。这比较容易，效率也高。非要把汉字的读音转化成"拉丁字母表达的音素串"，再"把音素串快速读成音节"，这完全是"没事找事，瞎耽误工夫"。许多有识者认为，汉字识字教学的"少慢差费累"就是"汉语拼音""帮倒忙"的后果，说"汉语拼音方案是学习普通话的有效工具"，甚至是"有利无弊"的工具，这不符合实际。因为汉语拼音方案给出的音，仅仅是汉字的"字音"，是不考虑上下文环境的音。汉语拼音方案给出的音，不涉及汉语语音流中如下各个要素：词句中的"连读变调"，音高，音长，重音，句子语调，句子节律。因而直接读"汉语拼音文本"，谁也读不出"汉语语音流的'抑扬顿挫'，'声韵和谐'，流利，通畅"。汉语拼音方案的美好名声，它的优秀、科学、各种伟大贡献，都有夸大、过头的成分。吕必松先生，曾经任北京语言大学校长，曾任前数届对外汉语教学学会的理事长。当今对外汉语教学的许多规范性文件、方案都是他主持制定的。他卸任后，反思历史，积极试验，不断创新。在他生前，终于完成了两套汉字识字教材及一本理论性著作。他试验的新教学方法完全抛开了"汉语拼音方案"。他的汉字识字教学取得"用500个学时学会2500个汉字的高效率"（折合一个课时学5个汉字！）。他说："识字教学从'汉语拼音方案'起步，是他引错了路。"

《汉语拼音方案》的产生有其历史合理性，也有其历史局限性。《方案》提供了对汉语语音做音素化分析的工具，对语音学家的汉语语音分析大有用。但把它用于汉字识字教学，用于普及性字典检索，都"弊大于利"。这有些像：水的分子式是H_2O（氢2氧1），这是最近代、最科学的认识，但把这种最科学的称呼用于日常生活说"请给我一杯H_2O（就是水呀！）"就没有必要，徒然增加麻烦。新文化运动中，确实有一位浪漫派诗人写过诗句："万岁呀，伟大的H_2O！"这是个人感情宣泄，无可厚非。而非要把儿童从母亲那里已经学得好好的"妈妈，爸爸"，变成为"m……a，m……a，m……a，ma，mā，má，mǎ，mà，一声ma! b……a，b……a，b……a，ba，bā，bá，bǎ，bà，四声ba"，这有什么好处？字词典检索的汉语拼音一枝独秀，使得不认识的（不会读音的）字，或方言读不准的字，就很难在字词典上查到，使得许多"工具书"大大降低了"工具书价值"。我设想：采取用母语学汉字过程中，先主要用母语学汉字。事实上，用汉字给汉字注音的直音法，最低识字量不超过500或1300个。而用新式反切（用两个汉字“双拼”），最低识字量仅仅64个（参见:《用64个汉字给所有汉字注音的简式反切》,《汉字文化》2011年第6期）或58个汉字（参见：香港《语文建设通讯》2017年第1期）。应该承认《汉语拼音方案》事实是“古今合璧三合一”的。其中的拉丁字母、汉字、注音符号，给出了三种大体等价的汉字注音方法。每一个学《汉语拼音方案》的中国人，都是通过汉字或注音符号，才知道拉丁字母表达的“音”。

第二课：年月周日的表达

本课新汉字14个：年，月，周，日，天，昨，今，明，前，后，或，是，星，期

十二个月的双文对照表

一月	二月	三月	四月	五月	六月
1月	2月	3月	4月	5月	6月
January	February	March	April	May	June
七月	八月	九月	十月	十一月	十二月
7月	8月	9月	10月	11月	12月
July	August	September	October	November	December

一周七日名称的对照表

周日	周一	周二	周三	周四	周五	周六
Sunday	Monday	Tuesday	Wednesday	Thursday	Friday	Saturday

其他非单字汉语词与英文的对照表

昨天（日）: yesterday；今天（日）: today

明天（日）: tomorrow；前天: the day before yesterday

后天: the day after tomorrow；或: or

今年: this year；去年: last year；前年: the year before last；明年: next year；后年: the year after

月月：month after month；年年：year after year

天天：day after day；星期：week

年代日期表达法对照比较：

二〇一七年七月一日或 2017 年 7 月 1 日或 2017-7-1

on July 1(st)，2017 or on 1(st) July，2017

比较起来，要读懂英文表达的年代日期信息，必须掌握英文 12 个月份的英文名称。而汉字式的则不必。建议在面向国际旅客的飞机票、游轮票、高铁票，使用汉字式中的后两种方法：2017 年 7 月 1 日或 2017-7-1。

几个语句对照：

今天是周（星期）三。Today is Wednesday.

明天是周（星期）四。Tomorrow is Thursday.

后天是周（星期）五。The day after tomorrow is Friday.

大后天是周（星期）六。Three days from now is Saturday.

昨天是周（星期）二。Yesterday was Tuesday.

前天是周（星期）一。The day before yesterday was Monday.

大前天是周（星期）日。Three days ago was Sunday.

注意：这里无论是现在（今天），过去（昨天、前天），还是将来（明天、后天），动词“是”毫无变化。而英文中说（昨天、前天）必须使用表达过去的 was。

今天是星期几？ What day is today?

今天是星期二吗？ Is today Tuesday?

请注意：汉语的疑问句与陈述句，词序没有变化，只是末尾加个疑问语气词（几，吗）再加个问号。而英文中词序有大变化。

汉字知识 1：汉字表意的概括性、基元性

在认识了汉字基数词（一、二、……十）后，只需要认识“月、周”两个汉字，就学会了十二个月份的名称及一周七天的名称，共计

12+7=19 个名词。英文里，这 19 个名词是要单独记忆的，它们也都是英语词典中的正式成员。汉字的“月、周”，其表达的意义具有概括性的、基本的简单性。由它们组成的词义带有组装性、易理解性，或词义自明性。“9 月，周三”这两个汉字词，是无需进入汉语词典的，因为其意义是自明的。而“September，Wednesday”是必须进入英语词典的。汉语文中无需记入字词典的词，其数量很庞大。

关于英语世界的失读症：学术界普遍承认英、美国家儿童和成年人都有失读症，而中、日则极少见。通常认为这是拼音文字与汉字的类型差异所致，但从数词系统、年代日期表达的具体情况看，汉字式仅仅需要约 22 个汉字（22 个音节），而英文必须使用的词汇量至少是 54 个（及更多的音节）。这可能也是失读症的原因之一吧。

第三课：汉字的孤立性，无形态，字形不变性

本课新汉字 17 个：有，大，小，都，你，我，他，她，来，去，爱，的，们，不，中，国，从

下面给出了几个两种文字对照的句子。用英语读、理解这些汉字句子。

一年有 365 天（日）。There are 365 days a year.

一年有十二个月。There are twelve months in a year.

一年有多少天？ How many days are there in a year?

一周有七天（日）。There are 7 days a week.

一周有七天吗？ Are there seven days a week?

请注意：汉字的疑问句与陈述句，词序无变化，仅仅是末尾加问号（？）及语气词（吗）。而英文的疑问句词序有变化。

三月有 31 天（日），是大月。

There are 31 days in March，which is a greater month.

四月有 30 天，是小月。

There are 30 days in April. It's a lesser month.

一、五、七、八、十、十二月都是大月，都有 31 天。

January，May，July，August，October and December are all greater months with 31 days.

四、六、九、十一月都是小月，都有30天。

April，June，September and November are all lesser month with 30 days

我爱你。I love you.

你爱我。you love me. 你爱我吗？ Do you love me?

他爱她吗？ Does he love her?

他不爱她。He doesn’t love her.

请注意：英文的疑问句、否定句，词序都有变化。并且主语是第一人称还是第三人称，动词形态不相同。而汉字没有形态变化。否定句仅仅在动词前加一个“不”字。疑问句仅仅在末尾加“吗？”。汉字的处理简单、有效，容易学习。

我爱你们。I love you.

我们去中国，他们不去中国。

We go to China，they don’t go to China.

他们不来中国，我来中国。

They don’t come to China. I come to China.

他从中国来。He is from China.

汉字知识2：汉字的字形总是不变的

单个汉字没有单数、复数之分；也没有主格、宾格之分；动词没有时态变化，也不随主语改变。汉字做主格或宾格，字形是一样的。我爱他、他爱我。汉字“我、他，爱”三个汉字在两个句子里都是一样，仅仅是词序的变化。“们，些”有表达复数的作用。汉语文的语法规则“十分贫乏”，也“非常简单而有效”。

〇，一，二，三，四，五，六，七，八，九，个，十，百，千，万，第，年，月，周，日，天，昨，今，明，前，后，或，是，星，期，有，大，小，都，你，我，他，她，来，去，爱，的，们，不，中，国，从至此（指前三课），本年历有如上47个汉字。

第四课：汉字是以字形表意为特点的文字，是视觉优势的文字

1. 以“中國”的“國”为例说起（此处略去，可参见第十二章之10节之样例1，那里有28个汉字。）

2. 再看汉字一、二、三，其实这是中国古代用小木（竹）棍（算筹）辅助计算时的表达法。一根小木棍表达一，二根表达二，三根表达三。这种造字法称之为“象形”。英文、俄文里的数词1、2、3仅仅是记音的。汉字与拼音文字，在这一点上大不相同。

3. 汉字的部首、部件系统　实际上可以看作是中华先民对世间万物的一种分类法。汉字的结构最底层的是笔画，由笔画组成部件或部首；再由部件组成汉字。汉字的部件或部首，有丰富的表意功能，也有粗略的示音功能。汉字的部件与英文中的词缀有类似处，但部件的普遍性、重要性大于英文中的词缀。掌握、学好部首系统，对于汉字的学习十分重要。可惜，由于语音中心论强大影响，近代以来汉字字形及结构（特别是部首系统）在识字教学中被大大忽视，甚至取消了。下面举例说明部首与分类法的密切关系：

凡金（钅）字旁的字，都与金属或金属制品或金属加工有关

金属：金，　银，　铜，　铁，　锡

gold, silver, copper, iron, tin

金属制品：锹，　镐，　锁，　铡，　链

shovel, pick, lock, shovel, chain

金属加工工艺：铸，　　锻，

casting, forging

新生字金，银，铜，铁，锡，锹，镐，锁，铡，链，铸，锻。12个。容易看出，英文词字形中见不到与金属有关的成分。

凡木字旁的字，都与树木、树木果实或木制品有关：

树木：桃树，　李树，杏树，　杨树，　柳树，　松树

peach , plum, apricot, poplar, willow, pine

树木果实：桃子，　李子，栗子，　梨子，松子

peaches，plums，chestnuts，pears，pine nuts

木制品：桌，　椅，床，柜

table，chair，bed，cabinet

新生字：桃，树，李，杏，杨，柳，松，栗，梨，松。同样容易看出，英文词字形中见不到与树木、木材有关的东西。新生字 10 个。

“金、木、水、火、土”是中国及古希腊都重视研究的五大自然元素、要素。在中国称之为“五行”。五行在中国汉字中对应着五个部首（偏旁）。它们是：金（钅）、木、水（氵，氺，冫）、火（灬）、土。在国际标准 ISO10646 的 20902 个汉字中属于这五个偏旁的汉字总计有 3766 个。其中具体数据如下：

金（钅）字旁的：930（其中简化为钅的 242，未简化仍为金的 688）

木字旁的：1032

水字旁的：1094

火字旁的：229

土字旁的：481

新生字：金、木、水、火、土，5 个。

西方任何文字中（无论古今），都没有类似汉字的这种现象。

4. 汉字的“两生两熟”现象有利于自学

（1）“生字熟旁”现象

就以我们已经学过的字为例：

周 = 冂 + 土 + 口；天 = 大 + 一；昨 = 日 + 乍；明 = 日 + 月；前 =䒑+ 月 + 刂，后 = 厂 + 一 + 口；或 = 戈 + 口 + 一；是 = 日 + 正；星 = 日 + 生；期 = 其 + 月；有 =𠂇+ 月；都 = 者 + 阝；你 = 亻 + 尔；他 = 亻 + 也；她 = 女 + 也；的 = 白 + 勺；们 = 亻 + 门；国 = 口 + 玉；从 = 人 + 人；花 = 艹 + 化；爱 = 爫 + 冖 + 友。

成千上万的汉字都是由三五百个的部首、部件组成的。这些部首都具有某种表意功能。从部首、部件能够大体推断、联想到汉字字意。

（2）“生词熟字”现象

数十万或上百万的汉字词，都是由三四千常用字组成的。最典型的如：一月，九月，周二，今天，明天，前天，后天，晴天，青天，白天，黑天……许多汉字词的意义，可以从组成该词的字意推断、猜测出来。有许多词意自明的词，并不进入汉语字词典。汉语文中无需进入字词典里的词，数量十分巨大。

新生字：乍，正，生，其，者，尔，也，白，勺，化，友，青，黑，13 个

汉字的“两生两熟”现象是大有利于自学的宝贵属性。学习汉语文，最基本的、需要熟练掌握的要素包括：十几个笔画，两三百个部首、部件，三四千常用汉字。这些与英文需要掌握大量复杂语法规则（包括各种各样例外）、海量的词汇，数量上少得多。汉语文繁难论，是近代中国半殖民地化之后，中国人盲目迷信、模仿、追随、照搬英语文的恶果。此第四课新生字：83 个 =16+13+10+13+13+5+13。前四课新汉字 47+83=130。再计入第十二章之 10 样例 1，总计汉字 158 个。

第五课：识字教学中如何实现电脑技术的全程辅助、支持？

网络上有许多资源，是一切网络汉字学习者可以借助电脑、手机得到的。一个便捷、易学用的汉字输入法十分必要。但很可惜，当今几乎所有的汉字输入法都依赖于汉语文知识。又由于当今识字教学普遍从先学汉语拼音起步，拼音输入法就只能在学习了汉语拼音之后。那就把电脑使用推迟了至少两三个月或半年。其实海外汉语文学习者可以从第一堂课开始，就能够不困难地输入汉字，一种不依赖汉语文知识的汉字输入法。它们最适合于汉语文零水平的外国朋友使用。可参见附录 A。

}}

附录 E　晚清来华洋人主导的“汉语文自我培训”情况简介

——一场由来华洋人自导、自编、自演的汉语文培训热闹风景

时间：18世纪初期起，少数延续至民国初期，总计六七十年

人物：主角为来华洋人（三大群体：传教士、外交官、海关洋员）

配角：来华洋人的中国朋友

地点：南京、北京，以及一些沿海口岸，个别的如山东登州

1. 不得不先说一说的英国人赫德先生（此为大戏中的一位“导演”）

我最早听说的赫德，是一名半个世纪里掌控着中国海关大权的“殖民帝国主义侵略分子”。后来不断读到了一些关于他的文字，令我大为惊讶，逐渐添加了对他的敬佩。他主持中国海关50年，竟然坚持不懈地对海关洋员（指来中国海关工作的西方人）推行汉语文培训，要求严格，计划周密、具体，人数多，时间长（在他之后仍然持续了相当一段时间，接任他职务的安格联又坚持赫德的事业20年。仅此二人坚持了70年）。这种培训密切联系着洋员的职务提升和薪俸发予，乃至降职、解聘、除名。海关洋员汉语文培训取得显著成效，不仅仅

保证了海关工作的高效率，解决了洋员在华工作生活问题，还产生了一系列汉语文教学相关教材、字词典、专著及一批汉学家，形成了世界范围影响巨大的汉语文培训机构。在帝国主义殖民扩张历史上可能算是一个少见的例外。这里说的是：入侵的列强洋人，认真、下力气地学习被占领的半殖民地国的语言文字。18 世纪中到 19 世纪初，在晚清政府败落、国家动乱、民不聊生情况下，一批碧眼黄发、西装革履的洋大人，捧读方块字的书，许多还是中国圣贤的书。这真是一道别样风景。

2. 赫德先生小传（主要摘自搜狗百科）

赫德（1835 年—1911 年），英国人，19 岁来华。主持中国海关近半个世纪。1865 年，总税务署从上海迁到北京，（1929 年迁回上海）。从此，赫德居住在北京 40 多年。赫德作为一个英国人服务于中国海关，任总税务司长达 50 年之久。他恪尽职守，在北洋水师舰船历史任内创建了税收、统计、浚港、检疫等一整套严格的海关管理制度，新建了沿海港口的灯塔、气象站，为北京政府开辟了一个稳定的、有保障的、并逐渐增长的新的税收来源，清除了旧式衙门中普遍存在的腐败现象。赫德主持的海关还创建了中国的现代邮政系统。赫德清楚地认识到自己中国雇员的身份，“从某种意义上讲”，是中国人民的“同胞”，是中国政府用来对付外国商人的外籍雇员。因此当 1885 年 6 月被英国政府任命为驻华公使时,他辞谢不就。但是，从今天的角度来看，外国人把持海关无疑是侵犯了中国的主权。

清帝国的海关是一个被逼出来的机构。自明以来，中央政府执行的就是“片木不得下海”的闭关锁国政策，所以，不需要海关，也没有多少外贸的税收。鸦片战争之后，随着通商口岸的开辟，自然就有了设立关卡的必要。英国人提出由他们来管理“来往之商人，加意约束”，所收得的税金用来支付战争赔款。朝廷官员一听就同意了，于是就有了让外国人管理中国海关的制度。海关主权的旁落，是清政府最突出的无能证明，也是一个主权国家的耻辱记录。不过具有讽刺性的是，在萎靡腐败的晚清行政体系中，赫德管理的海关却也是最有秩序和效率的一个机构。他引进了整套的英国行政管理经验，无论行政组织、人事管理还是征税章程都置于一个严格、统一的体系之内。海关的财务制度是由英国财政部官员制定的，数十年里很少发生舞弊行为。

随着对外贸易的扩大，原本不起眼的海关居然在不到20年的时间里成为清帝国最重要的经济机构和财政来源之一。就在赫德上任的时候，总税务司署所辖新关已达14处，几乎遍及所有的通商城市，已是一个很庞大的行政部门了。海关税收在1861年为496万两，1871年为1121万两，到1902年已达到3000万两，是中央政府最稳定、可靠的财源。

以上材料取自搜狗百科。在这个百科介绍里，只字未提赫德主持的汉语文培训工作。这可能并不是撰写此小传的作者对赫德这方面业绩的轻视或否定。其实，在中国文化史、中国科举史文献中都极少涉及汉字的教学、教育等问题。中国方言区如何学习汉字？其教材、教法如何？何以取得比官话区更高的状元产出率？中国某些少数民族如何学习汉字？其教材、教法如何？何以取得比官话区更高的中第率？这些问题都极少被关注，或极少被提及。这些问题几乎都成为无法理解、莫名其妙的怪事。汉字的这种“多方言、多民族语言适用性”的宝贵传统特色与优势竟然变成了“神秘古国的怪现象”，就像中国女人的“三寸金莲”及中国男人“脑后长长的大辫子”似的。汉字百年厄运使得汉字的地位、价值确实大大低落、淡化了。有关史料丢失了、泯灭了、尘封了。可喜的是，由于中国海关一些文档的解密，使得赫德日记（1854—1863；1863—1866）、赫德函电、旧中国海关通令，以及他们的汉语文培训教材等的研究出版（参见本书参考文献83～86），让我们得以了解一些赫德对洋员汉语文培训的实际情况。

3. 近代西方来华人员的汉语文培训教育

近代以来，传教士、西方驻华使馆译员及海关洋员，是急需学习汉语文的三个较大的群体。西方列强在扩张的目的国、附属国，一向强制性推行宗主国语言文字，灭绝当地语言文字、文化甚至土著民族本身。就是在亚洲文明古国印度，印度本国语言文字没有被灭绝，但英文还是成为印度全国唯一通行的文字。而在半殖民地的中国，成批的西方人学习中国语言文字的事，可能是世界殖民主义扩张历史中颇为奇特的例外。最初，他们是采取请中国文化人当教师，采用中国私塾方式，一对一地教学。老师、学生没有共同语言，学习低效，困难重重。英国伦敦国王学院可能是当时唯一有汉语教育的西方学院。它的毕业生来华，由于他们的老师只会广东话和上海话，教材是圣经的汉文译本。来华的学生说的话中国人听不懂，他们对中国的情况几乎一无所知。而对掌握汉语文人才的急需，就催生了制度化、系统化、规模化地对西方来华人员进行汉语文培训教育的产生。1863 年赫德接任总税务司之后，立即起草招募海关洋员的文件，迅速获得英国政府批准。那之后，大批经过文化课考试合格的欧美人士来华，接受汉语文培训。其中不少洋员后来进入西方国家驻中国领事馆，还出现了一批国际知名汉学家。赫德面向西方人的汉语文培训，是值得认真研究、发掘的近代历史事件，对当今的对外汉语文教学应该有极大借鉴意义。可惜，这一件事似乎被忽视了太久了。关于赫德进行汉语文培训的材料主要来自《近代海关洋员汉语教材研究》一书。该术首次以专著形式报道了中国近代，由西方人主导的、对西方人进行汉语文教学的一次极有价值的实践。挖掘、发表这些材料，我相信必定对当今中国对外汉语文教学有积极借鉴作用。从中我至少发现有几处与我的设想不谋而合。如：①他用的教材、学材，主要是由洋人编写的“双语文教材、学材”。也有英文、法文与中文三种文字对照的。除了比较专门的汉文阅读部分外，一般教材、学材母语文字比重大，汉字的比重小，充分利用了学习者的母语文字能力、优势。②提及要求洋员"训读"汉字、汉文(《近代海关洋员汉语教材研究》一书代序11页倒数11行)。"训读"一词原创于日本，指用日语语音读"汉字、汉文"。赫德这里的"训读"自然是指"学习者用母语读汉字、汉文"。这似乎与我设想的由"单语双文"(先用自己母语学习中文)再到"双语双文"有相似之处。③所读到的材料里，见不到当今汉语文教学中几乎甩不掉的"汉语难、汉字难"。还有一件特别值得注意的事，法国当代汉学家白乐桑先生曾经在接受中国媒体访问时说："当今大说汉字难、汉语难都是你们中国语文学家。"我十分感慨：一个受雇于清朝朝廷的英国雇员赫德，竟然对汉语文那么充满信心，坚定、严格要求他所管辖的洋员必须学好汉语文，管理严格，奖惩分明，力度大。后期洋员的教材主要由有洋员经历的外国人编著，其中有些人还成为国际知名汉学家，论著品种颇多。有的著作竟然出版、再版跨越3个世纪。

4. 赫德坚决地、强势地创建、推行海关洋员汉语文培训

按许多人的看法：赫德只要指挥少数洋员(指外籍来华的海关雇员)，管理下属大量中国员工干具体事就行了。洋员的汉语文水平不必要求太高，汉语、汉字又是那么难。事实正好相反。他上任后，就发布招收洋员的公告，欧美各个大国应聘者络绎不绝，累计总数2000名以上。他力主洋员必须学好汉语文，推行洋员的汉语文学习、培训，历时长，人数多，强度大，成为当时来华西方人最大的汉语学习群体。在半个世纪里，数十次明文规定，严格督促，利用行政权威、制度力量，结合职务聘任，职位级别升降，奖金、养老金发放，在洋员中推动汉语文学习、培训。这种做法、力度、规模，实属罕见。(参见《近代海关洋员汉语教材研究》代序)

5. 洋员的招募、培训、管理

赫德一上任，就从中国各地海关选拔有潜力者进京培训，对一些资深洋员进行脱产培训，并在全世界招募海关洋员。中国海关洋员的国籍有 22 个之多，涉及众多发达国家，包括与中国没有外交关系者。他要求报考的条件，一般都是大学毕业生，未婚。他的培训年限为一年或两年；有的完全脱产，有的半日学中文，半日工作。各个海关均有日常监督、检查洋员学习情况的制度。一名芜湖海关洋员，按惯例规定回国休假三个月。该洋员通过其上司向赫德续假。赫德立即回复该洋员上司说，“该人是一个很好的办公室人员，但不注意学习中文。他请求续假，照准。但鉴于中文知识是工作所必不可少的，也是提升所必需的。告诉他我不希望他回来”。此一件小事表明：各地海关对洋员学习中文情况的考察、监督，是有效的。赫德对基层洋员的中文水平、学习态度很了解。该洋员得知这个答复，表示要立即回中国，一定好好学中文。他不仅仅要求内班洋员（机关人员），也要求外班洋员（外勤）学习中文。在通令 14 号（1867-09-19）中规定“鼓励外班掌握相当汉语，并学习常用汉字。任何外班人员，如具备汉语之高标准，能够操某种方言或官话，并能训读汉语者，则每一年可以于其薪俸之外获得奖银 150 两。凡学习或能够操方言做日常会话者，每年可获得 75 两奖银。由主管税务司将此类人员名单及所需奖银，逐级上报。验货及总巡查，尤须汉语知识。外班不具有该二职位所要求汉语知识者，不得晋升其中任何一级。”在《近代海关洋员汉语教材研究》第 226 页再次介绍相关规定：“任何内勤雇员，在业务工作中不能使用汉语者，停发养老金。不能适当使用汉语者，不得提升税务司、副税务司。帮办任期三年后，仍不能讲汉语，五年后仍不能书写汉语者，予以撤职。光绪五年，11 名洋员帮办由于汉语考试不及格，分别由一等、二等、三等降级到末列等帮办。1911 年继任的安格联把洋员汉语水平分为甲、乙、丙三等。规定：来华服务三年的，必须通过丙等考试；来华服务五年的，必须通过乙等考试。失败者，推迟其晋级及酬劳金。一年后，还未通过一等考试，将被列入不列等帮办，或予以免职。通过乙等考试，或来华服务满六年者，应该参加甲等考试。甲等合格证明是提升税务司、副税务司的必须条件。”

6. 一个考核上报的成绩单

制度化的层级考试。1883 年 273 号通令，主题是“税务司如何测试和上报属员汉文学习成绩及公事处理情况”。该公告要求在下季度（4 月—6 月）对任职满三年之内班成员，测试其学习，并于 6 月底按下列表格呈送报告。见图附 E01。

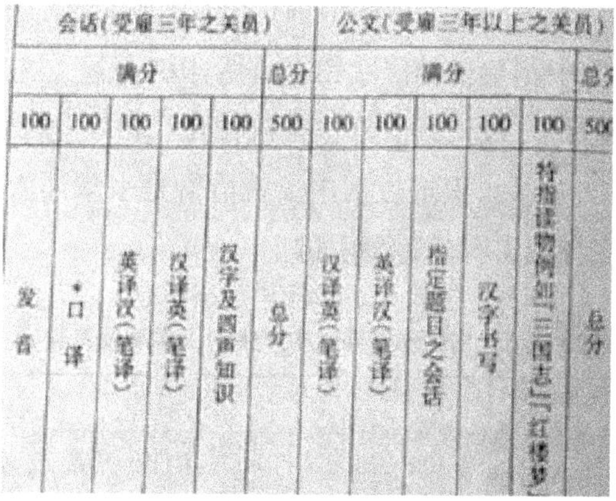

会话（受雇三年之关员）						公文（受雇三年以上之关员）					
满分					总分	满分					总分
100	100	100	100	100	500	100	100	100	100	100	500
发音	*口译	英译汉（笔译）	汉译英（笔译）	汉字及四声知识	总分	汉译英（笔译）	英译汉（笔译）	指定题目之会话	汉字书写	特指读物例如「三国志」「红楼梦」	总分

图附 E01：书页照片

注：此照片为《近代海关洋员汉语教材研究》代序第 12 页。

受雇三年以上者，要求能够阅读《三国志》《红楼梦》（见表最右第二列）！还清注意：表中受雇三年及受雇三年以上是两个级别。发音及口译是最基本的。双向笔译都很重要。高一级的阅读出现了《三国志》及《红楼梦》。赫德坚持把汉语文考试制度化，一视同仁。有人出面说情，赫德也不为所动，具体事例见《近代海关洋员汉语教材研究》

代序第 13 页。

7. 来华海关洋员中产生出来的部分汉学家及其著述概况

下面附录表 1 是笔者据《近代海关洋员汉语教材研究》中材料编制。它给出中国海关洋员中产生的汉学家及其汉语文教材著述情况。这里，很容易发现：近代来华洋人的汉语文教材，确实都是“双语双文”或“双语三文”的，并且是在 19 世纪到 20 世纪初制作的。这和我前面说的“‘双文’文本的制作，在 1994 年前是很困难的，可行性极小”，不就是明显的矛盾了吗？这是怎么一回事？这里，需要补充、强调：我前面那里说的是“在西方字母文字世界”“双文”不具可行性。因为西方国家必须新建立数千平方米铅字排版车间及许多吨金属铅。而现这里说的“来华洋人”是在中国（或中国附近）！利用了洋人他们自己刚刚帮助中国草创的汉字铅字排版印刷设备。这是他们的一次“近水楼台先得月”。近代，恰好也是机械化、铅字化汉字处理设备从西方引入中国的时候。引进过程中，就恰恰是来华洋人（某些传教士或海关洋员）主导或参与了这种引进。

附录表 1　中国海关洋员中产生的汉学家及其著述

姓名及概况	著述
夏德，德国人 1845—1927 在华 27 年，在中国海关 21 年。（参见表后注释 1）	教材：《新关文件录》《文件小字典》《文件字句入门》（书页照片见本表后注释 1）均为汉英双文 其他英文著述：《大秦国实录》《伏尔加河的匈人与匈奴》《中国古代史》《清代画家杂记》（收入 67 位清代画家作品及评述，欧洲汉学家评价甚高）
穆麟德，德国，犹太人 1841—1901。29 岁来华。葬于上海	教材：《官话学习实用指南》汉英双文 其他著述：《满文文法》《宁波方言》《汉籍目录便览》（4639 个条目，378 页）。 穆氏收藏中国古籍 2345 册。去世后为北洋政府内务总长筹资从其遗孀处收购。今存国家图书馆善本库。

续表

姓名及概况	著述
赫美玲，德国 1878—1925，20岁来华，来华前为莱布尼兹大学博士	教材:《南京官话》《英汉口语词典》《英汉国语词典》（1916年版1726页，收词30000）。均汉英双文。
帛黎，法国 1850—1918，曾经任中国海关邮政总办。其去世时北洋政府下令全国邮政下半旗志哀。一家三代任职中国海关。（参见表后注释2）	教材:《圣谕广训》（法汉双文版），每一页左部汉文，右部法文。每一节后有详细注释。后被翻译为俄文。《圣谕广训》是清朝康熙、雍正两位皇帝的圣谕。 《铅椠汇存》，英法汉三文，共957页。严复在审定中国名词时曾经参阅此书（其手批书页及书页照片见注释2）。 其他著述：把清代小说《二度梅》翻译为法文
穆意索，法国 1848—? 1867入中国海关 在华32年	教材:《公余琐谈》，法英汉三文。后翻译为葡萄牙文。讲授2635个汉字，100章；87章之后，包括《三国》《红楼》《水浒》《西厢记》《聊斋》选篇。面向汉语初学者。郑孝胥曾经用此书学英文。214部首检索。
孟国美，英国 1876年入中国海关 在华20余年	教材:《温州方言入门》。孟国美任职中国海关，走遍大半个中国各个口岸，包括西藏中印边界。熟知中国方言差异之大，其语言能力极强。任温州海关税务司时写成《温州方言入门》。
文林士，英国 1884—？，1903年来华，在华30余年	教材:《海关语言必须》，1908到1933共3个版本。《海关语文津梁》，汉英双文。其他:《中国隐喻手册》1920年版，收集大量四字格成语或固定短语，加以英文解释。内容涉及中国文化方方面面。《中国表号学解》，472页，865个词条，266幅插图。内容包括中国神话、民间传说、风俗。（书页照片见注释4）
费妥玛，荷兰 1871—1946， 在华时间超过35年。 1888年进中国海关	教材:《学庸两论集锦》，从《论语》《中庸》《大学》中选取194条语录，加以英文解释。

续表

姓名及概况	著述
费克森，荷兰 1881—1930，其父为荷兰驻华领事，其弟也在中国海关任职，曾任海关兼管邮政时的副总办	《邮政成语辑要》，是中国最早的单学科双文词典，促进中国邮政术语的统一，又是邮政系统外国人学习汉语文的教材、学材
布列地，意大利 1846—1915 也是著名世界语推广专家，葬于上海	《华英万字典》，有四个版次：1884年，1896年（307页），1905年，1907年（均为406页）。收汉字12650个，用214部首检索。2010年、2012年美国柯林斯及福高腾两公司先后重新印刷。2013年美国亚马逊公司出电子版。2014年德国纳布出版社重印。其检索，法布氏自己称之为“双部首法”。他先把214个部首按笔画数分17类（笔画最多的字17笔），部首外再用次部首。其广告称之为“最简速检字法”。义项注释简单全面。
巴立地，意大利 1887—1949 任职于中国邮政，曾经兼任沈阳总领事。生于厦门，葬于上海	《邮用语句辑要》，1919年版。1906年版《邮政成语辑要》因邮政事业发展已经不敷需要。词条增加了新的邮政术语，删减了海关术语。 巴立地在沈阳任职期间曾经协助当时在东北军任职的阎宝航（“二战”著名情报英雄）查扣、销毁日本人的鸦片。1944年遭日本人逮捕，关押在山东潍县集中营。1945年获救，被派往上海任邮政局处长。

附录表1的一些注释

注释1. 关于夏德。

诸 chu as a sign of plurality and totality may be frequently well translated by the plural with the definite article, as it usually designates the class of individuals in their totality without, however, laying stress on the word "all."

诸领事官 chu ling—shih—kuan means "the Consuls" in so far as they form the Consular body; 诸事 chu shih, matters, affairs, i.e. all the affairs that there are; 南洋诸番 nan—yang chu fan, the foreign tribes of the Southern ocean; 诸国 chu kuo, the countries.

图附E02：夏德教材书页照片

图附 E02 显示：其中有汉字，“诸领事官，诸事，南洋诸番，诸国”13 个，其余都是英文。是以汉字为辅、英文为主的“单语双文”文本，是供洋员学习汉字用的。

夏德离开中国后，1902 年到美国哥伦比亚大学中文系工作，兼任哥伦比亚东方研究院主任。成为国际知名汉学家。

注释 2. 帛黎　曾任税务司、邮政总办，是在中国任职时间最长的法国人，一家三代都曾经服务于中国海关。其著作《圣谕广训》有法、汉双文译本。《圣谕广训》是雍正二年（1724 年）出版的官修典籍，训谕世人守法和应有的德行、道理。源于清朝康熙皇帝的《圣谕十六条》，雍正皇帝继位后加以推衍解释。清政府在各地推行宣讲，并定为考试内容。康熙的《圣谕十六条》每条七字，结构工整，前六条列于下：

1. 敦孝弟以重人伦　2. 笃宗族以昭雍穆

3. 和乡党以息争讼　4. 重农桑以足衣食

5. 尚节俭以惜财用　6. 隆学校以端士习

帛黎翻译的《圣谕广训》本来是为了同文馆中国人学习法语用的，几经修改，也成为西方通过法文学习汉语文的教材。该书左页为汉字文本，右页为法文，文后加详细注释。对全书所用 1578 个汉字，给出了频率统计，还有字音、字意索引。频率最高的三个字为：之（456），以（229），不（218）。该书内容不限于“康熙十六条”，还包括大量中国历史、文化、哲学的材料。他曾经说“这本书够人学一辈子”。该书后被翻译为英文、俄文。

汉语文学习用书《铅椠汇存》，共 957 页，法英汉三文对照，分 13 编，113 个类目。内容丰富，实用性强。身体编（13 篇之一）头类目（113 类之一）照片见图附 E03 照片（取自《近代海关洋员汉语教材研究》第 97 页）。此处“椠”字读音同“欠”。原意为记事的木板，后引申为书版、简札。帛黎用此字可能是强调这是铅字排版印刷的。

这是书中身体类里“头类”的一页。右边上部是汉字。左上部是

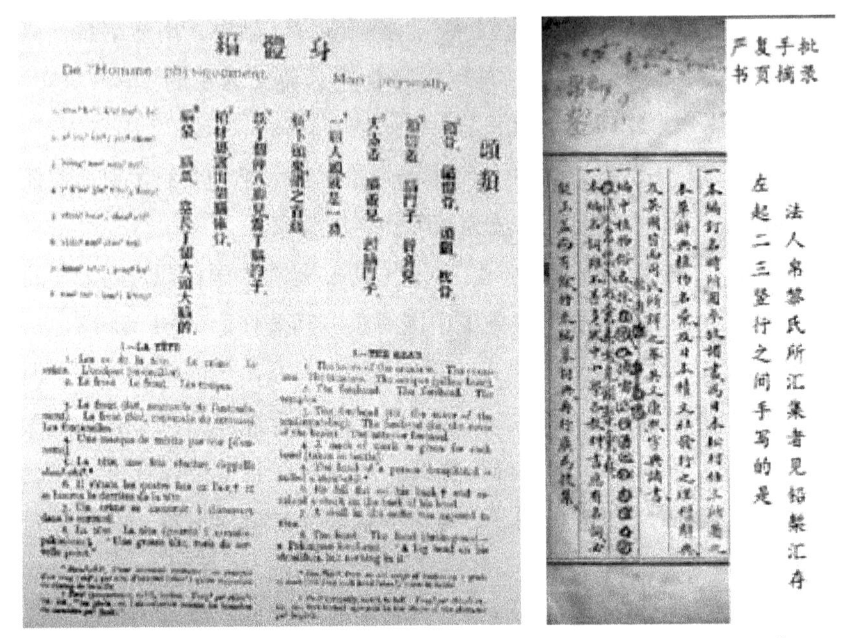

图附 E03：书页照片

图附 E04：书页照片

拉丁注音。下面左部是法文，右部是英文。这是一部近千页面的著作，汉字与英文、法文并用。其 13 篇包括动植物篇，内含 11 类：片羽类、草木类、走兽类、鳞介类、鱼类、水族类等。民国初期，严复等人就建立《编订名词馆》，组织中国学者为各个学科制定规范化的名词术语。《铅椠汇存》含有大量中国各行各业的、各个学科的内容，大量汉、英、法对照的词汇，正好成为严复们的重要参考。《光明日报》(2013 年 02 月 07 日第 11 版)刊文《新发现严复手批“编订名词馆”一部原稿本》。其中“凡例”页中就有严复手写的附注。见图附 E04，书页顶部有手写的“帛黎”二字。正文两行之间严复手写了一句话：“法人帛黎氏所汇集者，见《铅椠汇存》。”

当时，帛黎的书已经翻译成俄文。名词馆编辑之一的魏易只知道俄文版。严复给出修正。手稿中魏易原标明：“编中植物俗名，采自俄人披雷氏所著之《铅椠汇存》”，严复则将其改为“编中植物俗名，系采用法人帛黎氏所汇集者，见《铅椠汇存》”，显见严复比魏易更清楚该书作者情况，故能纠正其国籍失误。

注释 3 穆意索《公余琐谈》，法语书名直译为《学习汉语口语及书面语的进阶课程》，1886 年在中国出版，后有葡萄牙翻译本，用于葡萄牙儿童汉语教学。该书用英、法、汉字三种文字。本书讲授 2653 个汉字。100 章，每一章约 30 个生字。三天一章，每一周两章，每一个月八九章。该书末尾讲授了中国五部小说节选，包括《三国志》两章，《红楼梦》两章，《水浒传》两章，《西厢记》两章，《聊斋》五章。按每一个月八九章，全部 100 章大约用一年时间，学习 2653 个汉字，当属很高效。

该书重视部首。该书使用了《康熙字典》部首检索法。把 214 个部首区分两个部分：成字的及不成字的。每一个部分，都再按笔画数再分类排序。每一个部首，给出以下内容：部首本身（完全汉字式的），读音，英语解释，法语解释。穆意索认为：汉字是表意文字，遇到生字时最好就用部首法查字。提高部首意识，有利于学生自主学习（《近代海关洋员汉语教材研究》第 126—127 页）。这与当今中国字典检索，几乎完全是拉丁拼音一统天下的状况大不同。

内容由浅入深，讲究排序、归类，强调培养兴趣。无论是生字还是课文内容，都讲究由浅入深 。穆意索认为：学习内容，由易变难，学生学习就会有兴趣。学生有兴趣了，就不怕学习，就会下功夫学习。学生有兴趣，不怕烦，100 章又包括了生活里大部分内容，已经足够了（《近代海关洋员汉语教材研究》第 127 页）。为保证学生有较高学习兴趣，他在内容排序、归类上大下功夫，真正做到由浅入深，深入生活，有实用性。从简单的口语对话开始，慢慢加长句子长度，简单句逐渐变成复杂句，同样是“再见”，第一课就是“再见”两个字。第三课就说“咱们明儿再谈”。口语到书面语也不是直接转化的，而是先用口语讲述的方式，将书面语口语化，进而采用白话文书面语，最后是文言的信件（同上，第 129 页）。注意：海关洋员是学习文言文的。而当今的中国，为贯彻《通用规范汉字表》出版的《通用规范汉字字典》(2013 年 7 月出版)，序言中却明确说明：该字典“一般不收文言音项和意项”(见该字典前言第 1—2 页)。

注释 4　文林士《海关语言必须》，有 1908 年、1914 年、1933 年共 3 个版本，逐次扩充、改进。其英文名称也有变化，后两个版本的名称汉译应该是《海关汉文津梁》《海关商务英华新名词》。3 个版本简称为《必须》《津梁》《名词》。《必须》105 页，收词 3000 条;《津梁》178 页，收词 3940 条;《名词》288 页，收词 4810 条。从最初的海关洋员工作手册，逐步发展为早期的商务英语用书。从单纯面向海关洋员到服务于一般来华洋人及中国人。但海关有关术语还是最为丰富、实用。

《中国隐喻手册》，1920 年中国海关造册处出版，320 页。这里的“隐喻”实际指的是成语、固定用语，如：爱如珍宝、爱国如家、暗箭难防，安步当车……简单的只给出：汉字形式，拉丁注音，英文释义。样例见下照片(取自《近代海关洋员汉语教材研究》第 181 页)。

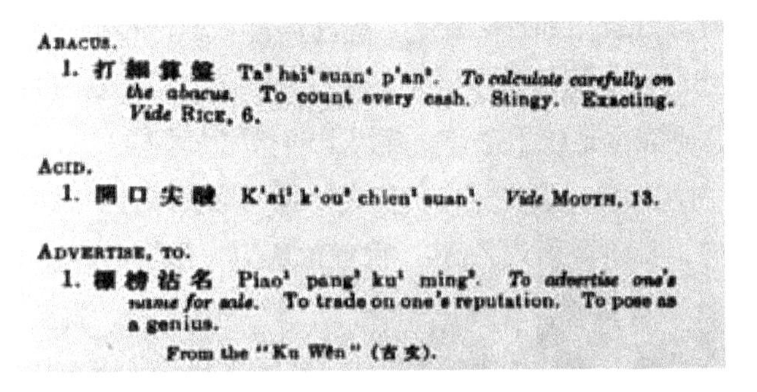

ABACUS.

1. 打細算盤 Ta hsi suan p'an. *To calculate carefully on the abacus.* To count every cash. Stingy. Exacting. *Vide* RICE, 6.

ACID.

1. 開口尖酸 K'ai k'ou chien suan. *Vide* MOUTH, 13.

ADVERTISE, TO.

1. 標榜沽名 Piao pang ku ming. *To advertise one's name for sale.* To trade on one's reputation. To pose as a genius.

From the "Ku Wên" (古文).

图附 E05：书页照片

图附 E05 给出 3 个四字格：打细算盘，开口尖酸，标榜沽名，最后还有“古文”二字。总共出现 14 个汉字。每一个四字格后，紧接着的是拉丁注音，其后为英文解释。

比较复杂的，则附加比较长的英文解释，样例见图附 E06(取自《近代海关洋员汉语教材研究》第 184 页)。这是对两个成语“鸟尽弓藏，兔死狗烹”的解释。解释里出现了汉字“韓信，史記，禮記”，以及“狡兔死，走狗烹；飛鳥盡，良弓藏”等汉字，其余则都是英文。

其中韩信、古文两个汉字之前可能是一种拉丁注音。英文数量比汉字的大得多，这有利于英语者学习。

4. 鳥盡弓藏 Niao³ chin⁴ kung¹ ts'ang². *To put away the bow when the bird is killed.* To discharge a meritorious officer. Ingratitude.

Han Hsin (韓信), grandson of the Prince of Han (died 196 B.C.), when denounced for treachery, said, in reference to his own services to the State, "When the cunning hare is killed, the fleet hound goes into the cooking-pot; when the soaring bird is exterminated the trusty bow is laid aside" (狡兔死走狗烹。飛鳥盡良弓藏). This saying is also ascribed to Fan Li (范蠡), fifth century B.C., a Minister of Yüeh State. *From the* "Historical Record" (史記). According to the "Book of Rites" (禮記), XII, 59, the birth of a boy was formerly signalled by hanging a bow at the door. *Vide* also Giles' *Biog. Dict.*, 540 and 617. *Vide* Doo, 16; Fuss, 6.

图附 E06：书页照片

文士林的“隐喻”，英文是 metaphor，最早见于亚里士多德的名著《诗学》及《修辞学》。引用这个术语有利于中西文化交流。

《中国表号学解》，1931 年别发洋行出版，472 页（16 开本）。865 个词条，搜集 266 个中国神话、民间传说、民俗中象征性、图像性的材料，及 205 幅中国线描式插图。全书正文除词条首位的汉字词语外，其他部分几乎完全是英文解释。关于条目“斧”的条目见图附 E07（取自《近代海关洋员汉语教材研究》第 186 页）。

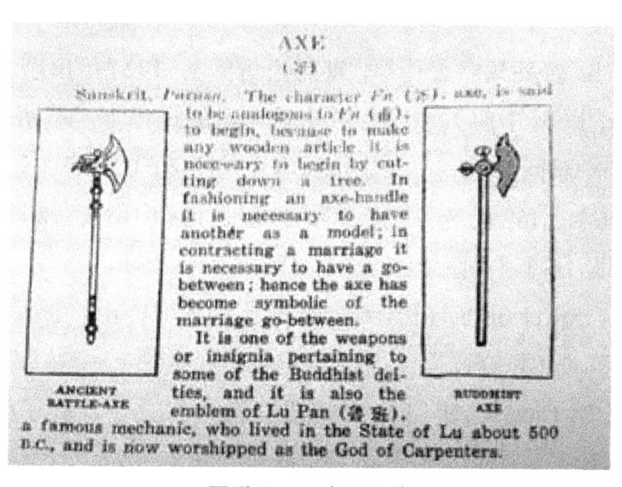

AXE
(斧)

Sanskrit, *Parasu*. The character *Fu* (斧), axe, is said to be analogous to *Fu* (甫), to begin, because to make any wooden article it is necessary to begin by cutting down a tree. In fashioning an axe-handle it is necessary to have another as a model; in contracting a marriage it is necessary to have a go-between; hence the axe has become symbolic of the marriage go-between.

It is one of the weapons or insignia pertaining to some of the Buddhist deities, and it is also the emblem of Lu Pan (魯班), a famous mechanic, who lived in the State of Lu about 500 B.C., and is now worshipped as the God of Carpenters.

图附 E07：书页照片

图附 E07 摘自《近代海关洋员汉语教材研究》第 186 页。注意英文解释里出现了汉字“斧，甫 ，鲁班”仅仅四个汉字。其余都是英文解释。

该书是属于我所说的“单语双文”类型，汉、英混合编排，以英文为主、为多数。从《近代海关洋员汉语教材研究》第 189 页的描述性介绍看，英文解释里，谈到汉字“杏”时，引用了宋朝的诗句：“一色杏花紅十里，狀元歸去馬上飛”；谈及“樱桃”时，引用了白居易的诗句：“樱桃樊素口，杨柳小蛮腰”（此处“樊素”为白居易的爱妾）；英文解释里还引用诗经中的诗句：“斑鸠在桑，其子七兮。淑人君子，其仪一兮”。由此可见文士林为了写此书，博览群书之广泛、深入。《近代海关洋员汉语教材研究》的作者高度评价文士林的这一本著作，说他把散落在历史与民间长河里的“小石子”搜集、整理得井井有条，用西方文献理论审视、重新阐发，不仅仅有利于西方人认识、学习中国文化，而且对中国人自己了解自己的历史，认识自己的文化之根也有价值。作者称这部著作是“走在时代前端的”，是它近一个世纪以来，不断再版，依旧保持生命力的原因。可惜，《近代海关洋员汉语教材研究》的作者没有给出该书再版及是否有中文完整翻译版的说明。

注释 5. 费妥玛 著作《学庸两论集锦》，1920 年出版，仅有 41 页，是《论语》《中庸》《大学》中孔子言论的选译本。英语书名直译为：“孔子的学问片段——一本由原本短句组成的选集”。全书收片段 194 段（其中，152 段选自《论语》，24 段选自《中庸》，18 段选自《大学》）。分为 16 个主题。例如：

主题“power of the will（意志的力量）”之下有孔子的话：“三军可以夺帅，匹夫不可夺志”。后附此句的英文译文。

主题“A Clear Conscienece（清醒的意志）”之下，孔子的话：“子曰：内省不疚，夫何忧何惧”。后附此句的英文译文。

该书把 194 个选段，区分为 16 类。每一个选段前，加有标题性、引导性、点拨性的小标题，再在孔子言论的汉字表达后，附加译文翻译。其英文翻译，参考了已经出版过的著作中的翻译方法，再加以作者精炼、简化的改造。反映了作者对中国传统文化的学习、体验，及中西文化交流碰撞的火花。

注释 6. 布列地 以其在华传播世界语及编辑出版《华英万字典》闻名于世。布列地编写出版了《华英万字典》，第 1 版 1884 年（19 世纪）。第 3、4 版则在 20 世纪初的 1905 年、1907 年。该字典收汉字 12650 个。进入 21 世纪又数次重新印刷，还有了电子版本。2010 年 1 月，美国柯林斯出版集团所属大众出版集团，以及 2012 年 7 月美国福高腾书业公司重新出版印刷了《华英万字典》。随着 kendle 电子阅览器的普及，美国亚马逊公司于 2013 年 12 月 10 日发行了该字典的 kendle 版本。2014 年 2 月德国纳布出版社也重新印刷了该字典。跨越 3 个世纪，两次密集再版，应该体现出该字典的价值意义，值得深入研究。（《近代海关洋员汉语教材研究》第 219 页）。

《华英万字典》的检索法（查字法）主要用布列地创新的"双部首"法。他按笔画数把 214 个部首区分为 17 类。第一类（笔画数为 1）只有横竖撇点勾折。最多笔画的部首有 17 个笔画。他说：只要记住 8 个部首以及代码就够了。这八个部首是：人 9，口 30，心 61，手 64，木 75，水 85，州 140，言 149。字典每一页正上方印出该页出现汉字的部首，左上角印出部首的编号。这种做法使得检索速度大大加快，使用便捷。这是海关洋员参与了汉字部首检索法革新的实践、探索。释义方面，该字典主要是对单个汉字给出释义，不包括词语。19 世纪还是文言文的天下，文言文以字为主，而不是以词为主。这样做加快了检索速度。

注释 7. 巴立地 清末民初任职于中国邮政的意大利人。1930 年代曾经任意大利驻沈阳总领事。他在沈阳期间，曾经查获日本人走私海洛因 386 包，鸦片 400 箱，并协助阎宝航（"二战"中著名的情报英雄，为苏联及中国政府高度评价）把这批毒品销毁。"九一八"事变之后的伪满洲国时期，他数次拒绝日本人要求移交东三省邮政。中华邮政的旗帜在陷落的白山黑水还飘扬了一段时间。巴立地曾经受到当时中国政府一等二级奖章。据考证，此巴立地就是前述编写《华英万字典》的布列地的儿子，其母为厦门的中国富家女。太平洋战争期间被日本人俘虏，关押于山东潍县集中营，受尽折磨。1945年日本投降，巴立地获救，回到北京。后被中国政府派往上海邮局，担任供应处处长。1949年于上海去世。巴立地的著作主要是《邮政语句辑要》，1919年出版。此书比前此的《邮政成语辑要》收词量扩大了五六倍，为2819条（前书仅仅500余条）。巴立地任职期间已经是民国时期，时局变化巨大，邮政新术语大量产生。《邮政语句辑要》的收词反映了这种巨变。它在帮助邮政洋员及中国员工做好邮政工作的同时，对于研究中国近代邮政历史、汉语文的变迁等，都提供了宝贵材料。

8. 来华传教士中产生出来的部分汉学家及其著述概况

另外，同样是由王澧华、吴颖主编，也可以说是《近代海关洋员汉语教材研究》的姊妹篇的《近代来华传教士汉语教材研究》，是关于近代来华传教士汉语教材研究的，其中专文介绍了另外14位来华传教士的汉语文教材编写情况。此书由当代德国汉学家柏寒夕先生作序。柏先生还提供了对德国传教士赫德明《汉语语法》的评介。其文稿长达近70页。柏先生是《近代海关洋员汉语教材研究》《近代来华外交官汉语教材研究》《近代来华传教士汉语教材研究》三本书中作者群里唯一的一位外国人。他有些独到的见解，参见下表2之后。这些外交官及其编写教材的名录如下表。

附录表2 来华传教士中产生出来的部分汉学家及其著述概况

姓名及概况	主要著述
马礼逊，英国人 1782—1834年，1807来华。1834年逝于广州，葬于澳门	翻译圣经，从1808—1819共11年。21卷，31本。编写字典三部:《字典》《五车韵府》《英华字典》，1815—1823年出版，凡5000余页。首开中英文混合排版印刷先河。编写教材《通用汉言之法》，1811成书，1815年出版。《中国大观》，向来华洋人介绍中国。《广东省土语字汇》。
麦都思，英国人 1796—1857，1816(20岁)来华。1856因病离开中国，回英3天后病逝	一生著述94种，双语词典有英日，英朝鲜，英福建方言，英华、华英等多种。教材《汉英对话、问答及例句》1844年出版，正文287页。全书723个汉语句子，类型丰富。1863年由其子修订再版。为初级口语教材。编写了用于传教的《三字经》。麦都思是新教来华三位先驱之一。
艾约瑟，英国人 1823—1905，1848年(25岁)来华	《上海口语语法》《上海方言词汇》《汉语官话口语语法》(1857年)。他是西方汉学家中最早研究古代汉语音韵的人，对韵书《切韵》《广韵》非常熟悉。
窦乐安，英国人 1865—1941，1884年来华(19岁)，逝于上海	《汉语自学》1914年版。《汉语语法自学》1922年版，书中称：汉语与西方语言一样精确，学起来十分有乐趣。《历史性的庐山》1921年版，是当时一批英国人探究奇奥中国传统山水文化时写出的著作之一。
包康宁，英国人 1852—1922，21岁来华，在华49年，葬于上海	《英华合璧》前后出14版。《汉英分解字典》，《日日新》为短期(半年)培训教材。《华文释义》是阅读用教材。《笔画入门》《字迹分析》，曾经长期主持来华新传教士的汉语文培训(任校长)。
比丘林，俄国人 1777—1853，1808年来华，在华13年半	《汉文启蒙》，俄罗斯汉学奠基人。从中国带回俄国书籍文物重达一万四千磅。满文书籍十二箱。墓碑刻八个楷体汉字：无时勤劳垂光史册。关于中国的著述丰富。

续表

姓名及概况	主要著述
罗存德，德国人 1822—1893，26 岁来华。47 岁离开中国，48 岁移居美国	《汉语语法》，为粤方言区传教士用的汉语文教材，收录了谜语。《英华字典》收词量为当时之最，2013 页。注释作品：注释《三字经》，注释《麦氏基督教三字经》
赫德明，德国人 1867—1920，病逝于山东济宁戴家庄	《汉语语法》1905 年（山东）兖州府天主教传教社出版发行。
魏若望，德国人 1863—1948，病逝于青岛在华 35 年	教材：《德华语境》1928 年版，1935 修订版。中华文化著述《中国人一年的节日》，1939。《百家姓及某些著名中国杰出人物》，1931 年，285 页。其他宗教作品。
顾赛芬，法国人 1835—1919，1870 年来华。在华 49 年。逝世于河北献县	把汉文典籍近十种翻译为拉丁文、法文。被称为汉典欧译三大师之一。汉语文著述：《法汉常谈》《汉法字典》《法文注释中国古文大词典》1055 页。《汉文拉丁文字典》1200 页。
卫三畏，美国人 1812—1884，19 岁来华	来华从做印刷工开始。在印刷麦都思等人的字典、文选时边工作、边学习汉语文。并开始自编汉语教材《拾级大成》，该书出版时，他来华仅八年余。后转任外交官，曾任美国驻华使馆头等参赞，多次代理公使。他曾经在归国休假期间，在美国讲演介绍中国，筹集汉字铅字字模制造捐款。曾经当选美国圣经会主席，美东方学会主席，耶鲁第一任汉学教授，美国汉学开创者。
卜舫济，美国人 1864—1947，23 岁来华，24 岁任美国在华建立第一所大学校长，1905 年学校成为四年制本科大学。1947 年逝于上海	《上海方言教程》1907—1939 年 8 次再版。

续表

姓名及概况	主要著述
狄考文，美国人 1836—1908，1863 年来华，1864 年到山东登州办蒙养学堂，后升格为大学“登州书院”	《官话类编》1892 年出版，200 课文。《官话类编·初学课》30 课；《官话类编（删节版）》100 课。受到来华洋人的普遍欢迎。 主持修订、翻译官话版圣经，成为中国教徒最欢迎的版本。
马守真，澳大利亚人 1877—1970，在华 37 年	《汉英词典》1931 年出版，1200 页，收汉字 7785 个，10 万余词汇。赵元任曾经对其进行修订，增收 1300 个汉字，增加 1.5 万词条，注音、释义均有改进。1943 年哈佛大学出版，1947 年出版英文索引。2000 年出了第 19 次重印本《英华合璧》1938 年成书 790 页。40 课课文，收汉字 1354 个，词 2030 个，平均每一课 33 个字。

注释 1. 柏寒夕，当代德国汉学家。他在《近代来华传教士汉语教材研究》序言中说：当今世界正在迅速成为“地球村”；世界第三个千年是“亚洲的千年”，主要是“中国的千年”。他把“中国通”称为“东西文化交流桥梁”的“桥梁建筑师”。他认为，**晚清来华洋人的汉学作品，具有当今西方汉学家还没有达到的高度**。明朝末年来华洋人及西方汉学家，主要研究的是古代的、传统的中国。文言文，南京官话更重要。而晚清这一批，研究的是近代中国，是现代汉语、普通话形成中的中国。对中国近代史及普通话的形成有重要影响。三本文集的其他作者，对于西方来华洋人双重身份（西方列强及教会派出人员及汉语文学习者、教育者）论及甚少，回避倾向明显。柏寒夕则花费近 10 页，描述了当时来华洋人双重身份的许多具体情况。他称赫德明是有献身精神、有才智的传教士，是东西方文化传递者，东西方文化桥梁的建筑师，是中国现代化进程中精力充沛的助手。他的汉语语法，就系统性、实用性而言，是一个杰出贡献，是以科学尺度为外国人撰写汉语语法的先驱人物。**他甚至说“赫德明的工作为‘五四运动’的现代化和科学精神起到了前奏的作用”**（《近代来华传教士汉语教材研究》

第196页）。赫德明大半生在中国，葬于山东。柏寒夕也谈到鲁迅先生的“汉字不灭，中国必亡”的话。**他说利玛窦和赫德明使用拉丁字母，只是注音，为学习汉语提供便捷工具。拉丁拼音不能替代汉字。“拉丁注音是一种注音符号，不是文字”。他说：利玛窦和赫德明没有建议中国人也用拉丁字母。利玛窦曾经说过：西方的文字远远不如中国**（《近代来华传教士汉语教材研究》第179页）。

9. 来华外交官中产生出来的部分汉学家及其著述概况

另外，同样是由王澧华、吴颖主编，可以说是《近代海关洋员汉语教材研究》的姊妹篇的《近代来华外交官汉语教材研究》，是关于近代来华外交官汉语教材研究的，其中专文介绍了另外10位来华外交官的汉语文教材编写情况。这些外交官及其编写教材的名录如下表。

附录表3　来华外交官中产生出来的部分汉学家及其著述概况

姓名及概况	主要著述
密迪乐，英国人 1843年来华，曾任牛庄第一任领事，逝于任内	《随笔——关于汉语、中国政府及其人民》
威妥玛，英国人	《寻津录》，1859；《问答篇》《登瀛篇》186—1861；《语言自迩集》1867。《语言自迩集》在来华洋人中应用广泛，影响巨大。广为流传的威妥玛拼音出自此书。
翟理思，英国人 1845—1935	《字学举隅》，外国人学汉字的手册，偏重于形似字辨析。涉及1503个汉字。
布勒克，英国人 1845—1915，1869来华，1897返英，任牛津大学汉学教授	《汉语书面语渐进练习》为英语者编写的教材，1902年于上海初版发行，1923年经过他的在华同行翟理思修订再版。一百年来出版6次。最新的是2000年。全书83课课文，每一课15—20个生字，全部汉字1208个，97%属于汉语水平考试大纲中常用字。前40课课文主要取自孔子、孟子中国古代哲人语录；41—82课涉及领事公务、海关法规司法裁判等。

续表

姓名及概况	主要著述
禧在明，英国人 1867年，任英国驻华使馆翻译员，帮助威妥玛修改《语言自迩集》。1904—1908为伦敦国王学院汉文教授	《华英文义津逮》成书1907年。是20世纪初西方人的汉语教材，反映晚清北京官话的样貌。《语言自迩集》第二版第二署名作者。
金璋，英国人 1854—1952，1874（另说1871）来华，曾任台湾淡水、山东登州、天津领事，1908年归国	《官话指南》英译本译者。《指南》原为供日本人学汉语文的教材，由在华的两名日本使馆翻译生及两名中国教师一同编写，成书于1880年。读者最初是在华日本人，后成为日本本国公私学校的汉语教材。除英译本外，还有布舍的法文译本。英译本增加了声调教学及双音节词汇表（2242个）是重要改进。
微席叶，法国人 1858—1930，1880年来华。曾任使馆翻译，上海总领事。1899年回国，主持巴黎东方语言学院汉语讲座30年	《汉语法式标音法》，《汉语初级读本》，《汉语初阶》。该《初阶》为巴黎东方语言学院中文系一年级教材。注重字、词结合。先讲字：令、贵、尊的字义；再引领学生猜出“令尊”，“令堂”，“贵国”……等词汇意。《初阶》字800—1000，学生能够学会常用词3000—5000。
芮德义，美国人 1893—1980，1924年来华，1929年回国	《适用新中华语》，与另外两位中国教师合作编写。包括中英文两个版本，都包括四卷：世俗应酬语，家庭琐事语，商贾须知语，官场普通话。全书90课课文。词汇量3815个。
麦克猷，美国人 1899—1966，1923年来华。任情报员、武官助理、武官	《华语新捷径》是面向英语者的初学者的入门读物，是与他的汉语教师周克允合作完成的。具有实用性、简洁性特点。
奥瑞德，美国人 1895—？，1928年来华。“二战”后期赴埃及开罗从事情报工作	《华语须知》，金叔延等三名中国教师合编的初级口语汉语教材。前言里说：该书适合两类读者：一类愿意花一两年时间，每一天几个小时，先学会流利的汉语，也能读、写，可以进一步前进的。另一类，没有兴趣、没有时间，只能每一天花一小时跟老师学，一小时自学，想两三个月学会初级口语会话的。

上面提及的，是三本书《近代海关洋员汉语教材研究》《近代来华外交官汉语教材研究》《近代来华传教士汉语教材研究》中，专章评介了其著作的来华洋人。总计 35 人。其中《华英万字典》出版期跨越 3 个世纪。新世纪有多次重新印刷，并有了电子版。

10. 前述表 1、表 2 内 25 位来华洋人汉字文化著述补计

上述三部著作，其中《近代来华外交官汉语教材研究》是关于来华外交官的。它对每一位外交官仅仅介绍了一本教材，没有谈及其他著述。《近代海关洋员汉语教材研究》《近代来华传教士汉语教材研究》则概要描述了每一位的生平及著述情况。这两本书涉及的海关洋员及传教士计 25 位。书中对于个人著述，具体给出书名、篇名的共计 130 篇部。平均每一位五部多。对有的作者，评述中有“其关于中国著述 90 余种”之类的话。这种概述性质的数目，下面小计中未予考虑。著述涉及的范围已经相当广泛、多样。下面，补充记录 25 位的其他著述（已经出现在表 1、2 中的不再重复列出）。

夏德作品：《古代瓷器与工商业研究》（1888 年），《中国艺术在海外的影响》（1896），《中国绘画书目》（1897），《中国绘画起源》（1900）。

穆麟德作品：《宁波方言便览》，《在华犹太人》（1895），《家礼集要》（1895）。

帛黎作品：《中国人民和改革》（1901），《中朝制度考》（1908）。

穆意索作品：《汉语——家庭主妇使用的袖珍指南》（1899）。

文林士作品：《中华物产丛集》（1933），《中国的表记艺术》，《中国的进出口贸易》，《中国海关惯例》。

费克森作品：《荷兰人在华法律地位》（1925）。

布列地作品：《华英字录》（1881，1884），《华英万字录》（1889），《无师一目了然英文》（汉英双文）（1907）。

马礼逊作品:《中国大观》(1817),《汉字杂说》(1825),《广东省土语字汇》(1825)。

麦都思作品:《福建方言字典》(1832),《朝鲜伟国字汇》(1835)(此为全球首部中、英、日、朝四国字典),《福尔摩沙的华武浪方言词典》(1840),《华英语汇》(1842),《英华词典》(1847, 1848),《汉语教材》(1828),《英汉对照24课》,《用于儿童教学,华英双文》,《中国:现状与前景》(1838),《中国札记四期:中国内地一瞥》(写于丝绸乡和茶乡游历途中),《海岛逸志》,《论丝绸制造与桑树培植》,《上海及其周边地区》(1849),《东西史记和合》(1829),《新遗诏书》(1837),《包康宁注释:新约词汇分析》(1924),《习牧师生平》(一位老传教士给侄儿的信,1907)。

比丘林作品:《中国及其居民、风俗、习惯及教育》,《中国的行政和风俗概况》(1848),《西藏志》(1828),《蒙古记事》(1828),《西藏青海史》(1833),《大清一统志》,《中国农历》,《中国皇帝的日常起居》,《中国农业》,对《三字经》保留汉字全文的注释本。

罗存德作品:《广东话短语及阅读文章选编》(1864),《英华便览》(1864),注释《千字文》《麦氏三字经》《幼学诗释句》《四书俚语启蒙》。

魏若望作品:《华人一年的节日》(1929),《百家姓及著名中国人物》(1931),《传教士德——汉指南》(1928)。

顾赛芬作品:《法汉常谈》(1884),《法汉拉丁语词典》(1892),《汉法字典》(1890),《汉文拉丁文字典》(1892),《法文注释中国古文大辞典》(1892)。

卫三畏作品:《英华韵府历阶》(1844),《英华分韵概要》(1856),《汉英韵府》(1874),《中国总论》(1847)。

卜舫济作品:《中国的爆发》,《中国史纲要》,《中国的紧急关头》,《天国振兴记》,《上海简史》,《今日上海》。

狄考文作品:《婴幼儿洗礼手册官话祈祷文》,《乐法启蒙》。

11. 近代来华洋人自主的汉语文学习、培训的宏观观察

东西方文化在近代的相遇是同欧洲近代大航海探险、扩张紧密联系在一起的，世界近代体系的形成也正是在这一时期。这是欧洲文化的第一次全球性扩张时期。来华洋人的汉语文学习，不能归结为中国的“对外汉语文教学”，因为中国政府根本没有介入。当时中国完全没有这种内部需求，也完全没有这种能力。来华洋人一开始也以私塾方式让中国人教他们，很快就完全失败了。后来洋人的学习完全是洋人主导的（洋人管理，洋人做教师，洋人编写的教材），又仅仅是完全面向洋人的，只不过是在中国土地上开展而已。它应该属于“西方人自己的汉语文学习培训史”。大航海以后，在南北美洲、大洋洲，欧洲殖民主义者丧心病狂地摧毁了当地文化及土著民族。在亚洲他们当然想同样以其野蛮的方式来扩展西方文明，只是没有完全成功罢了。在亚洲文明古国印度，印度本国语言文字没有被灭绝，上亿人口也无法杀光，但使得英文成了印度全国唯一通行的文字。印度独立时曾经明确地宣布，15 年过渡期后，取消英文的正式文字地位。但过了 15 年时，又不得不宣布“无限期”延长英文的使用。而在半殖民地的中国，成批的来自西方列强的人学习中国语言文字的事，可能是西方殖民主义扩张历史中颇为奇特的例外。不是欧洲列强不想像在南北美洲、大洋洲那样，而是没有成功！是在中国碰壁了、失败了！葡萄牙人首次与明朝海军的冲突以葡萄牙人的战败而告终。郑和的船队是当时及稍后一百多年里国际上最庞大的船队。2005 年郑和下西洋 600 周年时美国学者 Louise Levather 说了这样一段话：“一个历史疑团就是：明代中国如何成就了海上强国，又为何在进行了广阔的远征后，却开始系统地自我摧毁了本身的强大海军，而丧失了原来超越欧洲的技术优势？”鸦片战争，西方的舰船火炮轰塌了中华帝国的大门，西方列强胜利了。八国联军在把慈禧赶出北京之后，他们最终还是放弃了像灭绝

"印第安""玛雅"民族及文化的那种策略，而是采取了压迫清政府与之合作的办法。在更早些"东学西渐"中，曾经引发欧洲的"中国热"。中国悠久、丰富、多彩的历史文化，曾经给欧洲的近代化以积极的影响。第二次鸦片战争（1856—1860）之前大约三百年，就有耶稣传教士来华。开始，他们进入中国大陆，接近中国政府官员，曾经十分艰难。历经艰难成功的，最著名的有利玛窦（1552—1610），在华28年；汤若望（1592—1666）在华47年；南怀仁（1623—1688）在华31年等。该三人均葬于北京（现北京行政学院院内）。那个时期，中外文典籍的互译（而非学汉语文教材的编写）可能是主流的工作。大量的西方科技、文化作品翻译成中文。有传教士参与编写的22部作品收入《四库全书》。其中署有利玛窦名字的有7部:《乾坤体义》《测量法义》《测量异同》《勾股义》《浑盖通宪图说》《同文算指》《几何原本》。那时，也开始有中国汉字典籍及中国概况译介到西欧。基歇尔（1602—1680）的《中国宗教、世俗和各种自然、技术奇观及其有价值的实物材料汇编》（既《中国图说》）是第一本较系统在欧洲介绍中国书写文字的。莱布尼兹案头有此书，对莱布尼兹的中国观、汉字观大有影响。自然，也出现了一些汉语文语法、教材类著作。如：意大利来华传教士卫匡国的《中国文法》，西班牙人瓦罗的《华语官话语法》（1703），马士曼《中国言法》（1814），马礼逊《汉语语法》（1815），雷慕萨《汉文启蒙》（1822），洪堡特《论汉语的语法结构》（1826），马约瑟《汉语札记》（1831）。这些著作都产生于鸦片战争（1840年）之前，是关于中国古文与现代汉语普通话及早期白话变迁时期的著作。在中国通常认为最早的现代汉语语法始于晚清的马建忠的《马氏文通》，1898年成书。这是中国人独立创作的。马建忠之前，来华洋人编写的汉语语法已经有十余种。从利玛窦开始，西方传教士以亲身经历明白了中国儒学、周易哲学等传统汉字文化在中国官员及大众心中是何等的深厚、强大。促使利玛窦确立下来"合儒补儒"的基本传教路线传教。但第二次鸦片战争前，传教士数量、传教范围严格受限。第二次鸦片战争后，传教士获准可以自由到各地传教，并有了在中国购买房地产及外交豁免权，开始更大量的传教士来华。中国各沿海港口的开放，处理进出口贸易事务大增。此时，传教士、海关洋员及外国驻华使馆官员，就成为来华洋人的三大群体，也是急需学习汉语文的三大群体。他们在华生活、工作的需要，逼迫他们必须学好汉语文。并且，汉字文化的悠久、丰富、多彩、博大、精深，也自有其吸引人、令人迷恋之处。汉字与英文的巨大差异，并非无法克服，并且西方已经产生了一些汉学家。有的从来没有到过中国，仅仅从汉字文本的学习就成为汉学家，如：基歇尔（1602—1680），雷慕沙（1788—1832），儒莲（茹理安）（1797—1873）等。到中国来学习汉语文，就变得不那么可怕，而是一种机会。汉字的奥秘、奇特、复杂，对于有冒险、探索、创造精神的人来说，正是一展身手的难得环境。西方来华人员的汉语文学习，最初也采取中国传统私塾的方式，请中国人作老师，一对一地进行，但效果、效率都很差。又有少数、个别的洋人早一步取得成功。让这些个别先行者当老师，是自然的、顺理成章的事。很快地就出现了由洋人当老师、用洋人自己编写的教材，开展制度化、规模化、由洋人教洋人的“西方人主导的学习汉语文”的模式。这种模式中，包含有许多对当今的我们极有价值的东西，值得认真做一番整理、发掘、研究的工作。广西师范大学出版社出版的、由上海师范大学对外汉语学院编写的《近代海关洋员汉语教材研究》《近代来华外交官汉语教材研究》《近代来华传教士汉语教材研究》对此有重要价值。

后　记

这里想说一说，我这名理科教师为什么写了这样一本书。这本书记录了我怎样的多年持续不断的思考。

我亲历了汉字改革及汉字电脑化两个浪潮　我的故乡在河北省滦平县滦河镇（今属承德市），滦平县是普通话标准语音采集点。中华人民共和国政府发布汉字简化方案时我在读高二，《汉语拼音方案》发布时我是北京大学一年级学生，由于汉字改革实施的某种短暂滞后，我的整个学历教育阶段学用的都是传统汉语文，经历了汉字改革至今的全过程。1957年，我考入北京大学（时任校长马寅初），有幸与王选夫妇同在一个系（数学力学系）、同一个专业（计算数学专业。这是当时几乎唯一的面向刚诞生不久的电子计算机的专业；其时软件、硬件的术语还没有诞生）。学生时代，我就从藏书丰富的北大图书馆借阅过老校长蔡元培及钱玄同、鲁迅等北大教师，以及瞿秋白等人有关汉字改革的论述。先贤的论述让我震惊，令人印象深刻而记之久远。

无论是铅字时代的汉字改革，还是电脑时代的汉字复兴，北京大学都出现了一批骨干、核心甚至是领军人物。这是汉字与北大学人之间的历史情缘。我在北京大学学习、工作一十六载，在我经历的年月，北京大学理科也出现了一批对中国汉字文化做出突出贡献、足可载入史册的人，其中最突出的，我认为是“四王一陈一马”。其中“一王一陈”指王选、陈堃銶夫妇，他们对汉字排版印刷电脑化革命的贡献是尽人皆知的（有关情况见本书第五章第6节）。他们夫妇早我三四届，陈堃銶教授还是我大一的老师。“四王”中最年轻的一位是我的大学同年级同学王缉志（语言学家王力先生之子）——四通打字机的主设计师（有关情况见本书第五章第5节）。另外的“二王”之一是当时的北京大学副校长王竹溪教授，他是杨振宁的硕士论文指导教师，国际知名物理学家，他在40年从事物理研究教学的同时，潜心编写汉字字典。他决心以自己的努力，改变汉字字典查找、检字难的困境。他精选56个部首及笔形作为汉字字母，利用类似英文的字母检索，给出汉字新的部首检索法，实现了5万汉字几乎无重码的快速检索。在他去世后，他的书稿由遗嘱执行人及朋友集资，没花国家一分钱，全稿250余万字由五位书法家一律人工手书恭楷缮写，再照相制版胶印，于1988年以《新部首大字典》的名称出版。在这本字典里可以查到："厂"是《说文解字》里有的字，而"廠"是《说文解字》里没有的字，两者读音、意义均有别。"厂"，1928年被选用为注音符号，1964年被规定为"廠"的简化字。这样细致、严格、忠实于历史的做法，其他字典罕见。另一位“王”是技术物理系毕业的王同亿，人称“王十国”“字典奇人”。他编辑出版的字典、词典已经达到“双等身”。他组织、指挥2100位中国各学科顶级专家完成了《英汉辞海》的编写。仅仅把那些海量的英文词条逐一分辨到各学科、门、类……分别交到某一位具体专家手里，就非常困难，非常人力所能及。王同亿做到了。他独自完成的八亿字《词经》，与《四库全书》规模相当，几乎囊括了中华典籍的所有丽词佳句。一套书8亿字，太大了，印刷发行都极困难。2000万字的缩略版已经在印刷中。还有一“马”指马希文（请参见本书第八章第3节及第十三章第8节）。以上这些母校师长、学友们的杰出成就、崇高品德给了我极大的激励、鞭策、教育。

20世纪80年代中期起大约十年，我积极参与了中国中文信息学会的许多学术活动，并参与或主持其中少数民族文字专业委员会的工作八年。我庆幸自己的专业在这场浪潮中有重要作用。只是敝人不才，未有像样的发明创造，一直在教学及普及的岗位工作。我一直在思考：为什么古老、宝贵的汉字，近代以来命运如此不堪，如此多灾多难？为什么几乎所有中国近代精英、领袖都批评、咒骂汉字？汉字真的要拼音化吗？电脑将如何影响、左右汉字的命运与前途？

我的教学、研究及科学普及工作 全球文字处理电脑化浪潮起步于20世纪70年代初期。在中国，这种浪潮开始于70年代末、80年代初。在1985年以前，我对汉字电脑化仅限于关心、关注，但无所作为。1985年起，我的全部工作开始与汉字电脑化浪潮密切联系。1985年，我调入中央民族学院（今中央民族大学），开始筹办计算机系并主持全校计算机公共课教学。那时，中国高校已经普遍开设计算机公共课，但文科的计算机课还在讲授BASIC程序语言（当时清华大学谭浩强先生的这种教材已经销售达300万册），这种课程文科学生学起来困难而又无用，教师及学生都不满意。但那时是一种常态，无可奈何。我在1986年就组织编写《文字编辑与电脑打字》讲义，作为本校文科的计算机公共课教材，这个讲义很受欢迎，除了本校文科，还用到邻近的职工业余大学、职业高中。在这本讲义里，我花费十余页篇幅讲述了文字处理技术经历的三个时代，指出仅仅在近代的铅字时代，汉字才突出表现得笨重、繁难、低效，汉字开始了被改革的厄运时代；同时指出在电脑时代汉字将复兴、新生。这个讲义在1989年被刚刚成立的中央民族学院出版社正式出版，获得广泛欢迎，六年间印销30万册。有一年，深圳某个书店几乎每个月都购买数百册，个别月购买上千册。那是全国电脑打字培训的高潮期，也是深圳的高速发展期（今天如果您去国家图书馆查阅书目，用“电脑打字”检索，我们这本书可能还是最早的）。在此期间，我的另外几本类似的教材及科普书，累计销售总计约80万册。每一本我都花费几页，多到一个印张，讲解铅字时代与电脑时代的巨大差异；讲汉字的必将复兴和新生。我也曾经在报刊上发表文章，探讨“汉字电脑打字的历史文化意义”“文字处理技术与汉字文化兴衰”“文字处理技术的三个时代”等话题；在两种期刊连载过解说汉字电脑常识的短文。可是，明确、鲜明表达汉字优越性的《汉字优越性新说五则》却“八方碰壁”无处发表。很可惜，我人微言轻，我的这些观点在主流学界或管理者中几乎毫无反应，完全无人理睬。除大学文科的计算机公共课外，我开设过“中文信息处理”课，在民族语文专业开课时更名为“电脑文字学”。在讲计算机专业课“数据结构”“算法分析”等过程中，我有意识地考虑了别的教师可能不关心的关于汉字串与拉丁字母串处理算法的一些比较。中国少数民族文字的电脑处理，是紧密跟随汉字信息处理的，中国中文信息学会一开始就重视这个问题。当时我所在的中央民族学院是少数民族的最高学府，借此种机遇我也就比较容易地参与、主持了中国中文信息学会少数民族文字专业委员会的工作多年。我的这部分工作基本上不是技术开发性的，而是偏重于向少数民族语文学家、管理者宣传、联络、沟通、推动，但这使我的生活与中国信息化又多了一份密切的关联。此期间，我获得国家自然科学基金的支持，主持了两个涉及少数民族语文信息处理的项目。可能是因为我的选题切中发展需求，我并不很满意的成果获得了国家民委科技进步一等奖，国家科技进步三等奖。在所有上述活动中，有一个始终萦绕于我心头、具有核心地位的问题：中国近代以来的汉字改革，是耶？非耶？功乎？罪乎？电脑汉字处理技术与汉字、汉字文化的兴衰荣辱关系到底如何？

长时期里我处于欣喜、兴奋与困惑、忧虑的双重状态 汉字电脑化浪潮过程中，我几乎一直处于一方面不断地欣喜、兴奋，另一方面又不断地困惑、忧虑的状态之中。中国汉字电脑化潮流可能是中国近代历史上技术引进最迅速、最成功、最精彩的一次。百年前铅字技术、电报技术、铁路技术的引进，十分被动、屈辱、迟缓、曲折，并且最终完全失去了国内市场。就算和美国百年前铅字英文打字机的推广、普及情况相比较，汉字电脑打字也更迅速、更优秀，成果更巨大。被国人认为最繁难的五笔字型的打字培训，其培训时间比英文最初的也短得多，效果好得多。汉字电脑化浪潮中，“好得很”和“糟得很”的对立评价一直存在；“乐观与悲观”的对立也一直存在。20世纪80年代初，我就坚信汉字技术处理效率已经反超英文，以汉字改革为主题的时代必将很快成为历史。可是，现实是残酷的。语文界与信息技术界的“两张皮”“双轨制”“对立、打架”令人焦虑、心痛。汉字处理技术的巨大进步并没有被承认，其强大、神奇的功能并没有被充分利用，甚至遭受限制、打压。汉字处理的电脑化推动了中国行行业业、家家户户跨入了信息新时代，唯独汉字本体研究、汉字教学却少有像样的起色，处于极其落后混乱的状态中。本书正文中对此已经有所描述。此处不赘。

门外汉、小学生们的反思 许多人认为，汉字改革实质上是语言文字学问题，而我恰恰是语言文字学门外汉、小学生。我十分清醒地知道自己的这种身份，我或同样的我们，有资格反思汉字改革吗？我确实为此而犹豫、徘徊许久。后来我发现，汉字改革政策并不是语言文字学本身，只是理论的一种应用，是涉及全民的一种公共政策，它应该受到公民的监督。并且，许多当代汉字改革家的言论脱离了专业与学术。还有非常严重的是，中国的语言文字学仅仅是晚清之后产生的，其模仿、照抄西方的倾向十分明显；其对中国传统的否定、背离亦十分明显。这种理论中的汉字必定是次要、附属的，也是落后、低效、繁难的。中国语文界确实存在被著名语文学家朱德熙先生所痛陈的现象：许多“真理与谬误”的颠倒。汉字电脑化赋予汉字的强大、神奇优势，没有被充分发挥，反而被压制、否定了。已经成功进入全球所有人手机里的20902个汉字宝贝，至今几乎都还在休眠或昏睡中。就在数日前，我读到LYM先生的话：“重议‘书同文’话题，感觉十分沉重。回顾历史，审视当下，展望未来。试问：中华民族还有‘书同文’的机会吗？”（参见张素格：《中国大陆与台湾地区计算机字库字形比较研究》序一《书同文：中华民族还有机会吗？》，中国社会科学出版社，2019年。）

中央领导多次指出，信息化为中华民族带来了千载难逢的机遇。多次号召我们“要锐敏地抓住机遇”。但有些专家只承认从1898年开始的中国语文现代化（其实就是汉字拼音化），不承认从1994年开始的电脑时代、信息化时代，不承认国际、国家双重标准里的20902个汉字，只承认8105个“规范汉字”。为了尽快落实中央领导的号召，我热烈、急切地期待，在当今中国开展一场实实在在的关于“汉字复兴的启蒙教育与宣传”。

热烈、急切地期待 让全国、全世界人们知道，从1994年起，全球所有手机里都有共同的20902个汉字了。全球现行文字中，拉丁字母一家独霸的局面开始改变为全球所有现行文字共存、兼容、平等的时代、多元化的时代。应该有更多的组织、机构、单位纪念汉字跨入电脑时代26周年（1994—2020）。应该积极创造、制作一批“单语双文型”汉字文化产品（如“单语双文年历”“外汉单语双文常用字字词典”），把它们作为礼物，通过网络，快速送给全球各国朋友。让它们去唤醒、激活全球外国人手机里的宝贝汉字，让老外用自己的手机就能体验用母语学汉字的乐趣，领略共享中华智慧的乐趣。

六年前，我的书稿在多处碰壁之后，得以在学苑出版社出版。我十分感谢学苑出版社领导，特别是孟白社长的关心、支持。我也要感谢陈堃銶老师的许多具体指导及热心推荐。2014年本书初版不久，我北京大学留校的同年级一批年近八十的老同学，集资并亲理会务承办了“纪念汉字跨入电脑时代20周年——电脑与汉字文化复兴学术报告会，暨《汉字复兴的脚步》图书发布会”（2014年12月2日，北京大学英杰交流中心月光厅），百余位嘉宾到会。北京大学计算中心退休教职工承担了全部会务。该会由北京大学计算中心与学苑出版社联合举办，北京大学计算中心承办。老同学张兴华、魏庆鼎、王缉志出力最巨。魏庆鼎根据会议筹备期间的调查研究撰写了文章《清剿繁体汉字的政府行为不能再继续下去了》，本书附录B、C的内容多摘自此文。老同学及与会者的热心支持令我十分感动，这也是我继续相关思考的动力。当此中国更加火热的改革开放新时代，能够有机会把这些年的新认识写进这个修订本，向读者们请教、交流，我自己十分欣慰。再次感谢一切给过我真诚帮助的所有专家、师友。本书所谈及内容非我所长，我只是基于社会常识及匹夫之责。且内容过于庞杂，不当与错误在所难免，文责自负。

2020年6月

京城冠状肺炎再次肆虐的日子

于北京 海淀 魏公村 陋室 时年八十又二